普通高等教育"十一五"国家级规划教材

信息安全专业系列教材

现代密码学教程

（第2版）

谷利泽　郑世慧　杨义先　编著

北京邮电大学出版社

·北京·

内 容 简 介

本书是一本关于现代密码学的基础教材,全书共有12章,主要分成4个部分。第一部分(第1~3章)主要介绍现代密码学的发展概况、基本概念和思想、早期密码算法以及密码学用到的信息论与复杂度理论基本知识。第二部分(第4~8章)主要介绍现代密码学的加密和认证基本原语,包括对称密码方案(分组密码、序列密码、Hash函数、消息认证码)和非对称密码方案(包括公钥加密、数字签名)。第三部分(第9~11章)主要介绍密钥管理协议、密码学协议和密码应用协议。第四部分(第12章)简单介绍了现代密码学的一些新的发展方向。

本书重点突出,抓住核心;通俗易懂,容易入门;例证丰富,快速理解;习题多样,牢固掌握。

本书是信息安全专业的专业基础课教材,适合作为高等院校信息科学专业或其他相关专业本科生和研究生的教材,也可作为相关领域的教师、科研人员以及工程技术人员的参考书。

图书在版编目(CIP)数据

现代密码学教程/谷利泽,郑世慧,杨义先编著. --2版. --北京:北京邮电大学出版社,2015.3(2020.1重印)
ISBN 978-7-5635-4307-6

Ⅰ.①现… Ⅱ.①谷…②郑…③杨… Ⅲ.①密码术—高等学校—教材 Ⅳ.①TN918.1

中国版本图书馆 CIP 数据核字(2015)第 045789 号

书　　　名:	现代密码学教程(第2版)
著作责任者:	谷利泽　郑世慧　杨义先　编著
责任编辑:	崔　珞　张珊珊
出版发行:	北京邮电大学出版社
社　　　址:	北京市海淀区西土城路10号(邮编:100876)
发　行　部:	电话:010-62282185　传真:010-62283578
E-mail:	publish@bupt.edu.cn
经　　　销:	各地新华书店
印　　　刷:	北京鑫丰华彩印有限公司
开　　　本:	787 mm×1 092 mm　1/16
印　　　张:	23
字　　　数:	614 千字
版　　　次:	2009年8月第1版　2015年3月第2版　2020年1月第6次印刷

ISBN 978-7-5635-4307-6　　　　　　　　　　　　　　　　　　　　　定　价:47.00元

· 如有印装质量问题,请与北京邮电大学出版社发行部联系 ·

前　言

　　本书第 1 版出版于 2009 年 8 月,该书被众多高校信息安全专业及信息安全相关专业作为专业教材或教学参考书籍,受到广大师生的好评;并于 2010 年获"全国电子信息类优秀教材"一等奖。

　　密码学是一门随着时间和计算机技术发展不断推陈出新的学科,在本书第 1 版出版后 5 年中,涌现出很多新的研究成果。因此,作者总结在北京邮电大学教学和科研中的经验和体会,并结合很多读者的反馈意见,在第 1 版的基础上,对书籍的内容进行调整,修订成为第 2 版。第 2 版添加了近年来密码学的一些新技术,进一步丰富了本书的习题,并纠正了第 1 版中的一些错误。在第 2 版的撰写过程中,作者尽力使教材内容较全面阐述密码学的基本概念、基本模型和基本原理;纳入新的实用密码技术代替那些已经不太安全的密码技术;并对密码学的一些探索研究做简单的、启发式介绍。

　　主要修订内容如下。

　　(1) 信息安全标准化以及立法工作,越来越受到国家的重视,因此,在第 2 版的第 1 章加入了密码相关政策法规及标准。

　　(2) 限于篇幅,无法细致论述密码学的数学基础(数论及近世代数),因此第 1 版中的 3.1 节和 3.2 节较难理解。在第 2 版中删减此两节。

　　(3) 在第 2 版中,将密码学基础一章调整到传统密码体制之前。此外,将第 1 版中 1.3 节调整到此处,结合后面几节内容,对密码设计和分析学进行全面概述。特别地,由于认证性是信息安全三要素之一,第 2 版在第 1 版保密体制的基础上,特别补充了认证体制的相关概念及模型。

　　(4) 序列密码是一种重要的对称加密体制,在高级加密标准确立之后,序列密码的公开研究也逐渐兴起,出现了很多算法,第 2 版中介绍了 estream 工程推荐的 7 个序列密码算法替换了第 1 版中的 SEAL 等算法。

　　(5) 第 2 版中第 7 章删减了基于身份密码体制,因为基于身份是与基于 CA 相对应的,CA 在密钥管理一章才介绍。替换成基于编码的密码体制,这是目前后量子密码一个重要的研究分支。

　　(6) 第 1 版第 10 章的密钥分发技术和密钥协商技术整合成第 2 版中密钥建立一节,并在密钥分发部分着重介绍会话密钥分发,对其具体技术进行了补充和完善;此外,在第 1 版分发技术中的公钥分发技术基础上,添加 PKI 相关技术,完整介绍公钥的管理流程。

　　(7) 第 2 版中新加入安全协议一章,旨在以此为例介绍密码技术在实际计算机网络中的应用方式。

　　(8) 第 2 版中,在密码学新进展一章,添加了密码学研究热点——后量子密码的简单介绍。

南京邮电大学的王少辉副教授参与了第 2 版第 2 章的编写,北京邮电大学的王励成副教授参与了第 2 版第 2、7、12 章的编写,在此向两位老师表示衷心感谢。同时,向为本书的编写付出辛勤工作的苏丽裕、张好、田原等同学表示感谢。

本书第 2 版的编写工作由谷利泽和郑世慧完成,由于作者水平有限,书中难免存在不足与错误,恳请读者批评指正。

作 者

目 录

第1章 密码学概论 ··· 1

1.1 信息安全与密码学 ·· 1
   1.1.1 信息安全的目标 ·· 2
   1.1.2 攻击的主要形式和分类 ·· 3
   1.1.3 密码学在信息安全中的作用 ······································ 5

1.2 密码学发展史 ··· 6
   1.2.1 传统密码 ·· 6
   1.2.2 现代密码学 ·· 9

1.3 标准及法律法规 ·· 10
   1.3.1 密码标准 ··· 10
   1.3.2 政策法规 ··· 11

1.4 习题 ·· 12

第2章 密码学基础 ·· 14

2.1 密码学分类 ·· 14
   2.1.1 密码编码学 ·· 14
   2.1.2 密码分析学 ·· 16
   2.1.3 保密体制模型 ·· 17
   2.1.4 保密体制的安全性 ·· 18
   2.1.5 认证体制模型 ·· 19
   2.1.6 认证体制的安全性 ·· 20

2.2 香农理论 ·· 21
   2.2.1 熵及其性质 ·· 21
   2.2.2 完全保密性 ·· 25
   2.2.3 冗余度、唯一解距离与理想保密性 ································ 28

2.3 认证系统的信息理论 ·· 31
   2.3.1 认证系统的攻击 ·· 32
   2.3.2 完善认证系统 ·· 34

2.4 复杂度理论 ·· 36
   2.4.1 算法的复杂度 ·· 36
   2.4.2 问题的复杂度 ·· 38
   2.4.3 计算安全性 ·· 39

2.5 习题 ·· 42

第3章 古典密码体制 ... 45

3.1 置换密码 ... 45
3.1.1 列置换密码 ... 46
3.1.2 周期置换密码 ... 47

3.2 代换密码 ... 47
3.2.1 单表代换密码 ... 48
3.2.2 多表代换密码 ... 49
3.2.3 转轮密码机 ... 53

3.3 古典密码的分析 ... 55
3.3.1 统计分析法 ... 55
3.3.2 明文-密文对分析法 ... 61

3.4 习题 ... 63

第4章 分组密码 ... 66

4.1 分组密码概述 ... 66
4.1.1 分组密码 ... 66
4.1.2 理想分组密码 ... 67
4.1.3 分组密码的设计原则 ... 68
4.1.4 分组密码的迭代结构 ... 70

4.2 数据加密标准(DES) ... 73
4.2.1 DES的历史 ... 73
4.2.2 DES的基本结构 ... 74
4.2.3 DES的初始置换和逆初始置换 ... 75
4.2.4 DES的F函数 ... 76
4.2.5 DES的密钥编排 ... 80
4.2.6 DES的安全性 ... 81
4.2.7 三重DES ... 83
4.2.8 DES的分析方法 ... 85

4.3 AES算法 ... 90
4.3.1 AES的基本结构 ... 90
4.3.2 字节代换 ... 92
4.3.3 行移位 ... 96
4.3.4 列混合 ... 96
4.3.5 轮密钥加 ... 98
4.3.6 密钥扩展 ... 99
4.3.7 AES的解密 ... 101
4.3.8 AES的安全性和可用性 ... 102
4.3.9 AES和DES的对比 ... 104

4.4 典型分组密码 ... 104
4.4.1 IDEA算法 ... 104

4.4.2 RC6 算法 ······ 107
4.4.3 Skipjack 算法 ······ 108
4.4.4 Camellia 算法 ······ 111
4.5 分组密码的工作模式 ······ 115
4.5.1 电子密码本模式(ECB) ······ 115
4.5.2 密码分组链接模式(CBC) ······ 116
4.5.3 密码反馈模式(CFB) ······ 118
4.5.4 输出反馈模式(OFB) ······ 119
4.5.5 计数器模式(CTR) ······ 120
4.6 习题 ······ 121

第 5 章 序列密码 ······ 125
5.1 序列密码简介 ······ 125
5.1.1 起源 ······ 125
5.1.2 序列密码定义 ······ 125
5.1.3 序列密码分类 ······ 126
5.1.4 序列密码原理 ······ 128
5.2 线性反馈移位寄存器 ······ 129
5.2.1 移位寄存器 ······ 129
5.2.2 线性反馈移位寄存器 ······ 130
5.2.3 LFSR 周期分析 ······ 132
5.2.4 伪随机性测试 ······ 133
5.2.5 m 序列密码的破译 ······ 134
5.2.6 带进位的反馈移位寄存器 ······ 135
5.3 非线性序列 ······ 136
5.3.1 Geffe 发生器 ······ 137
5.3.2 J-K 触发器 ······ 137
5.3.3 Pless 生成器 ······ 138
5.3.4 钟控序列生成器 ······ 138
5.3.5 门限发生器 ······ 139
5.4 典型序列密码算法 ······ 139
5.4.1 RC4 算法 ······ 139
5.4.2 A5 算法 ······ 142
5.4.3 HC 算法 ······ 143
5.4.4 Rabbit ······ 145
5.4.5 Salsa20 ······ 146
5.4.6 Sosemanuk ······ 148
5.4.7 Grain v1 ······ 149
5.4.8 MICKEY 2.0 ······ 151
5.4.9 Trivium ······ 153
5.5 习题 ······ 154

第 6 章 Hash 函数和消息认证 ··················· 157

6.1 Hash 函数 ··················· 157
6.1.1 Hash 函数的概念 ··················· 157
6.1.2 Hash 函数结构 ··················· 158
6.1.3 Hash 函数应用 ··················· 158

6.2 Hash 算法 ··················· 159
6.2.1 MD5 算法 ··················· 159
6.2.2 SHA1 算法 ··················· 165
6.2.3 SHA256 算法 ··················· 170
6.2.4 SHA512 算法 ··················· 173

6.3 Hash 函数的攻击 ··················· 179
6.3.1 生日悖论 ··················· 180
6.3.2 两个集合相交问题 ··················· 180
6.3.3 Hash 函数的攻击方法 ··················· 180
6.3.4 Hash 攻击新进展 ··················· 181

6.4 消息认证 ··················· 183
6.4.1 消息认证码 ··················· 183
6.4.2 基于 DES 的消息认证码 ··················· 184
6.4.3 基于 Hash 的认证码 ··················· 184

6.5 习题 ··················· 186

第 7 章 公钥密码体制 ··················· 190

7.1 公钥密码体制概述 ··················· 190
7.1.1 公钥密码体制的提出 ··················· 190
7.1.2 公钥加密体制的思想 ··················· 191
7.1.3 公钥密码体制的分类 ··················· 191

7.2 RSA 公钥加密体制 ··················· 192
7.2.1 RSA 密钥生成算法 ··················· 192
7.2.2 RSA 加解密算法 ··················· 192
7.2.3 RSA 公钥密码安全性 ··················· 195

7.3 ElGamal 公钥加密体制 ··················· 197
7.3.1 ElGamal 密钥生成算法 ··················· 198
7.3.2 ElGamal 加解密算法 ··················· 198
7.3.3 ElGamal 公钥密码安全性 ··················· 199

7.4 椭圆曲线公钥加密体制 ··················· 201
7.4.1 椭圆曲线 ··················· 202
7.4.2 ECC 密钥生成算法 ··················· 204
7.4.3 椭圆曲线加密体制加解密算法 ··················· 205
7.4.4 ECC 安全性 ··················· 206
7.4.5 ECC 的优势 ··················· 207

7.5 其他公钥密码 … 208
7.5.1 MH 背包公钥加密体制 … 208
7.5.2 Rabin 公钥加密体制 … 210
7.5.3 Goldwasser-Micali 概率公钥加密体制 … 211
7.5.4 NTRU 公钥加密体制 … 212
7.5.5 McEliece 公钥加密体制 … 214
7.6 习题 … 216

第 8 章 数字签名技术 … 220
8.1 数字签名概述 … 220
8.1.1 数字签名简介 … 220
8.1.2 数字签名原理 … 221
8.2 数字签名的实现方案 … 222
8.2.1 基于 RSA 的签名方案 … 222
8.2.2 基于离散对数的签名方案 … 223
8.2.3 基于椭圆曲线的签名方案 … 230
8.3 特殊数字签名 … 231
8.3.1 代理签名 … 231
8.3.2 盲签名 … 233
8.3.3 一次签名 … 236
8.3.4 群签名 … 237
8.3.5 不可否认签名 … 239
8.3.6 其他数字签名 … 240
8.4 习题 … 243

第 9 章 密码协议 … 248
9.1 密码协议概述 … 248
9.2 零知识证明 … 249
9.2.1 Quisquater-Guillou 零知识协议 … 250
9.2.2 Hamilton 零知识协议 … 250
9.2.3 身份的零知识证明 … 251
9.3 比特承诺 … 253
9.3.1 基于对称密码算法的比特承诺方案 … 253
9.3.2 基于散列函数的比特承诺方案 … 254
9.3.3 Pedersen 比特承诺协议 … 254
9.4 不经意传送协议 … 255
9.4.1 Blum 不经意传送协议 … 255
9.4.2 公平掷币协议 … 257
9.5 安全多方计算 … 258
9.5.1 百万富翁问题 … 259
9.5.2 平均薪水问题 … 261

9.6 电子商务中密码协议 ………………………………………………………… 262
 9.6.1 电子货币 ……………………………………………………………… 262
 9.6.2 电子投票 ……………………………………………………………… 266
 9.6.3 电子拍卖 ……………………………………………………………… 270
9.7 习题 …………………………………………………………………………… 273

第 10 章 密钥管理 …………………………………………………………… 278

10.1 密钥管理概述 ………………………………………………………………… 278
 10.1.1 密钥管理的原则 ……………………………………………………… 278
 10.1.2 密钥管理的层次结构 ………………………………………………… 279
10.2 密钥生命周期 ………………………………………………………………… 281
10.3 密钥建立 ……………………………………………………………………… 282
 10.3.1 密钥分配 ……………………………………………………………… 283
 10.3.2 密钥协商 ……………………………………………………………… 285
10.4 公钥管理及公钥基础设施 …………………………………………………… 287
 10.4.1 数字证书 ……………………………………………………………… 287
 10.4.2 公钥证书管理 ………………………………………………………… 288
 10.4.3 公钥基础设施相关标准 ……………………………………………… 290
10.5 密钥托管技术 ………………………………………………………………… 291
 10.5.1 密钥托管简介 ………………………………………………………… 291
 10.5.2 密钥托管主要技术 …………………………………………………… 292
10.6 秘密共享技术 ………………………………………………………………… 295
 10.6.1 Shamir 门限方案 ……………………………………………………… 295
 10.6.2 Asmuth-Bloom 门限方案 ……………………………………………… 297
10.7 习题 ………………………………………………………………………… 299

第 11 章 网络安全协议 ……………………………………………………… 304

11.1 网络安全协议概述 …………………………………………………………… 304
11.2 SSL 协议 ……………………………………………………………………… 304
 11.2.1 SSL 协议简介 ………………………………………………………… 304
 11.2.2 SSL 协议的体系结构 ………………………………………………… 305
 11.2.3 SSL 协议的安全实现 ………………………………………………… 306
 11.2.4 SSL 协议应用模式 …………………………………………………… 310
11.3 SET 协议 ……………………………………………………………………… 311
 11.3.1 SET 协议简介 ………………………………………………………… 311
 11.3.2 SET 协议的体系结构 ………………………………………………… 311
 11.3.3 SET 协议的安全实现 ………………………………………………… 312
 11.3.4 SET 协议应用模式 …………………………………………………… 316
11.4 IPSec 协议 …………………………………………………………………… 317
 11.4.1 IPSec 协议简介 ……………………………………………………… 317
 11.4.2 IPSec 协议的体系结构 ……………………………………………… 318

11.4.3　IPSec 协议的安全实现 ································· 320
　　11.4.4　IPSec 协议应用模式 ··································· 327
　11.5　习题 ·· 328

第 12 章　密码学新进展 ··· 332
　12.1　后量子密码 ·· 332
　　12.1.1　格密码 ··· 332
　　12.1.2　基于编码的密码体制 ····································· 334
　　12.1.3　基于多变量的密码体制 ·································· 334
　　12.1.4　非交换密码 ··· 336
　12.2　量子密码学 ·· 337
　　12.2.1　量子密码学的物理学基础 ······························· 337
　　12.2.2　量子密钥分配 ··· 338
　　12.2.3　量子密码的实现 ··· 339
　　12.2.4　量子密码的其他研究 ····································· 339
　　12.2.5　量子密码面临的问题 ····································· 340
　12.3　混沌密码学 ·· 341
　　12.3.1　混沌学的历史发展与现状 ······························· 341
　　12.3.2　混沌学基本原理 ··· 342
　　12.3.3　混沌密码学原理 ··· 343
　　12.3.4　混沌密码目前存在的主要问题 ························· 344
　12.4　DNA 密码 ·· 344
　　12.4.1　背景与问题的提出 ·· 344
　　12.4.2　相关生物学背景 ··· 345
　　12.4.3　DNA 计算的原理及抽象模型 ·························· 346
　　12.4.4　DNA 密码 ·· 347
　　12.4.5　DNA 计算及 DNA 密码所遇到的问题 ·············· 348
　12.5　习题 ·· 348

参考文献 ·· 350

第 1 章 密码学概论

密码学的英文为 Cryptology,来源于希腊语 kryptós 和 gráphein,意指"隐藏地书写",这也表明了早期的密码技术主要为了隐密地传递信息。而现代密码技术已经延伸到了信息安全诸多领域,例如身份认证、数据完整性检测等,是信息安全的基础与核心。此外,随着密码学在网络信息系统的广泛应用,密码技术的标准化和管理的规范化也初具雏形,为信息安全保障提供了坚实的后盾。本章将概况介绍密码学与信息安全的关系,密码学发展简史,以及密码技术的相关标准与政策规范。

1.1 信息安全与密码学

信息,也称之为消息,被香农(C. E. Shannon)定义为 "凡是在一种情况下能减少不确定性的任何事物"。人类通过获得、识别自然界和社会的不同信息来区别不同事物,同时信息不同于物体,它可以无限复制,广泛传播。随着计算机和网络的普及,信息的传播呈现出速度快、形态多样和范围广的特性,使得信息作为一种资源,成为推动社会进步和促进经济增长的重要力量。然而,一旦信息落入了其竞争对手手中,就可能会导致企业、政府、国家不可估量的损失。因此,保护信息的机密性,对国家、企业、个人都具有重要的意义。

早期信息传递中,外交官和军队首脑就已经使用一些技巧来保证通信的机密以及获知其是否被篡改。例如,四千多年前,斯巴达人奴隶的腰带缠绕在木棍上,顺着木棍书写信息,腰带展开之后,置乱的字符被当成一些无意义的装饰,以此来防止奴隶落入敌人手中时秘密消息被读取。之后,随着电子机械技术的发展,信息的传递和保护开始采用程序化操纵控制的应用程序实现。20 世纪末以及 21 世纪初,通信、计算机硬件和软件技术飞速发展,用于信息加工处理的小巧且廉价的计算设备在小公司和家庭用户中普及,同时这些计算机被网络连接起来。在因特网上快速增长的电子数据处理和电子商务应用,以及不断出现的网络攻击事件,增加了对更好地保护计算机及其存储、加工和传输的信息的需求。在此背景下,信息安全(Information Security)技术迅速发展起来。

维基百科对"信息安全"的定义为保护信息免受未经授权的进入、使用、披露、破坏、修改、阅读、检视、记录及销毁。它主要涵盖两个领域。

(1) 计算机安全。这里的计算机并不一定意味着就是个人电脑,它可以是任何一台拥有处理器和内存的设备。囊括了非网络独立的计算器,可联网的移动计算机设备,如智能手机和平板电脑。信息安全技术负责保障其免遭恶意网络攻击,例如,试图偷看其中的私人信息或者获得内部系统的控制权。

(2) 信息保障。当威胁出现时,确保数据不丢失。威胁包括但不限于自然灾害,计算机/服务器故障,物理盗窃,或任何其他的数据潜在地被丢失的情况。

1.1.1 信息安全的目标

经典的信息安全三要素——机密性、完整性和可用性(Confidentiality, Integrity & Availability, CIA)是信息安全的核心原则,在字面上可以指安全属性、安全目标、信息标准、关键的信息特征和基本的构造因素。关于扩展这个经典的三要素概念,一直都有争论。

1992年提出并于2002年修订的经济合作与发展组织(Organisation for Economic Cooperation and Development, OECD)信息系统与网络安全指导方针,提出了九个被人们接受的原则,即感知、责任、响应、行为准则、民主、风险评估、安全设计和实现、安全管理、重新评估。2004年,在这些原则的基础之上,NIST 信息技术安全工程原则提出了33条原则。

2002年,Donn Parker 提出了一个可供替代经典的"CIA 三要素"的模型,他称该模型为信息的六要素。这些要素分别是机密性、所有权、完整性、可认证性、可用性和实用性。Parker 提出的六要素的价值在于,它正是安全专家们的争论主题。

2013年,作为 CIA 三要素的扩展,进一步提出了信息保障和安全(Information Assurance & Security, IAS)的八要素,它包括机密性、完整性、可用性、隐私性、可认证性与可信任性、不可抵赖性、可说明性、可审计性。目前,IAS 八要素是信息保障与安全参考模型(Reference Model of Information Assurance & Security, RMIAS)的四个维度之一。作为当今与安全相关的一系列目标,它已经通过一系列安全专家和学者的评估。至此,信息安全的概念从早期只关注信息保密和通信保密的信息内涵时代,发展到关注信息及信息系统的机密性、完整性、可用性和不可否认性的信息安全时代,再发展到今天的信息保障时代。本书主要关注以密码学为基础的信息安全的五个主要方面,即信息及信息系统的机密性、完整性、可用性、认证性和不可否认性。

(1) 机密性(Confidentiality)

机密性又称保密性,是指保证信息不泄露给非授权的用户或实体,确保存储的信息和被传输的信息仅能被授权的各方得到,而非授权用户即使得到相关数据也无法知晓信息内容。通常通过加密变换阻止非授权用户获知信息内容。

(2) 完整性(Integrity)

完整性是指在数据整个生命周期维持其准确和一致,也就是说,信息未经授权不能进行篡改的特征,或者说信息在生成、传输、存储和使用过程中发生的人为或非人为的非授权篡改(插入、修改、删除、重排序等)均可以被检测到。一般通过生成一个改动检测码来检验信息是否被篡改。

(3) 认证性(Authentication)

认证性是指一个消息的来源或消息本身被正确地标识,同时确保该标识没有被伪造。认证分为实体认证和消息认证。消息认证指数据、文档等来源真实可靠;而实体认证是指能证实所有参与的实体是可信的,即每个实体确实与它们宣称的身份相符。通常,认证的参与方持有一个秘密,一方面,秘密和消息混合可以生成消息的认证标签来确保消息认证性;另一方面,参与方可以使用秘密来正确回应对方的挑战,以此来向对方实体证明自己的身份。

(4) 不可抵赖性(Non-Repudiation)

不可抵赖性(也称为不可否认性)是指用户无法在事后否认曾经进行的信息的生成、签发、接收等行为。当发送一个消息时,接收方能证实该消息确实是由既定的发送方发来的,称为源不可抵赖性;同样,当接收方收到一个消息时,发送方能够证实该消息确实已经送到了指定的接收方,称为宿不可抵赖性。然而,虽然密码技术有助于实现不可抵赖性,但是不可抵赖的核心还是凌驾于技术之上的法律概念。例如,一个消息连同其有效签名并不足以证明消息来自于持有私钥的签名者,因为持有私钥的用户可以通过证明签名系统存在漏洞,或者他的私钥之前已经泄露。上述事实说明,签名不一定能保证消息认证性和完整性,从而防止抵赖。持有私钥的用户最终是否可以洗脱罪责,还是要依靠法律裁定。

(5) 可用性(Availability)

可用性是指保障信息资源随时可提供服务的能力特性,任何信息系统都必须满足这个属性。这意味着存储和处理信息的计算系统,防止非授权访问的控制系统,以及传输信息的通信系统必须运行正常。高可用性的系统不仅需要在停电、硬件故障和软件升级时保持信息资源可用,还需要能够抵制拒绝服务攻击。

1.1.2 攻击的主要形式和分类

对信息进行保护,首先要熟知信息可能面临的安全威胁,对信息系统的攻击有很多,国际标准化组织 ISO 对开放系统互联 OSI 环境中计算机网络进行深入研究以后,定义了以下 11 种威胁。

(1) 伪装。威胁源成功地假扮成另一个实体,随后滥用这个实体的权利。

(2) 非法连接。威胁源以非法的手段形成合法的身份,在网络实体与网络之间建立非法连接。

(3) 非授权访问。威胁源成功地破坏访问控制服务,如修改访问控制文件的内容,实现了越权访问。

(4) 拒绝服务。阻止合法的网络用户或其他合法权限的执行者使用某项服务。

(5) 抵赖。网络用户虚假地否认递交过信息或接收到信息。

(6) 信息泄露。未经授权的实体获取到传输中或存放着的信息,造成泄密。

(7) 通信量分析。威胁源观察通信协议中的控制信息,或对传输过程中信息的长度、频率、源及目的进行分析。

(8) 无效的信息流。对正确的通信信息序列进行非法修改、删除或重复,使之变成无效信息。

(9) 篡改或破坏数据。对传输的信息或存放的数据进行有意的非法修改或删除。

(10) 推断或演绎信息。由于统计数据信息中包含原始的信息踪迹,非法用户利用公布的统计数据,推导出信息源的来源。

(11) 非法篡改程序。威胁源破坏操作系统、通信软件或应用程序。

以上所描述的种种威胁大多由人为造成,威胁源可以是用户,也可以是程序。除此之外,还有其他一些潜在的威胁,如电磁辐射引起的信息失密、无效的网络管理等。信息安全的研究目的就是防止和消除上述威胁。

1. 攻击的主要形式

根据对信息流造成的影响,可以把攻击分为五类:中断、截取、篡改、伪造和重放,进一步可概括为两类:主动攻击和被动攻击。

攻击的主要形式如图 1-1 所示,图中(a)是正常的信息流,其他(b)、(c)、(d)、(e)、(f)是 5 种针对信息安全性攻击的表现形式。

(1) 中断(Interruption)

中断也被称为拒绝服务,是指阻止或禁止通信设施的正常使用,这是对可用性的攻击。这种攻击一般有两种形式:一是攻击者删除通过某一连接的所有协议数据单元,从而抑制所有的消息指向某个特殊的目的地。另一种是通过对特定目标滥发消息使之过载,使整个网络瘫痪或崩溃。或者有些攻击者还可能实施物理攻击,例如破坏通信设备,切断通信线路等。

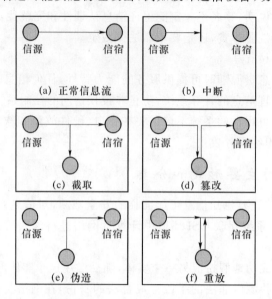

图 1-1 针对信息安全攻击的主要形式

(2) 截取(Interception)

截取是未授权地窃听或监测传输的消息,从而获得对某个资源的访问,这是对机密性的攻击,一般分为析出信息内容和通信量分析两种情况。

析出消息内容是指当人们通过网络进行通信或传输消息时,如果不采取任何保密措施,攻击者就有可能在网络中"搭线"窃听,以获取他们通信的内容。

通信量分析则是假定通信双方已用某种方法屏蔽了消息内容,使得攻击者即使获取了该消息也无法从消息中提取有用信息。但即使已用加密进行保护,攻击者还能观察这些消息的结构模式,即通过测定通信主机的位置和标识,攻击者能够观察被交换消息的频率和长度,这些信息对猜测正在发生的通信性质是有用的。

(3) 篡改(Modification)

篡改也就是未授权地更改数据流,它是针对连接的协议数据单元的真实性、完整性和有序性的攻击。意指一个合法消息的某些部分被改变、消息被延迟或改变顺序,以产生一个有特殊目的的消息。

(4) 伪造(Fabrication)

伪造是指将一个非法实体假装成一个合法的实体,这往往是对身份认证性的攻击。它通常与其他主动攻击形式结合在一起才具有攻击效果,如攻击者重放以前合法连接初始化序列的记录,从而获得自己本身没有的某些特权。

(5) 重放(Replay)

重放将一个数据单元截获后进行重传,产生一个未授权的消息。在这种攻击中,攻击者记录下某次通信会话,然后在以后某个时刻,重放整个会话或其中的一部分。

2. 攻击的分类

如图 1-2 所示,根据信息安全攻击的作用形式及其特点,可以将信息安全攻击分为两大类:主动攻击和被动攻击。其中被动攻击主要包括析出消息内容和通信量分析的截取攻击。主动攻击主要包括中断、篡改、伪造和重放攻击。

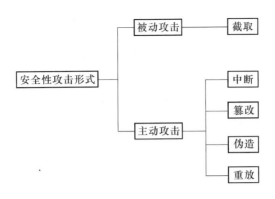

图 1-2 攻击的分类

被动攻击中,攻击者只是观察通过一个连接的协议数据单元以便了解所交换的数据,进而获取他人信息,并不干扰信息流,如"搭线"窃听和对文件或程序的非法复制等。被动攻击只威胁数据的机密性,典型的被动攻击形式就是截取。被动攻击通常难于检测,因为它们并不会导致数据有任何变化,所以对付被动攻击的重点是防止。

主动攻击是指攻击者对连接中通过的协议数据单元进行各种处理。这些攻击涉及某些数据流的篡改或一个虚假信息流的产生,如有目的地更改、删除、增加、延迟、重放等,还可将合成的或伪造的协议数据单元送入到一个连接中去。主动攻击的目的是试图改变或影响系统的正常工作,它威胁数据的完整性、认证性和可用性等。主动攻击主要包括四类:中断、篡改、伪造和重放,它表现出与被动攻击完全相反的特点。完全防止主动攻击是相当困难的,对于主动攻击,可采取适当措施加以检测,并从攻击引起的破坏或时延中予以恢复。

1.1.3 密码学在信息安全中的作用

自密码术产生到第二次世界大战之前,密码技术始终处于一种不公开的保密状态,让人感到既神秘又畏惧,信息技术的发展改变了这一切。随着计算机网络和通信技术的迅猛发展,大量的敏感信息通过信道或计算机网络进行传输。特别是随着互联网的广泛应用,电子商务及电子政务的迅速发展,网络间交互的用户需要相互核实身份以防止非授权的访问。正是这种对信息的机密性和身份的真实性(身份认证)的要求使得密码学逐渐揭开了它神秘的面纱,走进人们日常的生活和工作中。密码学的加密技术使得即使信息流被截取,攻击者也无法获取信息的内容;上面提到的信息被未授权篡改的攻击,密码学的散列函数能够检测到;防止一个非法实体假装成一个合法的实体,可以利用密码学的认证(鉴别)技术来实现。此外,数字签名技术具有防否认的功能,以电子证据的形式存在,具有法律效力。

密码学是保障信息安全的核心,信息安全是密码学研究与发展的目的。保证数字信息机密性的最有效的方法是使用密码算法对其进行加密;保证信息完整性的有效方法是利用密码函数生成信息"指纹",实现完整性检验;保证信息认证性的有效方法是密钥和认证函数相结合来确定信息的来源;保证信息不可抵赖性的有效方法对信息进行数字签名。此外,利用密码机制以及密钥管理可有效地控制信息,以使信息系统只为合法授权用户所用。

虽然密码学在信息安全中起着举足轻重的作用,但密码学也绝不是确保信息安全的唯一技术,也不可能解决信息安全中出现的所有问题。在信息安全领域,除技术之外,对信息系统的管理也是非常重要的,在信息安全领域普遍认同一种理念:信息安全三分靠技术,七分靠管理。

1.2 密码学发展史

"喜气洋洋迎奥运,迎接奥运在零八;奥运会上夺金牌,运动场内拿鲜花;礼仪接待内外宾,遇困解难人人夸;嘉宾竖指赞祖国,宾客陆续来我家",这是北京某小学的学生用藏头诗的形式表达奥运心声,如果将每行诗的第一个字连在一起读就得到相应的"密语"是"喜迎奥运,礼遇嘉宾"。藏头诗是隐写术(Steganography)的一种形式,隐写术的起源可以追溯到公元前440年古希腊战争中所发生的一个著名的"剃头刺字"的故事。当时一个称为 Histaieus 的人为了通知他的远方朋友发动暴动,将一个忠实奴隶的头发剃光后在头皮上刺上关于发动暴动的消息,等奴隶的头发长出来后把他送到朋友那里,他的朋友将这个奴隶的头发剃掉便获得了这个秘密消息。隐写术有许多方法,如暗示、隐语、隐形墨水、微缩技术等,到了数字通信时代,演变为信息隐藏技术,也是一种信息保密技术。它与密码学中加/解密技术的区别在于信息隐藏在一些其他信号中,如一幅图片或一段噪声,非授权者无法判断正常信号中是否藏有信息。但是,加密技术通过对信息本身符号的变换,使得非授权者无法解读信息的具体内容,然而非授权者确切知道保密信息是存在的。

密码学的历史极为久远,它的起源可以追溯到四千多年前的古埃及、巴比伦、古罗马和古希腊。尤其人类社会有了战争,接着有了保密通信的需求,继而有了密码的应用,因而用于对信息进行保密的密码术就产生了。1949 年以前的密码术研究还称不上是一门学科,许多密码系统的设计仅凭一些直观的技巧和经验,对文字进行变换,保密通信和密码学的一些最本质的东西并没有被揭示,因而只能称为密码技术,简称密码术。1949 年香农发表了一篇题为"保密系统的通信理论(Communication Theory of Secrecy System)"的经典论文,他将信息理论引入到密码学中,为密码学的发展奠定了坚实的理论基础,从而把已有数千年历史的密码术推向了科学的轨道,形成了密码学学科。也就是说,从严格的意义上讲,此后的密码技术才真正称得上密码学。

密码学的发展大致经历了两个阶段:传统密码学和现代密码学。这两个阶段的分界标志是 1949 年香农发表了他的经典论文,在此之前称为传统密码学阶段,这个阶段持续的时间长,大约有几千年的历史,此时的密码体制主要依靠手工或机械操作方式来实现,采用代换和换位技术,通信手段是以人工或电报为主,是一种艺术(富有创造性的方式、方法)。自香农发表了他的经典论文至今称为现代密码学阶段,此时的密码体制主要是依靠计算机来实现,有坚实的数学理论基础,通信手段是无线通信、有线通信、计算机网络等,形成一门科学,是密码学发展的高级阶段。

1.2.1 传统密码

传统密码的发展又可分成两个阶段:第一个阶段是以手工为主的古代密码术,第二个阶段是以机械为工具的近代密码。

1. 古代密码术

棋盘密码是首次由希腊人使用的传输密文的方法。公元前 2 世纪,希腊人 Polybius 设计了一种将字母编码成符号对的方法,该方法基于代替和换位的 Polybius 校验表,这个表的具体形式如表 1-1 所示,它由一个 5×5 的网格组成,网格中包含所有的 26 个英文字母(I 和 J 使用同一格)。加密的方法是基于 Polybius 校验表将每个字母转换成两个数字,第一个数字是该字母所在 Polybius 校验表中的行数,第二个数字是该字母在 Polybius 校验表中的列数。如对消息"iscbupt"加密则得到密文"24 43 13 12 45 35 44"。同样,根据表 1-1 很容易解密(字母 I 和 J 需根据语意区分)。

表 1-1 Polybius 校验表

	1	2	3	4	5
1	A	B	C	D	E
2	F	G	H	I/J	K
3	L	M	N	O	P
4	Q	R	S	T	U
5	V	W	X	Y	Z

公元前约 50 年,罗马皇帝朱利尤斯·恺撒(Julius Caesar)发明了一种用于战时秘密通信的方法,后来称之为恺撒密码。他将字母按字母表的顺序构成一个字母序列链,然后将最后一个字母与第一个字母相连成环。恺撒加密的方法是将明文中的每个字母用其后的第三个字母代替,如明文是"iscbupt",则使用恺撒加密后的密文是"lvfexsw"。恺撒密码的解密也非常简单,只需把密文中每个字母用其前的第三个字母代替即得明文。

在美国南北战争时期,军队中曾经使用过一种"栅栏"式密码。栅栏式密码是通过改变明文中字母读写的原有顺序而形成密文,如将明文写成铁轨的形式(即两行),然后按行的顺序书写得到密文。若明文是"attack at seven"(七点开始攻击)写成两行

    a t c a s v n
     t a k t e e

则加密后密文:atcasvntaktee。显然,解密的方法易得。

一般认为古典密码时期是从古代到 19 世纪末,这个阶段长达数千年。由于这个时期生产力低下,产生的许多密码体制都是以纸笔或简单器械实现加密/解密的,它的基本技巧都是较简单的代换、换位或是两者的结合。古代加解密方法主要基于手工完成,密文信息一般通过人(称谓信使)来传递的,因此称为密码学发展的手工阶段。目前,这个时期提出的所有加/解密方法已全部被破译。

2. 近代密码

近代密码时期是指 20 世纪初期到 20 世纪 50 年代末。19 世纪的工业革命为使用更加复杂的密码技术提供了条件,频繁的战争加速了密码技术的快速发展。在这个时期,密码设计者设计出了一些利用电动机械设备实现信息加密/解密操作的密码方法,采用电报机发送加密的信息。这个时期虽然加解密技术和设备有了很大的进步,但是还没有形成密码学理论,加解密的主要原理仍然是代换、换位以及两者的组合,典型的密码体制主要是单表代换密码、多表代换密码。其中,仿射密码就是一种典型的单表代换密码,多表代换密码有 Vigenère 密码。第二次世界大战中使用的转轮密码机 Enigma 是多表代换密码的一种,这个时期代表性的密码技术应是转轮密码技术。

转轮密码机是 20 世纪 20 年代随着机械和机电技术的成熟以及电报和无线电的应用而浮出水面,它的出现是密码学发展史上的一个里程碑。转轮机由一个键盘和一系列转轮组成,每个转轮是 26 个英文字母的任意组合,转轮被齿轮连接起来。当一个转轮转动时,可以将一个字母转换为另一个字母,直至最后一个转轮处理完后就可得最终的加密后的字母。几千年来,密码算法的研究与实现主要是通过手工计算完成的,随着转轮机的出现,传统密码学有了相当大的进展,利用机械转轮可以设计出更为复杂的加解密系统。

1918 年,美国加州的 Edward Hebern 制造出了世界上第一台转轮机,它是由一台打字机改造而成的,其输出方式采用原始的亮灯式指示。随后,Edward Hebern 设计出了一系列的转轮机,并为美国海军采用。这种装置在长达 50 年左右时间内被指定为美军的主要密码设

备,他的工作奠定了二战时期美国在密码学方面的超级地位。

在 Edward Hebern 发明转轮密码机的同时,欧洲的密码专家和工程师们也不甘落后,如德国的亚瑟·谢尔比乌斯(Arthur Scherbius)也独立地提出了转轮机的概念,并于 1919 年设计出了历史上最为著名的 Enigma 转轮机〔图 1-3(a)〕。"Enigma"的意思是"谜",因为当时德军认为 Enigma 转轮机是不可破译的,但以英国人阿兰·图灵(Alan Turing)为代表的科学家们利用德国人的加密失误于 1942 年破解了它。在破解期间,波兰人马里安·雷杰夫斯基(Marian Rejewski)也做出了杰出的贡献。

这些密码机的成功也促使了英国在"二战"中使用的 TYPEX 打字密码机〔图 1-3(b)〕的出现,它是德国 3 轮 Enigma 的改进型密码机,它增加了两个轮,使得破译更加困难。它在英国通信中使用广泛,同时,也帮助英军破解德军信号。

哈格林(Hagelin)密码机是在"二战"中广泛使用的另一种转轮密码机。Hagelin C-48〔图 1-3(c)〕是美军使用的密码机,它由 6 个共轴轮组成,每个转轮外边缘分别有 17、19、21、23、25、26 个齿,它的密钥周期为 $17 \times 19 \times 21 \times 23 \times 25 \times 26 = 101\,405\,850$。

TUNNY〔图 1-3(d)〕是在线密码电传机 Lorenz SZ 42,大约在 1943 年由 Lorenz A. G 制造,用于德国战略级陆军司令部。TUNNY 因为德国人的加密错误而被英国人破解,此后英国人一直使用电子 COLOSSUS 机器解读德国信号。

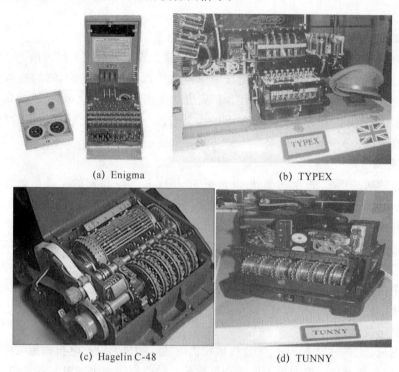

(a) Enigma　　　　　　　　(b) TYPEX

(c) Hagelin C-48　　　　　　(d) TUNNY

图 1-3　几种典型的轮转密码机

转轮密码机的应用极大地提高了密码的加解密速度,但由于代换过程过于简单而使得很容易找到其变换规律。"二战"后许多密码体制被成功破译,其中最著名的就是前面提到的英国人和波兰人破解 Enigma 密码,以及美国密码分析学家破解日本的 RED、ORANGE 和 PUPPLE 密码。这些工作对盟军在"二战"中取得最终的胜利起了关键性作用。

1920 年,美国电报电话公司的 Vernam 发明了弗纳姆密码,其原理是利用电传打字机的五单位码与密钥字母进行模 2 相加,如明文为 11010,密钥码为 11101,则模 2 相加得 00111,即为密文码。接收时,将密文码再与密钥码模 2 相加得明文 11010。这种密码结构在今天看起来非常简单,但由于这种密码体制第一次使加密由电子电路来实现,而且加密和解密可以直接由机器来实现,因而在近代密码学发展史上占有重要地位。随后,美国人摩波卡金在这种密码基础上设计出一种"一次一密体制"。但是,该体制当通信业务很大时所需的密钥量过于庞大,给实际应用带来很多困难。此后,这种"一次一密体制"又有了进一步改进,但历史事实证明,当时改进的密码体制是不安全的。在太平洋战争中日本使用的九七式机械密码就属于这一种,1940 年,美国陆军通信机关破译了这种密码,在中途岛海战中,日本海军大将山本五十六因密码电报被美国截获破译而被击毙在飞机上。

第二次世界大战后,电子学开始被引入到密码机中。第一个电子密码机仅仅是一个转轮机,只是转轮被电子器件代替。这些电子转轮机的唯一优势就是操作速度快,但这些电子转轮机仍然受到机械式转轮密码机固有弱点(密码周期有限、制造费用高等)的影响。转轮密码虽已被证明是不安全的,但破译它往往需要较大的工作量。

1.2.2 现代密码学

随着计算机科学的蓬勃发展,出现了快速电子计算机和现代数学方法,它们一方面为加密技术提供了新的概念和工具,另一方面也给密码破译者提供了有力的武器,二者相互促进,使密码技术飞速发展。计算机和电子时代的到来,为密码设计者提供了前所未有的条件,从而可以设计出更加复杂和更为高效的密码系统。

1949 年香农发表《保密系统的通信理论》标志着现代密码学的真正开始。在这篇论文中,香农首次将信息论引入到密码学研究中,他利用概率统计的观点和熵的概念对信息源、密钥源、传输的密文和密码系统的安全性进行了数学描述和定量分析,并提出了对称密码体制的模型。香农的工作为现代密码编码学及密码分析学奠定了坚实的理论基础。

需要指出的是,由于受历史的局限,20 世纪 70 年代中期以前的密码学研究基本上是秘密地进行的,而且主要应用于军事、政府、外交等重要部门。密码学的真正蓬勃发展和广泛应用是从 20 世纪 70 年代中期开始的,源于计算机网络的普及和发展。1973 年,美国的国家标准局(National Bureau of Standards,NBS)认识到建立数据加密标准的迫切性,开始征集联邦数据加密标准。很多公司着手这项工作并提交了建议,最后 IBM 公司的 Lucifer 加密系统获得了胜利。经过两年多的公开讨论之后,1977 年 1 月 15 日 NBS 决定使用这个算法,并将其更名为数据加密标准(Data Encryption Standards,DES)。不久,其他组织也认可并采用 DES 作为加密算法供商业和非国防性政府部门使用。当时确定有效期为 5 年,随后在 1983 年、1988 年和 1993 年 3 次再度授权该算法续用 5 年。1997 年开始征集 AES(高级加密标准),2000 年选定比利时人设计的 Rijndael 算法作为新标准。数据加密标准 DES 完全公开了加密、解密算法,使得密码学得以在商业等民用领域广泛应用,从而给这门学科带来巨大的生命力,得到了迅速发展。

1976 年以前的所有密码系统均属于对称密码学范畴。但在 1976 年,Diffie 和 Hellman 在刊物《IEEE Transactions on Information Theory》发表了一篇著名论文《密码学的新方向》,在这篇经典论文中二人提出了一个崭新的思想,不仅加密算法本身可以公开,甚至加密用的密钥也可以公开,这就是著名的公钥密码体制思想。若存在这样的密码体制,就可以将加密密钥像电话簿一样公开。任何用户向其他用户传送加密信息时,就可以从这本密钥簿中查到该用户公开的加密密钥,用它来加密,而接收用户能用他所独有的解密密钥得到明文,任何第三者因为没有解密密钥,因此不能获得明文。这篇经典论文为现代密码学的发展开辟了一个崭新的思路,标志着公钥密码体制的诞生。公钥密码的思想给密码学的发展带来质的飞跃,毫不夸张地说"没有公钥密码就没有现代密码学"。

就在公钥密码思想提出大约一年后的1978年,美国麻省理工学院的Rivest、Shamir和Adleman提出RSA公钥密码体制。这是迄今为止第一个成熟的、最成功的公钥密码体制,其安全性是基于数论中的大整数因子分解,该问题是数论中的困难问题,至今没有有效的解法,这使得该体制具有较高的安全性。此后不久,人们又相继提出了Rabin、Elgamal、Goldwasser-Micali概率公钥密码、ECC和NTRU等公钥密码体制。由于嵌入式系统和智能卡的广泛应用,以及这些设备系统本身资源的限制,要求密码算法以较少的资源快速实现,因此,公开密钥算法的高效性成为一个新的研究热点。同时,由于近年来其他相关学科的进步和发展,出现了一些新的密码技术,如DNA密码、混沌密码和量子密码等。

从以上密码学的发展历史可以看出,整个密码学的发展过程是从简单到复杂、从不完善到较为完善、从具有单一功能到具有多种功能的过程,这符合历史发展规律和人类对客观事物的认识规律,而且也可以看出密码学的发展受到诸如数学、计算机科学等其他学科的极大促进。这说明在科学的发展进程中各个学科互相推动、互相联系,乃至互相渗透,其结果是不断涌现出新的交叉学科,从而达到人类对事物更深的认识。从密码学的发展中还可以看出,任何一门学科如果具有广泛的应用基础,那么这个学科就能从中汲取发展动力,就会有进一步发展的可能。

1.3 标准及法律法规

随着社会、经济信息化的飞速发展,信息的安全问题日益突出。而密码技术对信息进行加密保护和安全认证,是保护信息安全的有效技术手段。因此,如何在经济社会活动中使用一致的密码技术,使各方面协调工作,成为信息化社会发展的必然之路;此外,如何正确使用密码而不危害国家安全,更是社会稳定发展的重要前提。本小节围绕密码体制使用的标准化和规范化问题,概括介绍一些密码技术的标准化组织,以及我国关于密码的相关政策法规。

1.3.1 密码标准

GB/T 20000.1-2002《标准化工作指南 第1部分:标准化和相关活动的通用词汇》中对标准的定义是:为了在一定范围内获得最佳秩序,经协商一致制定并由公认机构批准,共同使用的和重复使用的一种规范性文件。而国家标准GB/T 3935.1—83定义:"标准是对重复性事物和概念所做的统一规定,它以科学、技术和实践经验的综合为基础,经过有关方面协商一致,由主管机构批准,以特定的形式发布,作为共同遵守的准则和依据"。

另外,为在一定的范围内获得最佳秩序,对实际的或潜在的问题制定共同的和重复使用的规则的活动,即制定、发布及实施标准的过程,称为标准化。由于密码最早应用于军事、外交等领域,加之人们普遍认为:不公开的密码技术能更好地保障信息安全,阻碍了密码技术的标准化进程。随着密码技术研究的不断深入,经得起检验的密码技术才是优秀的思想逐渐深入人心,同时密码技术的民用需求增强,促使密码技术的标准化开始紧锣密鼓地进行。下面主要介绍本书涉及的一些标准。

联邦信息处理标准(Federal Information Processing Standards,FIPS)是美国联邦政府制定给所有军事机构除外的政府机构及政府的承包商所使用的公开标准。很多标准是用来保障联邦政府信息安全而制定的,例如,数据加密标准 DES(FIPS 46)和高级加密标准 AES(FIPS PUB 197)。

电气和电子工程师协会(Institute of Electrical and Electronics Engineers,IEEE)是一个国际性的电子技术与信息科学工程师的协会,是目前全球最大的非营利性专业技术学会致力于电气、电子、计算机工程和与科学有关的领域的开发和研究。IEEE 被国际标准化组织授权为可以制定标准的组织,设有专门的标准工作委员会,例如,IEEE P1363 是一个致力于制定公钥密码标准的工程。最著名的是 IEEE 802 委员会,它成立于 1980 年 2 月,它的任务是制定局域网的国际标准,取得了显著的成绩。

国际标准化组织(International Organization for Standardization,ISO)是一个由国际标准化机构组成的世界范围的联合会,现有 140 个成员国。进入九十年代以后,通信技术领域的标准化工作展现出快速的发展趋势,成为国际标准化活动的重要组成部分。ISO 与国际电工委员会(International Electrotechnical Commission,IEC)和国际信联盟(International Telecommunication Union,ITU)加强合作,相互协调,三大组织联合形成了全世界范围标准化工作的核心。截至目前,ISO 已经发布近 14 000 项国际标准、技术报告及相关指南,而且尚在不断增加之中。为制定这些标准,平均每个工作日有 15 个 ISO 会议在世界各地召开。在密码学领域,ISO 也制定了很多相关标准,例如 ISO/IEC 7816 是关于接触式电子身份鉴别卡,特别是智能卡的标准规范;ISO/IEC 10116 是 n 位分组密码的工作模式标准。

公钥加密标准(Public Key Cryptography Standards,PKCS),此一标准的设计与发布皆由 RSA 数据安全公司所制定。RSA 数据安全公司旗下的 RSA 实验室为了推广公开密码技术的使用,与工业界、学术界和政府代表合作开发,涉及 PKI 格式标准、算法和应用程序接口。

密码标准体系的建立是信息安全技术与产业规模化发展的一个核心和关键环节,而每一个密码标准的制定又必须是科学和严谨的,因此密码标准化工作是一项长期的、艰巨的基础性工作。另外,密码标准也是衡量国家商用密码发展水平的重要标志,故而加快推进我国商用密码标准化的进程,制定与国际标准相衔接的、与我国信息化发展需要相适应的商用密码规范和标准也是一项刻不容缓的重要工作。2011 年 10 月 19 日,密码行业标准化技术委员会成立大会在北京隆重的召开,标委会主要负责密码技术、产品、系统和管理等方面的标准化工作,这是我国密码事业发展的一个重要的里程碑。2012 年,国家密码管理局批准 GM/T 0001-2012《祖冲之序列密码算法》,GM/T 0002-2012《SM4 分组密码算法》(原 SMS4 分组密码算法),GM/T 0003-2012《SM2 椭圆曲线公钥密码算法》,GM/T 0004-2012《SM3 密码杂凑算法》,GM/T 0005-2012《随机性检测规范》,GM/T 0006-2012《密码应用标识规范》六项密码行业标准,之后又相继批准密码算法使用规范及应用模块接口等多项标准,推动了我国商用密码的产业化、规模化发展。

1.3.2　政策法规

密码法规是社会信息化密码管理的依据。1999 年 10 月 7 日中华人民共和国国务院第 273 号令发布《商用密码管理条例》(以下简称《条例》),旨在提出适应我国信息化发展的密码工作法规的框架体系和实施步骤,使社会信息化密码管理步入法制化轨道,促进我国的商用密码健康有序发展。

《条例》规定商用密码的范畴为不涉及国家秘密内容的信息进行加密保护或者安全认证所使用的密码技术和密码产品。明确指出商用密码技术为国家秘密,国家对商用密码产品的科研、生产、销售和使用实行专控管理,并指定国家密码管理委员会及其办公室(以下简称国家密码管理机构)主管全国的商用密码管理工作,省、自治区、直辖市负责密码管理的机构根据国家密码管理机构的委托,承担商用密码的有关管理工作。

2005年,国家密码管理局依据《条例》发布了《电子认证服务密码管理办法》,并于2009年8月对该管理办法进行修订。

自《条例》发布之后,国家密码管理局相继发布公告,阐明(补充)商用密码科研、生产、销售、使用,以及进出口的管理规定。可以预见,密码管理法规的建设和进一步完善必将推动商用密码产业发展,增强我国密码产业竞争力。

1.4 习题

1. 判断题

(1) 现代密码学技术现仅用于实现信息通信保密的功能。( )
(2) 密码技术是一个古老的技术,所以,密码学发展史早于信息安全发展史。( )
(3) 密码学是保障信息安全的核心技术,信息安全是密码学研究与发展的目的。( )
(4) 密码学是对信息安全各方面的研究,能够解决所有信息安全的问题。( )
(5) 从密码学的发展历史可以看出,整个密码学的发展史符合历史发展规律和人类对客观事物的认识规律。( )
(6) 信息隐藏技术其实也是一种信息保密技术。( )
(7) 传统密码系统本质上均属于对称密码学范畴。( )
(8) 早期密码的研究基本上是秘密地进行的,而密码学的真正蓬勃发展和广泛应用源于计算机网络的普及和发展。( )
(9) 1976年后,美国数据加密标准(DES)的公布使密码学的研究公开,从而开创了现代密码学的新纪元,是密码学发展史上的一次质的飞跃。( )
(10) 密码标准化工作是一项长期的、艰巨的基础性工作,也是衡量国家商用密码发展水平的重要标志。( )

2. 选择题

(1) 1949年,( )发表题为《保密系统的通信理论》,为密码系统建立了理论基础,从此密码学成了一门科学。
  A. Shannon   B. Diffie   C. Hellman   D. Shamir
(2) 截取的攻击形式是针对信息( )的攻击。
  A. 机密性   B. 完整性   C. 认证性   D. 不可抵赖性
(3) 篡改的攻击形式是针对信息( )的攻击。
  A. 机密性   B. 完整性   C. 认证性   D. 不可抵赖性
(4) 伪造的攻击形式是针对信息( )的攻击。
  A. 机密性   B. 完整性   C. 认证性   D. 不可抵赖性
(5) 在公钥密码思想提出大约一年后的1978年,美国麻省理工学院的Rivest、( )和Adleman提出RSA的公钥密码体制,这是迄今为止第一个成熟的、实际应用最广的公钥密码体制。
  A. Shannon   B. Diffie   C. Hellman   D. Shamir

3．填空题

（1）信息安全的主要目标是指_____、_____、_____和_____、可用性。

（2）经典的信息安全三要素——_____、_____和_____，是信息安全的核心原则。

（3）根据对信息流造成的影响，可以把攻击分为五类：_____、_____、_____、_____和重放，进一步可概括为两类：_____和_____。

（4）1949年，香农发表题为_____，为密码系统建立了理论基础，从此密码学成了一门科学。

（5）密码学的发展大致经历了两个阶段：_____、_____。

（6）1976年，W. Diffie 和 M. Hellman 在_____一文中提出了公开密钥密码的思想，从而开创了现代密码学的新领域。

（7）密码学的发展过程中，两个质的飞跃分别指_____和_____。

（8）_____是社会信息化密码管理的依据。

4．术语解释

（1）机密性

（2）完整性

（3）认证性

（4）不可抵赖性

5．简答题

（1）信息安全中常用的攻击分别指是什么？分别使用什么密码技术能抵御这些攻击。

（2）简述密码学和信息安全的关系。

（3）简述目前对信息攻击的主要形式。

（4）简述密码学发展史。

（5）简述密码标准和密码法律法规的作用和意义。

第 2 章 密码学基础

密码学是一门交叉学科,涉及数论、近世代数、概率论等多种数学知识,这部分的内容请读者参阅相关数学书籍。本章从密码编码和密码分析两个方面,介绍密码学的基本模型和概念。之后,引入信息论和复杂度理论的一些基础概念,并借助这些理论来刻画密码体制的安全性。

2.1 密码学分类

密码学(Cryptology)是研究信息及信息系统安全的科学,它起源于保密通信技术。密码学又分为密码编码学(Cryptography)和密码分析学(Cryptanalysis)。研究如何对信息编码以实现信息和通信安全的科学称为密码编码学;研究如何破解或攻击受保护的信息的科学称为密码分析学。

2.1.1 密码编码学

从安全目标来看,编码学又主要分为保密体制和认证体制。顾名思义,保密体制的主要作用是保障消息不被攻击者窃取,具体由对称加密体制和非对称加密体制来实现。而认证又分为消息认证和实体认证,消息认证主要保障消息源不可被假冒,通常由消息认证码体制和数字签名方案来实现;而实体认证保障交互者可以确认对方身份的真实性,通常由身份鉴别(认证)协议来实现。另一方面,上述密码体制的安全性都基于密钥的安全性,所以密钥管理技术既是所有体制的基石,它本身又依赖于加密和认证等基本密码技术来实现。如图 2-1 所示现代密码学研究的相关内容,中间部分(现代密码学)是本书介绍的主要内容。

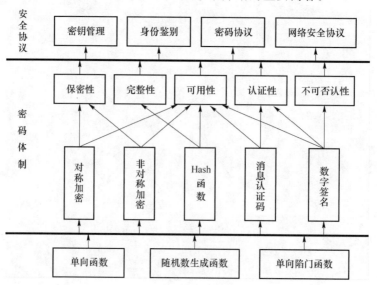

图 2-1　现代密码学研究的相关内容

从使用密钥策略上,可分为对称密码体制(Symmetric Key Cryptosystem)和非对称密码体制(Asymmetric Key Cryptosystem)(亦称公钥密码体制)两类。

1. 对称密码体制

在对称密码体制中,使用的密钥必须完全保密,且要求加密密钥和解密密钥相同,或由其中的一个可以很容易地推出另一个。所以,对称密码体制又称为秘密密钥密码体制(Secret Key Cryptosystem)、单钥密码体制(One Key Cryptosystem)或传统密码体制(Traditional Cryptosystem)(这是因为传统密码都属于对称密码体制)。

以对称保密体制为例,它就如同现实生活中的保密箱。一般来说,保密箱上的锁有多把相同的钥匙。发送方把消息放入保密箱并用锁锁上,然后不仅把保密箱发送给接收方,而且还要把钥匙通过安全通道送给接收方,当接收方收到保密箱后,再用收到的钥匙打开保密箱,从而获得消息。

对称密码体制的优点是以下几点。

(1) 运算速度都比较快,具有很高的数据吞吐率。不仅软件能实现较高的吞吐率,而且还易于硬件实现。

(2) 对称密码体制中使用的密钥相对较短。

(3) 对称保密体制的密文的长度往往与明文长度相同,或扩张较小。

对称密码体制的缺点是以下几点。

(1) 密钥分发需要安全通道。发送方如何安全、高效地把密钥送到接收方是对称密码体制的软肋,往往需要付出的代价较高(需要"安全通道")。

(2) 密钥量大,难于管理。n 个人用对称密码体制相互通信,两两需要共享一对对称密钥,则总共需要 C_n^2 个密钥,每个人拥有 $n-1$ 个密钥,当 n 较大时,将极大地增加密钥管理(包括密钥的生成、使用、存储、备份、存档、更新、撤销等)的复杂性。

(3) 难以解决不可否认问题。因为通信双方拥有同样的密钥,所以接收方可以否认接收到某消息,发送方也可以否认发送过某消息,即对称密码体制很难解决消息源认证和不可否认性的问题。

2. 非对称密码体制

非对称密码体制中使用的密钥有两个,一个是对外公开的公钥,可以像电话号码一样进行注册公布;另一个是必须保密的私钥,只有拥有者才知道。不能从公钥推出私钥,或者说从公钥推出私钥在计算上困难,非对称密码体制又称为双钥密码体制(Double Key Cryptosystem)或公开密钥密码体制(Public Key Cryptosystem)。

非对称保密体制就如同大家都熟悉的电子邮件机制,每个人的 Email 是公开的,发信人根据公开的 Email 向指定人发送信息,而只有 Email 的合法用户(知道口令)才可以打开这个 Email 并获得消息。上述中 Email 地址可以看作是公钥,而 Email 的口令可看作私钥。发件人把信件发送给指定的 Email,只有知道这个 Email 口令的用户才能进入这个信箱。

非对称密码体制主要是为了解决对称密码体制的缺陷而提出:其一是为了解决对称密码体制中密钥分发和管理的问题;其二是为了解决不可否认的问题。公钥密码体制不仅可用来对信息进行加密,还可对信息进行数字签名。在非对称加密算法中,任何人可用信息接收者的公钥对信息进行加密,信息接收者则用他的私钥进行解密。而在数字签名算法中,签名者用他的私钥对信息进行签名,任何人可用他相应的公钥验证其签名的有效性。因此,非对称密码体制不仅可保障信息的机密性,还具有认证和抗否认性的功能。

非对称密码体制的优点是以下几个方面。

(1) 密钥的分发相对容易。在非对称密码体制中,公钥是公开的,而用公钥加密的信息只有对应的私钥才能解开,所以,当用户需要与对方发送对称密钥时,只需利用对方公钥加密这个密钥,而这个加密信息只有拥有相应私钥的对方才能解开并得到对称密钥。

(2) 密钥管理简单。每个用户只需保存好自己的私钥,对外公布自己的公钥,则 n 个用户仅需产生 n 对密钥,即密钥总量为 $2n$,当 n 较大时,密钥总量的增长是线性的,而每个用户管理密钥个数始终为一个。

(3) 可以有效地实现数字签名。这是因为消息签名的产生来自于用户的私钥,其验证使用了用户的公钥,由此可以解决信息的不可否认性问题。

非对称密码体制的缺点是以下几个方面。

(1) 与对称密码体制相比,非对称密码体制运算速度较慢。

(2) 同等安全强度下,非对称密码体制要求的密钥位数要多一些。

(3) 非对称保密体制中,密文的长度往往大于明文长度。

2.1.2 密码分析学

密码分析学与密码编码学是一对孪生兄弟,几乎是伴随着密码编码学的产生而产生的,它是研究如何分析或破解各种密码体制的一门科学。密码分析俗称为密码破译,攻击者所采用的密码体制细节在密码学发展不同时期处理方式有较大差异,传统密码时期是不公开的,而现代密码时期,设计和使用密码系统时必须遵守柯克霍夫原则(Kerckhoffs Principle)。柯克霍夫原则也称为柯克霍夫假设(Kerckhoffs Assumption),或称为柯克霍夫公理(Kerckhoffs Axiom),是荷兰密码学家奥古斯特·柯克霍夫(Auguste Kerckhoffs)于1883年在其名著《军事密码学》中阐明的关于密码分析的一个基本假设:秘密必须完全寓于密钥中,即加密和解密算法的安全性取决于密钥的安全性,而加密/解密的过程和细节(算法的实现过程)是公开的,只要密钥是安全的,则攻击者就无法推导出明文。

"如果许多聪明人都不能解决的问题,那么它可能不会很快得到解决",这是密码学界普遍承认的一个事实,它暗示很多密码算法的安全性并没有在理论上得到严格的证明,只是这种算法经过许多人若干年的攻击并没有发现其弱点或漏洞,没有找到攻击它的有效方法,从而认为它是安全的。

随着密码分析学的兴起,密码学家一直在寻求刻画密码体制安全性的理论证明方法,目前评价密码体制的安全性主要有两种方法:无条件安全性和有条件安全性,无条件安全性又叫作理论安全性,有条件安全性又称作实际安全性。

若在一种密码体制中,密码破译者无论知道多少密文以及采用何种方法都得不到明文或是密钥的信息,即具有无限计算资源(诸如时间、空间、资金和设备等)的密码分析者也无法破解该密码系统,则称其具有无条件安全性,也就是说无条件安全性与攻击者的计算能力和时间无关。有条件安全性是根据破解密码系统所需的计算量来评价其安全性,它又分为计算安全性和实际安全性。

1949年,香农证明了一次一密体制(即密钥长度至少和明文一样长的密码体制)是无条件安全的(参见 2.2 节)。这种密码体制虽然具有计算简单和难于破解等优点,但这种密码体制在现实中并不适用,因为无条件安全密码体制会给密钥管理带来非常大的困难甚至无法解决这个困难。

若破解一个密码系统是可行的,但使用已知的算法和现有计算工具不可能完成攻击所要求的计算量,则称该密码体制是计算上安全。换句话说,这里假设攻击者的计算能力有上限,是当时计算工具所能达到的最大计算能力。目前使用的密码体制都属于这个范畴。

此外,在实际应用场合中考量密码体制的安全性时,攻击者的能力可能会进一步受到限制:

(1) 破解密码系统的成本不能超过被加密信息本身的价值;
(2) 破译密码系统的时间不能超过被加密信息的有效生命周期。

在上面两个条件约束下,攻击者无法破译的密码体制,称其满足实际安全性。

在实际中,分析密码系统的安全性是一件十分困难的事。通常有如下几种方法:(1)根据攻击方法直接估算破解所需要付出的成本或时间,如估算穷举搜索攻击的计算和存储量;(2)使用信息熵理论估计系统安全性,2.2节和2.3节具体介绍;(3)借助复杂度理论将某种密码体制的破解问题规约为一个数学难题的求解问题,参见2.4节。

2.1.3 保密体制模型

密码学实际上是应用数学和计算机科学的一个分支。数学理论在当前的密码学研究中发挥着重要作用,包括数论、群论、组合逻辑、复杂度理论、遍历理论及信息论等。对于计算机学科而言,密码学与操作系统、数据库、计算机网络联系非常紧密。

定义 2.1 一个保密体制或保密系统是指由明文、密文、加密密钥、解密密钥、加密算法和解密算法组成的六元组。

明文是指未经过任何伪装或隐藏技术处理的消息,也就是加密输入的原始消息形式,通常用 m(Message)或 p(Plaintext)表示。所有可能明文的有限集组成明文空间,通常用 M 或 P 表示。

密文是明文加密后的消息,即消息加密处理后的形式,通常用 c(Ciphertext)表示。所有可能密文的有限集组成密文空间,通常用 C 表示。

密钥是指进行加解密操作所需要的秘密/公开参数或关键信息,通常用 k(Key)表示,所有可能密钥的有限集称为密钥空间,一般用字母 K 表示。根据密钥作用不同,又分为加密密钥空间 K_1 和解密密钥空间 K_2。

加密算法是在密钥的作用下将明文消息从明文空间对应到密文空间的一种变换,该变换过程称为加密,通常用字母 E 表示,即 $c=E_k(m)$。

解密算法是在密钥的作用下将密文消息从密文空间对应到明文空间的一种变换,该变换过程称为解密,通常用字母 D 表示,即 $m=D_k(c)$。

图 2-2 是一个最基本的保密体制模型。在对称保密体制中,加密密钥 k_1 和解密密钥 k_2 相同,或者虽然不相同,但由其中的一个可以很容易地推出另一个,通常情况下,加密算法是解密算法的逆过程或是逆函数。在公钥加密体制中,作为公钥的加密密钥 k_1 和作为私钥的解密密钥 k_2 在本质上是完全不同的,并且从公钥很难推出私钥。

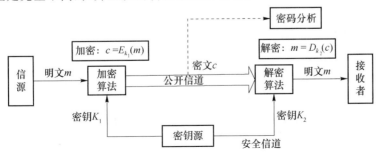

图 2-2 保密通信系统模型

2.1.4 保密体制的安全性

密码体制的安全性依赖于密钥的安全性，破解保密体制就是获得密钥或推导出明文。根据被破解的目标，Lars Knudsen 将密码体制分为不同的安全等级，按照安全性递减顺序进行如下划分。

(1) 全部破解(Total Break)：密码分析者找到密钥 k。

(2) 全盘推导(Global Deduction)：密码分析者找到一个替代算法，使得可以在不知道密钥 k 的情况下通过替代算法恢复任意密文对应的明文。

(3) 实例推导(Instance Deduction)：密码分析者从截获的密文中恢复明文。

(4) 信息推导(Information Deduction)：密码分析者获得一些有关密钥或明文的信息，这些信息可能是密钥的几个位、有关明文格式的信息等。

本质上讲，解密或密码破解是密码分析者试图在不知道密钥的情况下，从截取的密文恢复出明文信息或密钥的过程，但密码分析者具备的条件是不尽相同的，根据密码分析者可获得的密码分析的信息量把密码体制的攻击划分为以下五种类型。

(1) 唯密文攻击(Ciphertext Only Attack)。密码分析者除了拥有截获的密文外(密码算法是公开的，以下同)，没有其他可以利用的信息。密码分析者的任务是恢复尽可能多的明文，或者最好是能推算出秘密密钥，以便可采用相同的密钥解出其他被加密的信息。这种攻击的方法一般采用穷举搜索法，即对截获的密文依次用所有的密钥尝试，直到得到有意义的明文。只要有足够多的计算资源和存储资源，理论上穷举搜索是可以成功的，但实际上，任何一种能保障安全要求的复杂度都是实际攻击者无法承受的。在这种条件下进行密码破译是最困难的，经不起这种攻击的密码体制被认为是不安全的。

(2) 已知明文攻击(Known Plaintext Attack)。密码分析者不仅掌握了相当数量的密文，还有一些已知的明-密文对可供利用。在现实中，密码分析者可能通过各种手段得到更多的信息，即得到若干个明-密文对并不是十分困难的事，例如明文消息往往采用某种特定的格式，如 postscript 格式文件开始位置的格式总是相同的，电子现金传送消息总有一个标准的报头或标题等。对于现代密码体制的基本要求：不仅要经受得住唯密文攻击，而且要经受得住已知明文攻击。

(3) 选择明文攻击(Chosen Plaintext Attack)。密码分析者不仅能够获得一定数量的明-密文对，还可以选择任何明文并得到使用同一未知密钥加密的相应密文。如果攻击者在加密系统中能选择特定的明文消息，则通过该明文消息对应的密文有可能确定密钥的结构或获取更多关于密钥的信息。选择明文攻击比已知明文攻击更具有威胁性，这种情况往往是密码分析者通过某种手段暂时控制加密机。

(4) 选择密文攻击(Chosen Ciphertext Attack)。密码分析者能选择不同的被加密的密文，并还可得到对应的明文。如果攻击者能从密文中选择特定的密文消息，则通过该密文消息对应的明文有可能推导出密钥的结构或产生更多关于密钥的信息。这种情况往往是密码分析者通过某种手段暂时控制解密机。公开密钥算法必须经受住这种攻击。

(5) 选择文本攻击(Chosen Text Attack)。它是选择明文攻击和选择密文攻击的组合，即密码分析者在掌握密码算法的前提下，不仅能够选择明文并得到对应的密文，而且还能选择密文得到对应的明文。这种情况往往是密码分析者通过某种手段暂时控制加密机和解密机。

上述攻击的目的是导出用来解密的密钥或新的密文所对应的明文信息。这五种攻击的强度通常是依次递增的，譬如，如果一个密码系统能够抵御选择明文攻击，那么它就能抵抗已知明文攻击、唯密文攻击这两种攻击。当然,密码体制的攻击绝不限于以上五种类型,而且还包括一些非技术手段,如密码分析者通过威胁、勒索、贿赂、购买等方式获取密钥或相关信息,而且,这些手段往往是非常有效的攻击,但这不是本书所关注的内容。

2.1.5 认证体制模型

密码学中认证体制包括实体认证和消息认证,这里主要讨论消息认证,如无特别说明,下面提到的认证体制(系统或模型)均指消息认证。

目前的认证系统模型主要有两种:一种是无仲裁者的认证系统模型,该模型中,系统的参与方包括消息的发送者、接收者和攻击者,其中消息的发送者和接收者之间互相信任,他们共享相同的秘密信息;另一种是有仲裁者的认证系统模型,在这种模型中,系统的参与方除了消息的发送者、接收者和攻击者以外,还有仲裁者的参与,此时消息的发送者和接收者之间互相不信任,但他们都信任仲裁者,仲裁者与消息的发送者和接收者之间共享秘密信息,并不进行任意的欺骗行为。

消息的认证性和隐私性是信息安全的两个不同方面,认证码可以具有隐私保密功能,也可能没有保密功能。一个无仲裁者的认证系统模型如图2-3所示。在这个系统中,发送者和接收者之间相互信任,并共享秘密信息。攻击者不仅可以被动截获和分析信道中传送的消息,而且可以主动伪造消息发送给接收者进行欺诈。认证系统的目标是能使发送者通过一个公开无干扰信道将消息发送给接收者,接收者能够确认消息是否来自发送者以及消息是否被敌手篡改过。

定义 2.2 一个不具隐私保密功能、无仲裁者的认证系统可由满足下列条件的四元组(S, A, K, ε)来描述:

(1) S是所有可能的信源状态组成的有限集,称为信源集;
(2) A是所有可能的认证标签组成的有限集,称为标签集;
(3) K是所有可能的密钥组成的有限集,称为密钥空间;
(4) 对每一个密钥$k \in K$,有一个认证规则$e_k \in \varepsilon: S \to A$。

消息集M定义为$M = S \times A$,发送者和接收者采用下列协议来传送消息。首先,他们秘密选择并共享随机密钥$k \in K$;其次,假设发送者想在一个不安全的信道上给接收者传送一个信源状态$s \in S$,发送者计算$a = e_k(s)$,并把消息(s, a)发送给接收者。当接收者收到消息(s, a)时,他计算$a' = e_k(s)$,如果$a' = a$,那么他确认消息是可靠的,并接收该消息,否则他拒绝接收该消息。

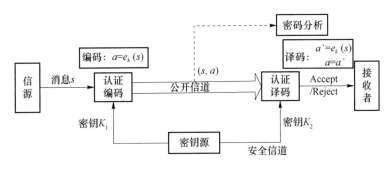

图 2-3 认证通信系统模型

图 2-3是一个认证通信系统模型。在对称认证体制中,认证编码密钥k_1和认证译码密钥

k_2 相同,通常情况下,编码算法和译码算法的前半部分相同。在非对称体制中,著名的认证体制是数字签名算法,其中作为私钥的编码密钥 k_1 和作为公钥的译码密钥 k_2 在本质上是完全不同的,并且从公钥很难推出私钥,另外,编码算法和译码算法差异较大。

目前广泛使用的基于对称认证体制的主要是消息认证码,其概念首次由 Gilbert、MacWilliams、Sloane 于 1974 年提出,后来由 Simmons 等人完善了认证码的理论。非对称的消息认证技术代表为数字签名体制,其概念由 Diffie 和 Hellman 于 1976 年公开提出,1978 年 RSA 加密算法诞生后,密码学家发现,它也可以被用来实现数字签名功能。

2.1.6 认证体制的安全性

消息认证的主要目标是保障攻击者不能篡改、替换信道上消息,更不能冒充他人生成不存在的消息。目标实现方式是在消息后附一段认证标签,而这段字符只有拥有共享密钥(或私钥)的合法用户才能生成。故而,攻击者的目的就是通过分析,获得共享密钥(或私钥),或者对于一个新消息,生成可以被接收者接收的伪造标签。

1988 年,Goldwasser、Micali 和 Rivest 首次给出数字签名体制的粗略的安全需求,同样根据攻击目标和攻击方法,对签名体制的攻击可以被分为几个层次。依据攻击目标不同可以将其分为四类。

(1) 完全摧毁:攻击者获得了签名者的私钥。

(2) 一般性伪造:攻击者有一个有效的、可以对任意消息进行签名的算法。

(3) 选择性伪造:攻击者拥有一个可以对于某个消息集合中的任意消息进行签名的算法。这个消息集合通常是由攻击者事先选定的期望消息的集合。

(4) 存在性伪造:攻击者可以提供一个新的消息及其签名。因为在这种伪造下,攻击者提供的消息绝大多数没有意义,所以存在性伪造对体制而言没有危险。但由于签名体制可能被用来构建协议,协议的应用环境是非常复杂的,因此为了保证协议的安全,完全有必要要求签名体制是存在性不可伪造的。

同样,为了达到上述目的,攻击者除了获得认证编码和译码算法,还需要获取一些其他资源,根据攻击能力不同可以大致分为被动攻击和主动攻击。被动攻击是说攻击者仅知道签名者的公钥,或者还知道一些消息和相应的签名。主动攻击是说攻击者可以选择消息集合,并获得相应的消息签名。依据攻击者的资源,可以把攻击分为五类。

(1) 唯密钥攻击。攻击者仅知道签名者的公钥。

(2) 已知消息攻击。攻击者可以获得一些消息和相应的签名,但没有选择它们的权利。

(3) 一般的选择消息攻击。攻击者可以选择将获得签名的消息,但选择必须在知道签名者的公钥之前完成。称之为一般的,是因为攻击者对待签消息选择和签名者无关。

(4) 特殊的选择消息攻击。攻击者可以选择将获得签名的消息,而且是在知道签名者的公钥后选择的,但其选择是一次性的,即一次性选择所有将获得签名的消息。称之为特殊的,是因为这种攻击和签名者有关。

(5) 自适应的选择消息攻击。攻击者已知签名者的公钥,而且他可以让签名者对任何消息签名,于是攻击者能够依据他已获得的签名选择后面将要获得签名的消息。

通常情况下,评价一个签名体制是否安全,往往要求攻击者具有强大的攻击能力而连最弱的攻击结果也得不到。在数字签名体制中,如果在自适应的选择消息攻击下,攻击者进行存在性伪造是计算不可行的,则称签名体制是安全的。

消息认证码的攻击目标和攻击方法与数字签名体制类似,不同之处在于以下两点。

(1) 攻击目标是获取共享密钥或伪造消息的正确认证标签。

(2) 攻击者在进行攻击之前,不可能获得共享密钥的任何信息。也就是说,对应于唯密钥攻击,这里的攻击者只知道认证编码和译码算法。而一般选择消息攻击和特殊选择消息攻击不再有区别,一般统称为选择消息攻击。

同样地,安全的消息认证体制,也要求在自适应的选择消息攻击下,攻击者进行存在性伪造是计算不可行的。

2.2 香农理论

1949 年,香农在 *Bell Systems Technical Journal* 上发表题为 *Communication Theory of Secrecy Systems*(保密系统的通信理论)的论文。此文从信息论的角度对保密通信问题做了全面的阐述,建立了保密通信系统的数学理论,它对后来密码学的发展产生了巨大影响。普遍认为,香农把密码学从艺术(富有创造性的方式、方法)转变为科学,他也因此被称为现代密码学之父。本节简要介绍香农在信息论和密码学理论上的一些重要思想,这些思想是现代密码学的基石。

2.2.1 熵及其性质

香农最早提出了概率信息的概念,故又称香农信息或狭义信息。香农从随机不确定性和概率测度的角度来诠释信息。从信息所具有的随机性出发,他为信源确定了一个与统计力学中的熵相似的度量,称为信息熵。下面首先从编码角度来理解信息熵。

例如,假设消息是 1 年 12 个月中的某个月,那么可以将其按表 2-1 方式对月份编码。

表 2-1 12 月份的编码

一月	二月	三月	四月	五月	六月	七月	八月	九月	十月	十一月	十二月
0001	0010	0011	0100	0101	0110	0111	1000	1001	1010	1011	1100

根据计算机存储的定义,1 位二进制数称为 1 个比特(bit),从而可用 4 比特来储存此消息。

一般地,如果一个随机事件有 2^n 种等可能的结果,那么对其编码恰需要 n 位二进制数,即 n 比特来储存消息。

因此,可以把对所有可能消息的最小二进制编码位数近似看作该随机事件的熵,记为 H。对于上面的例子分别有 $H<4$ 和 $H=\log_2 2^n=n$。

从上面的描述,相信读者对熵已有较简单的认识。下面从概率论角度来严格定义熵。

定义 2.3 随机事件 x_i 发生概率的对数的相反数定义为该随机事件的自信息量,记作 $I(x_i)$。设 x_i 的发生概率为 $p(x_i)$,则其自信息为

$$I(x_i) = -\log_2 p(x_i)。$$

当 $p(x_i)=0$,即随机事件 x_i 不发生时,$I(x_i)$ 定义为无限大;当 $p(x_i)=1$,即随机事件为确定事件必然发生时,$I(x_i)=0$;对于 $0<p(x_i)<1$,$I(x_i)$ 非负。

在此定义中,对数的底决定自信息量的单位。如果以 2 为底,信息量的单位记为比特(bit);如果以 e 为底数(自然对数),则自信息量的单位记为奈特(nat)。本书中统一以 2 为底。

假设信源 X 发出一系列消息 x_i,$i=1,2,\cdots$,那么自信息量 $I(x_i)$ 描述了信源 X 发出 x_i

所含有的信息量。然而不同消息所含有的信息量可能不同,因此自信息量是一个不确定量,它不能用来测量整个信源的信息。这样,引入平均自信息量,即信息熵。

定义 2.4 设随机变量 X 取值于 $\{x_i | i=1,2,\cdots,n\}$,x_i 出现的概率为 $p(x_i)$,$\sum_{i=1}^{n} p(x_i) = 1$。那么所有可能事件 x_i 的自信息量 $I(x_i)$ 的加权平均定义为随机变量 X 的信息熵,简称熵,记为 $H(X)$。即:

$$H(X) = \sum_{i=1}^{n} p(x_i) I(x_i) = -\sum_{i=1}^{n} p(x_i) \log_2 p(x_i)$$

为方便起见,约定 $p(x_i)=0$ 时,$p(x_i)\log_2 p(x_i)=0$。

$H(X)$ 表示集 X 中事件出现的平均不确定性,或为确定集 X 中出现一个事件平均所需的信息量(观测前),或集 X 中每出现一个事件平均给出的信息量(观测之后)。

为了推导熵的一些基本性质,首先介绍一个重要的不等式——Jensen 不等式。Jensen 不等式在信息论中具有广泛的应用,其涉及凸函数的概念。一个实值函数 f 称为在区间 I 上是凸的,如果对所有的 $x, y \in I$,有 $f((x+y)/2) \geqslant (f(x)+f(y))/2$。如果不等式严格成立,则称 f 在区间 I 上是严格凸函数。

引理(Jensen 不等式) 假定 f 是区间 I 上的一个连续的严格凸函数,$\sum_{i=1}^{n} a_i = 1$,并且 $a_i > 0$,$1 \leqslant i \leqslant n$。那么有 $\sum_{i=1}^{n} a_i f(x_i) \leqslant f(\sum_{i=1}^{n} a_i x_i)$,其中 $x_i \in I$,当且仅当 $x_1 = x_2 = \cdots = x_n$ 时等号成立。易知函数 $f(x) = \log_2(x)$ 在区间 $I = (0, \infty)$ 上是一个连续的严格凸函数。

定理 2.1 $0 \leqslant H(X) \leqslant \log_2 n$,当且仅当对一切 $1 \leqslant i \leqslant n$,有 $p(x_i) = 1/n$ 时,$H(X) = \log_2 n$。也就是说当概率是均匀分布时,$H(X)$ 最大,也就是不确定性最大。

证明:由 $H(X)$ 的定义知:$H(X) \geqslant 0$。由 Jensen 不等式可得:

$$H(X) = -\sum_{i=1}^{n} p(x_i) \log_2 p(x_i) = \sum_{i=1}^{n} p(x_i) \log_2 \frac{1}{p(x_i)}$$

$$\leqslant \log_2 \sum_{i=1}^{n} p(x_i) \frac{1}{p(x_i)} = \log_2 n$$

而且,当且仅当对一切 $1 \leqslant i \leqslant n$,有 $p(x_i) = 1/n$ 时等号成立。

例 2.1 设 $X = \{x_1, x_2\}$,其概率分布为二项式分布,即:$p(x_1) = p$,$p(x_2) = 1-p = q$,则 X 的熵为 $H(X) = -p\log_2 p - (1-p)\log_2(1-p)$。当 $p=0$ 或 1 时,$H(X) = 0$。此时集合 X 是完全确定的,而当 $p=0.5$ 时,$H(X)$ 取得最大值 1 比特。

上面讨论的是单个离散随机变量概率空间的不确定性度量问题,相当于离散信源的平均信息量,即信息熵。在实际应用中,常需要考虑两个或多个概率空间的信息关系,如联合概率或条件概率,相应的引入了条件熵和联合熵的概念。

定义 2.5 在已知随机事件 y_j 发生条件下,随机事件 x_i 的条件自信息量定义为

$$I(x_i | y_j) = \log_2 p(x_i | y_j)$$

其中 $p(x_i | y_j)$ 为 x_i 在已知 y_j 发生条件下的发生概率。而事件 x_i 和事件 y_j 的联合自信息量定义为

$$I(x_i y_j) = \log_2 p(x_i y_j)$$

其中 $p(x_i y_j)$ 为 x_i 和 y_j 同时发生概率。

类似信息熵定义的引入,下面给出条件熵和联合熵的概念。

定义 2.6 条件自信息量 $I(x|y)$ 的概率加权平均定义为随机变量 X 在随机变量 Y 下的条件熵,用 $H(X|Y)$ 表示,即

$$H(X|Y) = \sum_{XY} p(xy)I(x|y) = -\sum_{XY} p(xy)\log_2 p(x|y)$$

这里 xy 取遍二维联合集 XY 中的所有可能值。

上面的两个式子也称为在联合事件集 XY 中,概率空间 X 相对于 Y 的条件熵。注意条件熵使用联合概率 $p(xy)$ 而不是条件概率 $p(x|y)$ 来作为条件自信息量的加权因子。

当 X 表示信道的输入,Y 表示信道的输出时,条件熵 $H(X|Y)$ 表示由输出 Y 确定输入 X 所存在的不确定性,或者说 X 未被 Y 所泄漏的平均信息量。

定义 2.7 在联合事件集 XY 中,每对联合事件 $x_i y_j$ 的自信息量的概率加权平均值定义为联合熵,记作 $H(X,Y)$,即

$$H(X,Y) = \sum_{xy} p(x_i y_j) I(x_i y_j) = -\sum_{xy} p(x_i y_j) \log_2 p(x_i y_j)$$

联合熵与信息熵、条件熵存在如下的关系。

定理 2.2 $H(X,Y) = H(X) + H(Y|X) = H(Y) + H(X|Y)$。

证明:设 $X=\{x_i | i=1,2,\cdots,n\}$,$Y=\{y_j | j=1,2,\cdots,m\}$,由联合熵的定义知:

$$H(X,Y) = -\sum_{i=1}^{n}\sum_{j=1}^{m} p(x_i y_j) \log_2 p(x_i y_j) = -\sum_{i=1}^{n}\sum_{j=1}^{m} p(x_i y_j) \log_2 (p(y_j)p(x_i|y_j))$$

$$= -\sum_{i=1}^{n}\sum_{j=1}^{m} p(x_i y_j) \log_2 p(y_j) - \sum_{i=1}^{n}\sum_{j=1}^{m} p(x_i y_j) \log_2 p(x_i|y_j)$$

$$= -\sum_{j=1}^{m} p(y_j) \log_2 p(y_j) - \sum_{i=1}^{n}\sum_{j=1}^{m} p(x_i y_j) \log_2 p(x_i|y_j)$$

$$= H(Y) + H(X|Y)$$

同理,可以证明 $H(XY) = H(X) + H(Y|X)$。

定理 2.3 $H(XY) \leqslant H(X) + H(Y)$,当且仅当 X 和 Y 统计独立时等号成立。

证明:由概率知识可知:

$$p(x_i) = \sum_{j=1}^{m} p(x_i y_j), \quad p(y_j) = \sum_{i=1}^{n} p(x_i y_j), \quad 1 \leqslant i \leqslant n, 1 \leqslant j \leqslant m$$

结合联合熵的定义和 Jensen 不等式有:

$$H(X,Y) - (H(X) + H(Y)) = -\sum_{i=1}^{n}\sum_{j=1}^{m} p(x_i y_j) \log_2 p(x_i y_j) + \sum_{i=1}^{n} p(x_i) \log_2 p(x_i)$$

$$+ \sum_{j=1}^{m} p(y_j) \log_2 p(y_j)$$

$$= -\sum_{i=1}^{n}\sum_{j=1}^{m} p(x_i y_j) \log_2 p(x_i y_j)$$

$$+ \sum_{i=1}^{n}\sum_{j=1}^{m} p(x_i y_j) \log_2 (p(x_i) p(y_j))$$

$$= \sum_{i=1}^{n}\sum_{j=1}^{m} p(x_i y_j) \log_2 \frac{p(x_i) p(y_j)}{p(x_i y_j)}$$

$$\leqslant \log_2 \sum_{i=1}^{n}\sum_{j=1}^{m} p(x_i) p(y_j) = 0$$

等号成立当且仅当对所有的 $1 \leqslant i \leqslant n, 1 \leqslant j \leqslant m$,有 $p(x_i)p(y_j) = cp(x_i y_j)$,其中 c 是一个

常数。又 $\sum_{i=1}^{n}\sum_{j=1}^{m}p(x_iy_j) = \sum_{i=1}^{n}\sum_{j=1}^{m}p(x_i)p(y_j) = 1$，所以 $c=1$。故等号成立时当且仅当对所有 $1\leqslant i\leqslant n, 1\leqslant j\leqslant m$，有 $p(x_i)p(y_j)=p(x_iy_j)$，即 X 和 Y 统计独立。证毕。

由定理 2.2 和 2.3，易得到如下的定理。

定理 2.4 $H(Y\mid X) \leqslant H(Y)$，当且仅当 X 和 Y 独立时等号成立。也就是说新信息的引入不会增加原有事件的不确定性。

下面给出接收者从信息的发送接收过程中，能接收到的信息量，也就是互信息的相关概念。

定义 2.8 随机事件 x_i 和随机事件 y_j 的互信息量 $I(x_i;y_j)$ 定义为

$$I(x_i;y_j) = \log_2 \frac{p(x_i\mid y_j)}{p(x_i)}$$

同样的，可以给出考虑三个概率空间时的条件互信息定义。

定义 2.9 在随机事件 z_k 发生条件下，事件 x_i 与 y_j 之间的互信息量为条件互信息量，记为 $I(x_i;y_j\mid z_k)$，即

$$I(x_i;y_j\mid z_k)=\log_2 \frac{p(x_i\mid y_jz_k)}{p(x_i\mid z_k)}$$

互信息 $I(x_i;y_j)$ 表示观测到 y_j 后获得的关于事件 x_i 的信息量，对上式变形可以得到

$$\begin{aligned}I(x_i;y_j) &= -\log_2 p(x_i)-[-\log_2 p(x_i\mid y_j)] = I(x_i)-I(x_i\mid y_j)\\&= \log_2\frac{p(x_iy_j)}{p(x_i)p(y_j)} = \log_2\frac{p(y_j\mid x_i)}{p(y_j)}\\&= I(y_j)-I(y_j\mid x_i)=I(y_j;x_i)\end{aligned}$$

由此可得以下定理。

定理 2.5 互信息量是对称的，$I(x;y)=I(y;x)$。

简单地说，互信息量刻画了 A 事件对 B 事件的不确定性的影响。事件 B 的确定信息或多或少会影响到对 A 事件的判断，从而 A 与 B 的互信息量描述了事件 A 的先验不确定性被事件 B 的信息所抵消后的剩余不确定性。由互信息量的定义，很容易得到如下的两个定理。

定理 2.6 任何两个事件之间的互信息量不可能大于其中任一事件的自信息量。

定理 2.7 互信息量可正可负。互信息量为正，意味着获得事件 y_j 的信息有助于消除事件 x_i 的不确定性；反之，则是不利的。

定义 2.10 在联合随机事件集 XY 上，由随机事件 y_j 提供的关于 X 的平均条件互信息量等于由 y_j 所提供的互信息量 $I(x_i;y_j)$ 在整个 X 中以后验概率加权的平均值，记为 $I(X;y_j)$，即：

$$I(X;y_j) = \sum_{x\in X}p(x_i\mid y_j)I(x_i;y_j) = \sum_{x\in X}p(x_i\mid y_j)\log_2 \frac{p(x_i\mid y_j)}{p(x_i)}$$

定义 2.11 互信息量 $I(X;y_j)$ 在整个事件集 Y 上的概率加权平均值定义为平均互信息量，用 $I(X;Y)$ 表示，即

$$I(X;Y) = \sum_{y\in Y}p(y_j)I(X;y_j) = \sum_{xy\in XY}p(x_iy_j)\log_2 \frac{p(x_i\mid y_j)}{p(x_i)}$$

也可定义为

$$I(X;Y) = \sum_{xy\in XY}p(x_iy_j)I(x_i;y_j)$$

当 x_i 和 y_j 相互独立时，$I(x_i;y_j)=0(i,j=1,2,\cdots)$，且 $I(X;Y)=0$。

定理 2.8 平均互信息和熵、条件熵的关系为：

$$I(X;Y) = H(X) - H(X|Y) = H(Y) - H(Y|X)$$

证明：由定义知：

$$I(X;Y) = \sum_{xy \in XY} p(x_i y_j) \log_2 \frac{p(x_i|y_j)}{p(x_i)} = \sum_{xy \in XY} p(x_i y_j) \log_2 p(x_i|y_j)$$
$$- \sum_{xy \in XY} p(x_i y_j) \log_2 p(x_i) = \sum_{xy \in XY} p(x_i y_j) \log_2 p(x_i|y_j)$$
$$- \sum_{x \in X} p(x_i) \log_2 p(x_i)$$
$$= H(X) - H(X|Y)$$

同理可证 $I(X;Y) = H(Y) - H(Y|X)$ 成立。

由定理 2.2 和定理 2.8，可得如下定理 2.9。

定理 2.9 平均互信息和熵、联合熵的关系为：

$$I(X;Y) = H(X) + H(Y) - H(X,Y)$$

熵、条件熵与互信息之间的关系可用如图 2-4 所示韦式图来表示。

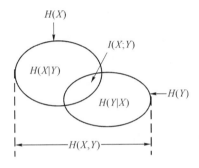

图 2-4 各类熵之间的关系图

定义 2.12 在通信中，X 表示一个系统的输入空间，Y 表示系统的输出空间。通常将条件熵 $H(X|Y)$ 称作含糊度，将条件熵 $H(Y|X)$ 称为散布度，X 和 Y 之间的平均互信息 $I(X;Y) = H(X) - H(X|Y)$ 称作 X 熵减少量。

2.2.2 完全保密性

传统的通信系统只完成信息的传输，而信息的保密则由密码系统来完成的。通信系统的设计旨在增强传输的稳健性和提高传输效率，即一方面在信道有干扰的情况下，提高接收信息的准确度或降低错误率，另一方面也要提高传输效率；而保密系统的设计目的则在于实现通信内容的保密性，即防止窃听者通过获得信道上的传输信号来恢复原始信息。香农从概率论的角度来研究信息的传输和保密问题，成功描述了密文量与破译密文之间的关系，从而要求密码设计者在设计密码体制时，要尽可能地使破译者从密文中少获得原明文信息。

图 2-2 给出了一个通常的保密通信系统模型，其中信源是产生消息 m 的源。在离散情况下，信源可以产生字母或符号，同时可以用明文概率空间来描述离散的无记忆信源。

设信源字母表为 $M=\{a_i, i=0,1,\cdots,q-1\}$，其中 q 是一个正整数，表示信源字母表中字母个数。字母 a_i 出现的概率记为 $\Pr(a_i)$，$0 \leq \Pr(a_i) \leq 1$，$0 \leq i \leq q-1$，且 $\sum_{i=0}^{q-1} \Pr(a_i) = 1$。设信源产生的任一长为 L 的消息序列为 $m=(m_1, m_2, \cdots, m_L)$，$m_i \in M$，且 $1 \leq i \leq L$，则称 $P=M^L$ 的全体为明文空间，它包含 q^L 个元素。如果信源是有记忆的，需要考虑明文空间 P 中各元素的

概率分布,而当信源无记忆时,$\Pr(m)=\Pr(m_1,m_2,\cdots,m_L)=\prod_{i=1}^{L}\Pr(m_i)$。信源的统计特性对密码的设计和分析有着重要的影响。

密钥通过密钥源产生,其通常是离散的。设密钥字母表为 $B=\{b_t|t=0,1,\cdots,s-1\}$,其中 s 是一个正整数,表示密钥源字母表中字母个数,字母 b_t 出现的概率记为 $\Pr(b_t)$,$0\leqslant\Pr(b_t)\leqslant1,0\leqslant t\leqslant s-1$,且 $\sum_{t=0}^{s-1}\Pr(b_t)=1$。密码设计者一般使密钥源为无记忆的均匀分布源,因此,$\Pr(b_t)=1/s,0\leqslant t\leqslant s-1$,称长为 r 的密钥序列 $k=(k_1,k_2,\cdots,k_r)$ $(k_i\in B,1\leqslant i\leqslant r)$ 的全体为密钥空间 $K=B^r$。一般情况下,明文空间与密钥空间彼此独立,合法接收者知道密钥 k,而密码分析者并不知道密钥 k 的值。

加密变换是将明文空间中的元素 m 在密钥 k 的控制下变成密文 c,即 $c=(c_1,c_2,\cdots,c_{L'})=E_k(m_1,m_2,\cdots,m_L)$,称 c 的全体为密文空间,以 $C=Y^{L'}$ 表示,其中 Y 表示密文字母表。通常密文字母集和明文字母集相同,并且一般有 $L=L'$。在保密系统研究中,一般假定信道是无干扰的,因而对于合法接收者,由于他知道解密变换和密钥,从而易于从密文中得到原来的消息 m,即有 $m=D_k(c)=D_k(E_k(m))$。这里 $E(\cdot)$ 和 $D(\cdot)$ 分别表示加密变换和解密变换。

密文空间的统计特性可以由明文空间和密钥空间的统计特性决定。假定明文 $m\in P$ 发生的概率是 $\Pr(m)$,密钥 k 被选择的概率是 $\Pr(k)$,消息空间和密钥空间独立。对一个密钥 $k\in K$,令 $C_k=\{E_k(m)|m\in P\}$,则对每一个 $c\in C$,有

$$\Pr(c)=\sum_{\{k|c\in C_k\}}\Pr(k)\Pr(D_k(c)) \tag{2-1}$$

又 $\Pr(c|m)=\sum_{\{k|m=D_k(c)\}}\Pr(k)$,从而由 Bayes 公式可得

$$\Pr(m|c)=\frac{\Pr(m)\sum_{\{k|m=D_k(c)\}}\Pr(k)}{\sum_{\{k|c\in C_k\}}\Pr(k)\Pr(D_k(c))} \tag{2-2}$$

从而知道明文空间和密钥空间概率分布的任何人都能确定出密文空间的概率分布和明文空间关于密文空间的条件概率分布。

下面利用上节中信息论相关知识,给出密码系统各部分的熵的关系。给定密码系统 (P,C,K,E,D),P 为明文空间,C 为密文空间,K 为密钥空间,$E(\cdot)$ 为加密函数,$D(\cdot)$ 为解密函数。假设明文空间的熵为 $H(P)$,密文空间的熵为 $H(C)$,密钥空间的熵为 $H(K)$,已知密文条件下明文含糊度为 $H(P|C)$,已知密文条件下的密钥含糊度为 $H(K|C)$。

从唯密文攻击的角度看,当攻击者截获了一个密文,他能获得多少关于明文或密钥的信息呢?首先通过下面的例子说明攻击者通过侦听密文所获得的关于明文的信息量。

例 2.2 假设有 3 个概率分别为 0.5、0.3、0.2 的可能明文 a,b,c 和 2 个概率分别为 0.5、0.5 的密钥 k_1,k_2。假设可能的密文为 U、V、W。令 E_k 为密钥 k 的加密函数,假设

$$E_{k_1}(a)=U,\quad E_{k_1}(b)=V,\quad E_{k_1}(c)=W$$
$$E_{k_2}(a)=U,\quad E_{k_2}(b)=W,\quad E_{k_2}(c)=V$$

设 $p_P(a)$ 表示明文 a 的概率,由公式(2-1)知密文 U 发生概率为:

$$p_C(U)=P_K(k_1)p_P(a)+P_K(k_2)p_P(a)=(0.5)(0.5)+(0.5)(0.5)=0.50$$

类似地,可以算得 $p_C(V)=0.25$ 和 $p_C(W)=0.25$。

假设攻击者截获了一个密文,就能得到关于明文的一些信息。例如,如果密文是 U,那么就立即推断出明文是 a。如果密文是 V,那么明文要么是 b 要么是 c。

更进一步,利用公式(2-2),当密文是 V 时,计算明文是 b 的条件概率为:

$$p(b\mid V)=\frac{p_P(b)p_K(k_1)}{p_C(V)}=\frac{(0.3)(0.5)}{0.25}=0.6$$

类似地,有 $p(c\mid V)=0.4$ 和 $p(a\mid V)=0$。同理可得:$p(a\mid W)=0$,$p(b\mid W)=0.6$,$p(c\mid W)=0.4$。

分别计算明文熵 $H(P)$ 和条件熵 $H(P\mid C)$ 如下:

明文熵: $H(P)=-(0.5\log_2 0.5+0.3\log_2 0.3+0.2\log_2 0.2)=1.485$

已知 C 时 P 的条件熵:

$$H(P\mid C)=-\sum_{x\in\{a,b,c\}}\sum_{y\in\{U,V,W\}}p(y)p(x\mid y)\log_2(p(x\mid y))=0.485$$

可以看出,当密码分析者截获到密文后,也就是密文已知时,明文的不确定性降低了。

一般来说,明文空间与密文空间的互信息 $I(P;C)=H(P)-H(P\mid C)$,它反映了密文空间所包含的明文空间的信息,因此 $I(P;C)$ 最小化是密码系统的一个重要设计目标。如果密文不提供任何关于明文的信息(或者说分析者通过观察密文不能获得任何关于明文的信息),则称保密系统是完全保密的。

定义 2.13 一个保密系统 (P,C,K,E,D),如果满足 $H(P\mid C)=H(P)$ 或者 $I(P;C)=0$,则称其为完全保密系统或者无条件保密系统。

定理 2.10 $I(P;C)\geqslant H(P)-H(K)$。

证明:由加密系统的要求可知,在已知密钥和密文的条件下明文信息量可以完全确定,即有 $H(P\mid CK)=0$。利用熵的基本性质可以推知:

$$H(P\mid C)\leqslant H(P\mid C)+H(K\mid PC)=H(PK\mid C)=H(K\mid C)+H(P\mid CK)$$
$$=H(K\mid C)\leqslant H(K)$$

从而有: $I(P;C)=H(P)-H(P\mid C)\geqslant H(P)-H(K)$

由定义 2.13 知,完全保密的充要条件是 $I(P;C)=0$,由此可得实现完全保密系统的必要条件:$I(P;C)=0\geqslant H(P)-H(K)$,即 $H(P)\leqslant H(K)$。一般情况下,要求密钥空间满足均匀分布(等概率分布),因而,$H(K)=\log_2|K|$,$|K|$ 为密钥空间的大小。要想达到完全保密的通信,明文的熵刻画了系统密钥量的大小。具体来说,密钥量的对数必须不小于明文的熵,由此也可看出,密钥空间的熵越大,越难破译。

完全保密的一个重要实例是一次一密密码体制,这种体制是由维尔曼(Vernam)于1917年提出。在一次一密密码体制中,首先制作一个相当大的不重复的真随机密钥字母集,并将其记在纸上,装订成册。当需要加密时,按顺序用密钥本上的字母同明文字母进行模 26 加法运算。解密方同样按照密钥本上的顺序进行模 26 减法运算进行解密。完成后,双方将密钥本中已经使用的部分销毁。

举例来说,假设密钥本是:XYTBIDEGOBNSDKNGYOWERNG

要加密的明文是 LOVE,故加密过程如下:

$$\begin{array}{r}\text{LOVE}——\text{明文}\\+\text{XYTB}——\text{密钥}\\\hline \text{JNPG}——\text{密文}\end{array}$$

解密过程是进行模 26 减运算:

$$\begin{array}{r}\text{JNPG}——\text{密文}\\-\text{XYTB}——\text{密钥}\\\hline \text{LOVE}——\text{明文}\end{array}$$

加密方完成加密、解密方完成解密后,销毁密钥本的前四个字母,此时密钥本变成
IDEGOBNSDKNGYOWERNG
如果接下来要加密的内容仍然是 LOVE,那么,加密的结果将是 USAL。

显然,如果分析者不能得到密钥本,那么这个方案是完全保密的。由于密钥序列是完全随机的,它和明文(无论随机还是确定的)进行模运算后得到的密文也是完全随机的。即密文信息可能是同长度的任何可能的明文信息,因而分析者得不到有关密文的任何有用信息,也就不可能对密文进行密码分析。

定理 2.11 一次一密具有完全保密性。

证明: 设字母表含 Z 个字母(例如,Z 可能是 2 或 26),明文由长度为 L 的字符串组成,密文的字符串长度也为 L,密钥共有 Z^L 个,每个都由长度为 L 的序列组成,密钥选取随机,因此每个密钥出现的概率是 $1/Z^L$。

设 $D_k(c)$ 表示用密钥 k 解密密文 c 时得到相应明文,因为明文和密钥独立,并且每个密钥有相等的生成概率 $1/Z^L$。令 $c \in C$ 为一个可能的密文,则 c 发生的概率:

$$p_C(c) = \sum_{k \in K} p_P(D_k(c)) p_K(k) = \frac{1}{Z^L} \sum_{k \in K} p_P(D_k(c))$$

由一次一密算法可知:对每个明文 x 和每个密文 c,恰好存在一个密钥 k 使得 $E_k(x) = c$。因此,在上式中若每个 $x \in P$ 恰好出现一次,上式可简化为:$p_C(c) = Z^{-L} \sum_{x \in P} p_P(x) = Z^{-L}$。也就是说,每个密文以等概率出现。

又因为对每一个 $x \in P$ 和 $c \in C$,存在唯一的一个密钥 $k \in K$ 使得 $E_k(m) = c$,所以有 $p_C(c|m) = Z^{-L}$。从而由 Bayes 公式知:

$$p_C(x|c) = \frac{p_P(x) p_C(c|x)}{p_C(c)} = p_P(x)$$

从而可以证明:

$$H(P \mid C) = -\sum_{x \in P, c \in C} p(xc) \log_2(x \mid c)$$

$$= -\sum_{x \in P, c \in C} p(xc) \log_2 p_P(x) = -\sum_{x \in P} p(x) \log_2 p_P(x)$$

$$= H(P)$$

这就证明了一次一密密码系统满足完全保密性。

虽然一次一密体制具有很好的保密特性,但实现却很困难。一方面,该体制中的真随机密钥字母在现实中很难生成;另一方面,该体制所需密钥数量同明文数量一样,也就是说,随着明文的增长,密钥也同步增长,从而对密钥的存储、传输和管理都带来了很大的难度。此外,接收方和发送方的同步问题也很难解决。总之,一次一密体制的成本很高,较难实现,不适合于广泛使用。不过,在外交和军事场合,一次一密体制仍然有重要的用途。

2.2.3 冗余度、唯一解距离与理想保密性

上节讨论了密钥与保密之间的关系,即密钥空间与明文空间的信息关系。本小节主要讨论在唯密文攻击下破译一个密码系统时,密码分析者必须处理的密文量的理论下界。从直观上看,分析者获得的密文越长,其成功解密的机会越大。那么究竟需要多长的密文,理论上才存在破译的可能性呢?为了解决这个问题,需要引入两个自然语言的信息度量:语言熵和冗余度。先看一个简单的例子。

例 2.3 猜字母。假设收到便条"I lo_e you",请问残缺的字母应该是什么?

显然,很容易猜到 s 或者 v 可能是候选项,便条分别是"I lose you"或者"I love you"。选择 s 或 v 的原因在于首先确定在英语中符合 lo_e 结构的所有单词,其部分如下:

lobe $n.$ 圆形突出部(尤指耳垂)
lode $n.$ 矿脉,斜成矿,复成矿
loge $n.$ (集市上的)蓬摊,(剧场等的)包厢,池座
lone $adj.$ 孤独的,独立的
lope $v.$ (使)(马等)大步跳跃着慢跑,轻松的跳跃
lore $n.$ 学问,知识,(动物的)眼光知识
lose $v.$ 遗失,浪费,错过,输去,使失去,使迷路,使沉溺于
love $v.$ 爱

在这些单词里面,符合上下文语义的只有 lose 和 love。

这里可以说明上下文之间的关联和构词规则对一个英语信源发出的信息的影响。因此,如果不考虑自然语言本身的特性,那么这里所残缺的字符可能是 26 个字母的任何一个,其熵为 $\log_2 26 \approx 4.7$ 比特,这样得到明文大部分是没有意义的。而通过上面的分析,残缺的字符只有两种可能,其熵为 $\log_2 2 = 1$ 比特,这就表明自然语言的字符之间不是毫无关联的。为了衡量自然语言信源符号间的依赖程度,这里引入相关性和冗余度的概念。

定义 2.14 信源符号间的依赖程度定义为信源的相关性。

定理 2.12 假设信源 L 是一种自然语言,包含 m 个符号,那么,在不同假定情况下可以分别对信源的熵估计如下:

$H_0 = \log_2 m$ (信源符号独立,并等概发生)

$H_1 = H(X_1)$ (信源符号彼此独立)

$H_2 = H(X_2|X_1)$ (只考虑前一个符号对当前输出符号的影响)

……

$H_n = H(X_n|X_1 X_2 \cdots X_{n-1})$ (考虑前 $n-1$ 个符号对当前输出符号的影响)

$H_\infty = H(\lim_{n \to \infty}(X_n|X_1 X_2 \cdots X_{n-1}))$

则极限值 H_∞ 存在,并且满足 $H_0 \geqslant H_1 \geqslant H_2 \geqslant \cdots \geqslant H_\infty$。

这里不给出具体的证明。上述定理表明,符号相关程度越大,熵越小,反之亦然。称极限熵 H_∞ 为语言 L 的语言熵。

定义 2.15 为描述信源的相关性,引入信源效率 η 和冗余度 γ 为:

信源效率 $\eta = \dfrac{H_\infty}{H_0}$

信源冗余度 $\gamma = 1 - \eta$。

其中,H_0 为信源符号独立等概率分布时信源的熵,是每个符号所能携带的最大信息量,但实际上每信源符号才携带 H_∞ 的信息,γ 表示信源中多余成分的比例。

例 2.4 以英语为例,一般英语信源由 26 个字母和空格符组成,根据资料,$H_0 = \log_2 27 \approx 4.76$ 比特,$H_1 \approx 4.03$ 比特,$H_2 \approx 3.32$ 比特,$H_3 \approx 3.1$ 比特,$H_\infty \approx 1.4$ 比特。

因此可以得到,英语信源的信息效率

$$\eta = \frac{H_\infty}{H_0} \approx 0.29$$

信源冗余度

$$\gamma = 1 - \eta = 0.71$$

这并不是说对任意的英文文本每四个字母移去三个仍能解读它,而是说可以找到一个对英文字母的编码,将其文本压缩到原文长度的大约 1/4。

条件熵 $H(K|C)$ 度量了给定密文下密钥的不确定性。首先看一个定理,该定理反映了一个保密系统各部分的熵之间的关系。

定理 2.13 设 (P,C,K,E,D) 是一个保密系统,那么有 $H(K|C)=H(K)+H(P)-H(C)$。

证明: 由联合熵和条件熵关系知:

$$H(KPC)=H(K,P)+H(C|KP)=H(K,C)+H(P|KC)$$

由于密钥和明文可以唯一的确定密文,同样密钥和密文唯一确定明文,密钥和明文统计独立,所以有

$$H(C|KP)=H(P|KC)=0$$
$$H(K,P)=H(P)+H(K|P)=H(P)+H(K)$$

从而有

$$H(P)+H(K)=H(K,C)=H(C)+H(K|C)$$

故有

$$H(K|C)=H(K)+H(P)-H(C)$$

在惟密文攻击场景下,当密码分析者截获到密文 c 时,他可以用所有的密钥解密 c 得到 $m'=D_k(c), k \in K$,他记录所有有意义的消息 m' 对应的密钥。这些密钥组成的集合往往不是只含有一个元素,而集合中仅有一个是正确的密钥,把这些可能的但是不正确的密钥称为伪密钥。下面对伪密钥的期望数目进行讨论,给出其理论下界。

定理 2.14 假定 (P,C,K,E,D) 是一个密码保密系统,$|C|=|P|$。设 γ 表示明文自然语言的冗余度,那么给定一个充分长(设长度为 n)的密文串,伪密钥的期望数 S_n 满足:

$$S_n \geq \frac{2^{H(K)}}{|P|^{n\gamma}} - 1$$

证明: 设明文字母集是 A,明文空间为 P^n,给定长度为 n 的任意密文 $Y \in C^n$,定义 $K(Y)=\{k \in K | \exists x \in P^n, s.t.\ Pr(x)>0 \wedge E_k(x)=Y\}$,即 $K(Y)$ 表示给定密文串 Y 的条件下可能的密钥的集合,那么伪密钥的个数是 $|K(Y)|-1$。因此伪密钥的期望数 S_n 为:

$$S_n = \sum_{Y \in C^n} p(Y)(|K(Y)|-1) = \sum_{Y \in C^n} p(Y)|K(Y)| - 1$$

由定理 2.13 知 $H(K|C^n)=H(K)+H(P^n)-H(C^n)$;$H(C^n) \leq n\log_2|C|=n\log_2|P|$;又当 n 充分大时,由语言熵和多余度的定义,对 $H(P^n)$ 进行估计,有

$$H(P^n) \approx nH_\infty = n(1-\gamma)\log_2|P|$$

所以有估计

$$H(K|C^n) \geq H(K)+n(1-\gamma)\log_2|P| - n\log_2|P| \geq H(K) - n\gamma\log_2|P|$$

又由 Jensen 不等式

$$H(K|C^n) = \sum_{Y \in C^n} p(Y)H(K|Y) \leq \sum_{Y \in C^n} p(Y)\log_2|K(Y)|$$

$$\leq \log_2 \sum_{Y \in C^n} p(Y)|K(Y)| = \log_2(S_n+1)$$

从而有

$$H(K)-n\gamma\log_2|P| \leq H(K/C^n) \leq \log_2(S_n+1)$$

整理得证。

从定理 2.14 证明中可以看出,随着明文冗余度的增加,平均密钥含糊度将减少,因此所用

密钥的不确定性将减少。换句话说,冗余有利于找到密钥。所以现在的密码装置在加密明文以前,都要对明文进行压缩编码,以减少明文冗余度。事实上,现在的密码系统在加、解密时需要通过压缩处理来降低信息的冗余度。

同时,定理 2.14 也说明只要 $H(K) > n\gamma\log_2|P|$,密钥含糊度就不会为零,伪密钥的期望数目大于 0,此时不能恢复出唯一的密钥。

下面给出唯一解距离的概念。

定义 2.16 一个保密系统的唯一解距离定义为使得伪密钥的期望数等于 0 的 n 的值,记为 n_0,即在给定的足够计算时间下分析者能唯一的计算出密钥所需要的密文的平均长度。

在定理 2.14 中,令 $S_n = 0$,可以得到唯一解距离的一个近似估计,即

$$n_0 \approx \frac{H(K)}{\gamma\log_2|P|}$$

这表明,当截获的密文量大于 n_0 时,原则上可以破译该密码。当截获的密文量小于 n_0 时,就存在有多种可能的密钥解,密码分析者无法从中确定哪一个解才是正确的,从而获得了安全性。这里 n_0 仅仅是一个理论值,一般破译密码系统需要的密文量都要远大于 n_0。

定义 2.17 唯一解距离为无穷大的密码系统称为理想保密系统。

一个完全保密的密码系统必须是一个理想保密的密码系统,反之则不一定。如果一个密码系统具有理想保密性,即使成功的分析者也不能确定解出的明文是否是真正的明文。

例 2.5 对于仿射密码而言,有 312 个密钥(见第 3 章 3.2.1 节),$H(K) = \log_2 312 \approx 8.26$ 比特。$H_0 \approx 4.7$ 比特。由例 2.3 知,对于英语,$H_\infty = 1.4$ 比特,故 $\gamma \approx 1 - 1.4/4.76 \approx 0.71$。故其唯一解距离:$n_0 \approx 2.48$。

同香农信息论的许多结论一样,唯一解距离只给出了存在性证明,而没有给出具体的破译方法。唯一解距离指出了当进行穷举攻击时,可能解密出唯一有意义的明文所需要的最少密文量。一般而言,唯一解距离越长,密码系统越好。但是,这是在假定分析者能利用明文语言的全部统计知识的条件下得到的。实际上由于自然语言的复杂性,没有任何一种分析方法能够做到这一点。所以,一般破译所需的密文量都远大于理论值。还有,这里没有涉及为了得到唯一解所需要做出的努力,或需完成多少计算量。举例来说,如果要设计了一种破译方法,这种方法需要用现今最高级的计算机连续不断运行 100 年才能完成。那么,这种破译方法是没有任何实际意义的。

2.3 认证系统的信息理论

认证码是保证消息完整性、认证性的重要工具,也就是保证消息没有被篡改。1984 年,Simmons 在 *Authentication Theory/Coding Theory* 一文中首次系统地提出了认证系统的信息理论。他将信息论用于研究认证系统的理论安全性和实际安全性问题,指出认证系统的性能极限以及设计认证码所必须遵循的原则。虽然这一理论还不太成熟和完善,但它在认证系统中的地位与香农的信息理论在保密系统中的地位一样重要,它为认证系统的研究奠定了理论基础。

在认证系统中,通常考虑两类不同的攻击,即伪造攻击和代替攻击(分别对应于 2.1.6 节的唯密钥攻击和已知消息攻击)。此时,攻击者是一个中间入侵者。在伪造攻击中,攻击者在信道中发送消息 (s, a),希望接收者确认它是可靠的而接收;在代替攻击中,攻击者首先在信道

中观察到一个消息(s,a),此时他可以分析得到当前所用编码规则的一些信息,然后他将消息(s,a)篡改为(s',a'),其中$s\neq s'$,并期望接收者把它作为真消息接收。

与每一类攻击相联系的是欺骗概率,他表示如果攻击者采用了最优策略,能成功欺骗成功的概率。设p_{d_0}表示敌手采用伪造攻击时最大可能欺骗成功的概率,p_{d_1}表示在代替攻击时最大可能的欺骗成功的概率。Simmons将攻击者欺骗接收者成功的概率定义为:

$$p_d = \max(p_{d_0}, p_{d_1})$$

而认证理论的主要研究目标有两个:一个是推导攻击者成功欺骗的概率下界;另一个是构造攻击者欺骗成功的概率尽可能小的认证码。

2.3.1 认证系统的攻击

本小节推导伪造攻击和代替攻击攻击成功概率的计算表达式。假定攻击者知道所使用认证码的认证规则,以及源状态集S和密钥集K的概率分布p_S和p_K,而不知道发送者和接收者共享的密钥k。

在认证理论的研究中,认证矩阵是一个很重要的工具,它是认证码的一种表示方式,这种表示对研究和理解问题会带许多好处。

定义2.18 认证矩阵是一个$|K|\times|S|$矩阵,它的行由密钥来标记,列由信源状态来标记,对每一个$k\in K$和$s\in S$,该矩阵的第k行第s列的元素是$e_k(s)$。

例2.6 设$S=A=K=Z_5=\{0,1,2,3,4\}$,对每一个$k\in K$和$s\in S$,定义$e_k(s)=s\times k \bmod 5$,则该认证码的认证矩阵如表2-2所示。

表2-2 例2.6中的认证矩阵

信源状态 密钥	0	1	2	3	4
0	0	0	0	0	0
1	0	1	2	3	4
2	0	2	4	1	3
3	0	3	1	4	2
4	0	4	3	2	1

首先考虑伪造攻击中p_{d_0}的计算。攻击者选择一个源状态$s\in S$,并猜测一个认证标签$a\in A$。设k_0表示发送者和接收者选择的共享密钥,显然如果$a=e_{k_0}(s)$,那么攻击者可以成功欺骗接收者。用$\text{Payoff}(s,a)$表示接收者把消息(s,a)作为真消息接收的概率,易知:

$$\text{Payoff}(s,a) = p(a=e_{k_0}(s)) = \sum_{\{k\in K | e_k(s)=a\}} p_K(k)$$

也就是说,$\text{Payoff}(s,a)$能按如下方式进行计算:将认证矩阵中第s列中取值为a的这些行所对应的密钥的概率相加。

攻击者为了最大化伪造攻击成功概率,他将选择使$\text{Payoff}(s,a)$值最大的消息(s,a),因此p_{d_0}的计算表达式可表示为

$$p_{d_0} = \max\{\text{Payoff}(s,a) | s\in S, a\in A\}$$

可以看出p_{d_0}不依赖于源状态概率分布p_S,而只依赖于密钥空间的概率分布p_K。

其次考虑代替攻击中p_{d_1}的计算。p_{d_1}的计算相对要复杂,其一般既依赖于概率分布p_S,又依赖于概率分布p_K。假设攻击者侦听信道并观察到一个消息(s,a),他将用某个消息$(s',$

a')来代替(s,a),此时$s\neq s'$。对$s,s'\in S, s\neq s'$和$a,a'\in A$,用$\mathrm{Payoff}(s',a';s,a)$表示用$(s',a')$来代替$(s,a)$能欺骗接收者成功的概率,则有

$$\mathrm{Payoff}(s',a';s,a) = p(a'=e_{k_0}(s') \mid a=e_{k_0}(s))$$

$$= \frac{p(a'=e_{k_0}(s'), a=e_{k_0}(s))}{p(a=e_{k_0}(s))}$$

$$= \frac{\sum_{\{k\in K|e_k(s)=a, e_k(s')=a'\}} p_K(k)}{\mathrm{Payoff}(s,a)}$$

上式中分子可以按下述方式进行计算:将认证矩阵第s列中取值为a,同时在第s'列中取值为a'的这些行所对应的密钥的概率相加。

因为攻击者为了极大化欺骗成功的概率,所以他将计算

$$p_{s,a}=\max\{\mathrm{Payoff}(s',a';s,a) \mid s'\in S, s'\neq s, a'\in A\}$$

$p_{s,a}$表示在敌手观察到消息(s,a)后,他用代替攻击欺骗接收者成功的最大概率。显然,可以将$p_{s,a}$在消息集$M=S\times A$上的期望值作为欺骗概率p_{d_1}的值。设p_M是消息集M上的概率分布,则有$p_{d_1}=\sum_{\{(s,a)\in M\}}p_M(s,a)p_{s,a}$。而概率分布$p_M$可由下式计算得到

$$p_M(s,a)=p_S(s)p_K(a\mid s)=p_S(s)\times\sum_{\{k\in K|e_k(s)=a\}}p_K(k)=p_S(s)\times\mathrm{Payoff}(s,a)$$

从而有

$$p_{d_1}=\sum_{\{(s,a)\in M\}}p_S(s)\times\mathrm{Payoff}(s,a)\times\max\{\mathrm{Payoff}(s',a';s,a)\mid s'\in S, s'\neq s, a'\in A\}$$

$$=\sum_{\{(s,a)\in M\}}p_S(s)\times\max\left\{\sum_{\{k\in K|e_k(s)=a, e_k(s')=a'\}}p_K(k) \mid s'\in S, s'\neq s, a'\in A\right\}$$

$$=\sum_{\{(s,a)\in M\}}p_S(s)\times q_{s,a}$$

其中令$q_{s,a}=\max\left\{\sum_{\{k\in K|e_k(s)=a, e_k(s')=a'\}}p_K(k) \mid s'\in S, s'\neq s, a'\in A\right\}$。

下面用一个例子来说明p_{d_0}和p_{d_1}的计算。

例 2.7 设$S=\{1,2,3,4\}, K=\{1,2,3\}, A=\{1,2\}, p_S(i)=0.25, 1\leqslant i\leqslant 4, p_K(1)=0.5, p_K(2)=p_K(3)=0.25, \varepsilon=\{e_1,e_2,e_3\}$,其中三个认证规则分别是:

$$e_1:S\rightarrow A, e_1(1)=e_1(2)=e_1(3)=1, e_1(4)=2$$
$$e_2:S\rightarrow A, e_2(1)=e_2(2)=e_2(4)=2, e_2(3)=1$$
$$e_3:S\rightarrow A, e_3(1)=e_3(4)=1, e_3(2)=e_3(3)=2$$

该码的认证矩阵如表2-3所示。

表2-3 例2.7中的认证矩阵

密钥\信源状态	1	2	3	4
1	1	1	1	2
2	2	2	1	2
3	1	2	2	1

根据上面的讨论,知 $\text{Payoff}(1,1) = \sum_{\{k \in K | e_k(1)=1\}} p_K(k) = p_K(1) + p_K(3) = 0.75$,同理可得

$$\text{Payoff}(1,1) = \text{Payoff}(3,1) = \text{Payoff}(4,2) = 0.75$$
$$\text{Payoff}(2,1) = \text{Payoff}(2,2) = 0.5$$
$$\text{Payoff}(1,2) = \text{Payoff}(3,2) = \text{Payoff}(4,1) = 0.25$$

因此 $p_{d_0} = 0.75$。敌手的最优伪造策略是在信道上传输消息 $(1,1)$,$(3,1)$ 或 $(4,2)$ 中的任何一个。

现在计算 p_{d_1} 的值。首先计算 $\text{Payoff}(s',a';s,a)$。根据上面的讨论,可知

$$\text{Payoff}(2,1;1,1) = \frac{\sum_{\{k \in K | e_k(1)=1, e_k(2)=1\}} p_K(k)}{\text{Payoff}(1,1)} = \frac{p_K(1)}{0.75} = \frac{2}{3}$$

对于 $\text{Payoff}(s',a';s,a)$ 的取值如表 2-4 所示。

表 2-4 $\text{Payoff}(s',a';s,a)$ 的取值

(s,a) \ (s',a')	(1,1)	(1,2)	(2,1)	(2,2)	(3,1)	(3,2)	(4,1)	(4,2)
(1,1)			2/3	1/3	2/3	1/3	1/3	2/3
(1,2)			0	1	1	0	1	0
(2,1)	1	0			0	1	0	1
(2,2)	1/2	1/2			1/2	1/2	1/2	1/2
(3,1)	2/3	1/3	2/3	1/3			0	1
(3,2)	1	0	0	1			1	0
(4,1)	1	0	0	1	0	1		
(4,2)	2/3	1/3	2/3	1/3	1	0		

由表可知

$$p_{1,1} = 2/3$$
$$p_{2,2} = 1/2$$
$$p_{s,a} = 1, (s,a) \neq (1,1), (2,2)$$

进而计算得到

$$p_{d_1} = \sum_{\{(s,a) \in M\}} p_S(s) \times \text{Payoff}(s,a) \times p_{s,a}$$
$$= 0.25 \times (0.75 \times 2/3 + 0.25 + 0.5 + 0.5 \times 0.5 + 0.75 + 0.25 + 0.25 + 0.75)$$
$$= 7/8$$

并且攻击者的一个最优代替策略为

$$(1,1) \to (2,1) \quad (1,2) \to (2,2) \quad (2,1) \to (1,1) \quad (2,2) \to (1,1)$$
$$(3,1) \to (4,2) \quad (3,2) \to (1,1) \quad (4,1) \to (1,1) \quad (4,2) \to (3,1)$$

2.3.2 完善认证系统

认证码中攻击者欺骗成功的概率由欺骗概率 p_{d_0} 和 p_{d_1} 来度量。为了构造一个使欺骗概率尽可能小的认证码,通常期望它能达到以下几个目标。

(1) 欺骗概率 p_{d_0} 和 p_{d_1} 必须足够小,以便获得期望的安全水平。

（2）信源状态的数目必须足够大，以便能通过在一个信源状态后附加一个标签来传送期望的消息。

（3）密钥空间尽可能小，因为密钥的值需要在一个安全的信道上传送。

本节利用信息论的观点，在认证码的其他参数确定的条件下推导欺骗概率的下界。

在四元组(S,A,K,ε)中，设认证标签空间$|A|=l$。对于固定的源状态$s\in S$，显然有

$$\sum_{a\in A}\text{Payoff}(s,a)=\sum_{a\in A}\sum_{\{k\in K|e_k(s)=a\}}p_K(k)=\sum_{k\in K}p_K(k)=1$$

也就是说，对于每一个$s\in S$，都存在一个认证标签$a(s)$，满足$\text{Payoff}(s,a)\geqslant 1/l$。

同样的，对于固定的源状态$s,s'\in S, s\neq s'$和$a\in A$，有

$$\sum_{a'\in A}\text{Payoff}(s',a';s,a)=\sum_{a'\in A}\frac{\sum_{\{k\in K|e_k(s)=a,e_k(s')=a'\}}p_K(k)}{\text{Payoff}(s,a)}=\frac{\text{Payoff}(s,a)}{\text{Payoff}(s,a)}=1$$

从而存在认证标签$a'(s',s,a)$满足$\text{Payoff}(s',a';s,a)\geqslant 1/l$。

从而容易得到如下定理，给出p_{d_0}和p_{d_1}的一个概率下界估计。

定理 2.15 假设(S,A,K,ε)是一个认证码，$|A|=l$，则有

（1）$p_{d_0}\geqslant 1/l$；并且当且仅当对每一个$s\in S, a\in A$，$\sum_{\{k\in K|e_k(s)=a\}}p_K(k)=1/l$时，等号成立。

（2）$p_{d_1}\geqslant 1/l$；并且当且仅当对每一个$s,s'\in S, s\neq s', a,a'\in A$，$\dfrac{\sum_{\{k\in K|e_k(s)=a,e_k(s')=a'\}}p_K(k)}{\sum_{\{k\in K|e_k(s)=a\}}p_K(k)}=1/l$时，等号成立。

下面利用信息论的技术得到欺骗概率的下界。对于p_{d_0}和p_{d_1}有如下的定理估计。

定理 2.16 设(S,A,K,ε)是一个认证码，则

（1）$\log_2 p_{d_0}\geqslant H(K|M)-H(K)$。

（2）$\log_2 p_{d_1}\geqslant H(K|M^2)-H(K|M)$。

证明：这里只给出p_{d_0}的下界估计的证明。

因为$p_{d_0}=\max\{\text{Payoff}(s,a)|s\in S,a\in A\}$，显然$\text{Payoff}(s,a)$的最大值不小于其期望值，从而有

$$p_{d_0}\geqslant \sum_{s\in S,a\in A}p_M(s,a)\text{Payoff}(s,a)$$

利用Jensen不等式，可以得到

$$\log p_{d_0}\geqslant \log_2\Big(\sum_{s\in S,a\in A}p_M(s,a)\text{Payoff}(s,a)\Big)\geqslant \sum_{s\in S,a\in A}p_M(s,a)\log_2\text{Payoff}(s,a)$$

$$\geqslant \sum_{s\in S,a\in A}p_S(s)\text{Payoff}(s,a)\log_2\text{Payoff}(s,a)$$

$$=\sum_{s\in S,a\in A}p_S(s)\times p_A(a|s)\log_2 p_A(a|s)$$

$$=-H(A|S)$$

这里$\text{Payoff}(s,a)=p_A(a|s)$。因为密钥$K$和状态$S$相互独立，并且密钥和信源状态唯一确定认证标签，所以有

$$H(KS)=H(K)+H(S)$$
$$H(A|KS)=0$$

又因为

$$H(KAS)=H(K|AS)+H(A|S)+H(S)=H(A|KS)+H(KS)$$

所以有
$$-H(A|S)=H(K|AS)+H(S)-H(A|KS)-H(KS)=H(K|M)-H(K)$$
故有结论 $\log_2 p_{d_0} \geqslant H(K|M)-H(K)$。而公式中等号成立,当且仅当 Payoff$(s,a)$ 等于常数,且与消息 $m=(s,a)\in M$ 的取值无关。

上述定理表明 p_{d_0} 和 p_{d_1} 不可能等于零。认证系统中攻击者欺骗接收者成功的概率有 $p_d \geqslant 2^{H(K|M)-H(K)}$。所以将完善认证定义为给定认证码空间能使欺骗概率 p_d 最小的认证系统。

定义 2.19 完善认证是使 $p_d=2^{H(K|M)-H(K)}$ 成立的认证系统。显然,每一个具有 $H(K|M)=H(K)$ 的认证系统提供平凡的完善认证性。

定理 2.17 完善认证系统存在。

证明:利用构造法证明上述定理。设 $S=\{0,1\}$,取 N 为一个正偶数,定义
$$A=\mathbf{Z}_2^{N/2}=\{(a_1,a_2,\cdots,a_{N/2})|a_i\in\mathbf{Z}_2,1\leqslant i\leqslant N/2\}$$
$$K=\mathbf{Z}_2^N=\{(k_1,k_2,\cdots,k_N)|k_i\in\mathbf{Z}_2,1\leqslant i\leqslant N\}$$
由 $k=(k_1,k_2,\cdots,k_{N/2},k_{N/2+1},\cdots,k_N)$ 决定的编码规则 e_k 为
$$s=0:e_k(s)=(s,k_1,k_2,\cdots,k_{N/2})$$
$$s=1:e_k(s)=(s,k_{N/2+1},\cdots,k_N)$$

假定所有 2^N 个密钥都是等概率的。由于密钥是等概率选取,所以对任意 $s\in S, a\in A$,有 Payoff$(s,a)=2^{-N/2}$,从而有 $p_{d_0}=2^{-N/2}$,同理也易知 $p_{d_1}=2^{-N/2}$,从而 $p_d=2^{-N/2}$。

又因为 $H(K|M)-H(K)=N/2-N=-N/2$;所以有 $p_d=2^{H(K|M)-H(K)}$。即上述认证系统可以提供完善认证性。

2.4 复杂度理论

斯耐尔(Schneire)对信息论和复杂度理论在密码学上的作用有一段非常经典的论述:"信息论告诉我们,所有的密码算法(除了一次一密体制)都能被破译。复杂度理论告诉我们,在宇宙爆炸前,它们能不能被破译。"这段话告诉我们,实际中使用的密码算法并不一定是完全不可破译的,只要在一些特定的条件下不可破译就可以了,这些特定条件可以用复杂度来粗略刻画。

2.4.1 算法的复杂度

定义 2.20 算法是指完成一个任务所需要的具体步骤和方法。也就是说,给定初始状态或输入数据,经过计算机程序的有限次运算,能够得出所要求或期望的终止状态或输出数据。

一个算法的复杂性常常用两个变量来度量,时间复杂度(也叫计算复杂度)T 和空间复杂度 S。所谓时间复杂度是指求解问题所需的时间,而空间复杂度是指求解问题所需的存储空间。T 和 S 通常表示为输入长度 x 的函数。

一个算法的计算复杂度用"$O(*)$"符号来表示。简单地说,O 定义了计算复杂度的数量级。其正式定义如下。

定义 2.21 如果 f 和 g 是关于整数或者实数的函数,且存在常数 C 和值 x_0,使得对于所有 $x\geqslant x_0$,均有 $|f(x)|\leqslant C\cdot g(x)$ 和 $|g(x)|\leqslant C\cdot f(x)$。则记作:$f(x)=O(g(x))$ 或者简单记为 $f=O(g)$,以及 $g(x)=O(f(x)),g=O(f)$。

例 2.8 如果 $f(x)=a_0+a_1x+a_2x^2+\cdots+a_nx^n$,那么,$f=O(x^n)$。

定理 2.18 运算符"O"有以下性质:

如果 $f=O(g)$ 并且 $g=O(h)$，则 $f+g=O(h)$；

如果 $f=O(g)$ 并且 $g=O(h)$，则 $fg=O(gh)$；

如果 $f=O(g)$ 并且 $g=O(h)$，则 $f=O(h)$。

使用 O 符号来度量算法的时间复杂性与算法运行的系统无关。也就是说，不必知道各种指令的精确运行时间，甚至连处理器的速度也不必知道。一台计算机或许比另一台快 50%，而第三台或许有两倍的数据存储容量，但对一个算法来说其复杂度数量级是一样的。

采用上面的方法来度量时间（或空间）复杂性，可以看出时间（或空间）的需求与输入长度的关系。通常，算法按照其时间（或空间）复杂性可以分为：多项式时间算法、指数时间算法和亚指数时间算法等。

定义 2.22 假设一个算法的计算复杂度为 $O(n^t)$，其中 t 为常数，n 为输入长度，则称这算法的复杂度是多项式的。对于时间复杂度而言，称具有多项式时间复杂度的算法为多项式时间算法。当 $t=0$，则称算法是常数的；若 $t=1$，则称算法是线性的；若 $t=2$，则称算法是二次的；有些算法还被称为三次的等。

定义 2.23 如果一个算法的复杂度为 $O(t^{f(n)})$，t 为大于 1 的常数，$f(n)$ 是以 n 为自变量的多项式函数，则称该算法的复杂度是指数的。当 $f(n)$ 是大于常数而小于线性函数时，如 $O(e^{\sqrt{n\ln n}})$，称为亚指数时间算法。

当 n 增大时，算法的时间复杂性可以用来近似判断算法是否实际可行。假设有一台计算机，它可以在 1 s 内执行 10^6 个基本操作，在输入长度 $n=10^6$ 时，表 2-5 列出了在这台机器上执行不同时间复杂度算法的大概运行时间。

表 2-5 不同时间复杂性算法的时间需求量级

算法类型	复杂度	操作次数	时间
常数的	$O(1)$	1	1 微秒
线性的	$O(n)$	10^6	1 秒
二次方的	$O(n^2)$	10^{12}	11.6 天
三次方的	$O(n^3)$	10^{18}	32 000 年
亚指数的	$O(e^{\sqrt{n\ln n}})$	约 1.8×10^{1618}	6×10^{1600} 年
指数的	$O(2^n)$	10^{301030}	3×10^{301016} 年

注：1 年 = 31 536 000 秒 $\approx 3 \times 10^7$ 秒，宇宙的年龄 10^{10}（2^{34}）年。

由表 2-5 可知，当 n 较大时，算法复杂度为指数的算法，在实际上是不可能完成的。表 2-6 列出计算设备处理速度提高对不同时间复杂度算法处理能力（即在 1 小时内可解的问题实例的最大输入规模）的影响。

表 2-6 计算机速度提高对算法输入长度的影响

时间复杂度 \ 计算设备条件处理能力	现代计算机（10^6 个基本操作/s）	速度快 100 倍的计算机	速度快 10 000 倍的计算机
$O(n)$	$N_1 \approx 3.6 \times 10^9$	$100N_1$	$10\,000N_1$
$O(n^2)$	$N_2 \approx 6 \times 10^4$	$10N_2$	$100N_2$
$O(n^3)$	$N_3 \approx 1.5 \times 10^3$	$4.64N_3$	$21.5N_3$
$O(e^{\sqrt{n\ln n}})$	$N_4 \approx 104$	$1.38N_4$	$1.79N_4$
$O(2^n)$	$N_5 \approx 32$	$N_5 + 6.64$	$N_5 + 13.29$

由表 2-6 可知,随着计算机处理能力的增强,对于复杂度是指数的或亚指数的算法,其处理速度的提高对其输入规模的影响并不明显。

因此,在密码学中,密码设计者都希望对其密码算法的任何攻击算法具有指数级(或亚指数级)的复杂度。当 n 足够大时,攻击者在现有的计算条件下无法在有效的时间内攻破密码算法,即保障密码算法具有计算上的安全性。

2.4.2 问题的复杂度

问题的复杂度是问题固有的属性。复杂度理论利用算法复杂度作为依据将大量典型的问题按照求解的代价进行分类研究。

算法是用来解决问题的,而一个问题可能有不同的解决算法,因此问题的时间复杂度定义如下。

定义 2.24 设求解某问题所有算法的集合为 F,假设对任意算法 $A \in F$,其对应的时间复杂度为 $T_A(n)$,如果求解该问题至少需要的时间为 $T(n)$,即 $T(n) = \min_{A \in F} \{T_A(n)\}$,则称该问题的时间复杂度为 $T(n)$。

目前对某问题的求解算法都定义在一种称为图灵机(Turing Machine)的模型上。

定义 2.25 图灵机是一种具有无限读写能力的有限状态机,图灵机包括确定型图灵机和非确定型图灵机,每一步操作结果及下一步操作内容可以唯一确定的图灵机称为确定型图灵机,否则,称为非确定型图灵机。

问题的复杂度由在图灵机上最坏情况下求解所需的最小时间和空间决定,即由解该问题的最有效的算法所需的时间与空间来度量。

定义 2.26 在确定型图灵机上有多项式时间求解算法的问题,称为易处理的问题。易处理问题的全体构成确定性多项式时间可解类,记为 P 类。如果一个问题具有一个在多项式时间内求解的算法,则称该问题属于 P 类。

定义 2.27 在确定型图灵机上不存在多项式时间求解算法的问题,称为难处理的问题。在非确定型图灵机上可用多项式时间求解的问题,称为非确定性多项式时间可解问题,记为 NP 问题。NP 问题的全体称为非确定性多项式时间可解类,记作 NP 类。如果对一个问题的猜测答案,其正确性可以在多项式时间内验证,则该问题属于 NP 类。

NP 类包括 P 类,这是因为在确定型图灵机上多项式时间可解的任何问题在非确定型图灵机上也是多项式时间可解的。虽然 NP 中的许多问题似乎比 P 中的问题"难"得多,但是目前尚没有"P 类严格小于 NP 类"的证明,不过几乎所有人都猜测它们是不等的。这也是目前很多密码体制安全的基石。

下面说明 NP 问题与密码学的关系。

许多对称算法和所有非对称算法能够用非确定的多项式时间(算法)进行攻击。如果已知密文 C,密码分析者简单地猜测一个明文 P 和一个密钥 K,然后在输入 P 和 K 的基础上,以多项式时间运行加密算法,然后检查结果是否等于 C。这在理论上很重要,因为它给出了对于这类密码算法密码分析的复杂性的上限。当然,实际上,它是密码分析者所要寻找的确定的多项式时间算法。还有,这个结论不是对所有的密码类型都适用,它尤其不适合于一次一密的密码体制,因为对任何 C,当运行加密算法求解时,有许多 P、K 对可能产生 C,但这些 P 的大多数都是毫无意义的,不是有效的明文。

定义 2.28 问题 A 属于 NP,同时属于 NP 的所有问题都可以在多项式时间内规约为 A,问题 A 称为 NP 完全问题,NP 完全问题的全体构成 NP 完全类(NPC)。

1971年,库克(Cook)在他的论文《定理证明过程的复杂性》中第一次提出了NP完全类的概念,并证明了可满足性问题(SAT)是NP完全类问题。在此之后,有大量的问题被证明等价于可满足性问题,因而,它们也是NP完全类问题。NP完全类中的问题是NP类中最难的问题。因为它们至少与NP类中的其他任意问题一样难。

这里给出几个著名的NP完全类问题的例子。

例2.9 (可满足性问题)对一个命题的布尔公式,问是否存在对变量赋值,使公式为真的方法?

例2.10 (旅行商问题)一个旅行商要到n个不同的城市旅游,问能否设计一个旅行路线,使得他可以遍历这n个城市,而且每个城市恰好经过一次?

例2.11 (子集和问题)给定一个正整数组成的集合$A=\{a_1,a_2,\cdots,a_n\}$以及一个正整数s,问是否存在A的一个子集B,使得B中的元素的和为s?

例2.12 (平方剩余问题)在正整数a,b已知的条件下,求满足下列同余方程的x:
$$x^2 \equiv a \bmod b$$

NP完全类问题一直没有有效的求解算法。因此,1976年,Diffie和Hellman首次建议利用困难问题来设计密码系统,他们认为NP完全问题是非常适合的对象。实际中,存在许多NP完全问题,如果将陷门藏匿于这些问题中,那么就能设计出既安全又实用的密码系统。这是因为,当陷门被巧妙地放入设计的密码系统时,对密码破译者而言,欲求解这些NP完全问题在有效时间内是无法完成的,但对于知道这些陷门的人,却可以利用简便的途径求解。

2.4.3 计算安全性

计算安全性就是基于计算复杂性理论来建立相关密码体制安全性的方法。计算安全性方法是目前已知的公钥密码体制安全性的核心建立方法。通过该方法,我们可以将密码体制的安全性跟公认的数学难题相挂钩。例如,对于现有的公钥密码体制来说,密钥求解问题均是NP问题。这就自然有一个推论:如果对于某个公钥密码体制,能够严格证明其密钥求解问题不存在多项式时间的确定性图灵机,那么就给出了一个实例证明了$P\neq NP$。

在计算性安全方法中,可忽略(函数)与不可忽略(函数)的概念十分重要。

定义2.29 称函数$f(\cdot)$可忽略的(Negligible),如果对于任意正多项式$p(\cdot)$,存在一个自然数N,使得对于所有$n>N$,恒有$f(n)<\dfrac{1}{p(n)}$成立;如果f不是可忽略的,则称f是不可忽略的(Non-Negligible)。例如,函数$2^{-\sqrt{n}},n^{-\log n}$等都是$n$的可忽略函数;而$\dfrac{1}{n^5},\dfrac{\log_2 n}{10^6}$等均是$n$的不可忽略函数。另外,当与确定的多项式相乘时,函数的可忽略性质不变。也就是说,对n的任意可忽略的函数$\varepsilon(n)$与任意多项式$p(n)$,函数$\varepsilon'(n)=p(n)\cdot\varepsilon(n)$也是可忽略的。因此,一个以可忽略的概率发生的事件几乎不可能发生,即使将这个实验重复进行多项式次。

在密码学研究领域,(多项式时间)不可区分也是一条重要的安全准则。

定义2.30 称一个多项式时间算法为概率多项式时间算法,是指其运行时间是输入长度(也称为问题规模)的多项式,并且能够依某个概率$p(0\leqslant p\leqslant 1)$输出正确结果。

注1 通常,我们不关心输出正确结果的概率可忽略的算法,因此,后面提到的概率多项式时间算法均默认其输出正确结果的概率是不可忽略的。

注2 随机多项式时间算法和概率多项式时间算法是不同的概念,前者强调算法的执行过程中有随机的步骤(例如选取某个随机数),后者强调算法依照某个概率p输出正确的

结果。

定义 2.31 称分别定义在样本总体 X 和 Y 上两个概率分布 D_X 和 D_Y 是多项式时间不可区分的,是指不存在概率多项式时间 D 能够以不可忽略的优势区分这两个分布,这里区分器 D 的优势定义为

$$\mathrm{Adv}_D^{D_X,D_Y}(n) = |\Pr[D(a,1^n,X,Y)=1 | a \leftarrow D_X] - \Pr[D(a,1^n,X,Y)=1 | a \leftarrow D_Y]|$$

其中,1^n 为正整数 n 的一元表示,即连续 n 个比特"1"。换句话说,任何概率多项式时间区分器都难以区分某个随机元素 a 到底是按照概率分布 D_X 取样的,还是按照概率分布 D_Y 取样的。

计算安全性方法的核心由密码学难题假设、模型和安全性规约技术等三部分构成。第一,在 $P \neq NP$ 的假设之下,我们把目前找不到概率多项式时间算法的问题都可以视作密码学难题假设。例如,大整数分解问题和离散对数问题。对于这两类问题的一般实例,目前最好的算法也是输入规模的亚指数时间的。这里需要特别指出的是,尽管每一个 NPC 问题都可以作为密码学难题假设,但是它们是否方便于构造密码方案,往往要依赖于很高的设计技巧。这里核心的差别在于:计算复杂性理论针对的是问题的最坏实例来建立的,而密码方案构造中往往需要随机选取相关问题的实例作为密钥。换句话说,如果一个 NPC 问题的随机实例并不难求解,则难以基于该问题的难解性来建立相应密码体制的安全性。

第二,所谓模型(或安全模型),是指通过形式化的方法来刻画攻击者所允许获得的信息、获得信息的方式(如顺序、时机等)、攻击者的攻击目标(即方案设计所要达到的安全目标)等。不同的密码原语,或同一密码原语的不同安全目标,相对应的安全模型往往也不同。例如,公钥加密体制在选择明文攻击下的不可区分安全性(IND-CPA)(也等价地称为语义安全性)模型通常通过表 2-7 三阶段游戏来给出形式化的定义。

表 2-7 游戏 $\mathrm{Exp}_{S,A}^{ind-cpa}$

	方案 S	交互	攻击者 A
1	$(pk,sk) \leftarrow gen(1^k)$	$\xrightarrow{pk}$	get pk
2	get m_0, m_1 $b \xleftarrow{R} \{0,1\}$ $c^* \leftarrow enc(pk, m_b)$	$\xleftarrow{m_0, m_1}$ $\xrightarrow{c^*}$	$(m_0, m_1) \leftarrow M$ get c^*
3	get b' if $b' = b$ return 1 else return 0	$\xleftarrow{b'}$	$b' \leftarrow \{0,1\}$

阶段一:方案 S 初始化阶段。生成公、私钥对 (pk,sk),并将公钥 pk 发送给攻击者 A。

阶段二:挑战阶段。A 选择两个挑战消息(一般要求是等长的) m_0, m_1 并发送给 S;S 随机选择其中一个进行加密,形成挑战密文 c,并将 c 发送给 A。

阶段三:猜测。A 猜测 c 是对两个挑战消息哪一个的密文。猜对,游戏输出 1;否则,游戏输出 0。

基于上面的游戏,攻击者 A 攻破方案 S 的 IND-CPA 安全性目标的概率(通常也成为攻击者的优势)就定义为:

$$\mathrm{Adv}_{S,A}^{ind-cpa}(k) = |\Pr[\mathrm{Exp}_{S,A}^{ind-cpa} = 1] - 1/2|$$

这里 k 为系统的安全参数。因此,方案 S 达到了 IND-CPA 安全性目标的含义就是指:对任意

的概率多项式时间攻击者 A 而言，$\text{Adv}_{S,A}^{\text{ind-cpa}}(k)$ 都是 k 的可忽略函数。

第三，安全性规约。上面所讲的模型仅仅是定义安全性的方法，它本身并不能保证一个方案是安全的。只有在针对给定的安全模型，完成了安全性规约之后，才能说方案达到了安全模型所定义的安全性。安全性规约的基本过程为：为了证明某个密码体制 S_1 是安全的，需要做：

首先，判断体制所依赖的数学难题 P，或者哪个可证安全的密码体制 S_2。

其次，利用体制 S_1 的攻击者 A 来构造问题 P 的求解器 B，或者体制 S_2 的攻击者 B。

最后，估计 B 的运行时间和成功概率。具体做法是：把 A 视作黑盒子，即假定 A 的时间复杂度为常数，并且 A 的攻击成功概率是不可忽略的；然后估计 B 的运行时间（注意：B 调用 A 的次数要考虑进去）和成功概率。

此时，如果 B 的运行时间是多项式的，并且成功概率是不可忽略的，则证明方案 S_1 是安全的；否则，上述证明失败。值得注意的是，证明失败不代表方案一定不安全，有可能是没有找到更合适的证明方法。

例 2.13 ElGamal 密码体制的语义安全性。ElGamal 加密体制主要算法如下（更详细的算法描述请参考第 7 章）。

密钥生成：给定某个 q 阶循环群 G 及生成元 g，随机选择私钥 $x \in \mathbf{Z}_q^*$，计算公钥 $y = g^x$。

加密：给定消息 $m \in G$，选择随机数 $x \in \mathbf{Z}_q^*$，计算并输出密文 $c = (g^r, g^r m)$。

解密：给定密文 $c = (c_1, c_2)$，计算并输出消息 $m = c_2/c_1^x$。

为了建立证明该密码体制的语义安全性，需要进行如下三步工作。

1. 判断难题假设。即使对于同一个密码体制，要达到的安全目标不同，所依赖的难题假设也往往会有所不同；反过来，基于不同的难题假设，所能证明到的安全目标也可能不同。对于 ElGamal 体制，其语义安全性是可以建立在判定型 Diffie-Hellman（DDH）难题假设之上的。

定义 2.32 循环群 $G = \langle g \rangle$ 上的判定型 Diffie-Hellman 问题（Decisional Diffie-Hellman，DDH）问题是指：给定三元线 (g^a, g^b, g^c)，判断 $g^c = g^{ab}$ 是否成立。

2. 假定存在攻击者 A，则可以构造 DDH 问题的求解器 B，它与 A 的交互过程如表 2-8 所示。

表 2-8 求解器与攻击者之间的交互

求解器 B	交互	攻击者 A
令 $pk \leftarrow g^a$	$\xrightarrow{pk}$	接收 pk
接收 m_0, m_1 随机选择 $\beta \xleftarrow{R} \{0,1\}$ 和 $r \in \mathbf{Z}_{\|G\|}$ 令 $c^* \xleftarrow{R} ((g^b)^r, (g^c)^r \cdot m_\beta)$	$\xleftarrow{m_0, m_1}$ $\xrightarrow{c^*}$	选择两个等长消息 (m_0, m_1) 接收 c^*
接收 β' 若 $\beta' = \beta$ 则输出 1 否则，输出 0	$\xleftarrow{\beta'}$	猜测 $\beta' \xleftarrow{R} \{0,1\}$

3. 估算 B 的运行时间和成功概率，B 与 A 共有两个来回的通信；除此之外，B 自己进行的计算显然是多项式时间可以完成的。因此，在假定 A 的时间复杂度为常数时，B 的总运行时间显然是多项式的。下面来分析 B 成功求解 DDH 问题的概率。首先，假定 A 的攻击成功概率是不可忽略的。也就是说，在上述交互过程中，A 猜对 β 的概率是不可忽略的。根据游戏的定义，每当 A 猜对 β 时，B 就输出 1，即断定自己所接受到的三元线 (g^a, g^b, g^c) 是真实的 DDH

三元组,亦即 $g^c = g^{ab}$ 成立。B 为何可以做出这样的判断呢？这是因为如果 $g^c \neq g^{ab}$,则挑战密文 c^* 是一个无效的密文,可以视作随机数,则 A 不可能有任何优势。换句话说,仅当 $g^c = g^{ab}$ 时,c^* 才是 m_β 的有效密文,攻击者 A 才有可能有攻击成功的优势。而此时,通过上面的交互过程,A 攻击方案的优势就转换为 B 成功求解 DDH 问题的优势。因而,在 A 的攻击成功的概率不可忽略的假设下,B 成功求解 DDH 问题的概率也是不可忽略的。这显然与 DDH 的难题假设相矛盾,因而攻击者 A 是实际不存在的。也就是说,Elgamal 方案具有 IND-CPA 安全性。

2.5 习　题

1. 判断题

(1) 现在使用大多数密码系统的安全性都是从理论上证明它是不可攻破的。　　　(　)

(2) 根据商农的理论,在加密明文之前,利用压缩技术压缩明文,这增加攻击者破译的难度。　　　(　)

(3) 从理论上讲,穷举攻击可以破解任何密码系统,包括"一次一密"密码系统。　(　)

(4) 设计密码系统的目标就是使其达到保密性。　　　(　)

(5) 任何一个密码体制都可以通过迭代来提高其安全强度。　　　(　)

(6) 按照现代密码体制的原则,密码分析者如果能够找到秘密密钥,那么,他就能够利用密文恢复出其明文。　　　(　)

(7) 现代密码系统的安全性不应取决于不易改变的算法,而应取决于可随时改变的密钥。　　　(　)

(8) 能经受住已知明文攻击的密码体制就能经受住选择明文攻击。　　　(　)

(9) 在问题的复杂度中,P 类是不大于 NP 类。　　　(　)

2. 选择题

(1) 一个密码系统至少由明文、密文、加密算法和解密算法、密钥五部分组成,而其安全性是由(　)决定的。

　　A. 加密算法　　　　　　　　B. 解密算法
　　C. 加密算法和解密算法　　　D. 密钥

(2) 密码分析者通过各种手段掌握了相当数量的明-密文对可供利用,这种密码分析方法是(　)。

　　A. 惟密文攻击　　　　　　　B. 已知明文的攻击
　　C. 选择明文攻击　　　　　　D. 选择密文攻击

(3) 根据密码分析者所掌握的分析资料的不同,密码分析一般可为四类：惟密文攻击、已知明文攻击、选择明文攻击、选择密文攻击,其中破译难度最大的是(　)。

　　A. 惟密文攻击　　　　　　　B. 已知明文攻击
　　C. 选择明文攻击　　　　　　D. 选择密文攻击

(4) 一般来说,按照密码分析的方法,密码系统至少经得起的攻击是(　)。

　　A. 惟密文攻击　　　　　　　B. 已知明文的攻击
　　C. 选择明文攻击　　　　　　D. 选择密文攻击

(5) 在现代密码学技术中,(　)技术跟密钥无关。

A. 序列密码   B. 分组密码
C. 哈希函数   D. 公钥密码

(6) 下面的描述中哪一条是错误的。(   )
    A. 互信息量等于先验的不确定性减去尚存的不确定性。
    B. 互信息量不能为负值。
    C. 当 X 表示信道的输入,Y 表示信道的输出时,条件熵 $H(X|Y)$ 表示 X 未被 Y 所泄漏的信息量的均值。
    D. 任何两个事件之间的互信息量不可能大于其中任一事件的自信息量。

(7) 计算复杂性是密码分析技术中分析计算量和研究破译密码的固有难度的基础,算法的运行时间为难解的是(   )。
    A. $O(1)$ B. $O(n)$
    C. $O(n^2)$ D. $O(2^n)$

(8) 计算出或估计出破译一个密码系统的计算量下限,利用已有的最好方法破译它所需要的代价超出了破译者的破译能力(诸如时间、空间、资金等资源),那么该密码系统的安全性是(   )。
    A. 计算上的安全   B. 有条件上的安全
    C. 可证明的安全   D. 无条件安全

3. 填空题

(1) 密码学(Cryptology)是研究信息及信息系统安全的科学,密码学又分为_____学和_____学。

(2) 从安全目标来看,密码编码学又主要分为_____体制和_____体制。

(3) 一个密码系统一般是 _____、_____、_____、_____、_____五部分组成的。

(4) 密码体制是指实现加密和解密功能的密码方案,从使用密钥策略上,可分为_____和_____。

(5) 对称密码体制又称为_____密码体制,它包括_____密码和_____密码。

(6) Lars Knudsen 把破解算法按照安全性递减顺序分为不同的类别,分别是_____、全盘推导、_____、信息推导。

(7) 认证通信系统模型中,目前广泛使用的基于对称认证体制主要是_____,非对称的消息认证技术代表为_____。

(8) 自然语言的字符之间不是毫无关联的,为了衡量自然语言信源符号间的依赖程度,本文引入_____和_____的概念。

(9) 密码的强度是破译该密码所用的算法的计算复杂性决定的,而算法的计算复杂性由它所需的_____、_____来度量。

(10) 在密码学中,密码设计者都希望对其密码算法的任何攻击算法具有_____或_____的复杂度。

4. 术语解释

(1) 密码编码学
(2) 密码分析学
(3) 柯克霍夫原则
(4) 惟密文攻击

(5) 已知明文攻击

(6) 选择明文攻击

(7) 选择密文攻击

(8) 选择文本攻击

(9) 信息熵

(10) 完全保密系统

(11) 唯一解距离

5. 简答题

(1) 公钥密码体制与对称密码体制相比有哪些优点和不足。

(2) 简述密码体制的原则。

(3) 简述保密系统的攻击方法。

(4) 简述针对密码体制的不同目标而对应的攻击方法。

(5) 设密文空间共含有 5 个信息 $m_i(1 \leqslant i \leqslant 5)$，并且 $p(m_1)=p(m_2)=1/4, p(m_3)=1/5$，$p(m_4)=p(m_5)=3/6$，求 $H(M)$。

(6) 简述完善认证系统实现的目标。

(7) 请给出一个 NP 完全类问题的例子。

第3章 古典密码体制

在 1949 年 Shannon 发表《保密系统的通信理论》之前,密码体制主要通过字符间的简单置换和代换实现,一般认为这些密码体制属于古典密码体制范畴。古典密码体制的技术、思想以及破译方法虽然相对简单,但是它们反映了密码设计和破译的基本思想,是学习密码学的基本入口,对于理解、设计和分析现代密码仍然具有借鉴的价值。本章首先介绍两种主要的古典密码体制:置换密码(列置换密码和周期置换密码)和代换密码(单表代换密码、多表代换密码和轮转密码机)。然后介绍古典密码体制的分析方法:统计分析法和明文—密文对分析法。

3.1 置换密码

置换密码(Permutation Cipher)又称换位密码(Transposition Cipher),是指根据一定的规则重新排列明文,以便打破明文的结构特性。实际上,古希腊斯巴达人使用的 Scytale 密码,以及我国古代的藏头诗、藏尾诗等采用的都是置换密码方法。最常见的置换密码有两种:一种是列置换密码,另一种是周期置换密码。

定义 3.1 有限集 X 上运算 $\sigma:X\to X$ 被称为一个置换,则 σ 是一双射函数,即 σ 既是单射又是满射,并且 σ 的定义域和值域相同。也就是说,$\forall x\in X$,存在唯一的 $x'\in X$ 使得 $\sigma(x)=x'$。同理可以定义置换 σ 的逆置换 $\sigma^{-1}:X\to X$,这是因为 σ^{-1} 也是双射函数,并且 σ^{-1} 的定义域和值域相同,即 $\forall x'\in X$,存在唯一的 $x\in X$ 使得 $\sigma^{-1}(x')=x$。

从置换 σ 和逆置换 σ^{-1} 的定义可以看出,若 $\sigma^{-1}(x')=x$,当且仅当 $\sigma(x)=x'$,并且满足 $\sigma\sigma^{-1}=I=(1)$。

例 3.1 设有限集 $X=\{1,2,3,4,5,6,7,8\}$,σ 为 X 上的一个置换,并且满足 $\sigma(1)=2$,$\sigma(2)=5,\sigma(3)=3,\sigma(4)=6,\sigma(5)=1,\sigma(6)=8,\sigma(7)=4,\sigma(8)=7$。因为置换可以对换表示,所以上述置换 σ 可以形式化为:

$$\sigma=\begin{pmatrix}1 & 2 & 3 & 4 & 5 & 6 & 7 & 8 \\ 2 & 5 & 3 & 6 & 1 & 8 & 4 & 7\end{pmatrix}=(125)(3)(4687)=(125)(4687)$$

则其逆置换 σ^{-1} 可表示为:

$$\sigma^{-1}=\begin{pmatrix}1 & 2 & 3 & 4 & 5 & 6 & 7 & 8 \\ 2 & 5 & 3 & 6 & 1 & 8 & 4 & 7\end{pmatrix}^{-1}$$

$$=\begin{pmatrix}1 & 2 & 3 & 4 & 5 & 6 & 7 & 8 \\ 5 & 1 & 3 & 7 & 2 & 4 & 8 & 6\end{pmatrix}=(152)(3)(4786)=(152)(4786)$$

用对换表示置换不仅形式上简单,同时它也提供了一种快速求逆置换的方法:若置换为

$$\sigma = (x_{11}x_{12}x_{13}\cdots x_{1(l-1)}x_{1l})\cdots(x_{m1}x_{m2}x_{m3}\cdots x_{m(n-1)}x_{mn})$$

则相应的逆置换为：

$$\sigma^{-1} = (x_{11}x_{1l}x_{1(l-1)}\cdots x_{13}x_{12})\cdots(x_{m1}x_{mn}x_{m(n-1)}\cdots x_{m3}x_{m2})$$

其证明很简单,有兴趣的读者可以尝试一下。

定义 3.2 设 n 为一固定整数,P、C 和 K 分别为明文空间、密文空间和密钥空间。明/密文是长度为 n 的字符序列,分别记为 $X = (x_1, x_2, \cdots, x_n) \in P$ 和 $Y = (y_1, y_2, \cdots, y_n) \in C$,$K$ 是定义在 $\{1, 2, \cdots, n\}$ 的所有置换组成的集合。对任何一个密钥 $\sigma \in K$(即一个置换),定义置换密码如下：

$$e_\sigma(x_1, x_2, \cdots, x_n) = (x_{\sigma(1)}, x_{\sigma(2)}, \cdots, x_{\sigma(n)})$$

$$d_{\sigma^{-1}}(y_1, y_2, \cdots, y_n) = (y_{\sigma^{-1}(1)}, y_{\sigma^{-1}(2)}, \cdots, y_{\sigma^{-1}(n)})$$

上式中,σ^{-1} 是 σ 的逆置换,密钥空间 K 的大小为 $n!$。

3.1.1 列置换密码

列置换密码是一种常见的置换密码体制,其名称是由明文遵照密钥的规则按列换位并且按列读出明文序列得到密文而得名,其加密过程如下：

(1) 将明文 p 以设定的固定分组宽度 m 按行写出,即每行有 m 个字符;若明文长度不是 m 的整数倍,则不足部分用双方约定的方式填充,如双方约定用空格代替空缺处字符,不妨设最后得字符矩阵 $[M_p]_{n \times m}$。

(2) 按 $1, 2, \cdots, m$ 的某一置换 σ 交换列的位置次序得字符矩阵 $[M_p]_{n \times m}$。

(3) 把矩阵 $[M_p]_{n \times m}$ 按 $1, 2, \cdots, m$ 列的顺序依次读出得密文序列 c。

得到密文序列 c 后,其解密过程就是上述加密过程的逆过程,故密文 c 的解密过程如下：

(1) 将密文 c 以分组宽度 n 按列写出得到字符矩阵 $[M_p]_{n \times m}$;

(2) 按加密过程用的置换 σ 的逆置换 σ^{-1} 交换列的位置次序得字符矩阵 $[M_p]_{n \times m}$;

(3) 把矩阵 $[M_p]_{n \times m}$ 按 $1, 2, \cdots, n$ 行的顺序依次读出得明文 p。

例 3.2 设明文 p 为 "Beijing 2008 Olympic Games",密钥 $\sigma = (143)(56)$,则加密过程为：

$$\sigma(1) = 4, \sigma(2) = 2, \sigma(3) = 1, \sigma(4) = 3, \sigma(5) = 6, \sigma(6) = 5$$

$$[M]_{4 \times 6} = \begin{pmatrix} B & e & i & j & i & n \\ g & 2 & 0 & 0 & 8 & O \\ l & y & m & p & i & c \\ G & a & m & e & s & \end{pmatrix} \xrightarrow{\sigma} [M_p]_{4 \times 6} = \begin{pmatrix} j & e & B & i & n & i \\ 0 & 2 & g & 0 & O & 8 \\ p & y & l & m & c & i \\ e & a & G & m & & s \end{pmatrix}$$

由矩阵 $[M_p]_{4 \times 6}$ 得到密文 c 为 "jeBinio2g0O8pylmcieaGms"。

下面通过密文 c 求明文 p,由加密密钥 $\sigma = (143)(56)$ 易得解密密钥(逆置换)$\sigma^{-1} = (134)(56)$,则解密过程如下：

$$[M_p]_{4 \times 6} = \begin{pmatrix} j & e & B & i & n & i \\ 0 & 2 & g & 0 & O & 8 \\ p & y & l & m & c & i \\ e & a & G & m & & s \end{pmatrix} \xrightarrow{\sigma^{-1}} [M]_{4 \times 6} = \begin{pmatrix} B & e & i & j & i & n \\ g & 2 & 0 & 0 & 8 & O \\ l & y & m & p & i & c \\ G & a & m & e & s & \end{pmatrix}$$

由 $[M]_{4 \times 6}$ 按行读出可得明文 "Beijing 2008 Olympic Games"。

3.1.2 周期置换密码

周期置换密码是将明文 p 串按固定长度 m 分组,然后对每组中的子串按 $1,2,\cdots,m$ 的某个置换重新排列位置从而得到密文,其中密钥 σ 包含分组长度信息。解密时同样对密文 c 按长度 m 分组,并按 σ 的逆置换 σ^{-1} 把每组子串重新排列位置从而得到明文 p。

例 3.3 不妨设明文 p 为 "State Key Laboratory of Networking and Switching",密钥 $\sigma=(1\ 5\ 6\ 2\ 3)$。因为密钥长度为 6,所以把明文按周期 6 进行分组,对每组序列 $(x_1,x_2,x_3,x_4,x_5,x_6)$ 用密钥 σ 对明文序列 p 进行重排得到对应的加密序列:$(x_{\sigma(1)},x_{\sigma(2)},x_{\sigma(3)},x_{\sigma(4)},x_{\sigma(5)},x_{\sigma(6)})$。

首先把明文 p 分为 7 组:

(StateK)(eyLabo)(ratory)(ofNetw)(orking)(andSwi)(tching)

然后分别对每组中的 6 个字母使用加密变换 $\sigma:\sigma(1)=5,\sigma(2)=3,\sigma(3)=1,\sigma(4)=4,\sigma(5)=6,\sigma(6)=2$

(eaStkt)(bLeaoy)(rtroya)(tNoewf)(nLoigr)(wdaSin)(nhtigc)

从而得到最终的密文 $c=$(eaStKtbLeaoyrtroyatNoewfnkoigrwdaSinnhtigc)。

同理,解密也非常简单,由加密密钥 $\sigma=(1\ 5\ 6\ 2\ 3)$,易知解密密钥 $\sigma^{-1}=(1\ 3\ 2\ 6\ 5)$,把密文序列 c 分为 7 组:

(eaStkt)(bLeaoy)(rtroya)(tNoewf)(nLoigr)(wdaSin)(nhtigc)

接着对上述序列中的每个子串使用解密密钥置换位置:

(StateK)(eyLabo)(ratory)(ofNetw)(orking)(andSwi)(tching)

从而得到明文序列 p 为 "State Key Laboratory of Networking and Switching"。

3.2 代换密码

代换密码(Substitution Cipher)是将明文中的字符替换为其他字符的密码体制。基本方法是:建立一个代换表,加密时将待加密的明文字符通过查表代换为对应的密文字符,这个代换表就是密钥。代换是古典密码体制中最基本的处理技巧,它在现代密码学中也有广泛的应用。代换密码体制已有上百年的历史,比如小朋友经常玩的数字猜谜游戏就是代换密码的一个典型例子。

定义 3.3 令 P、C 和 K 分别为明文空间、密文空间和密钥空间,其中 P 和 C 都是 26 个英文字母的集合,K 由 26 个数字 $0,1,\cdots,25$ 的所有代换组成,$\forall \pi \in K$,定义代换密码体制的加密操作为:

$$e_\pi(x)=\pi(x)$$

其对应的解密操作为:

$$d_\pi(y)=\pi^{-1}(y)$$

这里 π^{-1} 表示代换密钥 π 的逆代换,x 表示一个明文字符,y 表示一个密文字符。

按照一个明文字母是否总是被一个固定的字母代替进行划分,代换密码主要分为两类:单表代换密码和多表代换密码。鉴于属于多表代换密码的转轮密码机在传统密码学上的重要作用,本节将对转轮密码机进行专门阐述。

3.2.1 单表代换密码

单表代换密码指明文消息中相同的字母,在加密时都使用同一固定的字母来代换。单表代换密码又分为移位密码、基于密钥的单表代换密码和仿射密码 3 类,由于移位密码可以看作仿射密码的特例,所以下面只介绍基于密钥的单表密码和仿射密码。

1. 基于密钥的单表代换密码

基于密钥的单表代换密码很多,其基本思想是类似的,下面通过一个具体实例来介绍单表代换密码。首先选取一个英文单词或字母串作为密钥,去掉其中重复的字母得到一个无重复字母的字母序列,然后将字母表中的其他字母按字母顺序依次写在此字母序列后面,如果密钥中的字母序列有重复则后出现的字母不再出现,从而使所有的字母建立一一对应关系,也就是字母代换表。这种单表代换密码破译的难度稍高,而且密钥更改便捷,因此增加了单表代换密码体制的灵活性。

例 3.4 设密钥为"ISCBUPT",在此用小写字母表示明文,用大写字母表示密文。由使用密钥的单表代换密码体制可知加密代换表为:

a	b	c	d	e	f	g	h	i	j	k	l	m	n	o	p	q	r	s	t	u	v	w	x	y	z
I	S	C	B	U	P	T	A	D	E	F	G	H	J	K	L	M	N	O	Q	R	V	W	X	Y	Z

若明文为"cyber greatwall",则对应的密文为"CYSUNTNUIQWIGG"。

根据加密代换表,易得解密代换表:

A	B	C	D	E	F	G	H	I	J	K	L	M	N	O	P	Q	R	S	T	U	V	W	X	Y	Z
h	d	c	i	j	k	l	m	a	n	o	p	q	r	s	f	t	u	b	g	e	v	w	x	y	z

根据解密代换表,可知若密文为"CYSUNTNUIQWIGG",则对应的明文为"cyber greatwall"。其密钥空间长度为 $26! > 10^{25}$。

2. 仿射密码

仿射密码的加密算法就是一个线性变换,即对任意的明文字符 x,对应的密文字符为 $y \equiv e(x) \equiv ax + b \pmod{26}$,其中 $a, b \in \mathbf{Z}_{26}$,且要求 $\gcd(a, 26) = 1$,函数 $e(x)$ 称为仿射加密函数。

注 1. 仿射加密函数要求 $\gcd(a, 26) = 1$,即要求 a 和 26 互素,否则 $e(x) \equiv ax + b \pmod{26}$ 就不是一个单射函数。例如,当 $\gcd(8, 26) = 2$ 时,因为对 $x \in \mathbf{Z}_{26}$,$8(x+13) + 5 = 8x + 109 \equiv 8x + 5 \pmod{26}$,所以 x 和 $x+13$ 将被加密为相同的密文。故 $e(x) \equiv 8x + 5 \pmod{26}$ 不是一个有效的仿射加密函数。而当 $\gcd(a, 26) = 1$ 时,仿射加密函数的解必然唯一,证明如下:设存在 $x_1, x_2 \in \mathbf{Z}_{26}$,使得 $e(x) \equiv ax_1 + b \equiv ax_2 + b \pmod{26}$,则必然有 $ax_1 \equiv ax_2 \pmod{26}$,从而可以得到整除式 $26 | a(x_1 - x_2)$;又因为 $\gcd(a, 26) = 1$,所以得 $26 | (x_1 - x_2)$,由题设知 $x_1, x_2 \in \mathbf{Z}_{26}$,所以必然得结论 $x_1 = x_2$。综上可知,前提 $\gcd(a, 26) = 1$ 保证了仿射加密函数是一个双射函数。

注 2. 当 $a = 1, b = 3$ 时,这种仿射密码就是著名的恺撒密码。

由仿射加密函数可以看出仿射加密的密钥空间大小为 $12 \times 26 = 312$。因为由 $b \in \mathbf{Z}_{26}$ 知,b 有 $0, 1, \cdots, 25$ 共 26 种不同取值;而 $a \in \mathbf{Z}_{26}$ 且 $\gcd(a, 26) = 1$,由欧拉函数易知 a 的取值个数是 $\varphi(26) = \varphi(2 \times 13) = \varphi(2) \times \varphi(13) = 1 \times 12 = 12$,即 $1, 3, 5, 7, 9, 11, 15, 17, 19, 21, 23, 25$。

由仿射加密函数 $e(x) \equiv ax + b \pmod{26}$ 可得 $ax \equiv e(x) - b \pmod{26}$,因为 $\gcd(a, 26) = 1$,可知 a 在 $\mathbf{Z}_{26}$ 上一定存在乘法逆元 $a^{-1} \in \mathbf{Z}_{26}$,使得 $aa^{-1} \equiv 1 \pmod{26}$。在 $ax \equiv e(x) - b \pmod{26}$ 两

边同时左乘 a^{-1} 得 $a^{-1}ax\equiv(a^{-1}a)x\equiv x\equiv a^{-1}(e(x)-b)\pmod{26}$，由此可得仿射加密的逆变换，即仿射解密函数为：$x\equiv d(e(x))\equiv a^{-1}(e(x)-b)\pmod{26}$。

在求解仿射解密函数时，需要求 a 在 $\mathbf{Z}_{26}$ 上的乘法逆元 $a^{-1}\in\mathbf{Z}_{26}$，这可由扩展欧几里得算法求解，下表列出在 $\mathbf{Z}_{26}$ 上所有与 26 互素元素的乘法逆元：

1^{-1}	3^{-1}	5^{-1}	7^{-1}	9^{-1}	11^{-1}	15^{-1}	17^{-1}	19^{-1}	21^{-1}	23^{-1}	25^{-1}
1	9	21	15	3	19	7	23	11	5	17	25

例 3.5 设仿射加密函数是 $e(x)\equiv 11x+6\pmod{26}$，由上表知 $11^{-1}\pmod{26}\equiv 19$。所以相应的仿射解密函数是 $x=19[e(x)-6]\equiv 19e(x)+16\pmod{26}$。

若加密的明文是"sorcery"，首先把明文的每个字母转换为数字 18,14,17,2,4,17,24。然后对明文进行加密：

$$11\times\begin{pmatrix}18\\14\\17\\2\\4\\17\\24\end{pmatrix}+\begin{pmatrix}6\\6\\6\\6\\6\\6\\6\end{pmatrix}=\begin{pmatrix}204\\160\\193\\28\\50\\193\\270\end{pmatrix}\equiv\begin{pmatrix}22\\4\\11\\2\\24\\11\\10\end{pmatrix}\pmod{26}\Leftrightarrow\begin{pmatrix}W\\E\\L\\C\\Y\\L\\K\end{pmatrix}$$

由此可知，在当前仿射加密函数下，明文"sorcery"经仿射变换得密文"WELCYLK"，相应的解密过程为：

$$19\times\begin{pmatrix}22\\4\\11\\2\\24\\11\\10\end{pmatrix}+\begin{pmatrix}16\\16\\16\\16\\16\\16\\16\end{pmatrix}=\begin{pmatrix}434\\92\\225\\54\\472\\225\\206\end{pmatrix}\equiv\begin{pmatrix}18\\14\\17\\2\\4\\17\\24\end{pmatrix}\pmod{26}\Leftrightarrow\begin{pmatrix}s\\o\\r\\c\\e\\r\\y\end{pmatrix}$$

由计算结果易知，原始消息得到恢复。

3.2.2 多表代换密码

多表代换密码是以一系列代换表依次对明文消息的字母序列进行代换的加密方法，即明文消息中出现的同一个字母，在加密时不是完全被同一固定的字母代换，而是根据其出现的位置次序用不同的字母代换。如果代换表序列是非周期的无限序列，则相应的密码称为非周期多表代换密码，这类密码对每个明文都采用了不同的代换表进行加密，故称为一次一密密码，它是理论上不可破译的密码体制。但实际应用中经常采用的是周期多表代换密码，它通常使用有限个代换表，代换表被重复使用以完成消息的加密，它是一种比单表密码体制更为安全的密码体制。

不妨设明文序列为 $m=m_1m_2\cdots$，代换表序列为 $\pi=\pi_1,\pi_2,\cdots,\pi_d,\pi_1,\pi_2,\cdots,\pi_d,\cdots$，则使用周期为 d 的代换序列（加密密钥）加密明文序列 m 得密文序列为：$c=\pi(m)=\pi_1(m_1),\pi_2(m_2),\cdots,\pi_d(m_d),\pi_1(m_{d+1}),\pi_2(m_{d+2}),\cdots,\pi_d(m_{2d}),\cdots$。显然，当 $d=1$ 时，多表代换密码退化为单

表代换密码。

多表代换密码利用从明文字符到密文字符的多个映射隐藏单字母出现的统计特性(频率特性)。它将明文字符划分为长度相同的明文组,然后再对明文组进行替换。这样同一字母在明文序列中的位置不同就具有不同的密文,从而能更好地抵抗统计密码分析。

多表代换密码体制有很多,常见且比较典型的有 3 种:Playfair 密码、Vigenère 密码和 Hill 密码。

1. Playfair 密码

Playfair 密码(Playfair Cipher)是 1854 年由 Charles Wheatstone 提出的,此后由他的朋友 Lyon Playfair 将该密码公布,所以就称为 Playfair 密码。

Playfair 密码将明文字母按两个字母一组分成若干个单元,然后将这些单元替换为密文字母组合,替换时基于一个 5×5 字母矩阵,该矩阵使用一个选定的关键词来构造,其构造方法如下:从左到右,从上到下依次填入关键词的字母,若关键词中有重复字母,则第二次出现时略过,然后将字母表中剩下的字母按字母顺序依次填入矩阵中,其中字母 i 和 j 看作是同一个字符。同时约定如下规则:表中的第一列看作是第五列的右边一列,第一行看作是第五行的下一行。

对每一对明文字母 p_1, p_2,加密时根据它们在 5×5 字母矩阵中的位置分别处理如下。

(1) 若 p_1, p_2 在同一行,则对应的密文分别是紧靠 p_1, p_2 右端的字母。

(2) 若 p_1, p_2 在同一列,则对应的密文分别是紧靠 p_1, p_2 下端的字母。

(3) 若 p_1, p_2 不在同一行,也不在同一列,则对应的密文为以 p_1, p_2 为对角顶点确定的矩形的另外的两个顶点字母,按同行的原则对应。

(4) 若 p_1, p_2 相同,则插入一个事先约定好的字母(如 Q),并用上述方法处理。

(5) 若明文字母数为奇数,则在明文的末端添加一个事先约定好的字母进行填充。

Playfair 密码在解密时,同样是将密文分为两个字母一组,然后根据密钥产生的字母矩阵进行解密。解密过程与加密过程基本相似,只是把其中的右边改为左边,把其中的下面改为上面即可。

例 3.6 设密钥为 "ISCBUPT",则根据前述的 Playfair 密钥构造规则创建的字母矩阵为:

$$\begin{bmatrix} I/J & S & C & B & U \\ P & T & A & D & E \\ F & G & H & K & L \\ M & N & O & Q & R \\ V & W & X & Y & Z \end{bmatrix}$$

若明文为 "steganographia",则首先把明文分为两个字母一组,然后对两个一组的明文分别加密:

st	eg	an	og	ra	ph	ia
GN	TL	TO	NH	OE	AF	CP

由此得加密后的密文为 "GNTLTONHOEAFCP",同样把密文分为两个字母一组,相应的解密过程如下:

GN	TL	TO	NH	OE	AF	CP
st	eg	an	og	ra	ph	ia

2. Vigenère 密码

维吉尼亚密码(Vigenère Cipher)是由法国密码学家 Blaise de Vigenère 于 1858 年提出的一种代换密码,它是多表代换密码的典型代表。

定义 3.4 设 m 为某一固定的正整数,P、C 和 K 分别为明文空间、密文空间和密钥空间,并且 $P=K=C=(Z_{26})^m$,对一个密钥 $k=(k_1,k_2,\cdots,k_m)$,定义维吉尼亚密码的加密函数为:

$$e_k(x_1,x_2,\cdots,x_m)=(x_1+k_1,x_2+k_2,\cdots,x_m+k_m)$$

与之对应的解密函数为:

$$d_k(y_1,y_2,\cdots,y_m)=(y_1-k_1,y_2-k_2,\cdots,y_m-k_m)$$

其中 $k=(k_1,k_2,\cdots,k_m)$ 是一个长为 m 的密钥字,密钥空间的大小为 26^m,所以对一个相对小的 m,穷举密钥也需要很长的时间。如 $m=7$,则密钥空间大小超过 8×10^9,所以手工搜索非常困难。当明文的长度超过 m 时,可将明文串按长度 m 分组,然后对每一组使用密钥 k 加密。

例 3.7 设密钥为"iscbupt",则对应的数字化的密钥 $k=(8,18,2,1,20,15,19)$,待加密的明文是"cyber greatwall corporation",首先把明文字母转换为数字,然后把明文字母每 7 个分为一组,使用密钥字进行模 26 下的加密操作,具体计算过程如下所示。

c	y	b	e	r	g	r		e	a	t	w	a	l	l		c	o	r	p	o	r	a		t	i	o	n
2	24	1	4	17	6	17		4	0	19	22	0	11	11		2	14	17	15	14	17	0		19	8	14	13
8	18	2	1	20	15	19		8	18	2	1	20	15	19		8	18	2	1	20	15	19		8	18	2	1
10	16	3	5	11	21	10		12	18	21	23	20	0	4		10	6	19	16	8	6	19		1	0	16	14
K	Q	D	F	L	V	K		M	S	V	X	U	A	E		K	G	T	Q	I	G	T		B	A	Q	O

加密表中第一行为已分组明文字母,每组之间用空格隔开;第二行是与明文字母对应的数字;第三行是加密密钥;第四行为加密后的密文对应的数字,即第二行数字与第三行对应的数字模 26 和的结果;最后一行是得到的密文"KQDFLVKMSVXUAEKGTQIGTBAQO"。同样把密文按每组 7 个进行分组,然后进行解密得如下解密表。

K	Q	D	F	L	V	K		M	S	V	X	U	A	E		K	G	T	Q	I	G	T		B	A	Q	O
10	16	3	5	11	21	10		12	18	21	23	20	0	4		10	6	19	16	8	6	19		1	0	16	14
8	18	2	1	20	15	19		8	18	2	1	20	15	19		8	18	2	1	20	15	19		8	18	2	1
2	24	1	4	17	6	17		4	0	19	22	0	11	11		2	14	17	15	14	17	0		19	8	14	13
c	y	b	e	r	g	r		e	a	t	w	a	l	l		c	o	r	p	o	r	a		t	i	o	n

解密表与加密表的第四行计算操作是不同的,解密表中第四行是由第二行与第三行的模 26 差得到的,其他行的操作与加密表基本相同。由解密表可以明显看出,明文字符通过解密函数得到恢复。

为了更快根据明文找出密文,或者依据密文推出明文,我们构造了表 3-1,表中第一行为 26 个明文字符,第一列代表 26 个密钥字符,根据表 3-1 进行的加密解密过程如下。

(1) 加密过程:明文字母 p 对应的列和密钥字母 k 对应的行的交叉点就是加密后的密文字母 c。

(2) 解密过程:在密钥字母 k 对应的行找到相应的密文字母 c,则 c 所在列对应的明文字母即是 p。

表 3-1 维吉尼亚表

		明文
		0 1 2 3 4 5 6 7 8 9 10 11 12 13 14 15 16 17 18 19 20 21 22 23 24 25
		a b c d e f g h i j k l m n o p q r s t u v w x y z
	0a	A B C D E F G H I J K L M N O P Q R S T U V W X Y Z
	1b	B C D E F G H I J K L M N O P Q R S T U V W X Y Z A
	2c	C D E F G H I J K L M N O P Q R S T U V W X Y Z A B
	3d	D E F G H I J K L M N O P Q R S T U V W X Y Z A B C
	4e	E F G H I J K L M N O P Q R S T U V W X Y Z A B C D
	5f	F G H I J K L M N O P Q R S T U V W X Y Z A B C D E
	6g	G H I J K L M N O P Q R S T U V W X Y Z A B C D E F
	7h	H I J K L M N O P Q R S T U V W X Y Z A B C D E F G
	8i	I J K L M N O P Q R S T U V W X Y Z A B C D E F G H
密	9j	J K L M N O P Q R S T U V W X Y Z A B C D E F G H I
	10k	K L M N O P Q R S T U V W X Y Z A B C D E F G H I J
	11l	L M N O P Q R S T U V W X Y Z A B C D E F G H I J K
	12m	M N O P Q R S T U V W X Y Z A B C D E F G H I J K L
钥	13n	N O P Q R S T U V W X Y Z A B C D E F G H I J K L M
	14o	O P Q R S T U V W X Y Z A B C D E F G H I J K L M N
	15p	P Q R S T U V W X Y Z A B C D E F G H I J K L M N O
	16q	Q R S T U V W X Y Z A B C D E F G H I J K L M N O P
	17r	R S T U V W X Y Z A B C D E F G H I J K L M N O P Q
	18s	S T U V W X Y Z A B C D E F G H I J K L M N O P Q R
	19t	T U V W X Y Z A B C D E F G H I J K L M N O P Q R S
	20u	U V W X Y Z A B C D E F G H I J K L M N O P Q R S T
	21v	V W X Y Z A B C D E F G H I J K L M N O P Q R S T U
	22w	W X Y Z A B C D E F G H I J K L M N O P Q R S T U V
	23x	X Y Z A B C D E F G H I J K L M N O P Q R S T U V W
	24y	Y Z A B C D E F G H I J K L M N O P Q R S T U V W X
	25z	Z A B C D E F G H I J K L M N O P Q R S T U V W X Y

例 3.8 设密钥为"iscbupt",需加密的明文字母是"sorcery",则根据维吉尼亚表和加密规则易得密文为"AGTDYGR"。同样根据上述维吉尼亚表和解密规则易知明文为"sorcery"。

根据维吉尼亚表的启发,还可以设计出其他多表密码体制,如把维吉尼亚表对应的行逆序排列,就可以得到博福特密码(Beaufort Cipher)表。

3. Hill 密码

希尔密码(Hill Cipher)是由数学家 Lester Hill 于 1929 在 *American Mathematical Monthly* 杂志上首次提出的。Hill 密码的基本思想是利用 Z_{26} 上的线性变换把 n 个连续的明文字母替换为 n 个密文字母。这个替换是由密钥决定的,而这个密钥是一个变换矩阵,解密时只需对密文做一次逆变换即可。其实 Hill 密码实质上就是通过一个变换矩阵把明文变换为密文的一种密码体制。

定义 3.5 设 n 为某一固定的正整数,P、C 和 K 分别为明文空间、密文空间和密钥空间,并且 $P=C=(Z_{26})^n$,密钥 $k=(k_{ij})_{n\times n}$ 是一个 $n\times n$ 的非奇异矩阵(行列式 $\det(k)\neq 0$),且满足 $\gcd(\det(k),26)=1$,即满足 Z_{26} 上 $\det(k)$ 和 26 互素,从而保证了密钥矩阵的逆矩阵存在。对明文序列 $p=(p_1,p_2,\cdots,p_n)\in P$,其对应密文记为 $c=(c_1,c_2,\cdots,c_n)\in C$,则 Hill 密码的加密函数定义为:

$$(c_1,c_2,\cdots,c_n)\equiv(p_1,p_2,\cdots,p_n)\begin{pmatrix} k_{11} & k_{12} & \cdots & k_{1n} \\ k_{21} & k_{22} & \cdots & k_{2n} \\ \vdots & \vdots & & \vdots \\ k_{n1} & k_{n2} & \cdots & k_{nn} \end{pmatrix} \pmod{26}$$

写成矩阵简化形式为：$[\boldsymbol{c}]_{1\times n}\equiv([\boldsymbol{p}]_{1\times n}\times[\boldsymbol{k}]_{n\times n})(\bmod 26)$。

在 Hill 密码的加密函数等式的两端分别乘以 $\boldsymbol{k}^{-1}$，则得到其解密函数的解析式：

$$(p_1,p_2,\cdots,p_n)\equiv(c_1,c_2,\cdots,c_n)\times\begin{pmatrix}k_{11}&k_{12}&\cdots&k_{1n}\\k_{21}&k_{22}&\cdots&k_{2n}\\\vdots&\vdots&&\vdots\\k_{n1}&k_{n2}&\cdots&k_{nn}\end{pmatrix}^{-1}(\bmod 26)$$

写成矩阵简化形式为：$[\boldsymbol{p}]_{1\times n}\equiv([\boldsymbol{c}]_{1\times n}\times[\boldsymbol{k}]_{n\times n}^{-1})(\bmod 26)$。

例 3.9 设待加密的明文是"cyber"，数字化后为 2,24,1,4,17，使用的密钥为：

$$\boldsymbol{k}=\begin{pmatrix}10&5&12&0&0\\3&14&21&0&0\\8&9&11&0&0\\0&0&0&11&8\\0&0&0&3&7\end{pmatrix}$$

加密后得：

$$\boldsymbol{c}=(2\ 24\ 1\ 4\ 17)\begin{pmatrix}10&5&12&0&0\\3&14&21&0&0\\8&9&11&0&0\\0&0&0&11&8\\0&0&0&3&7\end{pmatrix}=\begin{pmatrix}100\\355\\539\\95\\151\end{pmatrix}^{T}\equiv\begin{pmatrix}22\\17\\19\\17\\21\end{pmatrix}^{T}(\bmod 26)\Leftrightarrow\begin{pmatrix}W\\R\\T\\R\\V\end{pmatrix}^{T}$$

则密文为"WRTRV"。同理由于 $\boldsymbol{k}$ 是非奇异的，所以在 Z_{26} 上必然存在逆矩阵：

$$\boldsymbol{k}^{-1}=\begin{pmatrix}21&15&17&0&0\\23&2&16&0&0\\25&4&3&0&0\\0&0&0&7&18\\0&0&0&23&11\end{pmatrix}$$

解密后得：

$$\boldsymbol{p}=(22\ 17\ 19\ 17\ 21)\begin{pmatrix}21&15&17&0&0\\23&2&16&0&0\\25&4&3&0&0\\0&0&0&7&18\\0&0&0&23&11\end{pmatrix}=\begin{pmatrix}1328\\440\\703\\602\\537\end{pmatrix}^{T}\equiv\begin{pmatrix}2\\24\\1\\4\\17\end{pmatrix}^{T}(\bmod 26)\Leftrightarrow\begin{pmatrix}c\\y\\b\\e\\r\end{pmatrix}^{T}$$

则明文为"cyber"。

Hill 密码将长消息分组，分组的长度由矩阵的维数决定。它与 Playfair 密码相比，更好地隐藏了单字母的统计特性，所以 Hill 密码能较好地抵抗统计分析法，对抗惟密文攻击的强度较高，但易受到已知明文攻击。

3.2.3 转轮密码机

从 19 世纪 20 年代开始，人们逐渐发明各种机械加解密设备用来处理数据的加密解密运算，起初普遍使用的设备是转轮密码机。转轮密码机是由一个用于输入的键盘和一组转轮组成，每个转轮上有 26 个字母的任意组合，转轮之间由齿轮进行连接，当一个转轮转动时，可以将一个字母转化成为另一个字母。为了使转轮更安全，人们还把几种转轮和移动齿轮结合起来，所有转轮以不同的速度转动，并且通过调整转轮上字母的位置和速度为破译设置障碍。

转轮密码机原理如图 3-1 所示，它是一个三转轮密码机模型，3 个带有数字的矩形框代表

3个转轮,从左到右分别称为慢轮子、中轮子和快轮子。转轮内部相当于一个单表代换。当按下某一键时,电信号从慢轮子的输入引脚进入,经过内部连线流经每个转轮,最后从快轮子的输出引脚输出密文。如在图3-1(a)中,如果按下字母键A,则一个电信号被加到慢轮子的输入引脚24并通过内部连线连接到慢轮子的输出引脚24,经过中轮子的输入引脚24和输出引脚24,连接到快轮子的输入引脚18,最后从快轮子的输出引脚18输出密文字母B。

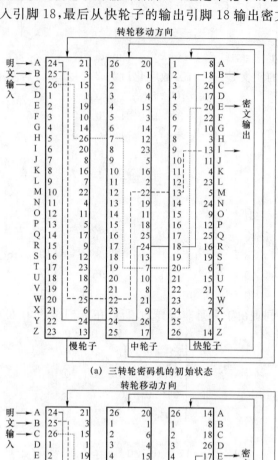

(a) 三转轮密码机的初始状态

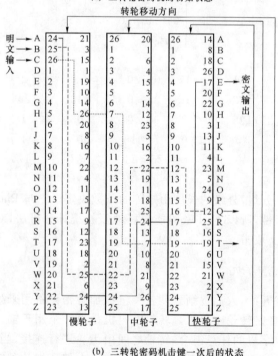

(b) 三转轮密码机击键一次后的状态

图 3-1 转轮密码机原理

如果转轮机始终保持图 3-1(a)的连接状态,则按下字母键 A,输出的密文永远是字母 B,这显然是单表代换密码。转轮密码机的设计目的是通过转轮的转动来实现复杂的多表代换,从而打破明文与密文之间的固定代替关系。所以,转轮密码机在每次击键并输出密文以后,快轮子要转动一个位置,以改变中轮子与快轮子之间的对应关系。如在图 3-1(a)所示状态下,如果按下任意一个键(如 A 键),转轮密码机输出密文(如 B),然后快轮子转动一个位置,即快轮子的所有引脚向下移动一个位置,原最下边的引脚移至顶端,此时转轮密码机的状态如图 3-1(b)所示,显然,此时若再按个 A 键,则一个电信号被加到慢轮子的输入引脚 24 并通过内部连线连接到慢轮子的输出引脚 24,经过中轮子的输入引脚 24 和输出引脚 24,连接到快轮子的输出引脚 17,最后从快轮子的输出引脚 17 输出密文字母 E,显然,两次的输出结果是完全不同的,快轮子转动一圈(26 个位置),中轮子转动一个位置;中轮子转动一圈(26 个位置),慢轮子转动一个位置。因此,在加密或解密 26×26×26 个字母以后,所有转轮都恢复到初始状态。由此可知,一个有 3 个转轮的转轮密码机是一个密钥周期为 26×26×26=17 576 的多表代换密码机械装置。一个 5 转轮密码机的密钥周期是 26^5=11 881 376,一般地,一个有 m 个转轮的密码机其周期是 26^m,所以转轮密码机是一种长周期的多表代换密码机。

转轮密码机的使用大大提高了密码加解密速度,同时其抗攻击性有很大的提高,在第二次世界大战中有着广泛的应用,它是密码学发展史上的一个里程碑。

3.3 古典密码的分析

密码编码学和密码分析学是密码学的两大组成部分,其二者的对立统一关系促进了密码学的发展,一个密码系统的安全性只有通过当前各类攻击系统的检验分析后才能做出结论。密码体制的安全性分析是一个相当复杂的系统工程,各类密码体制的分析方法也各不相同,本节主要讨论古典密码体制中几类典型密码算法的安全性。

单表代换密码通过统计分析的方法很容易破解,而多表代换密码的破译相对要复杂些。因为在单表代换下,字母的频率、重复字母的模式和字母组合方式等统计特性除了字母名称改变以外,其他的都未发生变化。而在多表代换下,原来明文的这些统计特性通过多个表的平均作用隐藏起来。已有的研究成果表明,用统计分析法分析单表和部分多表代换是可行的,而分析 Hill 等密码体制时,若仅知密文则非常困难,但可以用已知明文攻击法分析。

3.3.1 统计分析法

某种语言中各个字符出现的频率不一样而表现出一定的统计规律,而这种统计规律可能在密文中重现,故统计分析法指攻击者利用这些统计规律通过一些推测和验证过程来实现密码分析的方法。Beker 和 Piper 对用英文书写的文档中字符出现频率的统计如图 3-2 所示,可以看出,字母 E 的统计概率最高,是 0.127;然后依次是字母 T、A、O、I、N、S、H 和 R,出现的频率在 0.06~0.09 之间;而字母 V、K、J、X、Q 和 Z 出现的频率最低,一般都低于 0.01。当考虑位置特性时,字母 A、I 和 H 一般不作为单词的结尾,而 E、N 和 R 出现在起始位置比出现在结束位置的概率更小,字母 T、O 和 S 出现在单词前后位置的概率基本相同。

此外,两字母和三字母组合的统计规律对于密码分析者来说也是非常有用的。按出现频率递减排序,前 20 个最常见的两字母组合依次是:TH、HE、IN、ER、AN、RE、DE、ON、ES、

ST、EN、AT、TO、NT、HA、ND、OU、EA、NG 和 AS。按出现频率递减排序,前 10 个最常见的三字母组合依次是:THE、ING、AND、HER、ERE、ENT、THA、NTH、WAS 和 ETH。

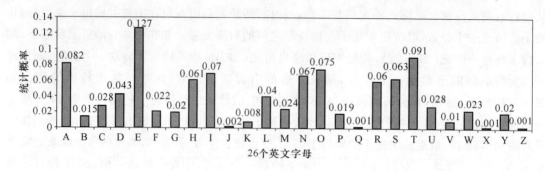

图 3-2　26 个英文字母出现的统计概率分布

1. 单表代换密码分析

单表代换密码的密钥空间很小,同时它没有将字母出现的统计规律隐藏起来,因此密码分析者就容易利用该语言的规律进行分析,从这一点上来说,汉语在加密方面的特性要远远优于英语,因为汉语中一级常用汉字就有 3 755 个,而英语只有 26 个字母。

例 3.10　截获到一段由仿射密码加密而成的密文:

VNYQVEVYCYUHEJWLEVWLUWDRYVKWLCSRIERTQKSVONSRIVYONRWHWIUJ
YHWRIQVWJYSXSRIARSFYLQSVUWDBWQVQERTVYHYOWMMARSOEVSWRQVNY
HEJWLEVWLUKEQWBYRYTSRRSRYVYYRRSRYVUVKWSRRSRYVYYRRSRYVUDS
FYVNYHEJWLEVWLUBEQQYTEOOYBVEROYSRQBYOVSWRJUIWFYLRMYRV

通过统计得到 26 个英文字母在密文中的频率分布。

A	B	C	D	E	F	G	H	I	J	K	L	M	N	O	P	Q	R	S	T	U	V	W	X	Y	Z
2	5	2	3	14	2	3	6	6	6	4	9	3	5	8	0	11	29	18	4	8	24	21	1	29	0

26 个字母中出现频率最高的为 Y 和 R,均有 29 次。根据 26 个英文字母的概率分布,首先假定密文字母 Y 是明文字母 e 加密的结果,且密文字母 R 是明文字母 t 的加密结果。不妨设仿射加密函数为 $e(x) \equiv ax+b \pmod{26}$,联立方程组得:

$$\begin{cases} e(\text{'e'})=\text{'Y'} \Rightarrow e(4) \equiv 24 \pmod{26} \Rightarrow 4a+b \equiv 24 \pmod{26} \\ e(\text{'t'})=\text{'R'} \Rightarrow e(19) \equiv 17 \pmod{26} \Rightarrow 19a+b \equiv 17 \pmod{26} \end{cases} \Rightarrow \begin{cases} a=3 \\ b=12 \end{cases}$$

$\gcd(3,26)=1$ 满足 a 与 26 互素的条件。从而得到解密函数 $x=a^{-1}(e(x)-b) \bmod 26$。将密文依次代入函数得到明文,经过验证,没有正确的明文语义,故假设错误。

现在假定密文字母 Y 是明文字母 e 加密的结果,再依次假定密文字母 R 是明文字母 a、o、i 的加密,均得不出正确的结果。

当假定密文字母 Y 是明文字母 e 加密的结果,密文字母 R 是明文字母 n 的加密时,联立方程组得:

$$\begin{cases} e(\text{'e'})=\text{'Y'} \Rightarrow e(4) \equiv 24 \pmod{26} \Rightarrow 4a+b \equiv 24 \pmod{26} \\ e(\text{'n'})=\text{'R'} \Rightarrow e(13) \equiv 17 \pmod{26} \Rightarrow 13a+b \equiv 17 \pmod{26} \end{cases} \Rightarrow \begin{cases} a=5 \\ b=4 \end{cases}$$

所以加密函数为 $e(x) \equiv 5x+4 \pmod{26}$,由仿射密码的解密函数表达式得对应的解密函数为 $x \equiv d(e(x)) \equiv 5^{-1}(e(x)-4) \equiv 21(e(x)-4) \pmod{26}$,所以明文字母和密文字母的对应关系如下:

A	B	C	D	E	F	G	H	I	J	K	L	M	N	O	P	Q	R	S	T	U	V	W	X	Y	Z
u	p	k	f	a	v	q	l	g	b	w	r	m	h	c	x	s	n	i	d	y	t	o	j	e	z

最后得解密的密文为"the state key laboratory of networking and switching technology belongs to beijing university of posts and telecommunications the laboratory was opened in nineteen ninety two in nineteen ninety five the laboratory passed acceptance inspection by government"。有正确的明文语义,故破译成功。

2. 多表代换密码分析

多表代换密码打破了原语言的字符出现规律,故其分析比单表代换密码的分析要复杂得多。维吉尼亚密码是多表代换密码的典型代表,本小节以维吉尼亚密码的分析为例介绍多表代换密码分析方法。多表代换密码体制的分析方法主要分为3步:第一步是确定密钥的长度,常用的方法有卡西斯基(Kasiski)测试法和重合指数法(Index of Coincidence);第二步是确定密钥,常用的方法是拟重合指数测试法;第三步是根据第二步确定的密钥恢复出明文,如果条件允许可以验证结论的正确性。

Kasiski测试法是由普鲁士军官Friedrich Kasiski在1863年提出的一种重码分析法,又称Kasiski检验,其基本原理是:若用给定长度为k的密钥周期地对明文字母加密,则当明文中有两个相同字母组在明文序列中间隔的字母数为k的倍数时,这两个明文字母组对应的密文字母组必然相同。但反过来,若密文中出现两个相同的字母组,它们所对应的明文字母组未必相同,但相同的可能性很大。如果将密文中相同的字母组找出来,并对其间隔的字母数进行综合研究,找出它们间隔字母数的最大公因子,就有可能提取出有关密钥字长度k的信息。

重合指数法利用随机文本和英文文本的统计概率差别来分析密钥长度。考虑一个来自26个字母表的随机文本,每个字母以1/26的概率发生。若另有第二个随机文本,把它放在第一个随机文本下面,然后计算有多大的机会找到上下两个字母相等。因为每个字母都是一个随机字符,所以找到两个字母完全一样的概率是$(1/26)^2$。显然,对于其他字母而言这个概率是不变的,所以找到两个同样字母的总的概率是$26\times(1/26)^2=1/26\approx0.038$。而英语文本与随机文本不同,因为26个英文字母出现的概率是不同的。设字母A,B,…,Z出现的期望概率分别为$p_0,p_1,…,p_{25}$(具体数值参考图3-2)。此时找到两个等同字母发生的概率为$p_0^2+p_1^2+…+p_{25}^2\approx0.065$。这个值比随机文本的统计值要大得多,一般把它称之为重合指数IC。

定义3.6 设某种语言由n个字母组成,每个字母i发生的概率为$p_i,1\leqslant i\leqslant n$,则重合指数就是指两个随机字母相同的概率,记为:$\text{IC}=\sum_{i=1}^{n}p_i^2$。

在实际应用中,重合指数的价值体现在以下两个方面:

(1) 在单表代换情况下,明文与密文的IC值相同,都近似为英文文本的重合指数,因此,可以用密文的重合指数判断文本是否用单表代换加密的;如果密文的重合指数较低,则加密体制可能是一个多表代换密码。

(2) 可以用重合指数法估计维吉尼亚密码的密钥字长度k。

由于现实世界中密文的长度有限,故从密文计算的实际重合指数总是不同于理论值,所以一般用IC的无偏估计值$\text{IC}'=\sum_{i=1}^{n}\dfrac{x_i(x_i-1)}{L(L-1)}$来近似IC,IC'公式中$x_i$表示密文符号$i$出现的次数,$L$表示密文长度,$n$表示某门语言包含的字母数,如该语言是英文字母,则$n=26$。

例 3.11 设密文为:

CHREEVOAHMAERATBIAXXWTNXBEEOPHBSBQMQEQERBWRVXUOAKXAOSXX
WEAHBWGJMMQMNKGRFVGXWTRZXWIAKLXFPSKAUTEMNDCMGTSXMXBTUI
ADNGMGPSRELXNJELXVRVPRTULHDNQWTWDTYGBPHXTFALJHASVBFXNGLL
CHRZBWELEKMSJIKNBHWRJGNMGJSGLXFEYPHAGNRBIEQJTAMRVLCRREMNDG
LXRRIMGNSNRW**CHR**QHAEYEVTAQEBBIPEEWEVKAKOEWADREMXMTBHH**CHR**
TKDNVRZ**CHR**CLQOHPWQAIIWXNRMGWOIIFKEE

从密文序列可以看出,CHR 在密文中出现了 5 次,每次出现首字母 C 的位置分别为 1,166, 236,276,286,第一次出现到其他各次出现的距离分别为 165,235,275,285,而 gcd(165,235, 275,285)=5,由 Kasiski 测试法可知密钥字的长度可能是 5。

下面利用重合指数法验证结论的正确性,利用前面提到的重合指数的无偏估计式 IC' 得到如下信息。

密钥长度	IC(子串 1)	IC(子串 2)	IC(子串 3)	IC(子串 4)	IC(子串 5)	平均 IC
1	0.045					0.045
2	0.046	0.041				0.044
3	0.043	0.050	0.047			0.047
4	0.042	0.039	0.046	0.040		0.042
5	0.063	0.068	0.069	0.061	0.072	0.067

从上表中可以看出,当密钥长度为 5 时,其每一个子串的重合指数更接近于 0.065,从而为 Kasiski 测试法得出的结论提供了佐证。

得到密钥长度后,下一步的任务是确定密钥的具体内容,这一部分主要介绍拟重合指数测试法。

定义 3.7 设某种语言由 n 个字母组成,每个字母 i 在第一个分布中发生的概率为 r_i,在第二个分布中发生的概率为 q_i,则拟重合指数定义为

$$x = \sum_{i=1}^{n} r_i q_i$$

设密文的总长度为 n,由 Kasiski 测试法和重合指数已确定密钥长度为 m,则密钥 $K = (k_1, k_2, \cdots, k_m)$。令 $f_0, f_1, \cdots, f_{25}$ 分别表示密文子串 $c_i (1 \leq i \leq m)$ 中字母 A,B,$\cdots$,Z 出现的频率,再令 $n' = n/m$ 表示子串 c_i 的长度。则 26 个英文字母在 c_i 中出现的概率依次是:

$$\frac{f_0}{n'}, \frac{f_1}{n'}, \cdots, \frac{f_{25}}{n'}$$

因为密文子串 c_i 是由对应的明文子串的字符移动 k_i 个位置所得的,所以移位后的概率分布:

$$\frac{f_{k_i \bmod 26}}{n'}, \frac{f_{(k_i+1) \bmod 26}}{n'}, \cdots, \frac{f_{(k_i+25) \bmod 26}}{n'}$$

应该近似于图 3-2 中统计出的概率分布 $p_0, p_1, \cdots, p_{25}$。

假设 $0 \leq j \leq 25$,定义数值:

$$M_j = \sum_{i=1}^{25} \frac{p_i f_{(i+j) \bmod 26}}{n'}$$

如果 $j = k_i$,则由前面重合指数的定义知:

$$M_j = \sum_{i=1}^{25} p_i^2 \approx 0.065$$

如果 $j \neq k_i$,则 M_j 一般与 0.065 相差较大,对任意的 $1 \leqslant i \leqslant m$ 都可以使用这种方法具体确定 k_i 的值。

例 3.12 设用维吉尼亚加密的密文如下:

```
BZGTNPMMCGZFPUWJCUIGRWXPFNLHZCKOAPGLKYJNRAQFIUYRAVGNPANU
MDQOAHMWTGJDXGOMPJPTKAAVZIUIWKVTUCWBWNFWDFUMPJWPMQGPTN
WXTSDPLPMWJAXUHHXWPFXXGVAPFNTXVFKOYIRBOQJHCBVWVFYCGQFGU
SUBDWVIYATJGTBNDKGHCTMTWIUEFJITVUGJHHIMUVJICUWYQWYGGUWPU
UCWIFGWUANILKPHDKOSPJTTWJQOJHXLBJAPZHVQWPDYPGLLGDBCHTGIZCC
MEGVIIJLIFFBHSMEGUJHRXBOQUBDNASPEUCWNGWSNWXTSDPLPMWJAIUHU
MWPSYCTUWFBMIAMKVBNTDMQNBVDKILQSSDYVWVXIGDQFIBHSLEAVDBXG
OLGDBCHTGIZVNFQFKTNGRWXUDCTGKWCOXIXKZPPFDZG
```

首先用 Kasiski 测试求密钥的长度,通过统计分析整个密文串得:

字符	位置	相对距离	相对距离因子数
tn	4,109,410	105,406	7,3,2,5,29
pm	6,109,118,328	98,112,322	7,2,23
qf	43,162,379,407	119,336,407	7,2,3,17,26
xg	69,132,391	63,322	7,2,9,23
pj	73,101,241	28,168	7,2,3,4
ucw	89,222,313	133,224	7,2,19
ja	121,254,331	133,210	7,2,3,5,19
jh	151,200,249,298	47,98,298	7,2,3,5
wv	156,170,373	14,217	7,2,3

上表中第一列是在密文串中至少出现 3 次的字母组合,第二列表示对应的字母组合首字母在密文中出现的位置,如字符"tn"对应的位置是 $4,109,410$,表示密文在第 $4,109,410$ 出现字母 t,并且紧跟着在 $5,110,411$ 出现字母 n。相对距离(第三列)表示除去第一个位置外的其他位置相对于第一个位置的距离,如字符"tn"对应的相对距离是 $105(=109-4)$ 和 $406(=410-4)$,相对距离因子数(第四列)是指所有相对距离的因子数的并集,如字符"tn"对应的相对因子数是 $2,3,5,7,29$,是因为 $105=3\times 5\times 7, 406=2\times 7\times 29$。

由上表最后一列的相对距离的因子集可以看出,每个集合都包含数字 7 和 2,根据 Kasiski 测试方法可知,密钥的长度可能是 7 或 2。下面再通过重合因子测试法确定密钥长度。

密钥长度	IC(组 1)	IC(组 2)	IC(组 3)	IC(组 4)	IC(组 5)	IC(组 6)	IC(组 7)	平均 IC
1	0.041 888							0.041 888
2	0.040 967	0.042 200						0.041 584
3	0.045 019	0.042 625	0.045 019					0.044 221
4	0.040 775	0.043 663	0.040 435	0.041 364				0.041 559
5	0.045 442	0.041 433	0.039 562	0.038 760	0.047 314			0.042 502
6	0.041 476	0.042 237	0.045 282	0.049 296	0.045 775	0.037 167		0.043 539
7	0.057 860	0.067 160	0.086 727	0.074 035	0.063 458	0.072 977	0.054 997	0.068 174

从上表可以看出，当密钥长度为 7 时，7 个子串的重合指数相比其他密钥长度都更接近于 0.065，结合 Kasiski 测试方法得出的结论，判定密钥长度应为 7。

确定了密钥长度为 7 后，首先把密文分为 7 组，其中第一组有 63 个字母，其他 6 组每组各有 62 个字母。

```
1 BMWWZLQVMWOAWBUQTWXVVBVQDJGIVMWUIIOJBQLTEIEBANTWMUMMIVQEOTQWKKG
2 ZCJXCKFGDTMAKWMGSJWAFOWFWGHUUUYWFLSQJWLGGFGOSGSJWWKQLWFALGFXWZ
3 GGCPKYINQGPVVNPPDAPPKQVGVTCEGVQPGKPOAPGIVFUQPWDAPFVNQVIVGIKUCP
4 TZUFOJUPOJJZTFJTPXFFOJFUIBTFJJWUWPJJPDDZIBJUESPISBBBSXBDDZTDOP
5 NFINANYAADPIUWWNLUXNYHYSYNMJHIYUUHTHZYBCIHGBUNLUYMNVSIHBBVNCXF
6 PPGLPRRNHXTUCDPMPHXTICCUADTIHCGADTXHPCCJSRDCWPHCITDDGSXCNGTID
7 MURHGAAUMGKIWFMXMHGXRBGBTKWTIUGWNKWLVGHMLMXNWXMUTADKYDLGHFRGXZ
```

然后根据拟重合指数测试法得到如下数据。

	第一组	第二组	第三组	第四组	第五组	第六组	第七组
0	0.036 333	0.028 919	0.029 806	0.032 968	0.041 484	0.043 177	0.034 194
1	0.039 254	0.039 984	0.039 855	0.066 677	0.039 081	0.035 903	0.032 016
2	0.041 016	0.045 677	0.067 823	0.036 016	0.031 468	0.047 032	0.040 935
3	0.041 429	0.045 065	0.038 597	0.031 855	0.037 710	0.039 323	0.045 194
4	0.044 905	0.036 452	0.037 435	0.027 887	0.035 984	0.038 903	0.042 581
5	0.037 413	0.046 887	0.022 565	0.051 855	0.046 484	0.031 468	0.039 048
6	0.032 698	0.038 855	0.035 839	0.034 919	0.037 952	0.031 790	0.045 403
7	0.033 825	0.035 935	0.040 532	0.036 452	0.046 323	0.032 677	0.035 323
8	0.061 254	0.035 903	0.046 016	0.036 113	0.036 145	0.031 516	0.043 790
9	0.039 286	0.036 984	0.031 855	0.035 984	0.047 387	0.042 161	0.037 823
10	0.033 032	0.031 097	0.034 048	0.034 371	0.033 532	0.038 210	0.032 548
11	0.027 651	0.033 790	0.042 129	0.043 355	0.031 468	0.049 468	0.025 387
12	0.042 841	0.038 210	0.039 742	0.041 145	0.031 145	0.031 532	0.039 097
13	0.033 841	0.034 597	0.045 871	0.031 742	0.042 532	0.031 952	0.039 403
14	0.037 937	0.048 565	0.036 419	0.037 984	0.036 129	0.041 468	0.036 597
15	0.038 222	0.036 774	0.046 935	0.044 532	0.037 581	0.068 339	0.042 387
16	0.042 571	0.032 419	0.028 145	0.049 242	0.045 129	0.036 903	0.034 452
17	0.037 016	0.034 306	0.045 194	0.038 435	0.034 129	0.036 903	0.032 742
18	0.043 063	0.067 290	0.033 839	0.037 774	0.030 113	0.027 935	0.046 387
19	0.043 159	0.040 177	0.031 435	0.028 984	0.039 855	0.038 323	0.059 177
20	0.036 095	0.034 710	0.029 823	0.030 903	0.065 806	0.036 403	0.040 903
21	0.038 587	0.030 177	0.041 210	0.043 629	0.037 984	0.039 113	0.032 855
22	0.036 508	0.039 839	0.044 065	0.041 919	0.037 323	0.038 677	0.031 887
23	0.041 810	0.031 532	0.038 306	0.044 339	0.028 532	0.028 548	0.031 516
24	0.030 730	0.042 452	0.041 919	0.030 532	0.033 871	0.045 903	0.038 355
25	0.030 524	0.034 403	0.031 597	0.031 387	0.035 855	0.044 855	0.041 000

上表中第一列表示移位的位数，表中其余部分是根据拟重合指数计算公式得到的 M_j。由拟重合指数测试法知，第一组子串中最大的重合指数对应的移位是 8，即相应的密钥为 I，同理，后 6 组子串中最大的重合指数对应的移位分别是 18，2，1，20，15 和 19，依次对应的密钥是

S,C,B,U,P 和 T,所以加密密钥为"ISCBUPT"。

得到密码"ISCBUPT"后,把分为7组的密文表中第一行所有元素在 Z_{26} 上减去8,第二、三、四、五、六和七行所有字母依次减去18,2,1,20,15和19,最终得明文为:"the state key laboratory of networking and switching technology belongs to beijing university of posts and telecommunication the laboratory was opened in nineteen ninety two in nineteen ninety five the laboratory passed acceptance inspection by government and an evaluation organized by ministry of science and technology in two thousand and two since two thousand and four the laboratory has been renamed as the state key laboratory of networking and switching technology by ministry of science and technology"。

3.3.2 明文-密文对分析法

所谓明文-密文对分析法是指攻击者不仅获得若干密文,而且还得到一些密文对应的明文,通过若干明文-密文对分析出密钥的方法。如对于 Hill 密码而言,其抵抗频率统计攻击能力非常强,若仅知若干密文是很难破译明文的,但如果知道超过矩阵维数的明文-密文对则破译就变得相对容易。假设攻击者已经确定正在使用的 Hill 密码的矩阵维数为 n,并且知道至少有 n 个不同的明文-密文对:

$$\boldsymbol{p}_i = (p_{1,i}, p_{2,i}, \cdots, p_{n,i}), \boldsymbol{c}_i = (c_{1,i}, c_{2,i}, \cdots, c_{n,i}), i=1,2,\cdots,n$$

则由 Hill 密码的定义可得:

$$(c_{ij})_{n \times n} \equiv ((p_{ij})_{n \times n} \times (k_{ij})_{n \times n}) \pmod{26} \Rightarrow (k_{ij})_{n \times n} \equiv ((p_{ij})_{n \times n}^{-1} \times (c_{ij})_{n \times n}) \pmod{26}$$

即

$$\begin{bmatrix} k_{11} & k_{12} & \cdots & k_{1n} \\ k_{21} & k_{22} & \cdots & k_{2n} \\ \vdots & \vdots & & \vdots \\ k_{n1} & k_{n2} & \cdots & k_{nn} \end{bmatrix} \equiv \begin{bmatrix} p_{11} & p_{12} & \cdots & p_{1n} \\ p_{21} & p_{22} & \cdots & p_{2n} \\ \vdots & \vdots & & \vdots \\ p_{n1} & p_{n2} & \cdots & p_{nn} \end{bmatrix}^{-1} \times \begin{bmatrix} c_{11} & c_{12} & \cdots & c_{1n} \\ c_{21} & c_{22} & \cdots & c_{2n} \\ \vdots & \vdots & & \vdots \\ c_{n1} & c_{n2} & \cdots & c_{nn} \end{bmatrix} \pmod{26}$$

上述结论成立的前提条件是 $\boldsymbol{p}^{-1}$ 存在,这就要求明文 $\boldsymbol{p}$ 是一个非奇异方阵,即要求 $\det(\boldsymbol{p}) \neq 0$,且满足 $\gcd(\det(\boldsymbol{p}), 26) = 1$。所以已知明文-密文对攻击方法推导 Hill 算法密钥时至少要知道与矩阵维数相等个数的明文-密文对。如果明文矩阵不可逆,则尝试其他已知的明文-密文对重新组成明文矩阵再分析,直到找到满足可逆要求的明文矩阵为止。

例 3.13 设明文"cryptology information sets"用 $n=5$ 的 Hill 密码加密得到5个密文序列如下:

crypt	ology	infor	matio	nsets
DWVOT	ZMHII	DHIXX	MXPAG	IPGDS

同时,知道明文"information security center"用 $m=5$ 的 Hill 密码加密同样得到5个密文序列:

infor	matio	nsecu	rityc	enter
DHIXX	MXPAG	IPGEA	IEJKY	XJKRV

首先测试前5个明文组成的矩阵是否可逆,如果可逆,则可以求出密钥矩阵,然后再利用后5个明文—密文对验证得出密钥矩阵的正确性。

把前5个明文—密文对数字化得明文矩阵 $\boldsymbol{p}$ 和密文矩阵 $\boldsymbol{c}$ 分别为:

$$p=\begin{pmatrix} 2 & 17 & 24 & 15 & 19 \\ 14 & 11 & 14 & 6 & 24 \\ 8 & 13 & 5 & 14 & 17 \\ 12 & 0 & 19 & 8 & 14 \\ 13 & 18 & 4 & 19 & 18 \end{pmatrix}, c=\begin{pmatrix} 3 & 22 & 21 & 14 & 19 \\ 25 & 12 & 7 & 8 & 8 \\ 3 & 7 & 8 & 23 & 23 \\ 12 & 23 & 15 & 0 & 6 \\ 8 & 15 & 6 & 3 & 18 \end{pmatrix}$$

由明文矩阵 p 易得其在 Z_{26} 上的伴随矩阵 p^* 为：

$$p^*=\begin{pmatrix} 21 & 22 & 23 & 9 & 5 \\ 14 & 15 & 24 & 14 & 14 \\ 4 & 12 & 2 & 23 & 12 \\ 17 & 2 & 5 & 11 & 8 \\ 4 & 25 & 23 & 9 & 12 \end{pmatrix}$$

明文矩阵 p 对应的行列式的值为 $|p|=\det(p)=(-338\,697)\bmod 26=5$。

由矩阵分析的结论易知：

$$p^{-1}\equiv \frac{p^*}{|p|}(\bmod\ 26)$$

所以

$$p^{-1}\equiv 21p^* \equiv \begin{pmatrix} 441 & 462 & 483 & 189 & 105 \\ 294 & 315 & 504 & 294 & 294 \\ 84 & 252 & 42 & 483 & 252 \\ 357 & 42 & 105 & 231 & 168 \\ 84 & 525 & 483 & 189 & 252 \end{pmatrix} \equiv \begin{pmatrix} 25 & 20 & 15 & 7 & 1 \\ 8 & 3 & 10 & 8 & 8 \\ 6 & 18 & 16 & 15 & 18 \\ 19 & 16 & 1 & 23 & 12 \\ 6 & 5 & 15 & 7 & 18 \end{pmatrix}(\bmod\ 26)$$

从而得 Hill 密码的密钥矩阵为：

$$k\equiv p^{-1}\times c\equiv \begin{pmatrix} 712 & 1\,071 & 896 & 858 & 1\,040 \\ 289 & 586 & 437 & 390 & 598 \\ 840 & 1075 & 713 & 650 & 1\,040 \\ 832 & 1\,326 & 936 & 453 & 866 \\ 416 & 728 & 494 & 523 & 865 \end{pmatrix} \equiv \begin{pmatrix} 10 & 5 & 12 & 0 & 0 \\ 3 & 14 & 21 & 0 & 0 \\ 8 & 9 & 11 & 0 & 0 \\ 0 & 0 & 0 & 11 & 8 \\ 0 & 0 & 0 & 3 & 7 \end{pmatrix}(\bmod 26)$$

至此该 Hill 密码已经被破译，下面通过后 5 个明文—密文对验证破译的正确性。

首先将明文"information security center"数字化：

i	n	f	o	r	m	a	t	i	o	n	s	e	c	u	r	i	t	y	c	e	n	t	e	r
8	13	5	14	17	12	0	19	8	14	13	18	4	2	20	17	8	19	24	2	4	13	19	4	17

从而得到明文矩阵：

$$p=\begin{pmatrix} 8 & 13 & 5 & 14 & 17 \\ 12 & 0 & 19 & 8 & 14 \\ 13 & 18 & 4 & 2 & 20 \\ 17 & 8 & 19 & 24 & 2 \\ 4 & 13 & 19 & 4 & 17 \end{pmatrix}$$

所以

$$c = \begin{pmatrix} 8 & 13 & 5 & 14 & 17 \\ 12 & 0 & 19 & 8 & 14 \\ 13 & 18 & 4 & 2 & 20 \\ 17 & 8 & 19 & 24 & 2 \\ 4 & 13 & 19 & 4 & 17 \end{pmatrix} \times \begin{pmatrix} 10 & 5 & 12 & 0 & 0 \\ 3 & 14 & 21 & 0 & 0 \\ 8 & 9 & 11 & 0 & 0 \\ 0 & 0 & 0 & 11 & 8 \\ 0 & 0 & 0 & 3 & 7 \end{pmatrix} \equiv \begin{pmatrix} 3 & 7 & 8 & 23 & 23 \\ 12 & 23 & 15 & 0 & 6 \\ 8 & 15 & 6 & 4 & 0 \\ 8 & 4 & 9 & 10 & 24 \\ 23 & 9 & 10 & 17 & 21 \end{pmatrix} \pmod{26}$$

从而有：

3 7 8 23 23	12 23 15 0 6	8 15 6 4 0	8 4 9 10 24	23 9 10 17 21
D H I X X	M X P A G	I P G E A	I E J K Y	X J K R V

显然与已知的后 5 个密文相一致，从而确定该 Hill 密码已经成功破译。

3.4 习　题

1. 判断题

（1）古典密码大多比较简单，一般可用于手工或机械方式实现其加密和解密过程，目前破译比较容易，已很少采用，所以，了解或研究它们的设计原理是无意义的。　　　　（　）

（2）在置换密码算法中，密文所包含的字符集与明文的字符集是相同的。　　（　）

（3）仿射密码的加密算法就是一个线性变换，所有的线性变换都能成为一个有效的仿射加密函数。　　（　）

（4）轮转密码机在二次世界大战中有广泛的应用，也是密码学发展史上的一个里程碑，而其使用的轮转密码算法属于多表代换密码体制。　　（　）

（5）多表代换密码中，明文序列的相同字母因位置不同而生成不同的密文字母，从而能够抵抗统计密码分析。　　（　）

（6）希尔密码抵御惟密文攻击的能力很强，但对于已知明文攻击，其抵御能力很差。
　　（　）

（7）Kasiski 测试法是由普鲁士军官 Friedrich Kasiski 在 1863 年提出的一种重码分析法，主要针对多表代换密码的分析，能够确定密钥。　　（　）

（8）在单表代换情况下明文与密文的重合指数 IC 值相同，而在多表代换情况下密文的重合指数 IC 较低，利用这个信息可以判断明文是用单表代换还是用多表代换的。　　（　）

2. 选择题

（1）字母频率分析法对下面哪种密码算法最有效。（　　）
　　A. 置换密码　　　　　　　　B. 单表代换密码
　　C. 多表代换密码　　　　　　D. 序列密码

（2）下面哪种密码算法抵抗频率分析攻击能力最强，而对已知明文攻击最弱。（　　）
　　A. 仿射密码　　　　　　　　B. 维吉利亚
　　C. 轮转密码　　　　　　　　D. 希尔密码

（3）重合指数法对下面哪种密码算法的破解最有效。（　　）
　　A. 置换密码　　　　　　　　B. 单表代换密码
　　C. 多表代换密码　　　　　　D. 希尔密码

（4）转轮密码是近代密码史中非常有代表性的一种密码算法，其密码体制采用的是( )。

    A. 置换密码   B. 单表代换密码

    C. 多表代换密码   D. 序列密码

(5) 转轮密码是近代密码史中非常有代表性的一种密码算法,其设计思想与下面哪种密码类似。( )

    A. 仿射密码   B. Playfair 密码

    C. 维吉利亚密码   D. 希尔密码

(6) 维吉利亚(Vigenere)密码是古典密码体制比较有代表性的一种密码,其密码体制采用的是( )。

    A. 置换密码   B. 单表代换密码

    C. 多表代换密码   D. 序列密码

(7) Hill 密码能较好地抵抗统计分析法,对抗( )的安全强度较高,但易受到下面其他三种攻击。

    A. 惟密文攻击   B. 已知明文的攻击

    C. 选择明文攻击   D. 选择密文攻击

(8) 下面哪种密码其明文与密文的重合指数 IC 值通常是不相同的。( )

    A. 列置换密码   B. 周期置换密码

    C. 单表代换密码   D. 多表代换密码

3. 填空题

(1) 在 1949 年香农发表"保密系统的通信理论"之前,密码学算法主要通过字符间的_____和_____实现,一般认为这些密码体制属于传统密码学范畴。

(2) 古典密码体制主要有两种,分别是指_____和_____。

(3) 置换密码又叫_____,最常见的置换密码有_____和_____。

(4) 代换是古典密码体制中最基本的处理技巧,按照一个明文字母是否总是被一个固定的字母代替进行划分,代换密码主要分为两类:_____和_____。

(5) 仿射密码的加密算法其实是一个线性变换,仿射加密的密钥空间大小为_____。

(6) Playfair 密码,加密时把字母 i 和 j 看作是同一个字符,解密时通过_____来区别字母 i 和 j。

(7) 一个有 6 个转轮的转轮密码机是一个周期长度为_____的多表代替密码机械装置。

(8) 转轮密码是在近代密码史中广泛应用的一种密码,通过这个事件得到启发:一个实用密码设备应必备四要素:安全、_____、_____、使用方便。

(9) 从重合指数的定义可知,一个完全随机的文本其 IC 约为_____,而一个有意义的英文文本其 IC 却是_____左右,两者的差异是很明显的。

4. 术语解释

(1) 置换密码

(2) 代换密码

(3) 多表代换密码

(4) 统计分析法

(5) 重合指数法

5. 简答题

（1）求置换 $\sigma = \begin{pmatrix} 1 & 2 & 3 & 4 & 5 & 6 & 7 & 8 \\ 5 & 1 & 7 & 2 & 6 & 8 & 4 & 3 \end{pmatrix}$ 的逆置换。

（2）用维吉尼亚密码加密明文"please keep this message in secret"，其中使用的密钥为"computer"，试求其密文。

（3）用 Playfair 密码加密明文"hide the gold in the tree stump"，密钥为"cryptography"，试求其密文。

（4）用 Hill 密码加密明文"hill"，使用的密钥是

$$k = \begin{pmatrix} 8 & 6 & 9 & 5 \\ 6 & 9 & 5 & 10 \\ 5 & 8 & 4 & 9 \\ 10 & 6 & 11 & 4 \end{pmatrix}$$

试求其密文。

（5）已知以下密文是由仿射密码得到的，试求其明文。
"FMXVEDKAPHFERBNDKRXRSREFMORUDSDKDVSHVUFEDKAPRKDLYEVLRHHRH"。

（6）已知下列密文是通过维吉尼亚密码加密得来的，试求其明文。
"CHREE VOAHM AERAT BIAXX WTNXB EEOPH BSBQM QEQER
BWRVX UOAKX AOSXX WEAHB WGJMM QMNKG RFVGX WTRZX
WIAKL XFPSK AUTEM NDCMG TSXMX BTUIA DNGMG PSREL
XNJEL XVRVP RTULH DNQWT WDTYG BPHXT FALJH ASVBF
XNGLL CHRZB WELEK MSJIK NBHWR JGNMG JSGLX FEYPH
AGNRB IEQJT AMRVL CRREM NDGLX RRIMG NSNRW CHRQH
AEYEV TAQEB BIPEE WEVKA KOEWA DREMX MTBHH CHRTK
DNVRZ CHRCL QOHPW QAIIW XNRMG WOIIF KEE"。

（7）明文"friday"用 $m=2$ 的 Hill 密码加密后得到密文"POCFKU"，求 Hill 密码的密钥。

（8）简述单表代换密码和多表代换密码的基本思想及其优缺点。

（9）简述利用重合指数法分析维吉尼亚密码的过程。

（10）简述利用明文-密文法分析希尔密码的过程。

第4章 分组密码

分组密码(Block Cipher)是现代密码学的重要体制之一,具有加密速度快、安全性好、易于标准化等特点,广泛地应用于数据的保密传输、加密存储等场合,也可用于其他方面,如构造伪随机数生成器、序列密码、消息认证码等。

本章首先简要介绍分组密码的含义、原理、设计准则等,然后对两种典型的分组密码算法——DES及AES进行深入的讨论,接着简要介绍几种著名的分组密码算法(IDEA、RC6、Skipjack等),最后对分组密码的工作模式进行分析。

4.1 分组密码概述

4.1.1 分组密码

顾名思义,分组密码(或称为块密码)是将明文消息编码表示后的二进制序列,划分成固定大小的块,每块分别在密钥的控制下变换成等长的二进制序列。

如图 4-1 所示,将明文分成 m 个块:$M_1, M_2, \cdots, M_i, \cdots, M_m$,然后对每个块执行相同的加密变换($OP$),生成 m 个密文块 $C_1, C_2, \cdots, C_i, \cdots, C_m$。块的大小由加密变换的输入长度确定,为了抵抗穷举明文攻击,通常输入长度较大(128 位或 64 位的倍数)。分组密码的解密和加密类似,首先将收到的密文分成 m 个密文块 $C_1, C_2, \cdots, C_i, \cdots, C_m$,然后在相同的密钥作用下,对每个分组执行一个加密的逆变换,从而恢复出对应的明文块 $M_1, M_2, \cdots, M_i, \cdots, M_m$。

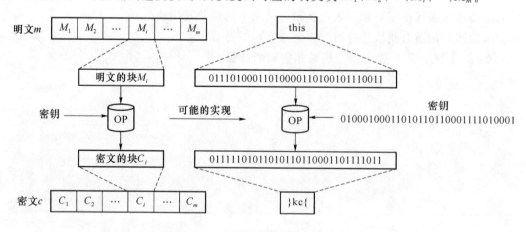

图 4-1 分组密码的常见加密结构

需要注意的是,尽管一些传统加密算法也进行分组,但它们并不是分组密码。例如,Vigenere 加密算法的密钥也可以定义块的大小。对于密钥"next",下面的 Vigenere 加密就是对块大小为 4 个字符的操作:

明文	this	isno	tago	odci	pher
密钥	next	next	next	next	next
密文	glfl	vwkh	gedh	bhzb	clbk

分组密码属于对称密码体制,所以加密密钥空间与解密密钥空间相同,故算法包含五个元素$\{M,C,K,E,D\}$,其中$M=F_2^n$称为明文空间,$K=F_2^k$称为密钥空间,$C=F_2^n$称为密文空间。E和D分别表示加密和解密变换,定义如下:

$$E: M \times K \to C$$
$$D: C \times K \to M$$

若$X \in F_2^n, K \in F_2^k$,则存在$Y \in F_2^n$满足$Y=E_K(X)$和$X=D_K(Y)$。n为明文分组长度,k为密钥长度。当$K \in F_2^k$确定时,加密变换和解密变换为一一映射,$E_K(X)$就是$GF(2^n)$上的置换。因此,加解密的设计应满足下述要求。

(1) 分组要足够长。假设n为分组长度,则要使分组代换字母表中的元素个数2^n足够大,以防止明文穷举攻击。

(2) 密钥长度要足够长,以防止密钥穷举攻击。但密钥又不能过长,这不利于密钥的管理和影响加解密的速度。

(3) 由密钥确定的置换算法要足够复杂,足以抗击各种已知的攻击,如差分攻击和线性攻击等,使攻击者除了用穷举法外,无其他更好的攻击方法。

(4) 加密和解密运算简单,易于软件和硬件的快速实现。一个复杂的算法由许多相对简单的运算构成,为了便于软件编程或通过逻辑电路实现,算法中的运算应该尽量简单,如二进制加法或移位运算,参与运算的参数长度也应选择8的整数倍,可以充分发挥计算机中字节运算的优势。

(5) 一般无数据扩展,即明文和密文长度相同。在采用同态置换和随机化加密技术时可引入数据扩展。

在设计分组密码时,(1)、(2)、(3)的安全性条都是必要条件,是算法设计必须考虑的问题。同时,在设计时还需要考虑(4)、(5)。

归纳起来,一个分组密码在实际设计中需要在安全性和实用性之间寻求一种平衡,使得算法在足够安全的同时,又具有尽可能短的密钥、尽可能小的存储空间以及尽可能快的运行速度,这使得分组密码的设计工作极富挑战性。

4.1.2 理想分组密码

分组密码作用在n位明文分组上,产生n位密文组,因而,共有2^n个可能的明文组和2^n个可能的密文组。在密钥确定时,每一个明文组唯一对应一个密文组,这样的可逆变换(置换)共有$2^n!$个。

图4-2给出了一个$n=4$的代换密码结构。4位可以表示16种状态,每一种输入状态可以被代换(映射)成了16种可能输出状态中的唯一一个,故这种结构共有16!个加密映射,每种映射看为一个密钥,所以密钥空间为16!(最大),这样的密码称为**理想分组密码**。

对于$n=4$这样的较小分组的理想分组密码使用密文的统计分析法很容易破译。造成这种脆弱性的原因并不是置换本身,而是由于分组的规模太小。如果n充分大,使用理想分组密码,明文的统计特征不易得出,从而无法攻破。

然而从实现的角度来说,当分组长度很大时,理想分组密码是不可行的。这是因为,对于理想分组密码而言,映射本身就是密钥。例如,图4-2定义了一个分组为$n=4$时的可逆映射

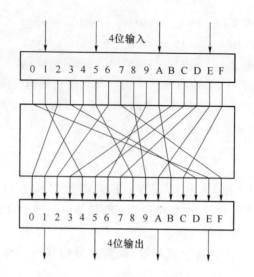

图 4-2 一个 4 位到 4 位的代换结构

(密钥)。已知分组长度为 n 的置换共有 $2^n!$ 种,因而,对于分组长度为 n 的理想密码,密钥长度为 $\lg(2^n!) \approx (n-1.44)2^n$ 比特,即对于分组长度为 n 的理想分组密码,密钥长度约是 $n \cdot 2^n$ 比特。例如,当分组长度为 64 比特的理想分组密码,其密钥长度将达到 $64 \cdot 2^{64} \approx 10^{21}$ 比特。所以若 n 很大,则其密钥在实际应用中难以管理和高效实现。

考虑到密钥管理问题和实现效率,现实中的分组密码的密钥长度 k 往往与分组长度 n 差不多,共有 2^k 个置换,而不是理想分组的 $2^n!$ 个置换。

4.1.3 分组密码的设计原则

为了有效抵抗攻击者对密码体制的攻击,Shannon 提出了三个基本设计思想——混乱、扩散以及乘积密码,这些思想也是设计分组密码所遵循的基本原则。

1. 扩散

所谓扩散,是指使每 1 比特明文的变化尽可能多地影响到输出密文序列的比特,以便隐蔽明文的统计特性。扩散的另一层意思是每 1 位密钥也尽可能影响到较多的输出密文比特。换句话说,扩散的目的是希望密文中的任一比特都要尽可能与明文和密钥的每一比特相关联。举例说明如下。

(1) 无扩散技术的加密

假设有两个二进制形式的明文序列 p_1、p_2,如果加密算法的扩散技术不好,则加密以后的结果可能为 c_1、c_2:

$p_1:00000000 \qquad c_1:xxxxxx01$

$p_2:00000001 \qquad c_2:xxxxxx11$

以上例子中,两个明文分组仅有一比特不同的情况下,加密结果也只有一比特密文不同,即若明文序列变化不大,则密文序列的变化也不大。

(2) 有扩散技术的加密

同样假设有两个二进制形式的明文序列 p_1、p_2,如果加密算法具有好的扩散技术,则加密以后的结果可能为 c_1、c_2:

$p_1:00000000 \qquad c_1:01011010$

$p_2:00000001 \qquad c_2:11101011$

从以上例子可以看出来,尽管两个明文分组仅有一比特不同,但加密结果形成的密文序列变化很大,这说明加密算法具有好的扩散性。

2. 混乱

所谓混乱,是指在加密变换过程中明文、密钥以及密文之间的关系尽可能地复杂,以防密码破译者采用统计分析法进行破译攻击。

混乱可以用"搅拌机"来形象地解释,如图 4-3 所示,将一组明文和一组密钥输入到算法中,经过充分混合,最后变成密文。同时要求,执行这种"混乱"作业的每一步都必须是可逆的,即明文混乱以后能得到密文,如图 4-3(a)所示;反之,密文经过逆向的混乱操作以后能恢复出明文,如图 4-3(b)所示。

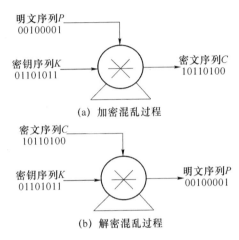

图 4-3 混乱原理示意图

3. 乘积密码体制

设 $S_1=(M_1,C_1,K_1,E_1,D_1)$ 和 $S_2=(M_2,C_2,K_2,E_2,D_2)$ 是两个密码体制,S_1 和 S_2 的乘积定义了乘积密码体制:$(M_1\times M_2,C_1\times C_2,K_1\times K_2,E_1\times E_2,D_1\times D_2)$,记为 $S_1\times S_2$。在实际应用中,明文空间和密文空间往往相同,即 $M_1=M_2=C_1=C_2$,则乘积密码体制 $S_1\times S_2$ 可简化表示为 $(M,M,K_1\times K_2,E,D)$,其中:$E=E_1\times E_2,D=D_1\times D_2$。

对任意的明文 $x\in M$ 和密钥 $k=(k_1,k_2)\in K_1\times K_2$,则加密变换为:$E_k(x)=E_{k2}(E_{k1}(x))$。

对任意的密文 $y\in M$ 和密钥 $k=(k_1,k_2)\in K_1\times K_2$,则解密变换为:$D_k(x)=D_{k1}(D_{k2}(y))$。

显然,$D_k(E_k(x))=D_k(E_{k2}(E_{k1}(x)))=D_{k1}(D_{k2}(E_{k2}(E_{k1}(x))))=D_{k1}(E_{k1}(x))=x$。

对于乘积密码体制中密钥空间的概率分布,假设 K_1 中密钥的选取和 K_2 中密钥的选取是相互独立的。因此,对任意的密钥 $k=(k_1,k_2)\in K_1\times K_2$,有 $p(k_1,k_2)=p(k_1)p(k_2)$。

如果 $S_1\times S_2=S_2\times S_1$,也就是说,乘积密码体制 $S_1\times S_2$ 和 $S_2\times S_1$ 是两个相同的密码体制,则称密码体制 S_1 和 S_2 是可交换的。应当指出,并不是任意两个密码体制都是可交换的。

显然,密码体制的乘积运算满足结合律,即对任意的 S_1、S_2 以及 S_3,都有

$$(S_1\times S_2)\times S_3=S_1\times(S_2\times S_3)$$

这里 S_1、S_2 和 S_3 是明文空间和密文空间都相同的密码体制。

设 S 是一个明文空间和密文空间相同的密码体制,

$$S^n\stackrel{\text{def}}{=\!=}\underbrace{S\times S\times\cdots\times S}_{n}$$

则 S^n 称为迭代密码体制。如果 $S^2=S$，则称 S 是等幂的密码体制。在第 3 章介绍过的许多传统密码体制都是幂等的密码体制。譬如，置换密码、仿射密码、Vigenere 密码以及 Hill 密码等都是幂等的密码体制。当然，如果 S 是一个幂等的密码体制，则就没有必要使用迭代密码体制 S^2，因为 S^2 需要更多的密钥但其安全强度与 S 一样。

如果 S 不是一个幂等的密码体制，则对 $n>1$，迭代密码体制 S^n 的安全强度会比 S 高，这种通过对一个密码体制进行迭代来提高其安全强度的思想被广泛应用于对称密码体制的设计中，通常称之为密码体制的迭代结构。具体地，就是在密钥控制下扩散和混乱两种基本密码操作的多次迭代，每次迭代中的各种基本密码操作总体，称之为轮函数。

分组密码迭代轮数（次数）越多，密码分析就越困难，但是过多迭代会使输入与输出的关系复杂化，影响加解密处理速度，而安全性增强不明显。一般来说，决定迭代轮数的准则是：使密码分析的难度大于简单穷举攻击的难度。

4.1.4 分组密码的迭代结构

乘积密码有助于利用少量的软硬件资源实现较好的扩散和混乱的效果，当前，分组密码设计中主要使用两种迭代网络结构：Feistel 网络结构和 SP 网络结构，下面分别介绍这两种迭代结构。

1. Feistel 网络

Feistel 网络（Feistel Network）结构是一种应用于分组密码的对称结构，被用于很多分组密码算法，如 DES、GOST28147-89 等。1973 年，Feistel 网络第一次在 IBM 的 Lucifer 密码中被采用，它由 Horst Feistel 和 Don Coppersmith 共同设计。因为德国的物理学家、密码学家 Horst Feistel 在美国为 IBM 工作时，为 Feistel 密码的研究奠定了基础，故以 Feistel 网络命名这种密码结构。

Feistel 的优点在于加解密相似性，它只需要一个逆转的密钥编排算法，其加解密算法部分几乎完全相同。因此，在实施过程中，对编码量和线路传输的要求都几乎减半。美国联邦政府早期使用的标准 DES 是在 Lucifer 密码的基础上改进而成，Feistel 结构在物理上的重复性使得它在硬件上的实施非常容易，尤其是支持 DES 计算的硬件。

以 F 表示轮函数，$K_0,K_1,\cdots,K_n$ 分别代表第 $1,2,\cdots,n+1$ 轮的子密钥。那么基本加密过程如下。

(1) 加密

① 将明文分组分割成长度相同的两块：(L_0,R_0)；

② 对每一轮，$i=0,1,\cdots,n$，

$$L_{i+1}=R_i$$
$$R_{i+1}=L_i\oplus F(R_i,K_i)$$

③ 加密后的密文为 (R_{n+1},L_{n+1})。

(2) 解密

① 对于密文 (R_{n+1},L_{n+1}) 的解密，每一轮，$i=n,n-1,\cdots,0$，

$$R_i=L_{i+1}$$
$$L_i=R_{i+1}\oplus F(L_{i+1},K_i)$$

② 最终得出 (L_0,R_0) 为解密后的明文。

与 SPN 结构相比,Feistel 结构的一个优点是,它的轮函数 F 不必可逆。

图 4-4 展示了加解密的过程,注意解密过程中子密钥的顺序,这是加解密过程唯一的不同。

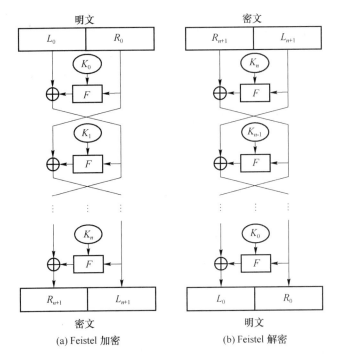

图 4-4 Feistel 网络密码结构示意图

Feistel 网络结构的雪崩效应。假设轮函数的输入最右边 1 比特变化,至少影响轮函数输出两比特变化,则 Feistel 网络结构的变化比特扩散如图 4-5 所示,多轮迭代后会影响密文多个比特变化(左边 1,2,5,7,8 比特,右边 1,3,4,6,7,8 比特)。

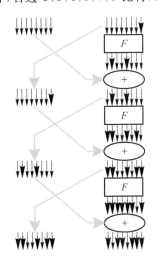

图 4-5 Feistel 密码结构的雪崩效应

非平衡 Feistel 密码:不平衡的 Feistel 加密算法在原基础上做了一些修改,其中 L_0 和 R_0 为长度不等的明文块,例如 Skipjack 密码。Thorp shuffle 是一种典型的不平衡 Feistel 结构密码,分块的一边只有一比特。它比平衡的 Feistel 密码具有更好的安全性,但是需要更多的迭代轮数。

广义 Feistel 密码：过去的分组密码的分组长度都是 64 比特，而随着计算能力的提高，现在设计分组密码分组长度要求 128 比特，因此，需要构造大规模的轮函数。C. Adms 在 CAST-256 中提出的广义 feistel 结构为密码设计提供了一条捷径，利用这种结构可以在重用过去的优良轮函数的同时，增加密码的分组长度。

2. SP 网络

代换-置换网络（Substitution Permutation Network），简称 SP 网络，是由 S 代换和 P 置换交替进行多次迭代而形成的变换网络。实际上，它属于迭代密码，也是乘积密码的一种常见的表现形式。S 代换（也称 S 盒）和 P 置换（也称 P 盒）是分组密码中的基本构件。图 4-6 是 S 盒和 P 盒的示意图。

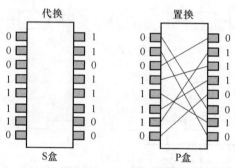

图 4-6 S 代换和 P 置换

SP 网络结构是由多重 S 盒和 P 盒组合成的变换网络。其中 S 盒起到混乱作用，P 盒起到扩散的作用。每一轮迭代中，分组首先经过 S 盒进行代换，接着通过 P 盒进行置换。SP 网络的密码结构如图 4-7 所示。

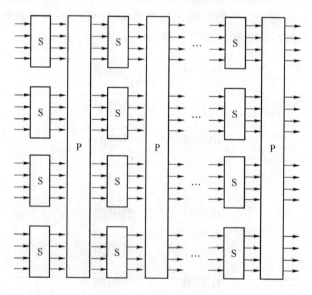

图 4-7 SP 网络的密码结构示意图

需要指出的是，置换不等同于扩散。置换本身并不改变明文在单个字符或置换分组上的统计特性。不过，多轮迭代并同代换相结合，置换能够产生扩散的作用。

在 SP 网络结构中，S 盒是许多密码算法唯一的非线性部件，它的密码强度决定了整个密码算法的安全强度。为了增强安全性，分组长度 n 一般都比较大，而输入和输出长度为 n 的代换不易实现。因此,实际中常将 S 盒划分成若干子盒,例如,将 S 盒的输入 n 分为长为 n_0 的 r 个子段,每个子 S 盒处理一个长为 n_0 的子段。

SP 网络结构具有**雪崩效应**。所谓雪崩效应是指,输入(明文或密钥)即使只有很小的变化,也会导致输出(密文)产生巨大的变化。由图 4-8 所示,输入位有很少的变化,经过多轮变换以后导致多位发生变化,即明文的 1 个比特的改变将引起密文许多比特的改变。

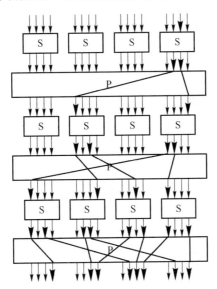

图 4-8　SP 密码结构的雪崩效应

4.2　数据加密标准(DES)

数据加密标准(DES,Data Encryption Standard)的出现是现代密码发展史上的一个非常重要的事件,它是密码学历史上第一个广泛应用于商用数据保密的密码算法,并开创了公开密码算法的先例,极大地促进了密码学的发展。尽管在今天看来,它已经不足以保障数据安全,但是它曾成功地抵抗了几十年的分析攻击,且截至目前,其安全威胁主要来源于穷举攻击。换言之,如果使用诸如三重 DES 等方式来加长 DES 的密钥长度,它仍不失为一个安全的密码系统。因此,DES 算法的基本理论和设计思想仍有重要的参考价值。

4.2.1　DES 的历史

20 世纪 60 年代后期,IBM 成立了一个由 Horst Feistel 负责的计算机密码学研究项目组,并于 1971 年设计出 Lucifer 算法。Lucifer 的分组长度为 64 位,密钥长度为 128 位。因为 Lucifer 算法非常成功,IBM 决定开发一个适合于芯片实现的商业密码产品。这一次由 Walter Tuchman 和 Carl Meyer 负责,参与者不仅有 IBM 公司的研究人员,还有美国国家安全局(NSA)的技术顾问,最终给出了 Lucifer 的一个修订版,它抗密码分析能力更强而其密钥长度减小为 56 位,因而很适合于在单片机环境下使用。

1972 年,美国国家标准局(NBS)(美国国家标准与技术研究所(NIST)的前身)拟定了一个旨在保护计算机和通信数据安全性的计划。作为该计划的一部分,决定开发一个单独的标准密码算法。1973 年开始,NBS 开始在全国征求国家密码标准方案。IBM 将 Tuchman-Meyer方案提交给 NBS,它是所有的应征方案中最好的一个,于是到 1977 年,NBS 将它采纳为数据加密标准,即 DES。

DES 在被采纳为标准之前,就遭到了严厉的批评,直至今日也未平息。批评主要集中在两个方面:第一,IBM 公司最开始的 Lucifer 算法的密钥长度是 128 位,而 DES 却只使用了 56 位密钥,人们担心密钥太短而不能抵抗穷举攻击;第二,DES 的内部结构、S 盒的设计标准被列入官方机密,所以,用户不能确信 DES 的内部结构有没有陷门,美国国家安全局有可能利用这些陷门在没有密钥的情况下解密。

尽管如此,DES 已经风行全世界,在各领域特别是金融领域中发挥了举足轻重的作用。DES 原来预计的安全使用期限是到 1992 年,不过,由于其本身设计精妙,同时没有更合适的替代品,1994 年 NIST 决定将 DES 的使用期延长 5 年。不过,随着计算能力的迅速提高,DES 的密钥长度和分组长度开始显得过短,能够被穷举攻破。1997 年,NIST 公开征集高级加密标准(AES),最终于 2001 年确定 Rijndael 算法为 AES 算法。

尽管注定要被 AES 取代,但 DES 仍是迄今为止世界上最广泛使用和流行的一种分组密码算法,它对现代分组密码理论的发展和应用起到了奠基性的作用。

4.2.2 DES 的基本结构

DES 是一个对称密码体制,加密和解密使用同一密钥,有效密钥的长度为 56 位。DES 是一个分组密码算法,分组长度为 64 位,即对数据进行加解密的单位是 64 位,明文和密文的长度相同。另外,DES 使用 Feistel 结构,具有加解密相似特性,在硬件与软件实现上,有利于加密单元的重用。

DES 的初始密钥长度也为 64 位,但有效的密钥为 56 位,因为第 8、16、24、40、48、56 和 64 位是奇偶校验位。如表 4-1 所示,阴影部分表示奇偶校验位。

表 4-1 DES 的初始密钥与有效密钥位

1	2	3	4	5	6	7	8	9	10	11	12	13	14	15	16
17	18	19	20	21	22	23	24	25	26	27	28	29	30	31	32
33	34	35	36	37	38	39	40	41	42	43	44	45	46	47	48
49	50	51	52	53	54	55	56	57	58	59	60	61	62	63	64

图 4-9 显示了 DES 的基本结构,其中右半部分称为密钥编排算法,其作用是生成轮迭代的子密钥,大体过程为:64 位初始密钥经过置换选择 1 后变成 56 位,经过循环左移和置换选择 2 后分别得到 16 个 48 位子密钥 $K_i(i=1,2,\cdots,16)$ 用做每一轮的迭代运算,具体生成过程见 4.2.5 节。

图 4-9 左半部分显示 DES 的加密过程,主要有 3 个阶段。

(1) 64 位的明文经过初始置换(IP)而被重新排列,并将其分为左右两个分组 L_0 和 R_0,各为 32 位。

(2) 在密钥的参与下,对左右两个分组进行 16 轮相同轮函数的迭代,每轮迭代都有置换和代换。注意最后一轮迭代的输出为 64 位,左半部分和右半部分不进行交换。

(3) 最后的预输出再通过逆初始置换(IP^{-1})产生 64 位的密文。

加密过程可简化描述为:

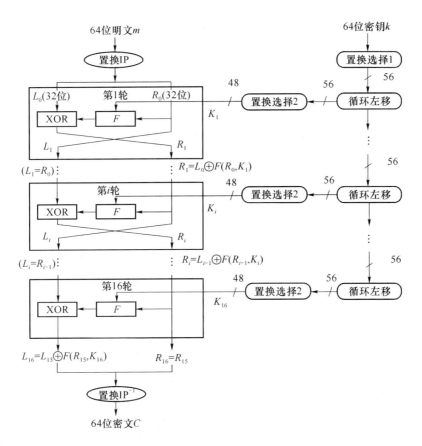

图 4-9 DES 的基本结构

$L_0 R_0 \leftarrow \mathrm{IP}(<64\text{位明文}>)$

$L_i \leftarrow R_{i-1}$ $i=1,2,\cdots,15$

$R_i \leftarrow L_{i-1} \oplus F(R_{i-1},K_i)$ $i=1,2,\cdots,15$

$L_{16} \leftarrow L_{15} \oplus F(R_{15},K_{16})$

$R_{16} \leftarrow R_{15}$

$<64\text{位密文}> \leftarrow \mathrm{IP}^{-1}(L_{16}R_{16})$

DES 的解密过程与加密过程类似,其实就是其逆过程:

$L_{16} R_{16} \leftarrow \mathrm{IP}(<64\text{位密文}>)$

$R_{i-1} \leftarrow L_i \oplus F(R_i,k_i)$ $i=16,15,\cdots,2$

$L_{i-1} \leftarrow R_i$ $i=16,15,\cdots,2$

$L_0 \leftarrow L_1 \oplus F(R_1,k_1)$

$R_0 \leftarrow R_1$

$<64\text{位明文}> \leftarrow \mathrm{IP}^{-1}(L_0 R_0)$

依据图 4-9 的 DES 的基本结构,下面分别介绍初始置换(IP)与逆初始置换(IP^{-1})、轮函数 F 以及密钥编排过程。

4.2.3 DES 的初始置换和逆初始置换

初始置换(IP)是在第一轮迭代之前进行的,目的是将原明文块的位进行换位,其置换表是固定的,如图 4-10 所示。逆初始置换(IP^{-1})是初始置换的逆置换,如图 4-11 所示。数据块的位经过初始置换和逆初始置换后恢复到原有的位置。例如,经过 IP 置换后,明文块的第 1 位被置换到第 40 位的位置,再经过 IP^{-1} 置换后,第 40 位又回到第 1 位的位置。

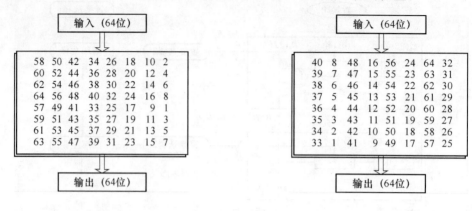

图 4-10　初始置换(IP)　　　　　图 4-11　逆初始转换(IP^{-1})

初始置换(IP)表中的位序号表现出这样的特征:整个 64 位按 8 行 8 列排列,最右边一列按 2、4、6、8、1、3、5、7 的次序排列,往左边各列的位序号依次为紧邻其右边一列各位序号加 8。

逆初始置换(IP^{-1})是初始置换的逆过程。相应地,表中位序号表现出这样的特征:整个 64 位按 8 行 8 列排列,左边第二列按 8、7、6、5、4、3、2、1 的次序排列,往右边各列的位序号依次为当前列各位序号加 8,最右边一列的隔列为最左边一列。

注意到初始置换是固定的、公开的函数(也就是说,输入密钥不是它的参数),因此这个初始置换以及逆初始置换都没有密码意义。有人认为,DES 的诞生早于 16 位和 32 位微处理器总线,它的主要目的是为了更容易地将明文和密文数据以字节大小放入 DES 芯片中。又因为这种位方式的置换用软件实现较麻烦(用硬件实现比较容易),故 DES 的许多软件实现方式删去了初始置换和逆初始置换。

初始置换完成后,将得到的 64 位序列分成两半,各 32 位,然后,对这两块进行 16 轮迭代操作,每轮操作的具体步骤下节将予以介绍。

4.2.4　DES 的 F 函数

DES 的一轮迭代过程如图 4-12 所示,其中虚线框内的内容称为轮函数 F,数字 32 或 48 表示运行到某一步骤时候的数据位数。

DES 的轮函数 F 由 4 个部分组成:扩展置换(又称 E 盒)、密钥加非线性代换(又称 S 盒)和线性置换(又称 P 盒)。下面对其逐一进行介绍。

1. 扩展置换

扩展置换又称 E 盒,它将 32 位输入扩展为 48 位输出。其扩展方法为:将 48 位输出按 8 行 6 列的次序排列,排列时,将输入位序号按 32、1、2、…、31 的次序依次排列,但上一行的后两位依次在下一行的起始位置得到重用,如第一行的最后两位的 4、5 同时出现在第二行的头两位(最后一行的下一行是第一行)。其处理过程如图 4-13 所示。

由于这个置换改变了位的次序,重复了某些位,故称为扩展置换。E 盒产生与子密钥相同长度的数据使得能进行异或运算,同时,扩展后的数据在 S 盒的作用下能进行压缩,实现了非线性变换。但是,E 盒在 DES 算法上的目的不仅如此,由于 E 盒输入的 1 位可能影响 2 个 S 盒的输入,所以输出对输入的依赖性将传播更快,从而快速实现雪崩效应。

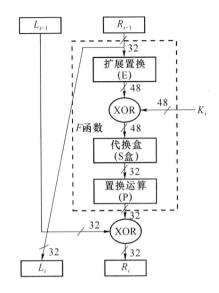

32	1	2	3	4	5
4	5	6	7	8	9
8	9	10	11	12	13
12	13	14	15	16	17
16	17	18	19	20	21
20	21	22	23	24	25
24	25	26	27	28	29
28	29	30	31	32	1

图 4-12 DES 的一轮迭代过程   图 4-13 E 盒置换表

2. 密钥加

密钥加层运算非常简单，E 扩展输出的 48 位数据与 48 位子密钥进行逐位异或运算，输出 48 位数据。

3. 代换盒

代换盒又称作 S 盒，其功能是进行非线性代换。S 盒是 DES 中唯一的非线性部分，经过 S 盒代换之后，E 盒扩展生成的 48 位数据又重新被压缩成 32 位数据。

DES 的 S 盒是一个查表运算，8 个 S 盒分别对应 8 个非线性的代换表，每个 S 盒的输入均为 6 位，输出为 4 位。在查表前，将输入的 48 位数据分成 8 组，每组 6 位，然后分别进入 8 个 S 盒进行运算。其过程如图 4-14 所示。

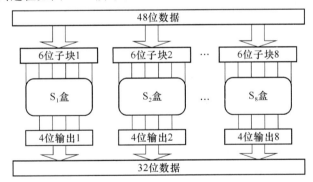

图 4-14 S 盒的代换过程

8 个 S 盒的代换表如表 4-2～表 4-9 所示。

表 4-2 S_1 盒的定义

S_1															
14	4	13	1	2	15	11	8	3	10	6	12	5	9	0	7
0	15	7	4	14	2	13	1	10	6	12	11	9	5	3	8
4	1	14	8	13	6	2	11	15	12	9	7	3	10	5	0
15	12	8	2	4	9	1	7	5	11	3	14	10	0	6	13

表 4-3 S_2 盒的定义

S_2															
15	1	8	14	6	11	3	4	9	7	2	13	12	0	5	10
3	13	4	7	15	2	8	14	12	0	1	10	6	9	11	5
0	14	7	11	10	4	13	1	5	8	12	6	9	3	2	15
13	8	10	1	3	15	4	2	11	6	7	12	0	5	14	9

表 4-4 S_3 盒的定义

S_3															
10	0	9	14	6	3	15	5	1	13	12	7	11	4	2	8
13	7	0	9	3	4	6	10	2	8	5	14	12	11	15	1
13	6	4	9	8	15	3	0	11	1	2	12	5	10	14	7
1	10	13	0	6	9	8	7	4	15	14	3	11	5	2	12

表 4-5 S_4 盒的定义

S_4															
7	13	14	3	0	6	9	10	1	2	8	5	11	12	4	15
13	8	11	5	6	15	0	3	4	7	2	12	1	10	14	9
10	6	9	0	12	11	7	13	15	1	3	14	5	2	8	4
3	15	0	6	10	1	13	8	9	4	5	11	12	7	2	14

表 4-6 S_5 盒的定义

S_5															
2	12	4	1	7	10	11	6	8	5	3	15	13	0	14	9
14	11	2	12	4	7	13	1	5	0	15	10	3	9	8	6
4	2	1	11	10	13	7	8	15	9	12	5	6	3	0	14
11	8	12	7	1	14	2	13	6	15	0	9	10	4	5	3

表 4-7 S_6 盒的定义

S_6															
12	1	10	15	9	2	6	8	0	13	3	4	14	7	5	11
10	15	4	2	7	12	9	5	6	1	13	14	0	11	3	8
9	14	15	5	2	8	12	3	7	0	4	10	1	13	11	6
4	3	2	12	9	5	15	10	11	14	1	7	6	0	8	13

表 4-8 S_7 盒的定义

S_7															
4	11	2	14	15	0	8	13	3	12	9	7	5	10	6	1
13	0	11	7	4	9	1	10	14	3	5	12	2	15	8	6
1	4	11	13	12	3	7	14	10	15	6	8	0	5	9	2
6	11	13	8	1	4	10	7	9	5	0	15	14	2	3	12

表 4-9 S_8 盒的定义

S_8															
13	2	8	4	6	15	11	1	10	9	3	14	5	0	12	7
1	15	13	8	10	3	7	4	12	5	6	11	0	14	9	2
7	11	4	1	9	12	14	2	0	6	10	13	15	3	5	8
2	1	14	7	4	10	8	13	15	12	9	0	3	5	6	11

S 盒的具体查表方法如下：假设 S 盒的 6 位输入为 b_1、b_2、b_3、b_4、b_5、b_6，则将 b_1 和 b_6 位组合，形成 1 个两位数，这两位数可以转换成十进制的 0～3 的某个数，它对应表的行号，其余 4 位 b_2、b_3、b_4 和 b_5 构成了 1 个 4 位数，可转化为 0～15 的某个数，对应表的列号，这样，通过这个 6 位输入确定的行号和列号所对应位置的值作为输出。例如，对于输入 110011，则行号是 11(第 3 行)，而列是 1001(第 9 列)，若查找 S_6 表，第 3 行、第 9 列所对应的数是 14，因此输出应是 1110。具体如图 4-15 所示。

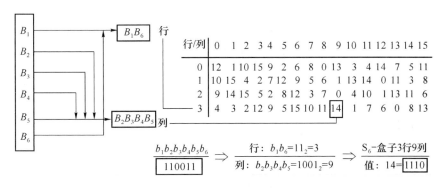

图 4-15 S 盒查表过程

如果不考虑子密钥的作用，那么，可以注意到，对于 E 盒输出的一个 6 位分组(b_1，b_2，b_3，b_4，b_5，b_6)而言，最外面的 b_1 和 b_6 位正好是 E 盒扩展得到的，而中间的四位则是扩展前的 4 位原始分组。而在 S 盒处理时，正是由扩展得到的 2 位决定行号，而原始的 4 位决定列号，这加快了数据的扩散。

S 盒的设计有如下的特点：
(1) 具有良好的非线性，即输出的每一个比特与全部输入比特有关；
(2) 每一行包括所有 16 种 4 位二进制；
(3) 两个输入相差 1 比特时，输出至少相差 2 比特；
(4) 如果两个输入刚好在中间 2 个比特上不同，则输出至少有 2 个比特不同；
(5) 如果两个输入前 2 位不同而最后 2 位相同，则输出一定不同；
(6) 相差 6 比特的输入共有 32 对，在这 32 对中有不超过 8 对的输出相同。

S 盒的输出结果是 8 个 4 位分组，它们重新合并在一起形成了一个 32 位的分组。这个分组将输入到 P 盒中进行置换。

4. 置换运算(P 盒)

置换运算(P 盒)只是进行简单位置置换，即按图 4-16 所示的列表进行位置调换，而不进行扩展和压缩。例如，图中的 16 表示原输入的第 16 位移到输出的第 1 位，10 表示原输入的第 10 位移到输出的第 16 位。

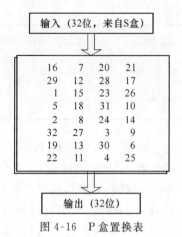

图 4-16 P 盒置换表

P 盒的设计满足如下条件:

(1) 每个 S 盒的 4 位输出影响下一轮 6 个不同的 S 盒,但是没有 2 位影响同一 S 盒;

(2) 在第 i 轮 S 盒的 4 位输出中,2 位将影响 $i+1$ 轮中间位,其余 2 位将影响两端位;

(3) 如果一个 S 盒的 4 位输出影响另一个 S 盒的中间的 1 位,则后一个的输出位不会影响前面一个 S 盒的中间位。

4.2.5 DES 的密钥编排

图 4-17 是 DES 的子密钥生成示意图,DES 的最初 64 位密钥通过置换选择 PC-1 得到有效的 56 位密钥。这 56 位密钥分为 2 个 28 位数据 C_0 和 D_0。每轮迭代中,C_{i-1} 和 D_{i-1} 分别循环左移 1 位或 2 位,移位后的值作为下一轮的输入,同时,也作为置换选择 PC-2 的输入,通过置换选择 PC-2 产生一个 48 位的输出,即为一个子密钥。

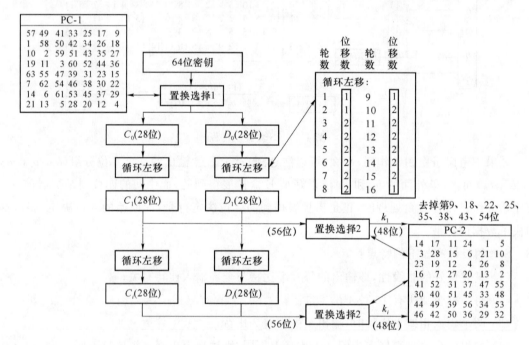

图 4-17 DES 的子密钥生成示意图

其中,每一轮移位的密钥位数不同,若轮数为 1、2、9、16,只移 1 位,否则移 2 位。置换 PC-2 是一个压缩置换,它将 56 位密钥数据压缩成 48 位的子密钥。压缩方法是将 C 中的第 9、18、22、25 位和 D 中的 7、10、15、26 位删去,同时,将其余位次序调换,从而得到 48 位子密钥。

由于使用了密钥移位和压缩置换 PC-2,使得每一轮使用不同的密钥位子集,且每个密钥位出现的次数大致相同。在 16 个子密钥中,每一密钥位大约被使用到其中 14 个子密钥,这种特点增加了 DES 的破译难度。

4.2.6 DES 的安全性

自 DES 诞生之日起，DES 的安全性一直是人们关注的焦点，尽管说法不一，但以下的几点共识基本是一致的。

1. 互补性

对明文 m 逐位取补，记为 $\overline{m}$，密钥 k 逐位取补，记为 $\overline{k}$，若 $c=E_k(m)$，则有 $\overline{c}=E_{\overline{k}}(\overline{m})$，其中 $\overline{m}$、$\overline{k}$、$\overline{c}$ 分别表示对 m、k、c 按位取反，例如，如果 m = 0010 0011 1010 0110 0110，那么，$\overline{m}$ = 1101 1100 0101 1001 1001。这种特性被称为算法的互补性。

在 DES 算法中，若输入的明文和密钥同时取补，则扩展运算 E 的输出和子密钥产生器的输出也都取补，因而经异或运算后的输出与明文及密钥未取补时的输出一样，即 S 盒的输入数据未变，其输出自然也不会变，但经第二个异或运算时，由于左边的数据已取补，因而右半部分输出也就取补了。正是由于算法中的两次异或运算（一次在 S 盒之前，一次在 P 盒置换之后）使得 DES 算法具有互补性。

这一性质表明，如果用某个密钥加密一个明文分组得到一个密文分组，那么，用该密钥的补密钥加密该明文分组的补便会得到该密文分组的补。

互补性会使 DES 在选择明文攻击下所需的工作量减半，仅需要测试 2^{56} 个密钥的一半，即 2^{55} 个密钥。这是因为，在选择明文攻击下，可得对选择明文 m 和 $\overline{m}$ 加密后得到的密文：

$$\begin{cases} c_1=E_k(m) & (4\text{-}1) \\ c_2=E_k(\overline{m}) & (4\text{-}2) \end{cases}$$

根据互补性，由(4-2)得：

$$\overline{c_2}=E_{\overline{k}}(m) \qquad (4\text{-}3)$$

根据(4-1)式穷举搜索密钥 k 时，若输出密文是 c_1，则加密密钥就是所应用的密钥；若输出密文是 $\overline{c_2}$，根据(4-3)可知加密密钥是所应用的密钥的补。这样，利用一个密钥的加密尝试，能够检测两个密钥是否为真正的加密密钥。

2. 弱密钥

许多密码算法都存在一些不"好"的密钥，这些密钥的安全性将比密钥空间中的其他密钥的安全性差。例如，对于第 2 章提到的仿射密码，如果 $a=1$ 且 $b=0$，那么 $e(x)=x(\bmod 26)$，这样明文同密文完全一样，没有起到加密的作用。

对于 DES 来说，情况要复杂一些，DES 的解密过程需要用到由 56 位初始密钥产生的 16 个子密钥。如果给定初始密钥 K，经过子密钥生成器得到的各个子密钥都相同，即有 $K_1=K_2=\cdots=K_{16}$，则称给定的初始密钥 K 为弱密钥（Weak Key）。如果 K 为弱密钥，则对任意的 64 位数据 M，有

$$E_K(E_K(M))=M, D_K(D_K(M))=M$$

这说明以 K 对 M 加密两次或解密两次相当于恒等映射，结果仍为 M。这也意味着加密运算和解密运算没有区别。

弱密钥的产生是由子密钥生成器中的 C 和 D 存储的数据在循环移位时除位置关系外没有发生变化。例如，如果 C 和 D 中的存数为全 0 记为 00 或全 1 记为 11，则无论左移多少位，都保持不变，因而相应的 16 个子密钥都相同。可能产生弱密钥的 C 和 D 的存数有 4 种可能组合，用十六进制表示如表 4-10 所示（奇校验）。

若给定初始密钥 K，产生的 16 种子密钥只有 2 种，且每种都出现 8 次，则称 K 为半弱密

钥(Semi-weak Key)。半弱密钥是成对出现的,且是互补的。假设 K_1 和 K_2 为一对半弱密钥,M 为明文消息,则有

$$E_{K_2}(E_{K_1}(M))=E_{K_1}(E_{K_2}(M))=M$$

此时称 K_1 和 K_2 是互逆对。若寄存器 C 和 D 中的存数是周期为 2 的序列(0101…01)记为 01 和(1010…10)记为 10,则对于偶次循环移位,这种数字是不会变化的;对于奇数次循环移位,(0101…01)和(1010…10)二者互相转化。而(00…0)和(11…1)显然也具有上述性质。若 C 和 D 的初值选自这 4 种序列,所产生的子密钥就会只有 2 种,而且每种都出现 8 次。对于寄存器 C 和 D 来说,4 种序列可能的组合有 16 个,其中 4 个为弱密钥,其余 12 个为半弱密钥,组成 6 对。如表 4-11 所示。

表 4-10 DES 的弱密钥

C,D 存数编号	初始密钥(十六进制表示)
(00,00)	01 01 01 01 01 01 01 01
(00,11)	1F 1F 1F 1F 0E 0E 0E 0E
(11,00)	E0 E0 E0 E0 F1 F1 F1 F1
(11,11)	FE FE FE FE FE FE FE FE

表 4-11 DES 的半弱密钥

C,D 存数编号	初始密钥(十六进制表示)
(10,10)	01 FE 01 FE 01 FE 01 FE
(01,01)	FE 01 FE 01 FE 01 FE 01
(10,01)	1F E0 1F E0 0E F1 0E F1
(01,10)	E0 1F E0 1F F1 0E F1 0E
(10,00)	01 E0 01 E0 01 F1 01 F1
(01,00)	E0 01 E0 01 F1 01 F1 01
(10,11)	1F FE 1F FE 0E FE 0E FE
(01,11)	FE 1F FE 1F FE 0E FE 0E
(00,10)	01 1F 01 1F 01 0E 01 0E
(00,01)	1F 01 1F 01 0E 01 0E 01
(11,10)	E0 FE E0 FE F1 FE F1 FE
(11,01)	FE E0 FE E0 FE F1 FE F1

此外,还有四分之一弱密钥和八分之一弱密钥。

把所有的弱密钥、半弱密钥、四分之一弱密钥和八分之一弱密钥全部加起来,一共有 256 个安全性较差的密钥。这相对于密钥空间 $2^{56}=72\ 057\ 594\ 037\ 927\ 936$ 来说是一个很小的数,而且这些弱密钥是能够识别的。如果随机选取密钥,选中这些弱密钥的可能性可以忽略。不过一般为了安全起见,在随机生成密钥后,要进行弱密钥检查,以保证不使用弱密钥作为 DES 的密钥。

3. 迭代轮数

从数学意义上说,经过 5 轮 DES 迭代,密文每一位基本上是所有明文和密钥位的函数,经过 8 轮迭代后,由于良好的雪崩效应,密文基本上已经是所有明文和密钥位的随机函数。那么,为什么 DES 算法在 8 轮后不停止呢?

这一疑问随着差分密码分析法公开而得到解答。1990 年,Eli Biham 和 Adi Shamir 第一次公开提出了差分密码分析(在后面 4.2.7 节将有简要的介绍),这是一种强大的密码分析方法。人们用它攻击 DES,结果发现,对于低于 16 轮的 DES 的已知明文攻击,差分分析攻击比穷举攻击有效。例如,使用差分分析方法,对于 8 轮 DES,在个人计算机上只需几分钟就可破译。而当 DES 算法进行 16 轮迭代时,穷举攻击比差分分析攻击有效。

4. 密钥的长度

在对 DES 的安全性批评意见中,较为一致的看法是 DES 的密钥太短。IBM 最初向美国国家标准局(NBS)提交的方案其密钥长度为 112 位,而到 DES 算法成为标准时,密钥长度被削减至 56 位,有人认为美国国家保密局(NSA)故意限制 DES 密钥长度,甚至许多密码学家认为这其中包含陷门。56 位密钥量约为(2^{56} = 72 057 594 037 927 936)10^{17} 个,按当时的计算能力,这个密钥量对于穷举攻击而言是不切实际的。但早在 1977 年,Diffie 和 Hellman 就设想有一种技术可以制造出具有 100 万个加密设备的并行机,其中的每一个设备都可以在 1 μs 之内完成一次加密,这样平均搜索时间就减少到 10 个小时,而这样的一台机器的造价在 1977 年大约是 2 000 万美元。随着计算机性能的不断提高、计算机网络的普及应用以及并行计算技术的不断完善,利用穷举密钥来破译 DES 也从设想逐渐变成现实。

1997 年 1 月 28 日,美国的 RSA 数据安全公司在 RSA 安全年会上发布了一项"破解密钥挑战"竞赛,要求在给定密文和部分明文的情况下找到 DES 的密钥,获胜者将得到 1 万美元奖金。该竞赛于 1997 年 1 月 29 日发布,美国科罗拉多州的程序员 Rocke Verser 编了一个穷举搜索密钥的程序并在网上发布,最终有 7 万个系统参与计算。项目从 1997 年 2 月 18 日起,用了 96 天的时间,成功地找到了 DES 的密钥,此时大约搜索了密钥空间中的四分之一密钥。这个比赛的结果表明,用穷举攻击方式破译 DES 已经成为可能。1998 年 7 月,电子边境基金会 EFF(Electronic Frontier Foundation)使用一台 25 万美元的计算机在 56 小时内破解了 DES。1999 年 1 月"DES 破译者"在分布式网络的协同工作下,用 22 小时 15 分钟找到了 DES 的密钥。这意味着 DES 已经达到了它的信任终点。

所有上述的一切都说明,DES 看起来已经不足以保证敏感数据的安全,对于极端敏感的重要场合,建议使用密钥长度更长和设计良好的算法。随着 Rijndael 算法成为高级加密标准 AES,DES 的历史使命基本完成,开始逐步退出历史舞台。

4.2.7 三重 DES

DES 的密钥长度被证明已经不能满足当前安全的要求,但为了充分利用有关 DES 的现有软件和硬件资源,人们开始提出针对 DES 的各种改进方案,一种简单的方案是使用多重 DES。多重 DES 就是使用多个不同的 DES 密钥利用 DES 加密算法对明文进行多次加密。使用多重 DES 可以增加密钥量,从而大大提高抵抗对密钥的穷举搜索攻击的能力。多重 DES 的可行性已经被证明,下面给出简要说明。

对于任意的 K_1 和 K_2,可能存在一个 K_3 使得

$$E_{K_2}(E_{K_1}(M)) = E_{K_3}(M)$$

如果对于任何消息 M 上式恒成立,那么,不管用 DES 进行多少次加密运算,等同用一个 56 位密钥进行一次 DES 加密,其密钥量并没有增加。实际情况并非这样,这是因为,所有可能的 64 位明文分组映射到所有可能的 64 位密文分组共有 2^{64}!($>10^{1\,020}$)种不同的方法,56 位密钥的 DES 算法,提供了 2^{56}($<10^{17}$)个这种映射关系,所以,双重 DES 所对应的映射绝大部分不同于单 DES 所定义的映射。也就是说,对于消息 M_1,能够找到一个 K_3 满足:$E_{K_2}(E_{K_1}(M_1)) = E_{K_3}(M_1)$;对于消息 M_2,能够找到一个 K_4 满足:$E_{K_2}(E_{K_1}(M_2)) = E_{K_4}(M_2)$;但 K_3 和 K_4 相同的概率只有 $1/2^{64}$。

二重 DES 是多重 DES 的最简单的形式。由于使用了两个 DES 密钥,二重 DES 的密钥长度为 112 位,其密钥量能够抵御目前的穷举攻击。但是,二重 DES 不能抵抗中途相遇攻击,下面简要说明其攻击原理。

二重 DES 的加解密算法简化表示如下:

加密算法 $\quad\quad\quad\quad C = E_{K_2}(E_{K_1}(P))$ \quad\quad (4-4)

解密算法 $\quad\quad\quad\quad P = D_{K_1}(D_{K_2}(C))$ \quad\quad (4-5)

其中,P 为明文,C 为密文,K_1 和 K_2 为两个加解密的密钥,E 和 D 分别为 DES 加密和解密算法。

根据(4-4)式和(4-5)式可得下面等式:

$$X = E_{K_1}(P) = D_{K_2}(C)$$

其中,X 称为中间值。

对于给定的明密文对(P,C),可采取如下攻击步骤:首先,将 P 按所有可能的密钥 K_1 加密,得到的加密结果排序放在表 T 内;然后将 C 用所有可能的密钥 K_2 解密,每解密一次就将解密结果与 T 中的值比较。如果有相等者,就用刚才测试的两个密钥对 P 加密,若结果为 C 则认定这两个密钥是正确的密钥 K_1 和 K_2。因此,已知明文攻击可以成功攻击密钥长度为 112 位的二重 DES,其计算量级为 2^{56},与攻击 DES 所需的计算复杂度 2^{55} 相当。换句话说,利用中途相遇攻击搜索,二重 DES 的密钥与单 DES 的密钥的复杂度基本上在同一数量级,因而,二重 DES 并不能从根本上提高其安全性。

为了抵抗中途相遇攻击,可以使用三重 DES。三重 DES 有 4 种模式,如图 4-18 所示。

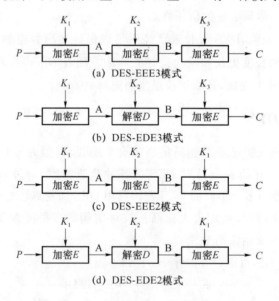

图 4-18 三重 DES 的使用模式

(1) DES-EEE3 模式:在该模式中共使用 3 个不同密钥,顺序使用 3 次 DES 加密算法。

(2) DES-EDE3 模式:在该模式中共使用 3 个不同密钥,依次用加密—解密—加密。

(3) DES-EEE2 模式:在该模式中共使用 2 个不同的密钥,顺序使用 3 次 DES 加密算法,其中第一次和第三次加密使用的密钥相同。

(4) DES-EDE2 模式:在该模式中共使用 2 个不同的密钥,依次使用加密—解密—加密算法,其中加密算法使用的密钥相同。

前2种模式使用3个不同的密钥,每个密钥长度为56位,因此三重DES总的密钥长度达到168位。后2种模式使用2个不同的密钥,总的密钥长度为112位。

三重DES的优点如下。

(1) 密钥长度增加到112位或168位,可以有效克服DES面临的穷举攻击。

(2) 相对于DES,增强了抗差分分析和线性分析的能力。

(3) 由于DES的软硬件产品已经在世界上大规模使用,升级到三重DES比更换新的算法的成本小得多。

(4) DES比任何其他加密算法受到的分析时间要长得多,但是仍然没有发现比穷举攻击更有效的基于算法本身的密码分析攻击方法;相应地,三重DES对密码分析攻击有很强的免疫力。

由于是DES的改进版本,三重DES也具有许多先天不足:

(1) 三重DES的处理速度较慢,尤其是软件实现。这是因为DES最初的设计是基于硬件实现的,使用软件实现本身就偏慢,而三重DES使用了3次DES运算,故实现速度更慢。

(2) 虽然密钥的长度增加了,不过明文分组的长度没有变化,仍为64位,就效率和安全性而言,与密钥的增长不相匹配。因此,三重DES只是在DES变得不安全的情况下的一种临时解决方案,根本的解决办法是开发能够适应当今计算能力的新算法。

4.2.8 DES的分析方法

密码设计总是伴随着密码分析,密码分析与密码设计是相互对立、相互依存的。任何一种密码算法被提出,分析者都会千方百计地从该密码中寻找"漏洞"和缺陷进行攻击。分组密码更是如此,自从DES诞生以来,对它的分析工作一刻也没有停止。目前,人们所熟知的对分组密码的分析方法主要有:穷举攻击(穷尽密钥攻击)、差分分析、线性分析、积分攻击、中间相遇攻击、相关密钥攻击、侧信道攻击等。

穷举攻击又称强力攻击,被认为是最"笨"的一种分析方法。但是,假定攻击者的计算能力是无限的,则任何现实中使用的出色的密码算法都能够被穷举攻破。所以,不能将穷举攻击看作是一种真正的攻击,因为这是密码设计者能够预见的攻击手段。

尽管对分组密码的攻击方法还不成熟和完善,即除了穷举攻击以外,迄今还没有出现完全破译DES的攻击方法。然而,一些分析方法的出现,毕竟对分组密码的安全性构成了威胁,也对分组密码的设计提出了更高的要求。其中,差分分析和线性分析是两个最有力的分析方法,它们的出现促使分组密码算法的设计技术走上了一个新的高度,目前任何一个新的密码的提出首先得经过它们的检验。下面以DES作为背景简单介绍这2种典型的分析方法。

1. 差分分析

对分组密码来说,最为人们所熟知的分析方法是差分分析,它于1990年由Eli Biham和Adi Shamir首次公开提出。事实上,人们普遍猜测在20世纪70年代,DES的设计团队就已经知道了这种方法,并在设计DES时进行了充分的考虑。差分分析是第一个公开的以小于2^{55}复杂度成功攻击DES的方法。随后,差分分析攻破了许多曾被认为安全的密码,从而引起了许多密码算法的修改和重新设计。

简单地说,差分分析就是系统地研究明文中的一个细小变化是如何影响密文的。这里以第2章提到的仿射密码为例,大略地描述这种攻击方式。假设攻击者以某种方式知道了一个明文的差分 $\Delta M = M - M'$和密文差分 $\Delta C = C - C'$(对不同的算法,"差分"有不同的定义,对于仿射密码来说,"差分"是模26减法),那么,在不知道M、C以及M'、C'的情况下,攻击者能

够确定 a。这是因为：

$$C \equiv aM+b \pmod{26}$$
$$C' \equiv aM'+b \pmod{26}$$

所以，$a \equiv (C-C')/(M-M') \pmod{26} \equiv \Delta C/\Delta M \pmod{26}$。得到 a 后，进一步找到 b 就很容易了。

下面介绍如何用差分分析来攻击 DES。

正如前面所提到的那样，DES 算法的轮数对差分攻击的有效性有很大影响，当轮数达到 16 轮后，使用差分分析的攻击效果还不及穷举攻击。而当轮数低到 8 轮时，使用一台个人计算机，只需几分钟就能攻破 DES。对 16 轮 DES 算法的差分攻击过程非常复杂，故下面以一轮 DES 的差分分析来介绍差分攻击整个过程。由于初始置换和逆初始置换并不包含密码信息，因而，只考虑迭代过程即可。

其基本思想：首先，攻击者选择具有固定差分（在 DES 分析中，"差分"定义为异或运算）的一对明文，这两个明文可以随机选取，攻击者甚至不必知道它们的值，但要求它们符合特定的差分条件；然后，使用输出密文的差分，分析可能的密钥；随着分析的明/密文对越来越多，某个密钥的概率将明显增大，它就是正确的密钥。

假定有一对输入 X 和 X'，它们的差分为 ΔX，且输出 Y 和 Y' 也是已知的，它们的差分为 ΔY。如图 4-19 所示，E 盒和 P 盒都是已知的线性变换，那么，ΔA 和 ΔC 也是已知的。虽然 B 和 B' 是未知的，但是它们的差分 ΔB 同 ΔA 是相等的。这是因为，

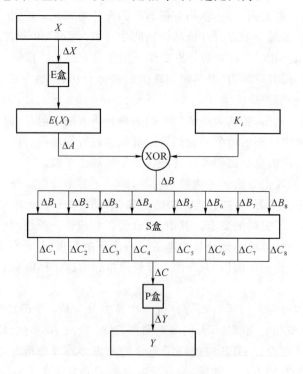

图 4-19 DES 轮函数的差分

$$B = A \oplus K_i$$
$$B' = A' \oplus K_i$$

那么，

$$\Delta B = B \oplus B' = A \oplus K_i \oplus A' \oplus K_i = A \oplus A'$$

因此，这里观察的核心是 ΔB 和 ΔC。

当 B 输入 S 盒时，将其分成 6 比特一组，每组通过一个 S 盒。设通过 S_i 盒的输入数据为 B_i，输出数据为 C_i，相应地，输入输出差分分别为 ΔB_i 和 ΔC_i。因为每个 S 盒的分析情况是类似的，所以下面将只讨论 S_1 盒的情况。

这里使用 $|\Delta B_1|$ 表示满足 S_1 盒的输入差分为 ΔB_1 的所有可能的有序对 (B_1, B_1') 的数目，使用 $\{\Delta B_1\}$ 表示满足输入差分为 ΔB_1 的所有可能的有序对 (B_1, B_1') 的集合。显然，$|\Delta B_1| = 2^6 = 64$。对于每一对输入 (B_1, B_1')，都可以计算出 ΔB_1 的一个输出差分 ΔC_1。对于 64 种固定 ΔB_1 的输入情况，可以得到 64 个输出差分 ΔC_1，它们分布在 $2^4 = 16$ 个可能的值上。将这些分布列成表，其分布的不均匀性是差分攻击的基础。

下面举一个例子来说明：将 S_1 盒的输入差分 ΔB_1 固定为 110100，那么 $\{\Delta B_1\} = \{(000000, 110100), (000001, 110101), \cdots, (1111111, 001011)\}$。现在对集合 $\{110100\}$ 中的每一个有序对，计算 S_1 的输出差分。例如，$S_1(000000) = 1110$，$S_1(110100) = 1001$，所以有序对 $(000000, 110100)$ 的输出差分为 0111。对 $\{110100\}$ 中的每一对都做这样的处理后，可以获得表 4-12 中所示的差分分布。因为 $\Delta B_1 = B_1 \oplus B_1'$，因此当 $\Delta B_1 = 110100$ 固定，则 $B_1' = B_1 \oplus \Delta B_1$。所以表 4-12 中用 B_1 可以表示有序对 (B_1, B_1')。

表 4-12 输入差分 110100 的 S_1 盒输出差分分布

输出差分值	输入有序对数目	输入有序对中 B_1 的值
0000	0	
0001	8	000011, 001111, 011110, 011111, 101010, 101011, 110111, 111011
0010	16	000100, 000101, 001110, 010001, 010010, 010100, 011010, 011011, 100000, 100101, 010110, 101110, 101111, 110000, 110001, 111010
0011	6	000001, 000010, 010101, 100001, 110101, 110110
0100	2	010011, 100111
0101	0	
0110	0	
0111	12	000000, 001000, 001101, 010111, 011000, 011101, 100011, 101001, 101100, 110100, 111001, 111100
1000	6	001001, 001101, 011001, 101101, 111000, 111101
1001	0	
1010	0	
1011	0	
1100	0	
1101	8	000110, 010000, 010110, 011100, 100010, 100100, 101000, 110010
1110	0	
1111	6	000111, 001010, 001011, 110011, 111110, 111111

可以看到，16 个可能的输出差分中，实际上只有 8 个出现。一般地，如果固定一个 S 盒 S_i 和一个输入差分 ΔB_i，那么平均来说，所有可能的输出差分中实际上出现 75%~80%。

由于 S_1 盒一共有 64 种可能的输入差分，那么可以得到 64 个这样的分布表。类似地，8 个 S 盒一共可以得到 512 个这样的分布表。这些分布表通过计算机可以很快计算出来，同时，它们是进行差分分析的重要依据。

定义集合 $\text{IN}_j(\Delta B_j, \Delta C_j)$ 为 S_j 盒中满足输入差分为 ΔB_j，输出差分为 ΔC_j 的有序对的集合（同样用 B_1 表示），定义 $N_j(\Delta B_j, \Delta C_j)$ 为 $\text{IN}_j(\Delta B_j, \Delta C_j)$ 中元素的数量。例如，如表 4-12

所示。

$$IN_1(110100, 1000) = \{001001, 001100, 011001, 101101, 111000, 111101\}$$
$$N_1(110100, 1000) = 6$$

S 盒的输入 B 是由 E 盒的输出 A 与轮密钥 K_i 异或所得,即 $B = A \oplus K_i$。因为 B 要输入到 8 个 S 盒中,因而将 B、A、K_i 都写作级联的形式,表示如下:

$$B = B_1 B_2 B_3 B_4 B_5 B_6 B_7 B_8$$
$$A = A_1 A_2 A_3 A_4 A_5 A_6 A_7 A_8$$
$$J = K_{i1} K_{i2} K_{i3} K_{i4} K_{i5} K_{i6} K_{i7} K_{i8}$$

因此,有 $B_j = A_j \oplus K_{ij}$,可以得到 S_1 盒的输入 $B_1 = A_1 \oplus K_{i1}$。反过来,有 $K_{i1} = A_1 \oplus B_1$。

现在,假设知道 S_1 盒的输入 A_1、输入差分 ΔA_1、输出差分 ΔC_1 的值,则必然有

$$A_1 \oplus K_{i1} \in IN_1(\Delta A_1, \Delta C_1)$$

接下来,固定 ΔA_1,改变 A_1 的值,来尝试破解出 K_{i1}。例如,假设固定 $\Delta A_1 = \Delta B_1 = 110100$。这里从 000000 开始,逐一测试 A_1,可以建立表 4-13。

表 4-13 测试

A_1	ΔC_1	可能的 B_1	单次可能的 K_{i1}	累计可能的 J_1
000000	0011	000001, 000010, 010101, 100001, 110101, 110110	000001, 000010, 010101, 100001, 110101, 110110	000001, 000010, 010101, 100001, 110101, 110110
000001	0001	000011, 001111, 011110, 011111, 101010, 101011, 110111, 111011	000010, 001110, 011111, 011110, 101011, 101010, 110110, 111010	000010, 110110

其过程为:由 ΔA_1 和 ΔC_1 可以得到 B_1 的可能范围 $IN_1(\Delta A_1, \Delta C_1)$;然后,通过 $A_1 \oplus B_1$ 运算可以得到 K_{i1} 的可能的值。随着测试次数的增加,可能的范围 K_{i1} 将会迅速缩小,因为只有真正的密钥才会在每一次的测试中都存在于"单次可能的 K_{i1}"项中。如表 4-13 所示,两次都出现的(累计可能的 J_1)K_{i1} 只有 000010, 110110。

如果继续测试会发现,这两个可能 K_{i1} 值并不容易区分开。相反,使用一个已知明文—密文对能够更快的判别出真正的密钥 K_{i1}。

对于其他的 7 个 S 盒,测试方法相同,这样,就可以使用差分分析迅速地找到 1 轮 DES 的密钥。但是,随着轮数的增加,差分分析将变得越来越困难。对于一个完整的 16 轮 DES 的最佳攻击需要 2^{47} 个选择明文,也可以转换为已知明文攻击,但将需要 2^{55} 个已知明文,而且在分析过程中要经过 2^{37} 次 DES 运算。

2. 线性分析

线性分析是由日本密码学家松井充(Mitsuru Matsui)于 1993 年公开提出的一种已知明文攻击,这种方法的基本原理是寻找明文、密文和密钥间的有效线性逼近,当该逼近的线性偏差足够大时,就可以由一定量的明密文对推测出部分密钥信息。线性分析的关键是确定有效线性方程的线性偏差和线性组合系数。

假设明文分组长度和密文分组长度为 n 比特,密钥分组长度为 m 比特。将明文分组记为 $P(1), P(2), \cdots, P(n)$,密文分组为 $C(1), C(2), \cdots, C(n)$,密钥分组为 $K(1), K(2), \cdots, K$

(m)。同时,定义表达式 $A(i,j,\cdots,k)=A(i)\oplus A(j)\oplus\cdots\oplus A(k)$。那么,线性分析的目标就是找出具有以下形式的线性方程:

$$P(i_1,i_2,\cdots,i_a)\oplus C(j_1,j_2,\cdots,j_b)=K(k_1,k_2,\cdots,k_c) \quad (4\text{-}6)$$

其中,$1\leqslant a\leqslant n, 1\leqslant b\leqslant n, 1\leqslant c\leqslant m$。

该等式意味着,将明文的一些位和密文的一些位分别进行异或运算,然后再将这两个结果异或,将得到密钥的一比特信息,该比特是密钥的一些位进行异或的结果。如果该等式成立的概率 $p\neq 1/2$,则称该方程是有偏向性的线性逼近,否则称为无偏向性的线性逼近。对于所有可能的方程(4-6),成立的概率 p 满足 $|p-1/2|$ 最大的称为最有效的线性逼近。

在找到了一些形如(4-6)的有效线性逼近以后,就可以用下面的最大似然定律办法提高攻击效率。假设有 N 个明文,T 是使方程(4-6)左边为 0 的明文数,如果 $T>N/2$,则令

$$K(k_1,k_2,\cdots,k_c)=\begin{cases}0, p>\dfrac{1}{2}\\ 1, p<\dfrac{1}{2}\end{cases}$$

如果 $T<N/2$,则令

$$K(k_1,k_2,\cdots,k_c)=\begin{cases}0, p<\dfrac{1}{2}\\ 1, p>\dfrac{1}{2}\end{cases}$$

从而得到一个关于密钥若干比特位的一个线性方程。如果有一组有效线性逼近,就可以得到一组关于密钥的线性方程,从而确定出密钥。研究表明,线性分析的有效性取决于两个因素:明文组数 N 和线性偏差 $|p-1/2|$。明文组数 N 越大,攻击有效性越强;线性偏差 $|p-1/2|$ 越大,攻击越有效。

下面用 1 轮 DES 来大致演示线性分析过程,同差分分析一样,可以忽略初始变换和逆初始变换,因为它们不影响线性分析攻击的效果。

线性分析的核心是寻找有偏向性的线性逼近,其重点是考察 S 盒的线性逼近,每个 S 盒是 6 位输入,4 位输出,因而输入位的组合异或运算有 $2^6-1=63$ 种有效方式,输出位有 15 种有效方式。那么,对于每一个 S 盒的随机选择的输入,都可以计算出输入的组合异或等于某个输出组合异或的可能性。如果某个组合具有足够高的偏向性,那么,一个可以利用的线性逼近就找到了。

通过对每个 S 盒的所有可能的输入输出异或组合进行分析表明,最大偏差的 S 盒是 S_5。将输入到 S 盒的数据 $B=b_1b_2\cdots b_{48}$ 和输出数据 $C=c_1c_2\cdots c_{48}$ 进行顺序编号,那么,输入到 S_5 盒的数据为 $b_{25}b_{26}b_{27}b_{28}b_{29}b_{30}$,输出数据为 $c_{17}c_{18}c_{19}c_{20}$。则等式 $b_{26}=c_{17}\oplus c_{18}\oplus c_{19}\oplus c_{20}$ 成立的概率为 3/16。

参考图 4-20,b_{26} 是由 E 盒的输出 A 的第 26 位 a_{26} 同轮密钥 K 的第 26 位 k_{26} 异或所得。而 a_{26} 是由轮输入数据 X 的第 17 位 x_{17} 通过 E 盒扩展变换所得。S_5 盒的 4 位输出经

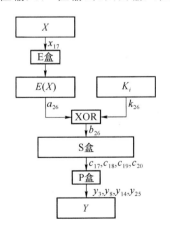

图 4-20　1 轮 DES 的线性逼近

过 P 盒置换成了输出 Y 的第 3、8、14、25 位:y_3,y_8,y_{14},y_{25}。因而,这意味着 $x_{17}\oplus k_{26}=y_3\oplus$

$y_8 \oplus y_{14} \oplus y_{25}$ 成立的概率为 3/16，即

$$x_{17} \oplus y_3 \oplus y_8 \oplus y_{14} \oplus y_{25} = k_{26}$$

的成立概率为 3/16。这样，就得到了一个 1 轮 DES 的有效线性逼近式。

对 16 轮 DES 采取线性分析攻击，需要 2^{43} 个明密文对即可找出 DES 的密钥，这比差分分析所需的 2^{47} 个选择明文要少。然而，实际上，线性分析对于攻击 DES 仍然是不可行的。

4.3 AES 算法

随着计算能力的突飞猛进，已经超期"服役"若干年的 DES 算法终于显得力不从心。1999 年，美国国家标准与技术研究所（NIST，National Institute of Standard and Technology）对 DES 的安全强度进行重新评估并指出，DES 已经不足以保证信息安全，因此决定撤销相关标准。此后，DES 仅用于遗留的系统，或多重 DES 系统。如果仅考虑算法安全性，三重 DES 能够成为未来数十年加密算法标准的合适选择。不过，正如在 4.2.7 节中指出的那样，三重 DES 存在一些根本缺陷，这些缺陷使得三重 DES 不能成为长期使用的加密算法标准。因而，1997 年 NIST 发起公开征集高级加密标准（AES，Advanced Encryption Standard）的活动，目的是为了确定一个安全性能更好的分组密码算法用于取代 DES。AES 的基本要求是安全性能不低于三重 DES，执行性能比三重 DES 快。除此之外，NIST 特别提出了高级加密标准必须是分组长度为 128 位的对称分组密码，并能支持长度为 128 位、192 位、256 位的密钥。此外，如果算法被选中的话，在世界范围内它必须是可以免费获得的。经过一轮海选后，1998 年 8 月 20 日，NIST 公布了满足要求的 15 个参选草案。1999 年 3 月 22 日，NIST 公布了第一阶段的分析和测试结果，并从 15 个算法中选出了 5 个作为候选算法。2000 年 10 月 2 日，NIST 宣布 AES 的最终评选结果，比利时密码学家 Joan Daemen 和 Vincent Rijmen 提出的"Rijndael 数据加密算法"最终获胜，修改的 Rijndael 算法最终成为高级加密标准 AES。2001 年 11 月 26 日，NIST 正式公布高级加密标准 AES，并于 2002 年 5 月 26 日正式生效。

4.3.1 AES 的基本结构

在原始的 Rijndael 算法中，分组长度和密钥长度均能被独立指定为 128 位、192 位或 256 位。在高级加密标准规范中，分组长度只能是 128 位，密钥的长度可以使用三者中的任意一种。密钥长度不同，则推荐加密轮数也不同，如表 4-14 所示。

表 4-14 AES 的密钥长度和加密轮数列表

	密钥长度 （32 比特字）	分组长度 （32 比特字）	加密轮数
AES-128	4	4	10
AES-192	6	4	12
AES-256	8	4	14

本节的例子中，假定密钥的长度为 128 位，那么 AES 的迭代轮数为 10 轮，这也是目前使用最广泛的实现方式。

AES 的处理单位是字节,128 位的输入明文分组 P 和输入密钥 K 都被分成 16 个字节,分别记为 $P = P_0 P_2 \cdots P_{15}$ 和 $K = K_0 K_2 \cdots K_{15}$。一般地,明文分组用以字节为单位的正方形矩阵描述,称为状态(State)矩阵。在算法的每一轮中,状态矩阵的内容不断发生变化,最后的结果作为密文输出。该矩阵中字节的排列顺序为从上到下、从左至右依次排列,如图 4-21 所示。

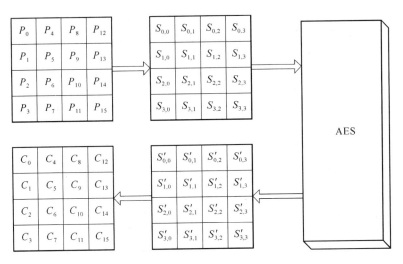

图 4-21 输入矩阵、S 矩阵和输出矩阵

类似地,128 位密钥也是用以字节为单位的矩阵表示,矩阵的每一列被称为 1 个 32 比特的字。通过密钥编排程序该密钥矩阵被扩展成一个 44 个字组成的序列 $w[0], w[1], \cdots, w[43]$,该序列的前 4 个元素 $w[0], w[1], w[2], w[3]$ 是原始密钥,用于加密运算中的初始密钥加;后 40 个字分为 10 组,每组 4 个字(128 比特)分别用于 10 轮加密运算中的轮密钥加,如图 4-22 所示。

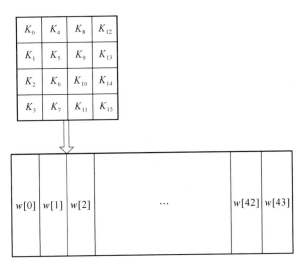

图 4-22 密钥和扩展密钥

AES 的整体结构如图 4-23 所示,加密的第 1 轮到第 9 轮的轮函数一样,包括 4 个操作:字节代换、行位移、列混合和轮密钥加。最后一轮迭代不执行列混合。另外,在第一轮迭代之前,先将明文和原始密钥进行一次异或加密操作。

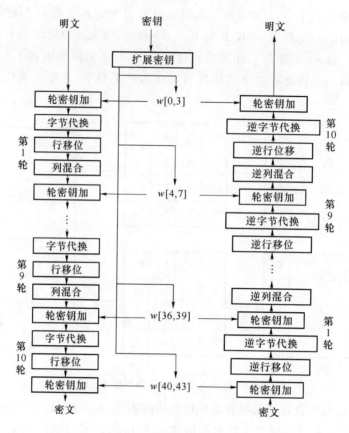

图 4-23 AES 的加密与解密

同 DES 不同的是,AES 的解密过程同加密过程并不一致。这是因为 AES 并未使用 Feistel 结构,在每一轮操作时,对整个分组进行处理,而不是只对一半分组进行处理。解密过程仍为 10 轮,每一轮的操作是加密操作的逆操作。由于 AES 的 4 个轮操作(字节代换、行位移、列混合和轮密钥加)都是可逆的,因而,解密操作的一轮就是顺序执行逆行移位、逆字节代换、轮密钥加和逆列混合。同加密操作类似,最后一轮不执行逆列混合,在第 1 轮解密之前,要执行 1 次密钥加操作。

之所以加密和解密分别由密钥加开始和结束,是因为只有密钥加阶段使用了密钥。如果将其他操作用于算法的开始或者结束阶段,在不知道密钥的情况就能计算其逆,这不能增加算法的安全性。

对于 1 轮完整的加密过程如图 4-24 所示,它是由 4 个操作阶段组成,即为字节代换、行位移、列混合和轮密钥加。

下面分别讨论 AES 中一轮的 4 个操作阶段,对于每个阶段分别描述正向算法(加密算法)、逆算法以及讨论该阶段的合理性。

4.3.2 字节代换

1. 字节代换操作

AES 的字节代换可以简化成一个简单的查表操作。AES 定义了一个 S 盒(见表 4-15)和一个逆 S 盒(见表 4-16),S 盒用于加密查表,逆 S 盒用于解密查表。它们都是由 16×16 字节组成的矩阵,即矩阵共有 256 元素,每个元素的内容是一个 1 个字节(8 比特)的值,且元素各不相同。

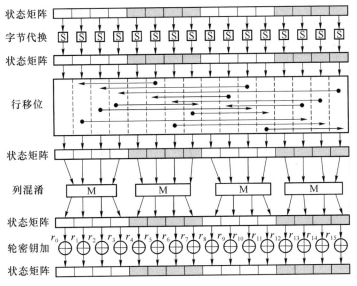

图 4-24　AES 的一轮加密过程

表 4-15　AES 的 S 盒

	0	1	2	3	4	5	6	7	8	9	A	B	C	D	E	F
0	63	7C	77	7B	F2	6B	6F	C5	30	01	67	2B	FE	D7	AB	76
1	CA	82	C9	7D	FA	59	47	F0	AD	D4	A2	AF	9C	A4	72	C0
2	B7	FD	93	26	36	3F	F7	CC	34	A5	E5	F1	71	D8	31	15
3	04	C7	23	C3	18	96	05	9A	07	12	80	E2	EB	27	B2	75
4	09	83	2C	1A	1B	6E	5A	A0	52	3B	D6	B3	29	E3	2F	84
5	53	D1	00	ED	20	FC	B1	5B	6A	CB	BE	39	4A	4C	58	CF
6	D0	EF	AA	FB	43	4D	33	85	45	F9	02	7F	50	3C	9F	A8
7	51	A3	40	8F	92	9D	38	F5	BC	B6	DA	21	10	FF	F3	D2
8	CD	0C	13	EC	5F	97	44	17	C4	A7	7E	3D	64	5D	19	73
9	60	81	4F	DC	22	2A	90	88	46	EE	B8	14	DE	5E	0B	DB
A	E0	32	3A	0A	49	06	24	5C	C2	D3	AC	62	91	95	E4	79
B	E7	C8	37	6D	8D	D5	4E	A9	6C	56	F4	EA	65	7A	AE	08
C	BA	78	25	2E	1C	A6	B4	C6	E8	DD	74	1F	4B	BD	8B	8A
D	70	3E	B5	66	48	03	F6	0E	61	35	57	B9	86	C1	1D	9E
E	E1	F8	98	11	69	D9	8E	94	9B	1E	87	E9	CE	55	28	DF
F	8C	A1	89	0D	BF	E6	42	68	41	99	2D	0F	B0	54	BB	16

状态矩阵中的元素按照下面的方式映射为一个新的字节：把该字节的高 4 位作为行值，低 4 位作为列值，取出 S 盒或者逆 S 盒中对应行列的元素作为输出，其过程如图 4-25 所示。举例来说，加密时，输入字节 0x12，则查 S 盒的第 0x01 行 0x02 列，得到值 0xC9。

事实上，AES 的 S 盒置换表是由下列运算得来的。

（1）初始化 S 盒，将第 m 行 n 列的元素初始化为 $0xmn$。例如，第 4 行第 E 列的元素初始化为 $0x4E$。

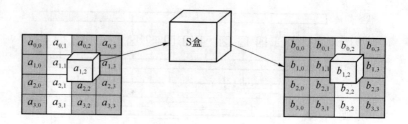

图 4-25 字节代换

(2) 将 S 盒中的每个字节映射为它在有限域 $GF(2^8)$ 中的逆，$0x00$ 映射为自身 $0x00$。AES 使用 $\mathbf{Z}_2[x]$ 上的不可约多项式 $m(x) = x^8 + x^4 + x^3 + x + 1$ 来构造 $GF(2^8)$。求元素逆元的方法是使用 $\mathbf{Z}_2[x]$ 上的扩展的欧几里得算法。

例如，求 $0x4E$ 的逆元。

首先，将 $0x4E$ 表示为 $\mathbf{Z}_2[x]$ 上的多项式 $x^6 + x^3 + x^2 + x$。接着，利用扩展的欧几里得算法可以得到

$(x^6+x^3+x^2+x)(x^7+x^6+x^5+x^3+1)+(x^8+x^4+x^3+x+1)(x^5+x^4+x^3+x^2+1)=1$ 这样，就得到 $x^6+x^3+x^2+x$ 在 $\mathbf{Z}_2[x]/m(x)$ 上的逆元 $x^7+x^6+x^5+x^3+1$，写成 16 进制数字为 $0xE9$。

(3) 将 S 盒中的一个元素按位记为 $(a_7 a_6 a_5 a_4 a_3 a_2 a_1 a_0)$，例如，$0xE9$ 记为 $(1110\ 1001)$。接着，对 S 盒中的每个字节中的每个位作如下的变换：

$$b_i = a_i \oplus a_{(i+4) \bmod 8} \oplus a_{(i+5) \bmod 8} \oplus a_{(i+6) \bmod 8} \oplus a_{(i+7) \bmod 8} \oplus c_i \quad (4\text{-}7)$$

其中，c_i 是值为 $0x63$ 的字节的第 i 位，即 $(c_7 c_6 c_5 c_4 c_3 c_2 c_1 c_0) = (0110\ 0011)$。这样，得到最终在 S 盒中的元素 $(b_7 b_6 b_5 b_4 b_3 b_2 b_1 b_0)$。

式(4-7)也可以用如下的矩阵变换表示：

$$\begin{pmatrix} b_0 \\ b_1 \\ b_2 \\ b_3 \\ b_4 \\ b_5 \\ b_6 \\ b_7 \end{pmatrix} = \begin{pmatrix} 1 & 0 & 0 & 0 & 1 & 1 & 1 & 1 \\ 1 & 1 & 0 & 0 & 0 & 1 & 1 & 1 \\ 1 & 1 & 1 & 0 & 0 & 0 & 1 & 1 \\ 1 & 1 & 1 & 1 & 0 & 0 & 0 & 1 \\ 1 & 1 & 1 & 1 & 1 & 0 & 0 & 0 \\ 0 & 1 & 1 & 1 & 1 & 1 & 0 & 0 \\ 0 & 0 & 1 & 1 & 1 & 1 & 1 & 0 \\ 0 & 0 & 0 & 1 & 1 & 1 & 1 & 1 \end{pmatrix} \begin{pmatrix} a_0 \\ a_1 \\ a_2 \\ a_3 \\ a_4 \\ a_5 \\ a_6 \\ a_7 \end{pmatrix} \oplus \begin{pmatrix} 1 \\ 1 \\ 0 \\ 0 \\ 0 \\ 1 \\ 1 \\ 0 \end{pmatrix}$$

其中，矩阵的乘法运算与通常的矩阵乘法运算不同，是一行和一列元素对应相乘后的异或和。

例如，对于 $(1110\ 1001)$，该矩阵的运算如下：

$$\begin{pmatrix} 1 & 0 & 0 & 0 & 1 & 1 & 1 & 1 \\ 1 & 1 & 0 & 0 & 0 & 1 & 1 & 1 \\ 1 & 1 & 1 & 0 & 0 & 0 & 1 & 1 \\ 1 & 1 & 1 & 1 & 0 & 0 & 0 & 1 \\ 1 & 1 & 1 & 1 & 1 & 0 & 0 & 0 \\ 0 & 1 & 1 & 1 & 1 & 1 & 0 & 0 \\ 0 & 0 & 1 & 1 & 1 & 1 & 1 & 0 \\ 0 & 0 & 0 & 1 & 1 & 1 & 1 & 1 \end{pmatrix} \begin{pmatrix} 1 \\ 0 \\ 0 \\ 1 \\ 0 \\ 1 \\ 1 \\ 1 \end{pmatrix} \oplus \begin{pmatrix} 1 \\ 1 \\ 0 \\ 0 \\ 0 \\ 1 \\ 1 \\ 0 \end{pmatrix} = \begin{pmatrix} 0 \\ 0 \\ 1 \\ 1 \\ 1 \\ 0 \\ 1 \\ 0 \end{pmatrix} \oplus \begin{pmatrix} 1 \\ 1 \\ 0 \\ 0 \\ 0 \\ 1 \\ 1 \\ 0 \end{pmatrix} = \begin{pmatrix} 1 \\ 1 \\ 1 \\ 1 \\ 1 \\ 1 \\ 0 \\ 0 \end{pmatrix}$$

故最终的结果为(0010 1111),写成十六进制为 0x2F。因此,S 盒第 4 行第 E 列的元素为 0x2F。

2．字节代换逆操作

表 4-16 的逆 S 盒用于解密时查表。

表 4-16 AES 的逆 S 盒

	0	1	2	3	4	5	6	7	8	9	A	B	C	D	E	F
0	52	09	6A	D5	30	36	A5	38	BF	40	A3	9E	81	F3	D7	FB
1	7C	E3	39	82	9B	2F	FF	87	34	8E	43	44	C4	DE	E9	CB
2	54	7B	94	32	A6	C2	23	3D	EE	4C	95	0B	42	FA	C3	4E
3	08	2E	A1	66	28	D9	24	B2	76	5B	A2	49	6D	8B	D1	25
4	72	F8	F6	64	86	68	98	16	D4	A4	5C	CC	5D	65	B6	92
5	6C	70	48	50	FD	ED	B9	DA	5E	15	46	57	A7	8D	9D	84
6	90	D8	AB	00	8C	BC	D3	0A	F7	E4	58	05	B8	B3	45	06
7	D0	2C	1E	8F	CA	3F	0F	02	C1	AF	BD	03	01	13	8A	6B
8	3A	91	11	41	4F	67	DC	EA	97	F2	CF	CE	F0	B4	E6	73
9	96	AC	74	22	E7	AD	35	85	E2	F9	37	E8	1C	75	DF	6E
A	47	F1	1A	71	1D	29	C5	89	6F	B7	62	0E	AA	18	BE	1B
B	FC	56	3E	4B	C6	D2	79	20	9A	DB	C0	FE	78	CD	5A	F4
C	1F	DD	A8	33	88	07	C7	31	B1	12	10	59	27	80	EC	5F
D	60	51	7F	A9	19	B5	4A	0D	2D	E5	7A	9F	93	C9	9C	EF
E	A0	E0	3B	4D	AE	2A	F5	B0	C8	EB	BB	3C	83	53	99	61
F	17	2B	04	7E	BA	77	D6	26	E1	69	14	63	55	21	0C	7D

逆 S 盒的构造如下:

(1) 初始化逆 S 盒,将第 m 行 n 列的元素初始化为 $0xmn$。例如,第 2 行第 F 列的元素初始化为 0x2F。

(2) 将逆 S 盒中的一个元素按位记为 $(a_7 a_6 a_5 a_4 a_3 a_2 a_1 a_0)$,例如,0x2F 记为(0010 1111)。接着,对逆 S 盒中的每个字节中的每个位作如下的变换:

$$b_i = a_{(i+2) \bmod 8} \oplus a_{(i+5) \bmod 8} \oplus a_{(i+7) \bmod 8} \oplus d_i \tag{4-8}$$

其中,d_i 是值为 0x05 的字节 d 的第 i 位,即 $(d_7 d_6 d_5 d_4 d_3 d_2 d_1 d_0) = (0000\ 0101)$。这样,将逆 S 盒中的元素替换为 $(b_7 b_6 b_5 b_4 b_3 b_2 b_1 b_0)$。该式是方程(4-7)定义在 $GF(2^8)$ 上的逆变换。

类似地,式(4-8)也可以用如下的矩阵变换表示:

$$\begin{pmatrix} b_0 \\ b_1 \\ b_2 \\ b_3 \\ b_4 \\ b_5 \\ b_6 \\ b_7 \end{pmatrix} = \begin{pmatrix} 0 & 0 & 1 & 0 & 0 & 1 & 0 & 1 \\ 1 & 0 & 0 & 1 & 0 & 0 & 1 & 0 \\ 0 & 1 & 0 & 0 & 1 & 0 & 0 & 1 \\ 1 & 0 & 1 & 0 & 0 & 1 & 0 & 0 \\ 0 & 1 & 0 & 1 & 0 & 0 & 1 & 0 \\ 0 & 0 & 1 & 0 & 1 & 0 & 0 & 1 \\ 1 & 0 & 0 & 1 & 0 & 1 & 0 & 0 \\ 0 & 1 & 0 & 0 & 1 & 0 & 1 & 0 \end{pmatrix} \begin{pmatrix} a_0 \\ a_1 \\ a_2 \\ a_3 \\ a_4 \\ a_5 \\ a_6 \\ a_7 \end{pmatrix} \oplus \begin{pmatrix} 1 \\ 0 \\ 1 \\ 0 \\ 0 \\ 0 \\ 0 \\ 0 \end{pmatrix}$$

例如,对于(0010 1111),该矩阵的运算如下:

$$\begin{pmatrix} 0 & 0 & 1 & 0 & 0 & 1 & 0 & 1 \\ 1 & 0 & 0 & 1 & 0 & 0 & 1 & 0 \\ 0 & 1 & 0 & 0 & 1 & 0 & 0 & 1 \\ 1 & 0 & 1 & 0 & 0 & 1 & 0 & 0 \\ 0 & 1 & 0 & 1 & 0 & 0 & 1 & 0 \\ 0 & 0 & 1 & 0 & 1 & 0 & 0 & 1 \\ 1 & 0 & 0 & 1 & 0 & 1 & 0 & 0 \\ 0 & 1 & 0 & 0 & 1 & 0 & 1 & 0 \end{pmatrix} \begin{pmatrix} 1 \\ 1 \\ 1 \\ 1 \\ 1 \\ 0 \\ 0 \\ 0 \end{pmatrix} \oplus \begin{pmatrix} 1 \\ 1 \\ 1 \\ 0 \\ 1 \\ 1 \\ 0 \\ 0 \end{pmatrix} = \begin{pmatrix} 0 \\ 0 \\ 1 \\ 1 \\ 0 \\ 0 \\ 1 \\ 1 \end{pmatrix} \oplus \begin{pmatrix} 1 \\ 0 \\ 0 \\ 0 \\ 1 \\ 1 \\ 0 \\ 1 \end{pmatrix} = \begin{pmatrix} 1 \\ 0 \\ 0 \\ 1 \\ 0 \\ 1 \\ 1 \\ 1 \end{pmatrix}$$

故此时逆 S 盒中第 2 行第 F 列的元素被替换为 (1110 1001)，用十六进制表示为 0xE9。

（3）将逆 S 盒中的每个字节影映射为它在有限域 GF(2^8) 中的逆；0x00 映射为自身 0x00。显然，0xE9 的逆为 0x4E。

S 盒的设计非常精巧，能够防止已有的各种密码分析攻击。Rijndael 的开发者特别寻求在输入位和输出位之间几乎没有相关性的设计，且输出值不能通过利用一个简单的数学函数变换输入值所得到。另外，在式(4-7)中所选择的常量 c 使得在 S 盒中没有不动点（S[a] = a），也没有"反不动点"（S[a] = a^{-1}）。当然，S 盒必须是可逆的，即 S[S[a]] = a。然而，S[a] = S^{-1}[a] 不成立，也就是说 S 盒不是自逆的。例如，S[0x4E] = 0x2F，但逆 S[0x4E] = 0xB6。

4.3.3 行移位

1. 行移位操作

这是一个简单的左循环移位操作。当密钥长度为 128 比特时，状态矩阵的第 0 行左移 0 字节，第 1 行左移 1 字节，第 2 行左移 2 字节，第 3 行左移 3 字节，如图 4-26 所示。从该图中可以看出，这使得列完全进行了重排，即在移位后的每列中，都包含有未移位前每列的一个字节。图 4-26 是一个行移位的例子。

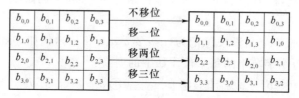

图 4-26 AES 的行移位

2. 行移位逆变换

行移位逆变换是将状态矩阵的每一行执行相反的移位操作，例如 AES-128 中，状态矩阵的第 0 行右移 0 字节，第 1 行右移 1 字节，第 2 行右移 2 字节，第 3 行右移 3 字节。

行移位虽然简单，但是相当有用。由于 S 矩阵和算法的输入输出数据一样，也是由 4 列所组成的矩阵，在加密过程中，明文逐列被复制到 S 矩阵上，且后面的轮密钥也是逐列应用到 S 矩阵上的，因此，行移位将某个字节从一列移到另一列，这个变换确保了某列中的 4 字节被扩展到了 4 个不同的列。

4.3.4 列混合

1. 列混合操作

列混合变换是通过矩阵相乘来实现的，经行移位后的状态矩阵与固定的矩阵相乘，得到混淆后的状态矩阵，如式(4-9)所示。

$$\begin{pmatrix} s'_{0,0} & s'_{0,1} & s'_{0,2} & s'_{0,3} \\ s'_{1,0} & s'_{1,1} & s'_{1,2} & s'_{1,3} \\ s'_{2,0} & s'_{2,1} & s'_{2,2} & s'_{2,3} \\ s'_{3,0} & s'_{3,1} & s'_{3,2} & s'_{3,3} \end{pmatrix} = \begin{pmatrix} 02 & 03 & 01 & 01 \\ 01 & 02 & 03 & 01 \\ 01 & 01 & 02 & 03 \\ 03 & 01 & 01 & 02 \end{pmatrix} \begin{pmatrix} s_{0,0} & s_{0,1} & s_{0,2} & s_{0,3} \\ s_{1,0} & s_{1,1} & s_{1,2} & s_{1,3} \\ s_{2,0} & s_{2,1} & s_{2,2} & s_{2,3} \\ s_{3,0} & s_{3,1} & s_{3,2} & s_{3,3} \end{pmatrix} \quad (4-9)$$

状态矩阵中的第 j 列($0 \leqslant j \leqslant 3$)的列混合可以表示为

$$s'_{0,j} = (2 \cdot s_{0,j}) \oplus (3 \cdot s_{1,j}) \oplus s_{2,j} \oplus s_{3,j}$$
$$s'_{1,j} = s_{0,j} \oplus (2 \cdot s_{1,j}) \oplus (3 \cdot s_{2,j}) \oplus s_{3,j}$$
$$s'_{2,j} = s_{0,j} \oplus s_{1,j} \oplus (2 \cdot s_{2,j}) \oplus (3 \cdot s_{3,j})$$
$$s'_{3,j} = (3 \cdot s_{0,j}) \oplus s_{1,j} \oplus s_{2,j} \oplus (2 \cdot s_{3,j})$$

其中,矩阵元素的乘法和加法都是定义在基于 $\mathbf{Z}_2[x]$ 中不可约多项式 $m(x) = x^8 + x^4 + x^3 + x + 1$ 构造的 $GF(2^8)$ 上的二元运算。加法等价于两个字节的异或,乘法运算比较复杂,这里先举两个例子 0x02·0xF0 和 0x02·0x4E。

将这两个式子用多项式来表示,有:

$$x(x^7 + x^6 + x^5 + x^4) \bmod (x^8 + x^4 + x^3 + x + 1)$$
$$= (x^8 + x^7 + x^6 + x^5) \bmod (x^8 + x^4 + x^3 + x + 1)$$
$$= (x^8 + x^7 + x^6 + x^5) - (x^8 + x^4 + x^3 + x + 1)$$
$$= x^7 + x^6 + x^5 + x^4 + x^3 + x + 1$$
$$x(x^6 + x^3 + x^2 + x) \bmod (x^8 + x^4 + x^3 + x + 1)$$
$$= x^7 + x^4 + x^3 + x^2 \bmod (x^8 + x^4 + x^3 + x + 1)$$
$$= x^7 + x^4 + x^3 + x^2$$

从例子可以看出,对于一个 8 位的二进制数来说,使用域上的乘法乘以(00000010)等价于左移 1 位(低位补"0")后,再根据情况同(0001 1011)进行异或运算。即,如果 a_7 为"1",则进行异或运算,否则不进行,如式(4-10)所示。

$$(00000010) \cdot (a_7 a_6 a_5 a_4 a_3 a_2 a_1 a_0) = \begin{cases} (a_6 a_5 a_4 a_3 a_2 a_1 a_0 0), & a_7 = 0 \\ (a_6 a_5 a_4 a_3 a_2 a_1 a_0 0) \oplus (00011011), & a_7 = 1 \end{cases} \quad (4-10)$$

类似地,乘以(0000 0100)可以拆分成两次乘以(0000 0010)的运算:

$$(0000\ 0100) \cdot (a_7 a_6 a_5 a_4 a_3 a_2 a_1 a_0) = (0000\ 0010) \cdot (0000\ 0010) \cdot (a_7 a_6 a_5 a_4 a_3 a_2 a_1 a_0)$$

乘以(0000 0011)可以拆分成先分别乘以(0000 0001)和(0000 0010),再将两个乘积异或:

$$(0000\ 0011) \cdot (a_7 a_6 a_5 a_4 a_3 a_2 a_1 a_0)$$
$$= [(0000\ 0010) \oplus (0000\ 0001)] \cdot (a_7 a_6 a_5 a_4 a_3 a_2 a_1 a_0)$$
$$= [(0000\ 0010) \cdot (a_7 a_6 a_5 a_4 a_3 a_2 a_1 a_0)] \oplus (a_7 a_6 a_5 a_4 a_3 a_2 a_1 a_0)$$

2. 列混合逆运算

逆向列混合变换可由式(4-11)的矩阵乘法定义:

$$\begin{bmatrix} s'_{0,0} & s'_{0,1} & s'_{0,2} & s'_{0,3} \\ s'_{1,0} & s'_{1,1} & s'_{1,2} & s'_{1,3} \\ s'_{2,0} & s'_{2,1} & s'_{2,2} & s'_{2,3} \\ s'_{3,0} & s'_{3,1} & s'_{3,2} & s'_{3,3} \end{bmatrix} = \begin{bmatrix} 0E & 0B & 0D & 09 \\ 09 & 0E & 0B & 0D \\ 0D & 09 & 0E & 0B \\ 0B & 0D & 09 & 0E \end{bmatrix} \begin{bmatrix} s_{0,0} & s_{0,1} & s_{0,2} & s_{0,3} \\ s_{1,0} & s_{1,1} & s_{1,2} & s_{1,3} \\ s_{2,0} & s_{2,1} & s_{2,2} & s_{2,3} \\ s_{3,0} & s_{3,1} & s_{3,2} & s_{3,3} \end{bmatrix} \quad (4-11)$$

可以验证,逆变换矩阵同正变换矩阵的乘积恰好为单位矩阵。

列混合变换的矩阵系数是基于最大距离线性码的理论设计的,这使得列混合具有良好的扩散性。因而,列混合变换和行移位变换使得在经过几轮变换后,所有的输出位均与所有的输入位相关。

此外,列混合变换的系数,即{01},{02},{03}是基于算法执行效率选取的。正如上面所描述的,这些系数的乘法涉及至多1次移位和2次异或运算,使得加密效率大大提高。然而这样选取必然使得相应的逆变换效率较低。事实上,在分组算法的实际应用中加密算法往往比解密更重要,这是因为:

(1) 在CFB和OFB工作模式当中仅仅使用了加密算法,而没有用到解密算法(参见本章第4.5.3节和第4.5.4节)。

(2) 在基于分组密码构造的消息验证码(MAC,参见第6章)中,仅仅使用加密算法。

4.3.5 轮密钥加

轮密钥加是将128位轮密钥 K_i 同状态中的数据进行逐位异或操作,如图4-27所示。其中,密钥 K_i 中每个字 $w[4i],w[4i+1],w[4i+2],w[4i+3]$ 为32比特,包含4个字节,其生成过程参见第4.3.6节的密钥扩展算法。该过程可以看成是字逐位异或的结果,也可以看成字节级别或者位级别的操作。

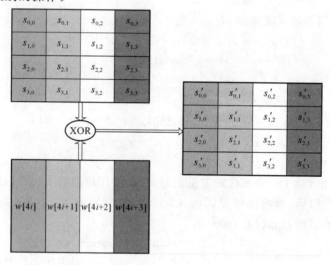

图 4-27 轮密钥加操作

轮密钥加的逆运算同正向的轮密钥加运算完全一致,这是因为异或的逆操作是其自身。轮密钥加非常简单,却能够影响 S 数组中的每一位。

例 4.1 设某轮的输入状态如表4-17的左半部分所示,分别求其经过S盒代换、行移位和列混合操作的输出。

解 通过查表运算,状态矩阵中的S盒代换结果如表4-17右半部分所示。

表 4-17 字节代换

输	入			输	出		
12	2A	21	0B	C9	E5	FD	2B
45	BD	04	C1	6E	7A	F2	78
23	0A	00	1C	26	67	63	9C
89	11	2A	FC	A7	82	E5	B0

通过行移位,状态矩阵中的输出如表4-18右半部分所示。

表 4-18　行移位

输　　入				输　　出			
C9	E5	FD	2B	C9	E5	FD	2B
6E	7A	F2	78	7A	F2	78	6E
26	67	63	9C	63	9C	26	67
A7	82	E5	B0	B0	A7	82	E5

下面,进行列混合运算:

考察输入第 1 列,则

$$s'_{0,0} = (2 \cdot 0xC9) \oplus (3 \cdot 0x7A) \oplus 0x63 \oplus 0xB0 = 0xD4$$
$$s'_{1,0} = 0xC9 \oplus (2 \cdot 0x7A) \oplus (3 \cdot 0x63) \oplus 0xB0 = 0x28$$
$$s'_{2,0} = 0xC9 \oplus 0x7A \oplus (2 \cdot 0x63) \oplus (3 \cdot 0xB0) = 0xBE$$
$$s'_{3,0} = (3 \cdot 0xC9) \oplus 0x7A \oplus 0x63 \oplus (2 \cdot 0xB0) = 0x22$$

对 $s'_{0,0}$ 有:

$$2 \cdot 0xC9 = (1001\ 0010) \oplus (0001\ 1011) = (1000\ 1001) = 0x89$$
$$3 \cdot 0x7A = (1111\ 0100) \oplus (0111\ 1010) = (1000\ 1110) = 0x8E$$

所以,　　　　　$s'_{0,0} = 0x89 \oplus 0x8E \oplus 0x63 \oplus 0xB0 = 0xD4$

类似地,可以得到其他各项的结果,见表 4-19 的右半部分。

表 4-19　列混合

输　　入				输　　出			
C9	E5	FD	2B	D4	E7	CD	66
7A	F2	78	6E	28	02	E5	BB
63	9C	26	67	BE	C6	D6	BF
B0	A7	82	E5	22	0F	DF	A5

4.3.6　密钥扩展

AES 首先将初始密钥输入到一个 4×4 矩阵中,如图 4-28 所示。这个 4×4 矩阵的每一列的 4 个字节组成一个字,矩阵 4 列的 4 个字依次命名为 $w[0]$、$w[1]$、$w[2]$ 和 $w[3]$,它们构成了一个以字为单位的数组 w。

接着,对 w 数组扩充 40 个新列,构成总共 44 列的扩展密钥数组。新列以如下的递归方式产生:

(1) 如果 i 不是 4 的倍数,那么第 i 列由如下等式确定:

$$w[i] = w[i-4] \oplus w[i-1]$$

(2) 如果 i 是 4 的倍数,那么第 i 列由如下等式确定:

$$w[i] = w[i-4] \oplus T(w[i-1])$$

其中,T 是一个复杂的函数。

这一过程可以用图 4-29 表示。

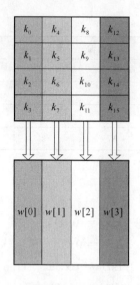
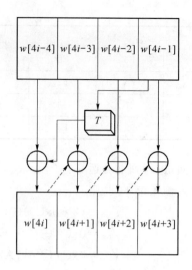

图 4-28　由初始密钥得到扩展密钥的前 4 项　　图 4-29　AES 的密钥扩展

函数 T 由 3 部分组成：字循环、字节代换和轮常量异或，这 3 部分的作用分别如下。

(1) 字循环：将 1 个字中的 4 个字节循环左移 1 个字节。即将输入字 $[b_0,b_1,b_2,b_3]$ 变换成 $[b_1,b_2,b_3,b_0]$。

(2) 字节代换：对字循环的结果使用 S 盒（参见表 4-15）进行字节代换。

(3) 轮常量异或：将前两步的结果同轮常量 $\text{Rcon}[j]$ 进行异或，其中 j 表示轮数。

轮常量 $\text{Rcon}[j]$ 是一个字，其值见表 4-20。使用与轮相关的轮常量是为了防止不同轮中产生的轮密钥的对称性或相似性。

表 4-20　轮常量值表

j	1	2	3	4	5
$\text{Rcon}[i]$	01 00 00 00	02 00 00 00	04 00 00 00	08 00 00 00	10 00 00 00
j	6	7	8	9	10
$\text{Rcon}[i]$	20 00 00 00	40 00 00 00	80 00 00 00	1B 00 00 00	36 00 00 00

可以看出，轮常量的右边 3 个字节总为 0。通常将轮常量最左边的字节记为 $\text{RC}[j]$，则 $\text{Rcon}[j]=(\text{RC}[j],0,0,0)$。$\text{RC}[j]$ 的构造方式如下：

$$\text{RC}[1]=0\text{x}01$$
$$\text{RC}[j]=2\cdot\text{RC}[j-1],j=2,3,4,5,6,7,8,9,10$$

其中"·"也是定义在 $\text{GF}(2^8)$ 上的乘法。

Rijndael 的开发者希望密钥扩展算法可以抵抗已有的密码分析攻击，其设计标准如下：

(1) 知道密钥或轮密钥的部分位不能计算出轮密钥的其他位。

(2) 它是一个可逆的变换，即知道扩展密钥中任何连续的 N_k 个字能够重新产生整个扩展密钥（N_k 是不同版本 AES 的密钥长度）。

(3) 能够在各种处理器上有效地执行。

(4) 使用轮常量来排除对称性。

(5) 密钥的每一位能影响到轮密钥的一些位。

(6) 足够的非线性以防止轮密钥的差完全由密钥的差所决定。

(7) 易于描述。

例 4.2 如果初始的 128 位密钥为：
$$3C\ A1\ 0B\ 21\ 57\ F0\ 19\ 16\ 90\ 2E\ 13\ 80\ AC\ C1\ 07\ BD$$
那么 4 个初始值为
$$w[0] = 3C\ A1\ 0B\ 21$$
$$w[1] = 57\ F0\ 19\ 16$$
$$w[2] = 90\ 2E\ 13\ 80$$
$$w[3] = AC\ C1\ 07\ BD$$

求扩展的第 1 轮的子密钥 $(w[4], w[5], w[6], w[7])$。

解 由于 4 是 4 的倍数，所以：
$$w[4] = w[0] \oplus T(w[3])$$
$T(w[3])$ 的计算步骤如下：

(1) 循环地将 $w[3]$ 的元素移位：AC C1 07 BD 变成了 C1 07 BD AC；

(2) 将 C1 07 BD AC 作为 S 盒的输入，输出为 78 C5 7A 91；

(3) 将 78 C5 7A 91 与第 1 轮轮常量 Rcon[1] 进行异或运算，将得到 79 C5 7A 91，因此，$T(w[3]) = 79\ C5\ 7A\ 91$，故
$$w[4] = 79C57A91 \oplus 3CA10B21 = 45\ 64\ 71\ B0$$

其余的 3 个子密钥段计算如下：
$$w[5] = w[1] \oplus w[4] = 57F01916 \oplus 456471B0 = 12\ 94\ 68\ A6$$
$$w[6] = w[2] \oplus w[5] = 902E1380 \oplus 129468A6 = 82\ BA\ 7B\ 26$$
$$w[7] = w[3] \oplus w[6] = ACC107BD \oplus 82BA7B26 = 2E\ 7B\ 7C\ 9B$$

于是，第 1 轮的密钥为 45 64 71 B0 12 94 68 A6 82 BA 7B 26 E 7B 7C 9B。

4.3.7 AES 的解密

正如在第 4.3.1 节中提到的那样，由于没有使用 Feistel 结构，AES 的解密过程同加密过程是不同的，需要使用相应变换的逆向变换，并且各个变换的使用顺序也不一样，分别为逆行移位、逆字节代换、轮密钥加和逆列混合。这使得对 AES 的加解密需要两个不同的软件或硬件模块，如图 4-23 所示。

此外，除了图 4-23 中描述的解密模式以外，还有另一种等价的解密模式。这种等价的解密模式使得解密过程各个变换的使用顺序同加密过程的顺序一致，只是用逆变换取代原来的变换。因为标准的解密过程中，轮结构为逆行移位、逆字节代换、轮密钥加和逆列混合，因而，在这种等价的解密模式中，需要将标准解密模式的轮操作的前两个部分交换，后两个部分交换。

1. 交换逆向行移位和逆向字节代换

逆行移位影响状态矩阵中的字节的顺序，但并不更改字节的内容，同时也不以字节的内容来决定它的变换。而逆字节代换影响状态矩阵中字节的内容，但不会改变字节的顺序，同时也不依赖字节的顺序来进行变换。因此，这两个操作可以交换，即逆向行移位[逆向字节代换(s)] = 逆向字节代换[逆向行移位(s)]。

2. 交换轮密钥加和逆向列混合

轮密钥加和逆向列混合都不改变状态矩阵中字节的顺序。如果将轮密钥加看成是由字组成的序列,那么,轮密钥加和逆向列混合每次都是对状态矩阵的一列进行操作。同时,对于状态矩阵的某一列 s_i 和其对应的轮密钥 $w[j]$ 下列关系成立:

$$\text{逆列混合}(s_i \oplus w[j]) = \text{逆列混合}(s_i) \oplus \text{逆列混合}(w[j])$$

以第一列为例:

$$= \begin{bmatrix} 0E & 0B & 0D & 09 \\ 09 & 0E & 0B & 0D \\ 0D & 09 & 0E & 0B \\ 0B & 0D & 09 & 0E \end{bmatrix} \cdot \left(\begin{bmatrix} s_{3,0} \\ s_{1,0} \\ s_{2,0} \\ s_{3,0} \end{bmatrix} \oplus \begin{bmatrix} w[j]_0 \\ w[j]_1 \\ w[j]_2 \\ w[j]_3 \end{bmatrix} \right)$$

$$= \begin{bmatrix} 0E & 0B & 0D & 09 \\ 09 & 0E & 0B & 0D \\ 0D & 09 & 0E & 0B \\ 0B & 0D & 09 & 0E \end{bmatrix} \cdot \begin{bmatrix} s_{3,0} \\ s_{1,0} \\ s_{2,0} \\ s_{3,0} \end{bmatrix} \oplus \begin{bmatrix} 0E & 0B & 0D & 09 \\ 09 & 0E & 0B & 0D \\ 0D & 09 & 0E & 0B \\ 0B & 0D & 09 & 0E \end{bmatrix} \cdot \begin{bmatrix} w[j]_0 \\ w[j]_1 \\ w[j]_2 \\ w[j]_3 \end{bmatrix}$$

所以,可以对轮密钥加和逆列混合变换做如图 4-30 所示的等价变形。

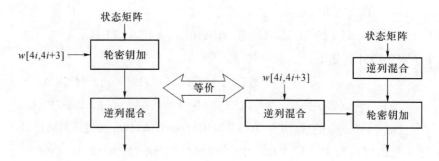

图 4-30 逆向列混合和轮密钥加的等价形式

这样,就构建了一个等价的 AES 解密流程,如图 4-31 所示。

4.3.8 AES 的安全性和可用性

在竞争 AES 的过程中,Rijndael 算法经过了多次评估和讨论。2000 年 10 月 2 日,美国国家标准与技术研究所(NIST)在对 Rijndael 的最终评估中,对该算法的安全性和可用性进行了概括,这是对 AES(Rijndael)算法最好的安全性和可用性说明,下面对 AES 安全性和可用性的说明都取自这个最终评估。

(1) 一般安全性

一方面,它用 S 盒作为非线性组件,且结构简单便于分析该算法的安全性;另一方面,Rijndael 表现出足够的安全性,没有已知的攻击方法能攻击 Rijndael。但一些专家认为可能利用该算法使用的数学结构来攻击该算法。

(2) 软件实现

Rijndael 非常利于在包括 8 位、64 位以及 DSP 在内的各种平台上执行加密和解密算法。Rijndael 固有的分布执行机制能够充分有效地利用处理器资源,甚至在不能分布执行的模型下仍能达到非常好的软件执行性能,同时 Rijndael 的密钥安装速度非常快。然而,因密钥长度变长而引起的执行轮数的增加会降低算法的执行性能。

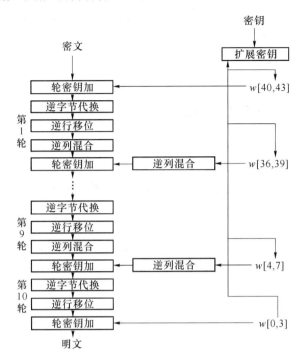

图 4-31 等价的 AES 解密

(3) 受限空间环境

通常,Rijndael 非常适合在受限空间环境中执行加密或解密操作(不是两者都如此)。它对 RAM 和 ROM 的要求很低。在这样的环境中要求既执行加密操作又要执行解密操作时,则它需要更大的 ROM 空间,因为加密和解密的主要步骤是不一样的。

(4) 硬件实现

在最后的 5 个 AES 候选算法中,Rijndael 在反馈模型下(参见 4.5 节)执行的速度最快,在非反馈模型(参见 4.5 节)下的执行速度位居第二。但当该算法的密钥长度为 192 位和 256 位时,因执行的轮数增加,其执行速度就变得很慢了。当用完全的流水线实现时,该算法需要更多的存储空间,但不会影响其执行速度。

(5) 对实现的攻击

Rijndael 所采用的实现方式非常利于防止能量攻击和计时攻击。与其他最终候选算法相比,Rijndael 算法利用掩码技术使其具有防止这些攻击的能力,并未显著地降低该算法的执行性能。同时,它对 RAM 的需求仍在合理的范围内。当使用这些防攻击措施时,Rijndael 算法比其他的候选算法在执行速度上更有优势。

(6) 加密与解密

Rijndael 的加密函数和解密函数不同。一个 FPGA 研究报告指出,同时实现加密算法和解密算法所占用的存储空间比仅仅实现加密算法占用的存储空间要多约 60%。尽管在解密算法中,密钥安装速度比在加密算法中速度要慢,但 Rijndael 执行加密和解密算法的速度差不多。

(7) 密钥灵活性

Rijndael 支持加密中的快速子密钥计算。Rijndael 要求在加密前用特定的密钥产生所有子密钥。这给 Rijndael 的密钥灵活性稍微增加了一点资源负担。Rijndael 支持分组和密钥长度分别为 128 位、192 位和 256 位的各种组合。原则上，该算法结构能通过改变轮数来支持任意长度为 32 倍的分组和密钥长度。

(8) 指令级并行执行的潜力

Rijndael 对于单个分组加密有很好的并行执行能力。

4.3.9 AES 和 DES 的对比

1. AES 和 DES 相似之处

(1) 二者的轮函数都是由 3 层构成，非线性层、线性混合层、子密钥异或，只是顺序不同。

(2) AES 的子密钥加对应于 DES 中 S 盒之前的子密钥异或。

(3) AES 的列混合运算的目的是让不同的字节相互影响，而 DES 中 F 函数的输出与左边一半数据相加也有类似的效果。

(4) AES 的非线性运算是字节代换，对应于 DES 中唯一的非线性运算 S 盒。

(5) 行移位运算保证了每一行的字节不仅仅影响其他行对应的字节，而且影响其他行所有的字节，这与 DES 中置换 P 相似。

2. AES 和 DES 不同之处

(1) AES 的密钥长度（128 位、192 位、256 位）是可变的，而 DES 的密钥长度固定为 56 位。

(2) DES 是面向比特的运算，AES 是面向字节的运算。

(3) AES 的加密运算和解密运算不一致，因而加密器不能同时用作解密器，DES 则无此限制。

4.4 典型分组密码

在分组密码中，除了前面提到的 DES 和 AES 算法之外，还有很多其他的分组密码算法，本节将对部分典型分组密码算法进行简要介绍。

4.4.1 IDEA 算法

国际数据加密算法（IDEA，International Data Encryption Algorithm）是著名的加密算法之一，最初的版本由来学嘉（Xuejia Lai）和 James Massey 于 1990 年公布，称为推荐加密标准（PES，Proposed Encryption Standard）。1991 年，为抗击差分密码攻击，他们对算法进行了改进，增强了算法的强度，称为改进推荐加密标准（IPES，Improved PES），并于 1992 年改名为国际数据加密算法。

IDEA 不像 DES 那么普及，原因有 2 个：第一，IDEA 受专利保护，故 IDEA 要先获得许可证之后才能在商业应用程序中使用；第二，DES 比 IDEA 具有更长的历史和跟踪记录。但是，著名的电子邮件隐私保护技术 PGP 就是基于 IDEA 的。

1. IDEA 的工作原理

IDEA 的明文分组也是 64 位，其加解密也是相似的，即可以用相同算法加密和解密；但是，IDEA 的密钥更长，为 128 位。

图 4-32 显示了 IDEA 的工作方法。64 位输入明文块分成 4 个部分(各 16 位)$P_1 \sim P_4$ 作为算法第 1 轮的输入。每一轮输入 6 个子密钥，各为 16 位。这 6 个子密钥作用于 4 个状态块。第 8 轮之后是输出变换，用 4 个子密钥($K_{49} \sim K_{52}$)，产生的最后输出，即密文块 $C_1 \sim C_4$(各 16 位)，从而构成 64 位密文块。

2. 轮函数

IDEA 有 8 轮，每一轮输入为 6 个子密钥和 4 个状态数据块。以第一轮为例，如图 4-33 所示，输入块为 $P_1 \sim P_4$，子密钥为 $K_1 \sim K_6$，轮输出表示为 $R_1 \sim R_4$。

注意，符号 Add* 与 Multiply* 后面的星号表明是模加和模乘，即加后用 2^{16}(即 65 536)求模，乘后用 $2^{16}+1$(即 65 537)求模。IDEA 中采用模运算的目的是，保证相加或相乘的结果缩减到 16 位。

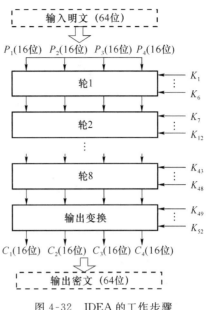

图 4-32 IDEA 的工作步骤

3. 输出变换

图 4-34 显示了输出变换的过程。

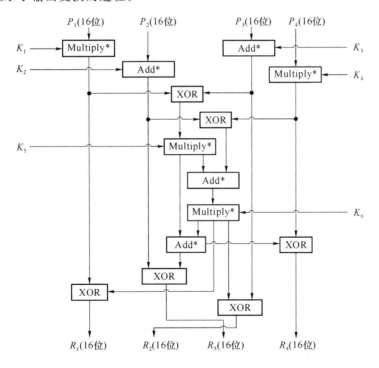

图 4-33 IDEA 的一轮

4. IDEA 解密过程

解密过程与加密过程实质上是相同的，只是每轮使用的子密钥不同。解密密钥以如下方法从加密子密钥中导出：

(1) 解密轮 $i(i=1,2,\cdots,9)$的头 4 个子密钥从加密轮 $10-i$ 的头 4 个子密钥中导出；解密密钥第1、4个子密钥对应于加密子密钥1、4的乘法逆元;2、3对应加密子密钥2、3的加法逆元。

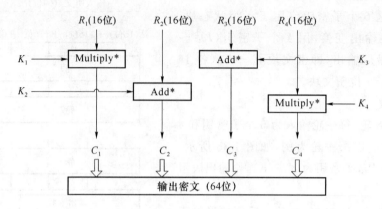

图 4-34 IDEA 输出变换过程

(2) 轮 $i(i=1,2,\cdots,9)$ 的最后两个子密钥等于加密循环 $9-i$ 的最后两个子密钥。

5. 子密钥的生成

52 个 16 比特的子密钥从 128 比特的密钥中生成,采用的方法如图 4-35 所示,前 8 个子密钥直接从密钥中取出;然后对密钥进行 25 比特的循环左移,接下来的密钥就从中取出;重复进行直到 52 个子密钥都产生出来。其中,Z 表示原始的 128 比特密钥,$Z_1 \sim Z_{52}$ 表示产生的 52 个 16 比特子密钥。

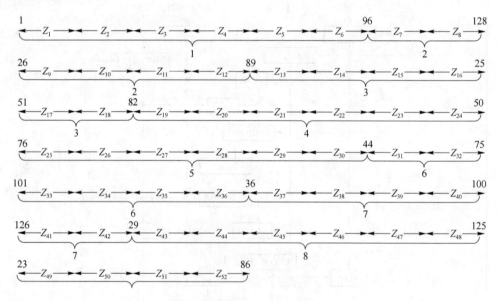

图 4-35 IDEA 子密钥的生成

具体的子密钥生成过程如下。

(1) 使用密钥 1~96 位,97~128 位不用,留到第 2 轮。

(2) 先用第 1 轮未用的 97~128 位,密钥用完后,进行密钥循环左移(新的开始位置为 26,结束位置为 25),新密钥使用 26~89 位。90~128 位和 1~25 位未用。

(3) 先使用第 2 轮未用的 90~128 位和 1~25 位,密钥用完后,进行密钥循环左移(新的开始位置为 51,结束位置为 50),新密钥使用 51~82 位。83~128 位和 1~50 位未用。

(4) 使用第 3 轮未用的 83～128 位和 1～50 位,作为本轮所要的 96 位。

(5) 进行密钥循环左移(新的开始位置为 76,结束位置为 75),新密钥使用 76～128 位和 1～43 位。44～75 位未用。

(6) 先使用第 5 轮未用的 44～75 位。密钥用完后,进行密钥循环左移(新的开始位置为 101,结束位置为 100),新密钥使用 101～128 位和 1～36 位。37～100 位未用。

(7) 先使用第 6 轮未用的 37～100 位。密钥用完后,进行密钥循环左移(新的开始位置为 126,结束位置为 125),新密钥使用 126～128 位和 1～29 位。30～125 位未用。

(8) 先使用第 7 轮未用的 30～125 位。注意第 8 轮用完密钥。

(9) 第 8 轮的结束位为 125,经过 25 位左移后,新的开始位置为 23,结束位置为 22。由于输出变换过程只要 4 个密钥,各 16 位,共 64 位,因此使用 23～86 位。其余 87～128 位和 1～22 位不用,将其放弃。

IDEA 使用 128 位密钥,密钥空间容量为 2^{128}(近似 10^{38}),对于穷举攻击来说,目前已经无法攻破。如果把加密计作一次运算,那么搜索全部 IDEA 密钥空间需要 10^{13} MPIS 年(1 MPIS 年即每秒运行 100 万次的计算机运行 1 年)。如果有一台能够穷举 DES 密钥空间的设备,即每秒加密 2^{55} 次(DES 具有对称性,所以穷举量减半),用它搜索 IDEA 密钥空间则需要 299 万亿年。此外,IDEA 没有 DES 意义下的弱密钥,能够抗击差分分析和相关分析。

4.4.2 RC6 算法

RC6 是 RSA 公司提交给 NIST 竞选 AES 的一个候选算法,它是在 RC5 的基础上设计的。众所周知,RC5 是一个非常简洁的算法,它的特点是大量使用数据循环。RC6 继承了 RC5 的优点,为了满足 NIST 的要求,即分组长度为 128 比特,RC6 使用了 4 个寄存器,并使用 32 比特的整数模乘运算,用于加强扩散特性。RC6 更精确的表示是 RC6−$w/r/b$,其中字长为 w 比特,r 为加密轮数,b 为密钥用字节表示的长度。一般情况下令 $w=32, r=20, b=16(24,32)$。

RC6 采用下面几种基本运算:

(1) 整数模 2^w 加和减,分别表示为"+"和"−";

(2) 逐位模 2 加,表示为"⊕";

(3) 整数模 2^w 乘,表示为"×";

(4) 循环左移 ROL 和循环右移 ROR。

1. 加密过程

把 128 比特明文放入 4 个 32 比特的寄存器 A,B,C,D 之中:

$B = B + S[0]$ (注:S 为密钥)

$D = D + S[1]$

FOR i = 1 to r do

    $t = \text{ROL}(B \times (2B+1), \log_2 w)$

    $u = \text{ROL}(D \times (2D+1), \log_2 w)$

    $A = \text{ROL}(A \oplus t, u) + S[2i]$

    $C = \text{ROL}(C \oplus u, t) + S[2i+1]$

    $(A,B,C,D) = (B,C,D,A)$

$A = A + S[2r + 2]$

$C = C + S[2r + 3]$

A, B, C, D 即为密文。

2. 解密过程

把 128 比特密文放入 4 个 32 比特的寄存器 A, B, C, D 之中。

$C = C - S[2r + 3]$

$A = A - S[2r + 2]$

FOR $i = r$ down to 1 do

    $(A, B, C, D) = (D, A, B, C,)$

    $u = \text{ROL}(D \times (2D + 1), \log_2 w)$

    $t = \text{ROL}(B \times (2B + 1), \log_2 w)$

    $C = \text{ROR}(C - S[2i + 1], t) \oplus u$

    $A = \text{ROR}(A - S[2i], u) \oplus t$

$D = D - S[1]$

$B = B - S[0]$

(A, B, C, D) 即为明文。

3. 密钥扩展方案

密钥扩展方案类似于 RC5 的密钥扩展方案。在密钥扩展中用到了两个常数 P_w 和 Q_w，$P_w = $ 0xB7E15163，$Q_w = $ 0x9E3779B9。首先，将种子密钥 K 赋值给 c 个 $L[0], \cdots, L[c-1]$，若密钥长度不够，用 0 字节填充，其中 c 为 $8b/w$ 的整数部分：

$S[0] = P_w$

FOR $i = 1$ to $2r + 3$ do

    $S[i] = S[i - 1] + Q_w$

用户密钥混合到 S 中：

$A = B = i = j = 0$

$v = 3 \times \max\{c, 2r + 4\}$

FOR $s = 1$ to v do

    $A = S[i] = \text{ROL}(S[i] + A + B, 3)$

    $B = L[j] = \text{ROL}(L[j] + A + B, A + B)$

    $i = (i + 1) \bmod (2r + 4)$

    $j = (j + 1) \bmod c$

输出 $S[0], S[1], \cdots, S[2r+3]$ 即为子密钥。

值得一提的是，与大多数加密算法不同，RC6 算法在加密过程中不需要查表，加之算法中的乘法运算也可以用平方代替，所以该算法对内存的要求极低，这使得 RC6 特别适合在单片机上实现，比如 IC 卡。

RC6 的简单性是非常吸引人的，尤其是便于进行安全性分析。就目前的分析，对 RC6 算法最有效的攻击是强力攻击。当然由于分组长度和密钥都至少是 128 比特，穷举法并不可行。对 20 轮的 RC6，用线性分析法至少需要 2^{155} 个明文，用差分分析法至少需要 2^{238} 个明文。

4.4.3 Skipjack 算法

1993 年 4 月 16 日，美国政府倡导联邦政府和工业界使用新的具有密钥托管功能的联邦加密标准,该建议称为托管加密标准,又称 Clipper 建议。其目的是为用户提供更好的安全通信方式,同时允许政府为了国家安全监听某些通信。这个建议的核心是一个新的称为 Clipper 的防窜扰芯片,它是由美国国家安全局(NSA,National Security Agency)主持开发的硬件实现的密码设备,Clipper 采用了称为 Skipjack 的分组密码算法。

Skipjack 是一个密钥长度为 80 比特、分组长度为 64 比特、32 轮的分组密码。该算法从 1985 年开始设计,于 1990 年完成。刚开始 Skipjack 被定为机密级算法,但目前已经公开。

1. Skipjack 加密算法

把 64 比特明文分成 4 个 16 比特的字 $\omega_i^0, 1 \leqslant i \leqslant 4$。首先进行 8 轮 A 变换,其次进行 8 轮 B 变换,然后再进行 8 轮 A 变换和 8 轮 B 变换,最后输出 $\omega_i^{32}(1 \leqslant i \leqslant 4)$ 作为密文。A 变换:

$$F_2^{16} \times F_2^{16} \times F_2^{16} \times F_2^{16} \rightarrow F_2^{16} \times F_2^{16} \times F_2^{16} \times F_2^{16}$$
$$(\omega_1^k, \omega_2^k, \omega_3^k, \omega_4^k) \rightarrow (\omega_1^{k+1}, \omega_2^{k+1}, \omega_3^{k+1}, \omega_4^{k+1})$$

由第 k 轮计算第 $k+1$ 轮的过程如下:

$$\omega_1^{k+1} = G^k(\omega_1^k) \oplus \omega_4^k \oplus (k+1)$$
$$\omega_2^{k+1} = G^k(\omega_1^k)$$
$$\omega_3^{k+1} = \omega_2^k$$
$$\omega_4^{k+1} = \omega_3^k$$

B 变换:

$$F_2^{16} \times F_2^{16} \times F_2^{16} \times F_2^{16} \rightarrow F_2^{16} \times F_2^{16} \times F_2^{16} \times F_2^{16}$$
$$(\omega_1^k, \omega_2^k, \omega_3^k, \omega_4^k) \rightarrow (\omega_1^{k+1}, \omega_2^{k+1}, \omega_3^{k+1}, \omega_4^{k+1})$$

由第 k 轮计算第 $k+1$ 轮的过程如下:

$$\omega_1^{k+1} = \omega_4^k$$
$$\omega_2^{k+1} = G^k(\omega_1^k)$$
$$\omega_3^{k+1} = \omega_1^k \oplus \omega_2^k \oplus (k+1)$$
$$\omega_4^{k+1} = \omega_3^k$$

G^k 本质上是一个 4 轮 Feistel 网络,其流程如图 4-36 所示。其中 $cv_{4k+i-3} = K_{(4k+i-3) \bmod 10}$,$(K_0, K_1, \cdots, K_9) = K$ 是 80 比特密钥。

G^k 的逆可表示为:$[G^k]^{-1}:(g_5, g_6) \rightarrow (g_1, g_2)$,其流程如图 4-37 所示。

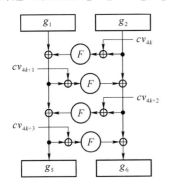

图 4-36 G^k 的流程图

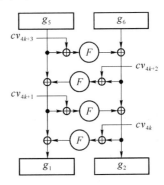

图 4-37 $[G^k]^{-1}$ 的流程图

F 函数的定义如表 4-21 所示,它是一个 8 比特到 8 比特的置换运算,类似于 AES 的 S 盒。

表 4-21 $F: F_2^8 \to F_2^8$

	0	1	2	3	4	5	6	7	8	9	A	B	C	D	E	F
0	A3	D7	09	83	F8	48	F6	F4	B3	21	15	78	99	B1	AF	F9
1	E7	2D	4D	8A	cE	4C	CA	2E	52	95	D9	1E	4E	38	44	28
2	0A	DF	02	a0	17	F1	60	68	12	B7	7A	C3	E9	FA	3D	53
3	96	84	6B	BA	F2	63	9A	19	7C	AE	E5	F5	F7	16	6A	A2
4	39	B6	7B	0F	C1	93	8A	1B	EE	B4	1A	EA	D0	91	2F	B8
5	55	B9	DA	85	3F	41	BF	E0	5A	58	80	5F	66	0B	D8	90
6	35	D5	C0	A7	33	06	65	69	45	00	94	56	6D	98	9B	76
7	97	FC	B2	C2	B0	FE	DB	20	E1	EB	D6	E4	DD	47	4A	1D
8	42	ED	9E	6E	49	3E	CD	43	27	D2	07	D4	DE	C7	67	18
9	89	CB	30	1F	8D	C6	8F	AA	C8	74	DC	C9	5D	5E	31	A4
A	70	88	61	2C	9F	0D	2B	87	50	82	54	64	26	7D	03	40
B	34	4B	1C	73	D1	C4	FD	3B	CC	FB	7F	AB	E6	3E	5B	A5
C	AD	04	23	9C	14	51	22	F0	29	79	71	7E	FF	8C	0E	E2
D	0C	EF	BE	72	75	6F	37	A1	EC	D3	8E	62	8B	86	10	E8
E	08	77	11	BE	92	4F	24	C5	32	36	9D	CF	F3	A6	BB	AC
F	5E	6E	A9	13	57	25	B5	E3	BD	A8	3A	01	05	59	2A	46

2. Skipjack 解密算法

输入 $\omega_i^{32}, 1 \leqslant i \leqslant 4$，首先进行 8 轮 B^{-1} 变换，其次进行 8 轮 A^{-1} 变换，然后再进行 8 轮 B^{-1} 变换和 8 轮 A^{-1} 变换，最后输出 $\omega_i^0, 1 \leqslant i \leqslant 4$，即为明文。$A^{-1}$ 变换：

$$F_2^{16} \times F_2^{16} \times F_2^{16} \times F_2^{16} \to F_2^{16} \times F_2^{16} \times F_2^{16} \times F_2^{16}$$
$$(\omega_1^k, \omega_2^k, \omega_3^k, \omega_4^k) \to (\omega_1^{k-1}, \omega_2^{k-1}, \omega_3^{k-1}, \omega_4^{k-1})$$
$$\omega_1^{k-1} = [G^{k-1}]^{-1}(\omega_2^k)$$
$$\omega_2^{k-1} = \omega_3^k$$
$$\omega_3^{k-1} = \omega_4^k$$
$$\omega_4^{k-1} = \omega_1^k \oplus \omega_2^k \oplus k$$

B^{-1} 变换：

$$F_2^{16} \times F_2^{16} \times F_2^{16} \times F_2^{16} \to F_2^{16} \times F_2^{16} \times F_2^{16} \times F_2^{16}$$
$$(\omega_1^k, \omega_2^k, \omega_3^k, \omega_4^k) \to (\omega_1^{k-1}, \omega_2^{k-1}, \omega_3^{k-1}, \omega_4^{k-1})$$
$$\omega_1^{k-1} = [G^{k-1}]^{-1}(\omega_2^k)$$
$$\omega_2^{k-1} = [G^{k-1}]^{-1}(\omega_2^k) \oplus \omega_3^k \oplus k$$
$$\omega_3^{k-1} = \omega_4^k$$
$$\omega_4^{k-1} = \omega_1^k$$

3. Skipjack 子密钥生成算法

子密钥 $cv_{4k+i-3} = K_{(4k+i-3) \bmod 10}$，$(K_0, K_1, \cdots, K_9) = K$ 是 80 比特密钥。每 5 轮过后将重复使用相同的子密钥。

Skipjack 算法的密钥长度为 80 比特，比 DES 算法的 56 比特多 24 比特，目前可抗穷举密钥攻击。在该算法中，除了置换 F 外，其他部分都是线性的，因此置换 F 的性能好坏决定了 Skipjack 算法的密码性能。Skipjack 算法的每一轮中，对 64 比特的输出，仅有 16 比特的输入经过非线性函数 F，还有一个 16 比特仅进行了一个简单的"异或"运算，与 DES(每轮有一半的输入经过非线性函数)相比，大约 2 轮的 Skipjack 与 1 轮的 DES 相当，这也许是 Skipjack 算法需要 32 轮的缘故。

Skipjack 算法存在的弱点为：
(1) 加密和解密需要使用不同的模块，不便于硬件实现；
(2) 密钥编排过于简单，每 5 轮后会重复使用相同的密钥，不利于抵抗相关密钥攻击；
(3) 在 F 函数中串行使用了 4 个 Feistel 结构，将影响密码算法芯片实现的速度。

4.4.4 Camellia 算法

2000 年 NTT 和 Mitsubishi 电子公司联合向 NESSIE 提交了 Camellia 算法，其设计目标类似 AES 的要求，即分组长度是 128 比特，并支持 128 比特、192 比特及 256 比特 3 种规模的密钥长度；比三重 DES 快而且至少和三重 DES 一样安全。Camellia 是 NESSIE 推荐的普通型分组密码之一。

1. Camellia 的加密算法

首先，128 比特明文 $M_{(128)}$ 和子密钥 $kw_{1(64)} || kw_{2(64)}$ 异或，并被拆分成左右两个等长的子块 $L_{0(64)}$ 和 $R_{0(64)}$，即 $M_{(128)} \oplus (kw_{1(64)} || kw_{2(64)}) = L_{0(64)} || R_{0(64)}$。下标(·)标示数据块的长度，如 $M_{(128)}$ 表示 128 比特的数据 M。

其次，对 $i=1,2,\cdots,18$（其中 $i \neq 6,12$），进行如下操作：
$$L_i = R_{i-1} \oplus F(L_{i-1}, k_i)$$
$$R_i = L_{i-1}$$

对 $i=6$ 和 12，进行如下操作：
$$L'_i = R_{i-1} \oplus F(L_{i-1}, k_i)$$
$$R'_i = L_{i-1}$$
$$L_i = FL(L'_i, kl_{(2i/6)-1})$$
$$R_i = FL^{-1}(R'_r, kl_{2i/6})$$

也就是说，算法每迭代 6 轮后，加入一个 FL 和 FL^{-1} 变换来打乱其规律。

最后输出密文 $C_{(128)} = (R_{18(64)} || L_{18(64)}) \oplus (kw_{3(64)} || kw_{4(64)})$。

192 比特和 256 比特密钥的加密轮数为 24 轮，所以只需在 128 比特密钥加密过程中第 18 轮之后增加函数 FL 和函数 FL^{-1} 和一个 6 轮的迭代模块。输出密文：
$$C_{(128)} = (R_{24(64)} || L_{24(64)}) \oplus (kw_{3(64)} || kw_{4(64)})$$

2. Camellia 的解密算法

因为 Camellia 密码采用 Feistel 结构，所以具有加解密相似的特性，即除了颠倒子密钥的次序，解密过程与加密过程相同。

3. Camellia 的轮函数

同 DES 算法类似，轮函数是加解密算法的核心，下面将做详细介绍。

(1) 函数 F

函数 $F: F_2^{64} \times F_2^{64} \to F_2^{64}$, $(X_{(64)}, k_{(64)}) \to Y_{(64)} = P(S(X_{(64)} \oplus k_{(64)}))$，其中 S 和 P 的定义参见本小节。

(2) 函数 FL

函数 $FL: F_2^{64} \times F_2^{64} \to F_2^{64}$, $(X_{L(32)} || X_{R(32)}, kl_{L(32)} || kl_{R(32)}) \to Y_{L(32)} || Y_{R(32)}$，其中：
$$Y_{R(32)} = ((X_{L(32)} || kl_{L(32)}) <<< 1) \oplus X_{R(32)}$$
$$Y_{L(32)} = (Y_{R(32)} || kl_{R(32)}) \oplus X_{L(32)}$$

(3) 函数 FL^{-1}

函数 $FL^{-1}:F_2^{64}\times F_2^{64}\to F_2^{64}$,$(Y_{L(32)}||Y_{R(32)},kl_{L(32)}||kl_{R(32)})\to X_{L(32)}||X_{R(32)}$,其中：
$$X_{L(32)}=(Y_{R(32)}||kl_{R(32)})\oplus Y_{L(32)}$$
$$X_{R(32)}=((X_{L(32)}||kl_{L(32)})<<<1)\oplus Y_{R(32)}$$

kl 表示 6 比特子密钥,$kl_{L(32)}$ 为左边 32 比特,$kl_{R(32)}$ 为右边 32 比特。

(4) 函数 S

函数 S 是函数 F 的一部分,定义如下：
$$S:F_2^{64}\to F_2^{64},l_{1(8)}||l_{2(8)}||\cdots||l_{8(8)}\to l'_{1(8)}||l'_{2(8)}||\cdots||l'_{8(8)}$$

$l'_{1(8)}=s_1(l_{1(8)})$ $\qquad\qquad l'_{5(8)}=s_2(l_{5(8)})$

$l'_{2(8)}=s_2(l_{2(8)})$ $\qquad\qquad l'_{6(8)}=s_3(l_{6(8)})$

$l'_{3(8)}=s_3(l_{3(8)})$ $\qquad\qquad l'_{7(8)}=s_4(l_{7(8)})$

$l'_{4(8)}=s_4(l_{4(8)})$ $\qquad\qquad l'_{8(8)}=s_1(l_{8(8)})$

其中,s_1、s_2、s_3 和 s_4 如(5)定义。

(5) S 盒

Camellia 的 4 个 S 盒和有限域 F_2^8 上的逆函数在仿射意义下等价,它们的代数表达式如下：
$$s_1:F_2^8\to F_2^8$$
$$x_{(8)}\to h(g(f(0xC5\oplus x_{(8)})))\oplus 0x6E$$
$$s_2:F_2^8\to F_2^8$$
$$x_{(8)}\to s_1(x_{(8)})<<<1$$
$$s_3:F_2^8\to F_2^8$$
$$x_{(8)}\to s_1(x_{(8)})>>>1$$
$$s_4:F_2^8\to F_2^8$$
$$x_{(8)}\to s_1(x_{(8)}<<<1)$$

其中,f,g 和 h 定义如下：
$$f:F_2^8\to F_2^8,a_{1(1)}||a_{2(1)}||\cdots||a_{8(1)}\to b_{1(1)}||b_{2(1)}||\cdots||b_{8(1)}$$
$$b_1=a_6\oplus a_2,b_2=a_7\oplus a_1,b_3=a_8\oplus a_5\oplus a_3,b_4=a_8\oplus a_3$$
$$b_5=a_7\oplus a_4,b_6=a_5\oplus a_2,b_7=a_8\oplus a_1,b_8=a_6\oplus a_4$$
$$g:F_2^8\to F_2^8,a_{1(1)}||a_{2(1)}||\cdots||a_{8(1)}\to b_{1(1)}||b_{2(1)}||\cdots||b_{8(1)}$$

其中,
$$(b_8+b_7\alpha+b_6\alpha^2+b_5\alpha^3)+(b_4+b_3\alpha+b_2\alpha^2+b_1\alpha^3)\beta$$
$$=1/((a_8+a_7\alpha+a_6\alpha^2+a_5\alpha^3)+(a_4+a_3\alpha+a_2\alpha^2+a_1\alpha^3)\beta)$$

在有限域 F_2^8 中约定 $\frac{1}{0}=0$,β 是 F_2^8 中的一个元素,且满足 $\beta^8+\beta^6+\beta^5+\beta^3+1=0$;$\alpha=\beta^{238}=\beta^6+\beta^5+\beta^3+\beta^2$ 是 F_2^8 中满足 $\alpha^4+\alpha+1=0$ 的一个元素。
$$h:F_2^8\to F_2^8,a_{1(1)}||a_{2(1)}||\cdots||a_{8(1)}\to b_{1(1)}||b_{2(1)}||\cdots||b_{8(1)}$$
$$b_1=a_6\oplus a_5\oplus a_2,b_2=a_6\oplus a_2,b_3=a_7\oplus a_4,b_4=a_8\oplus a_2$$
$$b_5=a_7\oplus a_3,b_6=a_8\oplus a_1,b_7=a_5\oplus a_1,b_8=a_6\oplus a_3$$

(6) 函数 P
$$P:F_2^{64}\to F_2^{64},Z_{1(8)}||Z_{2(8)}||\cdots||Z_{8(8)}\to Z'_{1(8)}||Z'_{2(8)}||\cdots||Z'_{8(8)}$$

$Z'_1=Z_1\oplus Z_3\oplus Z_4\oplus Z_6\oplus Z_7\oplus Z_8$ $\qquad Z'_5=Z_1\oplus Z_2\oplus Z_6\oplus Z_7\oplus Z_8$

$$Z'_2 = Z_1 \oplus Z_2 \oplus Z_4 \oplus Z_5 \oplus Z_7 \oplus Z_8 \qquad Z'_6 = Z_2 \oplus Z_3 \oplus Z_5 \oplus Z_7 \oplus Z_8$$
$$Z'_3 = Z_1 \oplus Z_2 \oplus Z_3 \oplus Z_5 \oplus Z_6 \oplus Z_8 \qquad Z'_7 = Z_3 \oplus Z_4 \oplus Z_5 \oplus Z_6 \oplus Z_8$$
$$Z'_4 = Z_2 \oplus Z_3 \oplus Z_4 \oplus Z_5 \oplus Z_6 \oplus Z_7 \qquad Z'_8 = Z_1 \oplus Z_4 \oplus Z_5 \oplus Z_6 \oplus Z_7$$

等价地,函数 P 可以表示成如下形式:

$$\begin{pmatrix} Z_8 \\ Z_7 \\ \vdots \\ Z_1 \end{pmatrix} \rightarrow \begin{pmatrix} Z'_8 \\ Z'_7 \\ \vdots \\ Z'_1 \end{pmatrix} = P \begin{pmatrix} Z_8 \\ Z_7 \\ \vdots \\ Z_1 \end{pmatrix}$$

其中,

$$P = \begin{pmatrix} 0 & 1 & 1 & 1 & 1 & 0 & 0 & 1 \\ 1 & 0 & 1 & 1 & 1 & 1 & 0 & 0 \\ 1 & 1 & 0 & 1 & 0 & 1 & 1 & 0 \\ 1 & 1 & 1 & 0 & 0 & 0 & 1 & 1 \\ 0 & 1 & 1 & 1 & 1 & 1 & 1 & 0 \\ 1 & 0 & 1 & 1 & 0 & 1 & 1 & 1 \\ 1 & 1 & 0 & 1 & 1 & 0 & 1 & 1 \\ 1 & 1 & 1 & 0 & 1 & 1 & 0 & 1 \end{pmatrix}$$

4. Camellia 的子密钥生成算法

2 个 128 比特变量 $K_{L(128)}$、$K_{R(128)}$ 与种子密钥 $K_{(128)}$、$K_{(192)}$ 和 $K_{(256)}$ 有如下关系:

当密钥为 128 比特时,
$$K_{L(128)} = K_{(128)}$$
$$K_{R(128)} = 0$$

当密钥为 192 比特时,
$$K_{L(128)} || K_{RL(64)} = K_{(192)}$$
$$K_{RR(64)} = \overline{K_{RL(64)}}$$

当密钥为 256 比特时,
$$K_{(256)} = K_{L(128)} || K_{R(128)}$$

$K_{L(128)}$ 和 $K_{R(128)}$ 又可以分为 4 个 64 比特变量 $K_{LL(64)}$,$K_{LR(64)}$,$K_{RL(64)}$ 和 $K_{RR(64)}$:
$$K_{L(128)} = K_{LL(64)} || K_{LR(64)}$$
$$K_{R(128)} = K_{RL(64)} || K_{RR(64)}$$

如图 4-38 所示,Camellia 的密钥扩展首先由密钥编排过程生成中间序列,并由种子密钥和中间序列通过移位生成子密钥,密钥编排算法如图所示,输入为 $K_L(128)$、$K_R(128)$,当密钥长度为 128 比特时输出 $K_A(128)$,当密钥长度为 192 比特或 256 比特时输出 $K_A(128)$ 和 $K_B(128)$。

在密钥编排过程中,用到了 6 个 64 比特的常数,它们是

$$\Sigma_{1(64)} = 0xa09e667f3bcc908b \qquad \Sigma_{4(64)} = 0x54ff53a5f1d36f1c$$
$$\Sigma_{2(64)} = 0xb67ae8584caa73b2 \qquad \Sigma_{5(64)} = 0x10e527fade682d1d$$
$$\Sigma_{3(64)} = 0xc6ef372fe94f82be \qquad \Sigma_{6(64)} = 0xb05688c2b3e6c1fd$$

利用变量 K_L 和 K_R,可以产生 2 个 128 比特的中间变量 $K_{A(128)}$ 和 $K_{B(128)}$,生成过程如图 4-38 所示。

子密钥 $kw_{i(64)}$、$k_{i(64)}$、$kl_{i(64)}$ 由 $K_{A(128)}$、$K_{B(128)}$、$K_{L(128)}$ 和 $K_{R(128)}$ 循环移位而成(见表 4-22)。

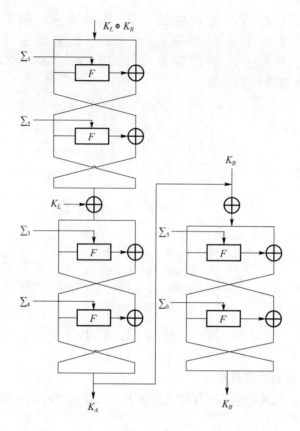

图 4-38 由 K_L 和 K_R 计算中间变量 K_A(和 K_B)

对 192 比特和 256 比特密钥生成子密钥的循环移位表格有兴趣的读者可以阅读相关文献。

表 4-22 128 比特密钥生成的子密钥

子密钥		密钥值	子密钥		密钥值
前期 白化	$kw_{1(64)}$ $kw_{2(64)}$	$(K_L<<<0)_{L(64)}$ $(K_L<<<0)_{R(64)}$	第 10 轮 第 11 轮	$k_{10(64)}$ $k_{11(64)}$	$(K_L<<<60)_{R(64)}$ $(K_A<<<60)_{L(64)}$
第 1 轮	$k_{1(64)}$	$(K_A<<<0)_{L(64)}$	第 12 轮	$k_{12(64)}$	$(K_A<<<60)_{R(64)}$
第 2 轮	$k_{2(64)}$	$(K_A<<<0)_{R(64)}$	FL	$kl_{3(64)}$	$(K_L<<<77)_{L(64)}$
第 3 轮	$k_{3(64)}$	$(K_L<<<15)_{L(64)}$	FL^{-1}	$kl_{4(64)}$	$(K_L<<<77)_{R(64)}$
第 4 轮	$k_{4(64)}$	$(K_L<<<15)_{R(64)}$	第 13 轮	$k_{13(64)}$	$(K_L<<<94)_{L(64)}$
第 5 轮	$k_{5(64)}$	$(K_A<<<15)_{L(64)}$	第 14 轮	$k_{14(64)}$	$(K_L<<<94)_{R(64)}$
第 6 轮	$k_{6(64)}$	$(K_A<<<15)_{R(64)}$	第 15 轮	$k_{15(64)}$	$(K_A<<<94)_{L(64)}$
FL	$kl_{1(64)}$	$(K_A<<<30)_{L(64)}$	第 16 轮	$k_{16(64)}$	$(K_A<<<94)_{R(64)}$
FL^{-1}	$kl_{2(64)}$	$(K_A<<<30)_{R(64)}$	第 17 轮	$k_{17(64)}$	$(K_L<<<111)_{L(64)}$
第 7 轮	$k_{7(64)}$	$(K_L<<<45)_{L(64)}$	第 18 轮	$k_{18(64)}$	$(K_L<<<111)_{R(64)}$
第 8 轮	$k_{8(64)}$	$(K_L<<<45)_{R(64)}$	后期	$kw_{3(64)}$	$(K_A<<<0)_{L(64)}$
第 9 轮	$k_{9(64)}$	$(K_A<<<45)_{L(64)}$	白化	$kw_{4(64)}$	$(K_A<<<0)_{R(64)}$

到目前为止，没有发现 Camellia 的安全缺陷，设计者称 12 轮 Camellia 的线性(差分)特征的线性偏差(差分概率)均小于 2^{-128}；15 轮 Camellia 的线性(差分)特征的线性偏差(差分概率)均小于 2^{-135}。虽然设计者称 10 轮 Camellia 是安全的，但是仍然建议使用 18 轮迭代，设计者没有描述轮数减少的 Camellia 的安全性。Camellia 在各个平台上运行效率和 AES 相当。

4.5 分组密码的工作模式

分组密码算法处理固定长度的数据块,然而大多数消息的长度都大于分组密码的分组长度。故在实际运用中,人们设计了许多不同的长消息处理方式,称为分组密码的工作模式。本质上说,选择工作模式是一项使算法适应具体应用的技术。工作模式在设计时通常考虑下列因素:首先,因为安全性依赖于基本的分组密码,而不依赖于工作模式,所以工作模式的运算应当简单,通常是基本密码模块、反馈和一些简单运算的组合;其次,工作模式应当不会损害算法的安全性;再次,工作模式应当不会明显地降低基本密码的效率;最后,工作模式应易于实现。

NIST 在 FIPS 81 中定义了 4 种工作模式,由于新的应用和要求的出现,在 800-38A 中已将推荐的模式扩展为 5 个。这些模式可用于包括三重 DES 和 AES 在内的任何分组密码。表 4-23 对这 5 种工作模式进行了一个概括的总结,后面将对每一种模式进行简要介绍。

表 4-23 分组密码的工作模式

模 式	描 述	典 型 应 用
电子密码本(ECB)	用相同的密钥分别对明文分组加密	单个数据的安全传输(如一个加密密钥)
密码分组链接(CBC)	加密算法的输入是上一个密文块和下一个明文块的异或	1. 普通目的的面向分组的传输 2. 认证
密码反馈(CFB)	一次处理 j 位,上一分组密文作为加密算法的输入,产生一个伪随机数输出与明文异或输出密文并作为下次分组的输入	1. 普通目的的面向分组的传输 2. 认证
输出反馈(OFB)	与 CFB 基本相同,只是加密算法的输入是上一次加密的中间值	噪声频道上的数据流的传输(如卫星通信)
计数器(CTR)	每个明文分组都与一个加密计数器的输出相异或	1. 普通目的的面向分组的传输 2. 用于并行加密场合

4.5.1 电子密码本模式(ECB)

电子密码本(Electronic Code Book,ECB)模式是最简单的一种分组密码工作模式。它一次处理一个明文分组,各个明文分组分别独立加密成相应的密文分组,如图 4-39 所示。

使用电子密码本这个名称是因为相同的明文分组永远被加密成相同的密文分组,所以理论上可以制作一个包含明文和其相对应密文的密码本。然而,如果分组的大小是 64 比特,密码本需要有 2^{64} 项,而且,每一个不同的密钥有一个不同的密码本,这对于预计算和储存来说太大了。

ECB 每个明文分组可被独立地进行加密。因此,可以不必按次序进行加解密。例如,可以先加密中间 10 分组,然后加密尾部分组,最后加密最开始的分组。这适合加密随机存取的文件,同时,独立性意味着可以进行并行操作,如果有多重加密处理器,那么各个分组就可以独立地进行加解密而不会相互干涉。

ECB 特别适合于数据随机且较少的情况,比如加密密钥。例如,为了安全传输一个会话密钥,使用这种模式是合适的。

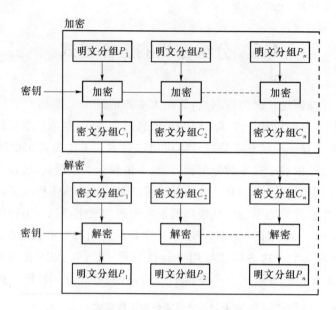

图 4-39 电子密码本模式

ECB 最重要的特征是一段消息中如果有几个相同的明文组,那么密文也将出现几个相同的片断。这使得攻击者容易实现统计分析攻击、分组重放攻击和代换攻击。

在许多实际情形中,尤其是消息较长的时候,ECB 可能不安全。这是因为,消息往往是非常结构化的,计算机产生的消息,如电子邮件,可能有固定的结构。这些消息在很大程度上是冗余的或者有一个很长的 0 和空格组成的字符串。格式趋于重复,不同的消息可能会有一些比特序列是相同的。如果攻击者有很多消息的明密文,那他就在不知道密钥的情况下可能利用其结构特征破译。

ECB 具有良好的差错控制。实际上,每一个分组可被看成是用同一个密钥加密的单独消息。密文中数据出了错,解密时,会使得相对应的整个明文分组解密错误,但它不会影响其他密文块解密。然而,如果密文中偶尔丢失或添加一些数据位,那么整个密文序列将不能正确的解密,除非有某种帧结构能够重新排列分组的边界。

4.5.2 密码分组链接模式(CBC)

链接是一种反馈机制,它将前一个分组的加密结果反馈到当前分组的加密中,换句话说,每一分组被用来控制下一分组的加密。这样,每个密文分组不仅依赖于产生它的明文分组,而且依赖于所有前面的明文分组。

在密码分组链接(CBC,Cipher Block Chaining)模式中。如图 4-40 所示,分组链接的第一个明文分组被加密后,其结果同时被保存到反馈寄存器中。下一明文分组加密时,首先将明文分组同反馈寄存器中的值进行异或,结果作为下一次加密的输入。加密的结果又被存进反馈寄存器,再与下一明文分组进行异或,如此这般直到消息结束。

解密时,第一个密文分组被正常的解密,并在解密前在反馈寄存器中存入该密文的副本。在下一密文分组被解密后,将结果与寄存器中的值进行异或。同样地下一个密文分组也被复制存入反馈寄存器,如此下去直到整个消息结束。

CBC 可以用数学语言表示如下:

$$C_i = E_K(P_i \oplus C_{i-1})$$

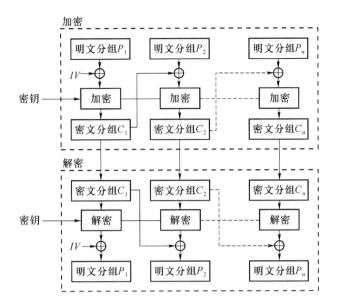

图 4-40 密码分组链接模式

$$P_i = C_{i-1} \oplus D_K(C_i)$$

解密的正确性可以证明如下：
因为
$$D_K(C_i) = D_K(E_K(P_i \oplus C_{i-1})) = P_i \oplus C_{i-1}$$
故
$$C_{i-1} \oplus D_K(C_i) = C_{i-1} \oplus P_i \oplus C_{i-1} = P_i$$

由于引入了反馈，CBC 可以将重复的明文分组加密成不同的密文分组，克服了 ECB 的弱点。然而，CBC 仅在前面的明文分组不同时才能将完全相同的明文加密成不同的密文分组，因此，任意两则消息在它们的第一个不同之处出现前，将被加密成同样的结果。

一些消息有相同的开头，如一封信的信头，虽然使用分组重放是不可能的，但这些相同的开头的确给密码分析者提供了一些有用的信息。

防止这种情况发生的办法是用加密随机数据作为第一个分组，这个随机数据分组被称之为"初始化向量"（IV，Initial Vector），或"初始链接值"。IV 没有任何其他意义，只是使加密前的消息唯一化。时间邮戳是一个好的 IV，当然也可以用一些随机比特串作为 IV，IV 的重用可能会造成与不使用 IV 相同的结果。IV 的位置如图 4-40 所示。

使用 IV 后，完全相同的消息可以被加密成不同的密文消息。这样，攻击者企图再用分组重放进行攻击是完全不可能的，并且制造密码本将更加困难。

从安全性的角度说，IV 应该同密钥一样加以保护，比如用 ECB 加密来保护 IV。否则，攻击者可以欺骗接收者，让他使用不同的 IV，从而使接收者解密出的第一块明文分组的某些位取反，例如
$$C_1 = E_K(IV \oplus P_1)$$
$$P_1 = IV \oplus D_K(C_1)$$

用 $X[i]$ 表示 X 的第 i 位，那么，
$$P_1[i] = IV[i] \oplus D_K(C_1)[i]$$

使用异或的性质，则有：

$$P_1[i]' = \text{IV}[i]' \oplus D_K(C_1)[i]$$

其中,"'"表示取反。可以看出攻击者通过改变 IV 的第 i 位,使接收者解密得到的 P_1 的第 i 位发生变化。

由于引入了反馈机制,因而一个分组的错误将有可能对其他分组造成影响。这种由于一个错误导致多个错误的现象称为错误扩散。根据错误的来源不同,可以将错误扩散分为明文错误扩散(加密错误扩散)和密文错误扩散(解密错误扩散)。明文错误扩散是指加密前的明文中某个错误对解密后恢复的明文的影响。密文错误扩散是指加密后的密文中的某个错误对解密后恢复的明文分组的影响。

使用 CBC 时,虽然明文分组中发生错误将影响对应的密文分组以及其后的所有密文分组。但是由于解密将反转这种影响,最后得到的明文也仍然只有那一个分组有错误。因而,CBC 没有明文错误扩散。

密文错误相对复杂一点。由于信道噪声或存储介质损坏的存在,接收方得到的密文常常会有一些错误。在 CBC 中,密文中一个分组发生错误将影响对应解密明文分组和其后的一个解密明文分组。随后的那个分组在解密后在同样的比特位上有错误,但是,再之后的分组将不受影响。因而,CBC 的密文错误扩散是很小的。

同 ECB 一样,CBC 不能自动恢复同步。如果密文中偶尔丢失或添加一些数据位,那么整个密文序列将不能正确的解密,除非有某种帧结构能够重新排列分组的边界。

4.5.3 密码反馈模式(CFB)

ECB 和 CBC 仍然是在分组密码的框架内进行加解密,即必须将一个分组接收完之后才能进行加解密,然而在许多情况下,需要实时的流操作。例如,在一个安全的网络环境中,当从某个终端输入时,它必须把每一个字符马上传给主机。这时,需要使用序列密码。然而,使用密码反馈模式和输出反馈模式,也可以将一个分组密码转换成序列密码进行操作。这时,明文的字符流中任何一个字符都可以用面向字符的工作模式加密后立即发送。

密码反馈模式(CFB,Cipher Feedback Block)的工作原理如图 4-41 所示。其中,传输单元(移位寄存器)是 s 比特,一般而言,s 为 8 的倍数。在这种情况下,明文被分成 s 比特的块而不是 CFB 使用的基本分组密码的分组长度 d 的单元。

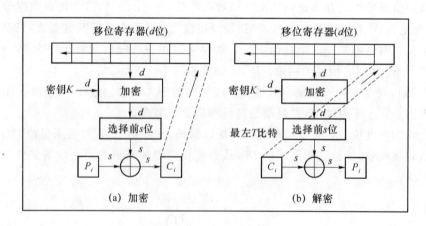

图 4-41 密码反馈模式

加密时,首先在 d 位移位寄存器中填充类似于 CBC 模式中的初始向量 IV。接着,对分组 IV 进行加密。从这个加密的结果中取出前 s 位同明文第一块 P_1 异或,得到第一个 s 位密文

C_1。然后,将 C_1 发送出去。接着,移位寄存器左移 s 位,C_1 填入移位寄存器的最后 s 位,进行下一轮加密。就这样,直到所有明文被加密完。

解密使用相同的方法,只有一点不同:将收到的密文块与加密函数的输出异或得到明文块。值得注意的是,在数据解密过程中使用的是加密函数而不是解密函数。

下面来证明 CFB 的正确性。设 $S_s(X)$ 表示 X 的前 s 位,那么,
$$C_1 = P_1 \oplus S_s(E_K(IV))$$
所以,
$$P_1 = C_1 \oplus S_s(E_K(IV))$$

同 CBC 一样在 CFB 中,明文的一个错误就会影响所有后面的密文但解密的明文只有一分组错误。密文出现错误更有意思。首先,密文里单独 1 位的错误会引起解密后对应明文的一位错误;其次,错误进入移位寄存器,将导致加密输出错误,直到该错误从寄存器的另一端移出。在 8 比特 CFB 中,如果使用 DES 算法,密文中 1 比特的错误会使解密后明文产生 9 字节的错误,之后,系统恢复正常,后面的密文被重新正确解密。因此,CFB 模式是自同步序列密码算法的典型例子。

4.5.4 输出反馈模式(OFB)

输出反馈模式(OFB,Output Feedback Block)是基于分组密码的同步序列密码算法的一种例子。它与 CFB 相似,但是将前一次加密产生的 s 比特输出分组中非密文分组送入移位寄存器最右边位置(见图 4-42)。因此,这种方法有时也叫"内部反馈",因为反馈机制独立于明文和密文而存在的。与 CFB 模式类似,解密是一个逆过程,在加解密方都只使用分组加密算法,且也要往移位寄存器中填入初始向量 IV。

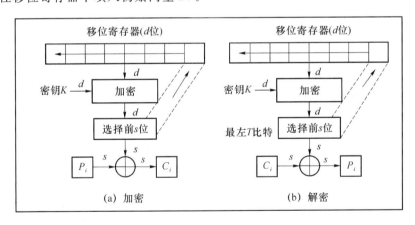

图 4-42 s 位输出反馈模式

OFB 的一个优点是传输过程中密文在某位上发生的错误不会影响解密后明文其他位。比如,C_1 中有 1 位发生了错误,只会影响到 P_1 的恢复,后续的明文单元不受影响。

但是 OFB 中,失去同步将是致命的。如果加密端和解密端移位寄存器不同步,那么恢复的明文将是一些无用的杂乱数据,任何使用 OFB 的系统必须有检测失步的机制,并用新的(或同一个)IV 填充双方移位寄存器重新获得同步。

此外,OFB 抗消息流篡改攻击的能力不如 CFB。因为密文中的某位取反,恢复出的明文的相应位也取反,所以攻击者有办法控制恢复明文的改变。这样,攻击者可以根据消息的改动

而改动校验和,以使改动不被纠错码发现。

4.5.5 计数器模式(CTR)

随着计数器模式(CTR,Counter)在 ATM 网络和 IPSec 中起了重要作用,人们对其产生了浓厚的兴趣。虽然最近 CTR 才为人们所重视。但是,实际上早在 1979 年,Diffie 和 Hellman 就提出了这一模式。

CTR 的构造如图 4-43 所示。它使用与明文分组长度相同的计数器,并要求加密不同的明文分组所用的计数器值必须是不同的(模 2^d,其中 d 是分组长度)。典型地,计数器首先被初始化为某一值,然后随着消息分组的增加,计数器的值加 1。计数器加 1 加密后与明文分组异或得到密文分组。解密使用具有相同值得计数器序列,用加密后的计数器的值同密文分组异或来得到明文分组。

同其他模式相比,CTR 具有以下优点。

(1) 硬件效率

与 OBC、CFB 和 OFB 这 3 种链接模式不同,CTR 能够并行处理多块明(密)文。上述 3 种模式在处理下一块数据之前必须完成当前数据块的计算,这就限制了算法的吞吐量。在 CTR 中,吞吐量仅受可使用的并行数量的限制。

(2) 软件效率

因为 CTR 能够进行并行计算,处理器能够很好地用来提供像流水线、每个时钟周期的多指令分派、大数量的寄存器和 SIMD 指令等并行特征。

(3) 预处理

基本加密算法的执行并不依靠明文或密文的输入。因此,如果有充足的存储器且能够提供安全,预处理能够用来准备如图 4-43 所示用于异或函数的输入密钥流。当给出明文或者密文时,所需的计算仅是进行一系列的异或运算。这样的策略能够极大地提高吞吐量。

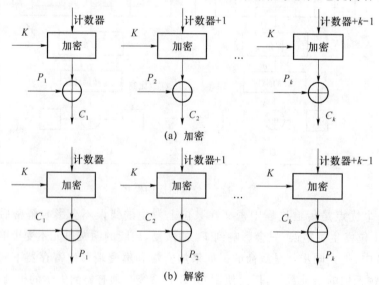

图 4-43 计数器模式

(4) 随机访问

密文的第 i 个明文组能够用一种随机访问的方式处理。在链接模式下直到前面的 $i-1$ 块密文计算出来后才能计算密文 C_i。有很多应用情况是全部密文已存储好了，只需要解密其中的某一块密文。对于这种情形，随机访问的方式很有吸引力。

(5) 可证明安全性

能够证明 CTR 至少和另外 4 种模式一样安全。

(6) 简单性

与 ECB 和 CBC 不同，CTR 只要求实现加密而不要求实现解密。像 AES 这类加密和解密不同的算法，就更能体现 CTR 的简单性。

4.6 习 题

1. 判断题

(1) 在分组密码中，分组或密钥越长意味着安全性越高，因此，在实际应用中应选用分组和密钥都长的分组密码算法。（　）

(2) 分组密码一般采用简单的、安全性弱的加密算法进行多轮迭代运算，使得安全性增强。一般来说，分组密码迭代轮数越多，密码分析越困难。（　）

(3) 分组密码的实现往往需要多轮迭代运算，而每轮运算使用的密钥是相同的，即分组密码的初始密钥。（　）

(4) 在分组密码中，分组或密钥的长度应足够长，至少能够抵御穷举攻击。（　）

(5) 在分组密码中，分组长度、密文长度以及密钥长度都是一样长的。（　）

(6) DES 算法中，其初始置换和逆初始置换与 DES 算法的安全强度无关。（　）

(7) 目前 DES 作为加密算法现很少直接使用，其主要原因是 DES 的算法已被破解，不安全了。（　）

(8) 同 DES 类似，AES 也存在弱密钥，但其弱密钥数量少于 DES 的弱密钥数。（　）

(9) 多重 DES 就是使用多个密钥利用 DES 对明文进行多次加密，然而总会找出一个多重 DES 密钥与一个单重 DES 密钥一直相对应。（　）

(10) 多重 DES 使得密钥长度增加，同时分组长度也会发生相应改变。（　）

(11) 差分分析是一种攻击迭代密码体制的选择明文攻击方法，所以，对于 DES 和 AES 都有一定的攻击效果。（　）

(12) 在高级加密标准(AES)规范中，分组长度和密钥长度均能被独立指定为 128 位、192 位或 256 位。（　）

(13) 线性分析实际上是一种利用已知明文攻击的方法。（　）

(14) IDEA 算法是可逆的，即可以用相同算法进行加密和解密。（　）

(15) Camellia 算法支持多种密钥长度。（　）

2. 选择题

(1) 在(　)年，美国国家标准局 NBS 把 IBM 的 Tuchman-Meyer 方案确定数据加密标准，即 DES。

　　A. 1949　　　　　B. 1972　　　　　C. 1977　　　　　D. 2001

(2) 在现代密码学发展史上，第一个广泛应用于商用数据保密的密码算法是(　)。

　　A. AES　　　　　B. DES　　　　　C. RSA　　　　　D. RC4

(3) 1977年由美国国家标准局(NBS)批准的联邦数据加密标准DES的分组长度是( )。
  A. 56位   B. 64位   C. 112位   D. 128位

(4) 在现有的计算能力条件下,对于对称密码算法,被认为是安全的密钥最小长度是( )。
  A. 64位   B. 128位   C. 512位   D. 1 024位

(5) 分组密码算法主要解决信息安全存在的( )问题。
  A. 保密性   B. 完整性   C. 认证性   D. 不可否认性

(6) 在分组密码算法中,如果分组长度过短,那么攻击者可利用( )来破解。
  A. 唯密文攻击   B. 已知明文的攻击
  C. 选择明文攻击   D. 统计分析方法

(7) 在DES算法中,如果给定初始密钥k,经子密钥产生器产生的各个子密钥都相同,则称该密钥k为弱密钥,DES算法弱密钥的个数为( )。
  A. 2   B. 4   C. 8   D. 16

(8) 差分是指明文与其对应密文异或后的差异程度,差分分析方法针对下面那种密码算法的分析更有效。( )
  A. DES   B. AES   C. RC4   D. MD5

(9) AES结构由以下四个不同的模块组成,其中( )是非线性模块。
  A. 字节代换   B. 行位移   C. 列混合   D. 轮密钥加

(10) 适合文件加密,而且有少量错误时不会造成同步失败,是软件加密的最好选择,这种分组密码的操作模式是指( )。
  A. 电子密码本模式   B. 密码分组链接模式
  C. 密码反馈模式   D. 输出反馈模式

(11) 设明文分组序列$x_1,\cdots,x_n$产生的密文分组序列为$y_1,\cdots,y_n$。假设一个密文分组y_i在传输时出现了错误(即某些1变成了0,或者相反)。不能正确解密的明文分组数目在应用( )时为1。
  A. 电子密码本模式和输出反馈模式
  B. 电子密码本模式和密码分组链接模式
  C. 密码反馈模式和密码分组链接模式
  D. 密码分组链接模式和输出反馈模式

(12) IDEA使用的密钥长度为( )位。
  A. 56   B. 64   C. 128   D. 156

(13) Skipjack是一个密钥长度为( )位分组加密算法。
  A. 56   B. 64   C. 80   D. 128

3. 填空题

(1) 在分组密码中,如果分组长度为n位,那么产生密文组的长度为_____位,因而,明文组与密文组的置换共有_____个,密钥的最大长度约是_____位。

(2) 分组密码主要采用_____原则和_____原则来抵抗攻击者对该密码体制的统计分析。

(3) 就目前而言,DES算法已经不再安全,其主要原因是_____。

(4) 轮函数是分组密码结构的核心,评价轮函数设计质量的三个主要指标是_____、_____和_____。

(5) DES 的轮函数 F 是由三个部分:_____、_____和_____组成的。

(6) DES 密码中所有的弱密钥、半弱密钥、四分之一弱密钥和八分之一弱密钥全部加起来,一共有_____个安全性较差的密钥。

(7) 关于 DES 算法,密钥的长度(即有效位数)是_____位,又其_____性使 DES 在选择明文攻击下所需的工作量减半。

(8) 分组密码的加解密算法中最关键部分是非线性运算部分,那么,DES 加密算法的非线性运算部分是指_____,AES 加密算法的非线性运算部分是指_____。

(9) 在_____年,美国国家标准与技术研究所 NIST 正式公布高级加密标准 AES。

(10) 在高级加密标准 AES 规范中,分组长度只能是_____位,密钥的长度可以是_____位、_____位、_____位中的任意一种。

(11) DES 与 AES 有许多相同之处,也有一些不同之处,请指出两处不同:_____,_____。

4. 术语解释

(1) 分组密码

(2) 扩散

(3) 混乱

(4) SP 网络

(5) 弱密钥

(6) 差分

5. 简答题

(1) 简述分组密码的设计应满足的安全要求。

(2) 简述分组密码设计的安全准则。

(3) 在分组密码算法中,如果分组长度过短,那么攻击者可利用什么攻击方式来进行攻击,并简述攻击的过程。

(4) 简述 DES 算法中 S 盒的特点。

(5) DES 算法具有互补性,而这个特性会使 DES 在选择明文攻击下所需的工作量减半。简要说明原因。

(6) 为什么二重 DES 并不像人们相像那样可提高密钥长度到 112 比特,而相当 57 比特?简要说明原因。

(7) 简述利用差分分析攻击 DES 算法的基本过程。

(8) 简述线性攻击的基本原理。

(9) 简述 AES 算法的列混合变换系数比逆混合变换系数简单的原因。

(10) 简述 AES 的子密钥生成过程。

(11) 简述 DES 与 AES 的相同与不同之处。

(12) 简述设计分组密码的工作模式应遵循的基本原则。

6. 综合分析题

RC6 是 RSA 公司提交给 NIST 竞选 AES 的一个候选算法,4.4.2 节介绍 RC6 算法的加密、解密以及密钥扩展的实现过程，请回答以下问题。

(1) 指出 RC6 加密算法中的非线性部分，并证明这部分是双射函数。

(2) 分析 RC6 加密算法的扩散性。

(3) 评价 RC6 密钥扩展方案。

(4) 与 AES 算法相比，RC6 有哪些优势与不足？

第 5 章 序列密码

序列密码(又称流密码)是一类重要的对称密码体制,它一次只对明文消息的单个字符(通常是二进制 1 位)进行加解密变换,具有算法实现简单、速度快、错误传播少等特点。目前已提出多种类型的序列密码,但大多是硬件实现的专用算法,目前还无标准的序列密码算法。本章将介绍序列密码的基本概念和理论,同时也讨论一些典型的序列密码算法,如 RC4、A5、HC、Rabbit、Salsazo、SOSEMANUK、GrainVI、MICKEY 2.0 Trivium 等。

5.1 序列密码简介

5.1.1 起源

序列密码的起源可以追溯到 Vernam 密码算法,它是美国电报电话公司 G. W. Vernam 在 1917 年发明的,它将英文字母编成 5 比特二元数字,称之为五单元波多电码。选择随机二元数字序列作为密钥,以 $k = k_1 k_2 k_3 \cdots k_i \cdots, k_i \in [0,1]$ 表示。明文字母变换成二元码后也可表示成二元数字序列 $m = m_1 m_2 m_3 \cdots m_i \cdots, m_i \in [0,1]$。加密运算就是将 k 和 m 的相应位逐位相加,即

$$c_i = m_i + k_i \bmod 2 \quad i = 1, 2, 3, \cdots$$

译码时,可用同样的密钥纸带对密文数字同步地逐位模 2 相加,便可恢复出明文的二元码序列,即

$$m_i = c_i + k_i \bmod 2 \quad i = 1, 2, 3, \cdots$$

如果密钥序列 k_i 能够被独立地随机产生,则 Vernam 密码被称为一次一密(one-time pad),这种密码对于唯密文攻击是无条件安全的。更准确地,如果明文 m、密文 c 和密钥 k 是随机变量,H 代表熵函数,则 $H(m|c) = H(m)$。

"一次一密"密码的一个明显缺陷就是密钥必须和明文一样长,这使得密钥的分发和管理都非常困难。因此序列密码设计的一个思路就是要从一个短的密钥产生一个随机的密钥序列。对于计算能力有限的攻击者来说,这个密钥序列是随机的,也就是攻击者无法从已知的密钥序列片断中获得其他密钥序列位的任何有用的信息。

5.1.2 序列密码定义

简单地说,序列密码是指明文消息按字符(如二元数字)逐字符地加密的一类密码算法。序列密码加密/解密示意图如图 5-1 所示。

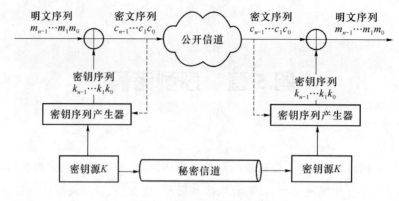

图 5-1 序列密码体制的模型

其中，K 是系统的密钥源，也称初始密钥，它通过安全信道进行传输，通信双方在拥有相同的密钥 k 的前提下，能够通过密钥序列产生器(KG，Keystream Generator)生成相同的密钥序列：$k_0 k_1 \cdots k_i \cdots k_{n-1}$。令 $m_0 m_1 \cdots m_i \cdots m_{n-1}$，$m_i \in M$ 是待加密的消息序列。密文序列 $c = c_0 c_1 \cdots c_i \cdots c_{n-1} = E_{k_0}(m_0) E_{k_1}(m_1) \cdots E_{k_i}(m_i) \cdots E_{k_{n-1}}(m_{n-1})$，$c_i \in C$，若 $c_i = E_{k_i}(m_i) = m_i \oplus k_i$，则称这类为加法序列密码。

一般而言，分组密码和序列密码都属于对称密码，但二者还是有较大的不同。分组密码是把明文分成相对比较大的块，对于每块使用相同的加密函数进行处理，因此，(纯)分组密码是无记忆的。相反，序列密码处理的明文长度可以小到 1 比特，而且序列密码往往是有记忆的(有时，序列密码又被称作状态密码)，因为它的加密不仅与密钥和明文有关，而且还和当前状态有关。这种序列密码和分组密码的区别也不是绝对的，如果把分组密码增加少量的记忆模块(如分组密码的 CFB 模式或 OFB 模式)就形成了一种序列密码。另外，分组密码算法的设计关键在于加解密算法，使明文和密文之间关联在密钥的控制下尽可能复杂，而序列密码算法的设计关键在于密钥序列产生器，使生成的密钥序列具有不可预测性。

5.1.3 序列密码分类

序列密码通常可以被划分为同步序列密码和自同步序列密码两大类。

1. 同步序列密码

(1) 定义

如果密钥序列的产生独立于明文消息和密文消息，则此类序列密码为同步序列密码。同步序列密码的加密过程可以用下列公式来描述：

$$\sigma_{i+1} = f(\sigma_i, k)$$
$$z_i = g(\sigma_i, k)$$
$$c_i = h(z_i, m_i)$$

其中，σ_0 是初始状态，可由密钥 k 确定，f 是状态函数，g 是产生密钥序列 z_i 的函数，h 是把密钥序列 z_i 和明文 m_i 组合产生密文 c_i 的输出函数。加密和解密的过程如图 5-2 所示。

分组密码的 OFB 模式是同步序列密码的一个例子。

(2) 特性

① 同步要求

在同步序列密码中，发送方和接收方必须同步，也就是说，为了正确解密必须在相同的条件(状态)下采用相同的密钥和运算。如果传输过程中密文位被插入或删除，使得接收方和发送方之间产生了失步,则解密失败。这种情况发生时,只能通过采用其他技术进行再存储,以便重新同步。重新同步技术包括重新初始化(将初始状态置为 σ_0,重新运行算法),在密文中有规律地加入特殊标记,或者,如果明文有足够的冗余度,则可以尝试使用所有可能的密钥序列偏移量。

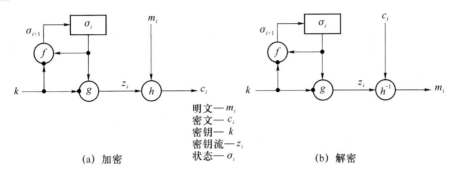

明文—m_i
密文—c_i
密钥—k
密钥流—z_i
状态—σ_i

(a) 加密   (b) 解密

图 5-2 同步序列密码的通用模型

② 无错误传播

传输过程的一个密文位被修改(不是被删除)不影响其他密文位的解密。

③ 主动攻击

作为特性①的结果,主动攻击的插入、删除和密文位的重放都会造成失步。作为特性②的结果,主动攻击者可能有选择地篡改密文位,并且清楚地知道这些改动会造成明文的哪些位变化。这说明,必须采用一些辅助工具来提高数据源认证和数据完整性保护。

2. 自同步序列密码

(1) 定义

如果密钥序列的产生是密钥及固定大小的以往密文位的函数,则这种序列密码被称为自同步序列密码或非同步序列密码。

自同步序列密码的加密过程可以用下列公式来描述:

$$\sigma_i = (c_{i-t}, c_{i-t+1}, \cdots, c_{i-1})$$
$$z_i = g(\sigma_i, k)$$
$$c_i = h(z_i, m_i)$$

其中 $\sigma_0 = (c_{-t}, c_{-t+1}, \cdots, c_{-1})$ 被称为初始状态,k 是密钥,g 是产生密钥序列 z_i 的函数,h 是把密钥序列 z_i 和明文 m_i 组合产生密文 c_i 的输出函数。该加密和解密过程如图 5-3 所示。

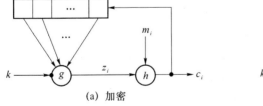
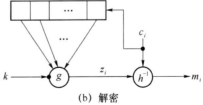

(a) 加密   (b) 解密

图 5-3 自同步序列密码的加密/解密流程

通用的自同步序列密码是分组密码的密文反馈模式(CFB 模式)。

(2) 特性

① 自同步特性

由于解密映射仅仅与固定长度的密文字符有关,因此在密文位被删除或插入时有可能造成同步丢失。

② 有限的错误传播

由于自同步序列密码的状态与密文位有关,如果一个密文位在传输过程中被修改了,则最多之后的 t 位密文的解密可能会是错误的,随后,就又能够进行正确地解密了。

③ 主动攻击

特性②意味着主动攻击者对密文的任何修改将造成若干密文位无法正确解密,与同步序列密码相比,被接收方检测出来的可能性增加了。因为攻击者无法知道确切的变化位置,故不能通过相应修改逃避检错码的检查。

④ 消除明文统计特性

因为每个明文位将影响随后的所有密文,明文的统计特性大大削弱了,因此,自同步序列密码比同步序列密码更好地抗击基于明文冗余的攻击。

5.1.4 序列密码原理

序列密码的工作原理如图 5-4 所示,左边是明文序列 m_i,上边是密钥序列 k_i,种子密钥 K 用于控制密钥序列产生器使其产生密钥序列 k_i,明文序列与密钥序列按比特进行模二加,产生密文序列 c_i 从右边输出。解密过程与之类似。

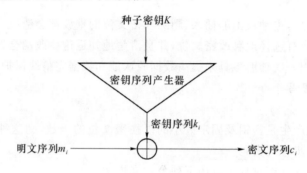

图 5-4 序列密码的工作原理

序列密码的主要特点有以下几点。

(1) 加密/解密运算只是简单的模二加运算。

(2) 安全强度主要依赖密钥序列的随机性。因此,如何设计一个好的密钥序列产生器,使其产生随机的密钥序列是序列密码体制的关键所在。

密钥序列产生器(KG)有以下基本要求:

(1) 种子密钥 K 的长度足够大,一般应在 128 位以上;

(2) KG 生成的密钥序列 $\{k_i\}$ 具极大周期;

(3) $\{k_i\}$ 具有均匀的 n 元分布,即在一个周期环上,某特定形式的 n 长比特串与其求反比特串,两者出现的频数大抵相当(如均匀的游程分布);

(4) 利用统计方法由 $\{k_i\}$ 提取关于 KG 结构或 K 的信息在计算上不可行;

(5) 混乱性,即 $\{k_i\}$ 的每一比特均与 K 的大多数比特有复杂的非线性关系;

(6) 扩散性,即 K 任一比特的改变要引起 $\{k_i\}$ 在全貌上的变化;

(7) 密钥序列 $\{k_i\}$ 不可预测,即使已知密文及相应的明文的部分信息,也不能确定整个 $\{k_i\}$。

根据 Rainer Rueppel 的理论,对密钥序列产生器的内部框图进行了深入研究,并将它分为驱动部分和组合部分两个主要组成部分(如图 5-5 所示),其中驱动部分产生控制生成器的状态序列,并控制生成器的周期和统计特性。组合部分对驱动部分的各个输出序列进行非线性组合,控制和提高产生器输出序列的统计特性、线性复杂度和不可预测性等,从而保证输出密钥序列的安全强度。

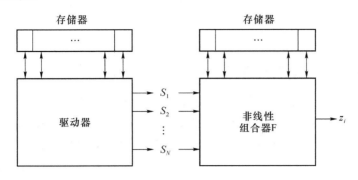

图 5-5　密钥序列产生器组成

为了保证输出密钥序列的安全强度,对组合函数 F 有下列要求:

(1) F 将驱动序列变换为滚动密钥序列,当输入为二元随机序列时,输出也为二元随机序列;

(2) 对给定周期的输入序列,构造的 F 使输出序列的周期尽可能大;

(3) 对给定复杂度的输入序列,应构造 F 使输出序列的复杂度尽可能大;

(4) F 的信息泄漏极小化(从输出难以提取有关密钥序列产生器的结构信息);

(5) F 应易于工程实现,工作速度高;

(6) 在需要时,F 易于在密钥控制下工作。

驱动器一般利用线性反馈移位寄存器(LFSR,Linear Feedback Shift Register),特别是利用最长周期或 m 序列产生器实现。非线性反馈移位寄存器(NLFSR)也可作为驱动器,但由于数学上分析困难而很少采用。

5.2　线性反馈移位寄存器

由线性反馈移位寄存器所产生的序列中,有些类如 m 序列具有良好的伪随机性,人们开始曾认为它可作为密钥序列,很快发现它是可以预测的,其密码强度很低,但是因其实现简单、速度快、有较为成熟的理论等优点,因而在通信等工程技术中有广泛的应用,同时,在序列密码中它可作为密钥序列的驱动序列。

5.2.1　移位寄存器

在介绍线性反馈移位寄存器之前,先介绍移位寄存器。该寄存器可以保存一个二进制位集,这些位可以以两种方法加载到寄存器中:一种是并行加载,即如果寄存器可保存 8 位,则 8 位同时加载;另一种是使用移位寄存器来加载。典型的 8 位寄存器一次加载所有的位如图 5-6 所示。

在移位时,每个位均往右移一位,最右边的位被丢弃,而最左边的被输入位替代。对于如图 5-6 所示的移位寄存器,如果移入位为 0,那么,移位操作后,寄存器的内容如图 5-7 所示。

图 5-6　8 位移位寄存器并行加载

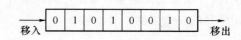
图 5-7　移入一个 0 后的寄存器内容

5.2.2　线性反馈移位寄存器

只要移入端移入一位，移位寄存器就会在移出端移出一位，随着移入端不停地移入，移出端会形成一串比特序列，该寄存器本身并不能生成一个长的作为密钥的"随机"位序列，毕竟，它只是在移出端输出所移入的内容。因此，如何生成一个随机的移入位呢？这就需要用到密钥产生器的反馈部分了。选取移位寄存器的一些单元，将它们中当前存储数据进行逻辑运算后，再反馈给输入端。

假设有如图 5-8 所示的反馈移位寄存器，其中，单元 2 和单元 5 的内容进行 XOR 逻辑运算后作为移入内容。其运行结果如表 5-1 所示。

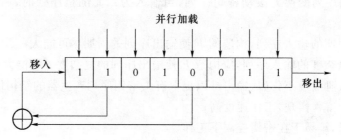

图 5-8　带反馈移位寄存器

表 5-1　带反馈移位寄存器运行示例

移入	单元1	单元2	单元3	单元4	单元5	单元6	单元7	单元8	移出
1	1	1	0	1	0	0	1	1	1
0	1	1	1	0	1	0	0	1	1
1	0	1	1	1	0	1	0	0	0
1	1	0	1	1	1	0	1	0	0
0	1	1	0	1	1	1	0	1	1
0	0	1	1	0	1	1	1	0	1

一般地，一个反馈移位寄存器(Feedback Shift Register)由两部分组成：移位寄存器和反馈函数(Feedback Function)（见图 5-9）。移位寄存器是由位组成的序列，其长度用位表示，如果它是 n 位长，则称其为 n 级移位寄存器。每次移位寄存器中所有位右移一位，新的最左端的位根据寄存器中某些位计算得到，由寄存器某些位计算最左端位的部分被称为反馈函数。移位寄存器输出的一个位常常是最低有效的位。移位寄存器的周期是指输出序列从开始到重复时的长度。

密码设计者喜欢用移位寄存器构造序列密码，因为它容易通过硬件实现。最简单的反馈移位寄存器是线性反馈移位寄存器(LFSR, Linear Feedback Shift Register)，如图 5-10 所示。反馈函数是寄存器中某些位简单异或，这些位叫作抽头，有时也叫 Fibonacci 配置(Fibonacci

Configuration)。因为这是一个简单的反馈序列,因此大量的数学理论都能用于分析 LFSR。密码设计者通过分析序列确保它们是随机并充分安全的。在密码学中,LFSR 是移位寄存器中最普通的类型。

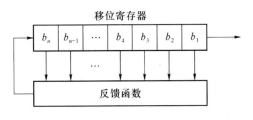

图 5-9 反馈移位寄存器

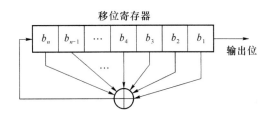

图 5-10 线性反馈移位寄存器

一个 n 位 LFSR 的当前存储内容能够处于 2^n-1 个状态中的任意一个。这意味着,理论上,n 级 LFSR 的输出序列在重复之前能够产生 2^n-1 位长的伪随机序列(是 2^n-1 而不是 2^n,是因为全 0 的状态将使 LFSR 无止境地输出 0 序列)。只有具有特定抽头序列的 LFSR 才能循环地遍历所有 2^n-1 个内部状态,且此时输出序列被称为 m 序列。

为了使 LFSR 生成最大周期序列,其生成多项式(由抽头序列加上常数 1 形成的多项式)必须是本原多项式,多项式的阶为移位寄存器的级数。

通常,产生一个给定阶数的本原多项式并不容易。最简单的方法是选择一个随机的多项式,然后测试它是否本原。这是很困难的,有时像测试一个随机数是否素数一样,但是很多数学软件包可以做这件事。

假设已经知道下式是本原多项式:
$$x^{32}+x^7+x^5+x^3+x^2+x+1$$
则很容易得到最大周期的 LFSR。本原多项式的最高次数就是 LFSR 的长度,除了 $x^0=1$ 以外的其他项的次数指明了抽头序列,这些抽头从移位寄存器的左边开始计数。简而言之,本原多项式中的抽头的阶数越高,越靠近移位寄存器的左边。

继续本例,$x^{32}+x^7+x^5+x^3+x^2+x+1$ 意味着如果使用了 32 级移位寄存器,且通过对第 32、7、5、3、2 和 1 位进行异或产生反馈位(见图 5-11),则得到的输出序列将是最大周期的序列,在重复之前,它将遍历产生 $2^{32}-1$ 个值。

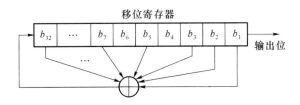

图 5-11 32 位最大长度 LFSR

本原三项式软件实现速度最快,因为每产生一个新的位仅需移位寄存器中的两位异或。但是,如果反馈多项式是稀疏的,即其项数较少,这常常会使算法变弱,有时足以破译算法。稠密的本原多项式是指其项数较多,这能够增强算法的安全性。

一个 LFSR 可以生成足够长的密钥二进制序列以加密明文二进制序列,要解密密文,只需运行具有相同初始状态的 LFSR 即可。当各单元的状态循环回初始值,密钥序列就开始重复了。

5.2.3 LFSR 周期分析

常见的 LFSR 可以用初始的存储的位(寄存器的初始状态)和移入位的反馈函数来表示。对于如图 5-12 所示的 LFSR,其反馈函数为:

$$b_n = c_1 b_1 \oplus c_2 b_2 \oplus \cdots \oplus c_n b_n$$

其中,如果第 i 位是抽头位,那么 $c_i = 1$;否则为 0。

每个 LFSR 有一个关联的特征多项式,它与 LFSR 的反馈函数相关。对如图 5-12 所示的 LFSR,特征多项式为:

$$p(x) = c_n x^n + c_{n-1} x^{n-1} + \cdots + c_1 x + 1$$

与前面一样,如果第 i 位是抽头位,那么 $c_i = 1$;否则为 0。事实证明,如果 LFSR 的特征多项式是本原多项式,那么 LFSR 就有一个最大的序列。那么什么是本原多项式呢?这里先给出多项式的阶的概念。

设 $P_n(x)$ 为 n 次多项式,满足 $\min\{k: P_n(x) | (x^k + 1)\}$ 的 k 称为多项式 $P_n(x)$ 的阶,进一步地,阶为 $2^n - 1$ 的不可约多项式就是本原多项式(不可约多项式的概念与素数的概念类似,是指那些无法表示成 $f(x)g(x)$ 的多项式,即不能再进行"分解"的多项式)。

如图 5-13 所示的是一个有 3 级 LFSR,它的特征多项式为:$P(x) = x^3 + x + 1$。

实际上,$P(x) = x^3 + x + 1$ 就是一个阶为 $7 = 2^3 - 1$ 的本原多项式。因此,图 5-13 的 LFSR 具有如图 5-14 所示的最大周期。

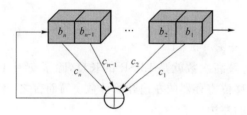

图 5-12 常见的 LFSR

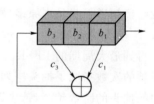

图 5-13 有 3 个元素的 LFSR

而如图 5-15 所示的 LFSR 的级数是 4,其特征多项式为:$P(x) = x^4 + x^3 + x^2 + x + 1$,不是本原多项式,不具有最大周期,其周期如图 5-16 所示。

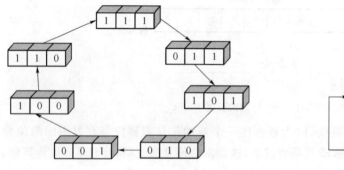

图 5-14 最大周期循环

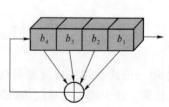

图 5-15 4 个元素的 LFSR

n 位的寄存器中的初始值称为初态,由上面分析可得,初态对输出序列的周期没影响。其周期取决于 LFSR 所使用的反馈函数。

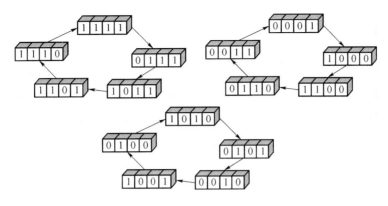

图 5-16　非最大周期循环

5.2.4　伪随机性测试

设计随机序列产生器的另一个问题:如何保证随机？否则攻击者就有可能发现序列的某种规律,从而破译密钥的全部或部分。事实上,利用计算机的确定算法生成的密钥序列都不是完全随机的,因此在实际应用当中期望生成一些类似于随机的密钥序列,称之为伪随机序列。

要从数学的角度来证明某个随机位产生器是否真的产生了随机位序列,目前是不可能的,密码学家开发了几种测试随机性的方法。这些测试可用于确定某个随机产生器是否能安全使用。标准化的随机性测试方法有很多,其中,FIPS 140-1 测试组包含有一些很明显的测试,也有一些不太明显的测试,该测试组可以接收 20 000 个二进制位,第一个测试是单个位测试,校验 1 和 0 的个数是否大致相等。测试过程是计算 1 的个数:如果其个数位于 9 654~10 346,那么这个位序列就通过了单个位测试。

但是,通过了单个位测试是远远不够的。FIPS 140-1 的另一个测试是扑克牌测试,它将这 20 000 个二进制位分成若干段,每段有 4 个二进制位。每段所表示的十进制数是 0~15。对于一个真正随机的位序列,0~15 的个数也应是随机分布的。假设 n_i 是数字 i 的个数,即 n_1 是 0001 段的个数,n_8 是 1000 段的个数。将这些数代入下式:

$$X = \frac{16}{5\,000} \sum_{i=0}^{15} n_i^2 - 5\,000$$

如果 $1.03 < X < 57.4$,则测试通过。

第三种随机性测试法称为游程测试。游程就是指连续的 1 或 0 序列。在真正的随机位序列中,游程的长度应是随机分布的。例如,在 0110111101 中,一个游程的长度为 2(即第 2-3 位的 11),另一个游程的长度为 4(即第 5-8 位的 1111),此外,还有 4 个长度为 1 的游程。要测试 20 000 个二进制位,先计算各种长度的游程的个数。如果每个游程的数量位于以下区间之内,那么该位序列就通过了此测试。

游程长度	数量区间
1	2 267~2 733
2	1 079~1 421
3	502~748
4	223~402
5	90~223
6	90~223

此外，美国国家标准与技术协会(NIST)也给出了一些随机性测试的建议，新的测试法也在不断设计当中。

5.2.5 m序列密码的破译

m 序列(周期达到最大值 2^n-1 的序列)本身是适宜的伪随机序列产生器，但在已知明文攻击下，假设破译者已知了 $2n$ 位明密文对 $M=\{m_1,m_2,\cdots,m_{2n}\}$，$C=\{c_1,c_2,\cdots,c_{2n}\}$，则可确定一段 $2n$ 位长的密钥序列 $K=\{k_1,k_2,\cdots,k_{2n}\}$（因为 $k_i=m_i\oplus c_i$），由此可以完全确定出反馈多项式的系数，从而可确定该线性反馈移位寄存器接下来的状态，也就能够得到余下的密钥序列。具体说明如下：

如果用 $a_i(i=1,2,\cdots,n)$ 表示反馈多项式的系数，而且已知 $2n$ 位输出密钥序列，例如，用 $k_1,k_2,\cdots,k_{2n}$ 表示，则可以得出下面 n 个式子：

$$\begin{cases} k_{n+1}=k_1 a_n+k_2 a_{n-1}+\cdots+k_n a_1 \\ k_{n+2}=k_2 a_n+k_3 a_{n-1}+\cdots+k_{n+1} a_1 \\ \vdots \\ k_{2n}=k_n a_n+k_{n+1} a_{n-1}+\cdots+k_{2n-1} a_1 \end{cases}$$

上式中的加为模 2 加，下同。现将上述 n 个式子写作矩阵的形式，可得

$$\begin{pmatrix} k_{n+1} \\ k_{n+2} \\ \vdots \\ k_{2n} \end{pmatrix} = \begin{pmatrix} k_1 & k_2 & \cdots & k_n \\ k_2 & k_3 & \cdots & k_{n+1} \\ \vdots & \vdots & & \vdots \\ k_n & k_{n+1} & \cdots & k_{2n-1} \end{pmatrix} \begin{pmatrix} a_n \\ a_{n-1} \\ \vdots \\ a_1 \end{pmatrix} = \boldsymbol{K} \begin{pmatrix} a_n \\ a_{n-1} \\ \vdots \\ a_1 \end{pmatrix}$$

上面 n 个式子相当于 n 个线性方程，并且只有 n 个未知数：$a_1,a_2,\cdots,a_n$，可以证明如果矩阵 $\boldsymbol{K}$ 是可逆的，那么可唯一解出 $a_i(i=1,\cdots,n)$：

$$\begin{pmatrix} a_n \\ a_{n-1} \\ \vdots \\ a_1 \end{pmatrix} = \boldsymbol{K}^{-1} \begin{pmatrix} k_{n+1} \\ k_{n+2} \\ \vdots \\ k_{2n} \end{pmatrix} = \begin{pmatrix} k_1 & k_2 & \cdots & k_n \\ k_2 & k_3 & \cdots & k_{n+1} \\ \vdots & \vdots & & \vdots \\ k_n & k_{n+1} & \cdots & k_{2n-1} \end{pmatrix}^{-1} \begin{pmatrix} k_{n+1} \\ k_{n+2} \\ \vdots \\ k_{2n} \end{pmatrix}$$

例 5.1 设明文串 011001111111001 和对应的密文串为 101101011110011，由此可得相应的密钥序列为 110100100001010。若还知道密钥序列是使用 5 级线性反馈移位寄存器产生的，则可以利用得到的密钥序列的前 10 个比特建立如下方程：

$$\begin{pmatrix} k_6 \\ k_7 \\ k_8 \\ k_9 \\ k_{10} \end{pmatrix} = \begin{pmatrix} k_1 & k_2 & k_3 & k_4 & k_5 \\ k_2 & k_3 & k_4 & k_5 & k_6 \\ k_3 & k_4 & k_5 & k_6 & k_7 \\ k_4 & k_5 & k_6 & k_7 & k_8 \\ k_5 & k_6 & k_7 & k_8 & k_9 \end{pmatrix} \begin{pmatrix} a_5 \\ a_4 \\ a_3 \\ a_2 \\ a_1 \end{pmatrix} \Leftrightarrow \begin{pmatrix} 0 \\ 1 \\ 0 \\ 0 \\ 0 \end{pmatrix} = \begin{pmatrix} 1 & 1 & 0 & 1 & 0 \\ 1 & 0 & 1 & 0 & 0 \\ 0 & 1 & 0 & 0 & 1 \\ 1 & 0 & 0 & 1 & 0 \\ 0 & 0 & 1 & 0 & 0 \end{pmatrix} \begin{pmatrix} a_5 \\ a_4 \\ a_3 \\ a_2 \\ a_1 \end{pmatrix}$$

$$\Rightarrow \begin{pmatrix} a_5 \\ a_4 \\ a_3 \\ a_2 \\ a_1 \end{pmatrix} = \begin{pmatrix} 1 & 1 & 0 & 1 & 0 \\ 1 & 0 & 1 & 0 & 0 \\ 0 & 1 & 0 & 0 & 1 \\ 1 & 0 & 0 & 1 & 0 \\ 0 & 0 & 1 & 0 & 0 \end{pmatrix}^{-1} \begin{pmatrix} 0 \\ 1 \\ 0 \\ 0 \\ 0 \end{pmatrix} = \begin{pmatrix} 0 & 1 & 0 & 0 & 1 \\ 1 & 1 & 0 & 1 & 0 \\ 0 & 0 & 0 & 0 & 1 \\ 0 & 1 & 0 & 1 & 1 \\ 1 & 0 & 1 & 1 & 0 \end{pmatrix} \begin{pmatrix} 0 \\ 1 \\ 0 \\ 0 \\ 0 \end{pmatrix} = \begin{pmatrix} 1 \\ 0 \\ 0 \\ 0 \\ 0 \end{pmatrix} \Leftrightarrow \begin{pmatrix} a_5 \\ a_4 \\ a_3 \\ a_2 \\ a_1 \end{pmatrix} = \begin{pmatrix} 1 \\ 0 \\ 0 \\ 1 \\ 0 \end{pmatrix}$$

由此可得，密钥序列的递推关系为

$$k_{i+5}=a_5k_i+a_2k_{i+3}=k_i+k_{i+3}$$

下面验证递推关系公式的正确性：

$$\begin{cases} k_{11}=k_{6+5}=k_6+k_9=0+0=0 \\ k_{12}=k_{7+5}=k_7+k_{10}=1+0=1 \\ k_{13}=k_{8+5}=k_8+k_{11}=0+0=0 \\ k_{14}=k_{9+5}=k_9+k_{12}=0+1=1 \\ k_{15}=k_{10+5}=k_{10}+k_{13}=0+0=0 \end{cases}$$

由此可见，采用线性移位寄存器产生的序列密码在已知明文攻击下是可以破译的，所以，尽管 m 序列的随机性能良好且在所有同阶的线性移位寄存器生成序列中其周期最长，但从序列密码安全角度来看，m 序列不适合直接作为密钥序列来使用，也就是说，密钥序列产生器单有线性移位寄存器是不够的，还需要非线性组合部分。

5.2.6 带进位的反馈移位寄存器

带进位的反馈移位寄存器，也称作 FCSR(Feedback with Carry Shift Register)，同 LFSR 类似，都有一个移位寄存器和一个反馈函数，不同之处在于 FCSR 有一个进位寄存器（见图 5-17）。它不是把抽头序列中所有的位异或，而是把所有的位相加，并与进位寄存器的值相加，将结果模 2 可得到 b_n 的新值，将结果除 2 就得到进位寄存器新的值。

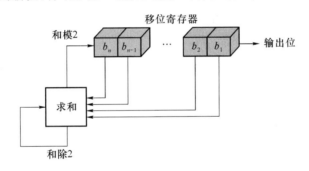

图 5-17 带进位的反馈移位寄存器

图 5-18 是一个在第 1 和第 2 位抽头的 3 级 FCSR 的例子。它的初始值是 001，进位寄存器初始值是 0。

```
移位寄存器        进位寄存器
0 0 1             0
1 0 0             0
0 1 0             0
1 0 1             0
1 1 0             0
1 1 1             0
0 1 1             1
1 0 1             1
0 1 0             1
0 0 1             1
0 0 0             1
1 0 0             0
```

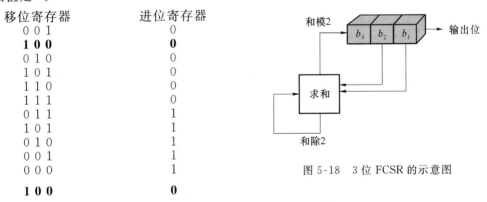

图 5-18 3 位 FCSR 的示意图

注意到最后的内部状态（包括进位寄存器的值）同第 2 个内部状态是一样的。在这点输出序列将循环，所以它的周期为 10。

这里有以下几点要注意：

第一，进位寄存器不只是一位。进位寄存器最小必须为 $\log_2 t$，其中 t 是抽头的数目。在前面的例子中只有 2 个抽头，因此进位寄存器只有 1 位。如果有 4 个抽头，进位寄存器就有 2 位，其值可以是 0、1、2 或 3。

第二，在 FCSR 稳定到它的重复周期之前，有一个初始瞬态值。在前面的例子中，只有一个状态永远不会重复，即 001。对于更大更复杂的 FCSR，就可能有更多的状态。

第三，FCSR 的最大周期不是 2^n-1，其中 n 是移位寄存器的长度。最大周期是 $q-1$，其中 q 是联结整数（Connection Integer），这个数给出了抽头数，且定义为：

$$q = 2q_1 + 2^2 q_2 + 2^3 q_3 + \cdots + 2^n q_n - 1$$

其中，q_i 是按照从左向右进行编号的，q_i 等于 0 或 1。如果 q_i 为 1，则表明该位是 1 个抽头，而且为了保证 FCSR 具有最大周期，q 还必须是一个以 2 为本原根的素数。

在这个例子中，$q=2\times 0+4\times 1+8\times 1-1=11$，并且 11 是一个以 2 为本原根的素数。因此，最大周期是 10。

并不是所有的初值都给出最大周期。例如，当初始值为 101 并且进位寄存器置为 4 时，FCSR 状态如下：

移位寄存器	进位寄存器
1 0 1	4
1 1 0	2
1 1 1	1
1 1 1	1

不难看出，寄存器不停地产生一个全 1 的序列。

任何初始值将产生以下 4 种中的一个：

(1) 它是最长周期的一部分；
(2) 它在初始值后达到最大周期；
(3) 它在初始值后变为一个全 0 序列；
(4) 它在初始值后变为一个全 1 序列。

可以用数学公式来确定在给出初始值后上面的哪种情况将发生，但更容易的是直接对它进行测试。运行 FCSR 一会儿（如果 m 是初始存储空间大小，t 是抽头数，则需运行 $\log_2(t)+\log_2(m)+1$ 步)，如果它在 n 位内退化成一个全 0 或全 1 序列，其中 n 指 FCSR 的长度，那么不用它；如果没有，则可用它。因为 FCSR 的初始值对应着序列密码的种子密钥，这就意味着基于 FCSR 的发生器有一组弱密钥。

同 LFSR 类似，可以基于 FCSR 构成密钥序列产生器，还可以同时使用 FCSR 和 LFSR 来构成密钥序列产生器。把 FCSR 用在密码学中的观点还非常新，有关 FCSR、LFSR 及其组合函数的进一步的讨论可以参考有关文献。

5.3 非线性序列

前面已提到密钥序列生成器可分解为驱动子系统和非线性组合子系统，如图 5-5 所示，驱动子系统常用一个或多个线性反馈移位寄存器来实现，非线性组合子系统用非线性组合函数 F 来实现。本节简要介绍非线性组合子系统。

LFSR 虽然不能直接用于产生密钥序列，但可用来实现密钥序列的长周期、平衡性等特点,作为驱动源,其输出推动一个非线性组合函数所决定的电路来产生非线性序列,非线性组合函数用来实现密钥序列的各种密码性质,以抗击各种可能的攻击。设计使用 LFSR 的密码序列发生器的方法很简单。首先,用两个或多个 LFSR,通常要求它们具有不同长度和不同反馈函数,如果其长度互素,并且特征多项式是本原,那么整个发生器具有最大周期,密钥是 LFSR 的初始状态,每一次取一位,然后将 LFSR 移位一次(有时称为一个时钟)。输出位是 LFSR 中一些位的函数,最好是非线性函数,这个函数称为组合函数,并且整个发生器称为组合发生器。

下面介绍基于 LFSR 的密钥序列发生器的一些简单的描述,有些有实用价值,有些可能只有理论意义,介绍的目的是开阔读者的思路。

5.3.1 Geffe 发生器

这个密钥序列发生器使用了 3 个 LFSR,它们以非线性方式组合而成(见图 5-19),2 个 LFSR 作为复合器的输入,第 3 个 LFSR 控制复合器的输出,如果 a_1、a_2 和 a_3 是 3 个 LFSR 的输出,则 Geffe 发生器的输出表示为:

$$b=(a_1 \wedge a_2)\oplus(\neg a_1 \wedge a_3)=(a_1 \wedge a_2)\oplus(a_1 \wedge a_3)\oplus a_3$$

如果 3 个 LFSR 的长度分别为 n_1、n_2 和 n_3,则这个发生器的线性复杂度为 $(n_2+n_3)n_1+n_3$。

这个发生器的周期是 3 个 LFSR 的周期的最小公倍数。假设 3 个本原多项式的阶数 $n_i(i=1,2,3)$ 互素,那么这个发生器的周期是 3 个 LFSR 的周期之积,即此时发生器的周期为 $(2^{n_1}-1)(2^{n_2}-1)(2^{n_3}-1)$。

Geffe 序列的周期实现了极大化,且 0 与 1 之间的分布大体是平衡的。虽然这个发生器从理论上看起来很好,但实质上很弱,并不能抵抗相关攻击。发生器的

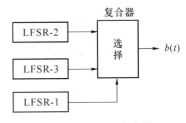

图 5-19 Geffe 发生器

输出与 LFSR-2 的输出有 75% 是相同的,因此,如果已知反馈抽头,便能猜出 LFSR-2 的初值和寄存器所产生的输出序列。然后能计算出 LFSR-2 的输出中与这个发生器的输出相同的次数。如果猜错了,两个序列相同的概率为 50%;如果猜对了,两个序列相同的概率为 75%。

类似地,发生器的输出与 LFSR-3 的输出相同的概率也为 75%。有了这种相关性,密钥序列发生器很容易被破译。例如,如果 3 个本原多项式都是三项式,其中最大长度为 n,那么仅需要 $37n$ 位的一段输出序列就可重构这 3 个 LFSR 的内部状态。

5.3.2 J-K 触发器

J-K 触发器如图 5-20 所示,它的两个输入端分别用 J 和 K 表示,其输出 c_k 不仅依赖于输入,还依赖于前一个输出位 c_{k-1},即 $c_k=(x_1+x_2)^{-1}c_{k-1}+x_1$,其中 $(x_1+x_2)^{-1}$ 表示 x_1+x_2 的取反操作,x_1 和 x_2 分别表示 J 和 K 端的输入,c_{k-1} 的输入来自 R 端。其真值表如表 5-2 所示。

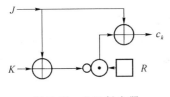

图 5-20 J-K 触发器

表 5-2 J-K 触发器的真值表

J	K	c_k
0	0	c_{k-1}
0	1	0
1	0	1
1	1	$(c_{k-1})^{-1}$

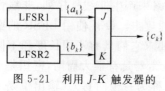

图 5-21 利用 J-K 触发器的
非线性序列生成器

利用 J-K 触发器的非线性序列生成器如图 5-21 所示,不妨设图中驱动序列 $\{a_k\}$ 和 $\{b_k\}$ 分别为 m 级和 n 级序列,则有

$$c_k=(a_k+b_k)^{-1}c_{k-1}+a_k=(a_k+b_k+1)c_{k-1}+a_k$$

J-K 触发器有好的统计特性,但它不能抵抗 Ross Anderson 的中间相遇一致性攻击和线性一致性攻击。

5.3.3 Pless 生成器

为了克服 J-K 触发器的缺点,Pless 提出了由多个 J-K 触发器序列驱动的多路复合序列方案,即 Pless 生成器。它由 8 个 LFSR、4 个 J-K 触发器和 1 个循环计数器构成,由循环计数器进行选通控制,如图 5-22 所示。若在时刻 t 输出 $t\ (\mathrm{mod}\ 4)$ 单元,则输出序列为 $a_0b_1c_2d_3a_4b_5c_6\cdots$。

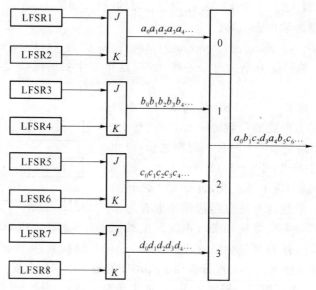

图 5-22 Pless 生成器

5.3.4 钟控序列生成器

钟控序列最基本的模型是用一个 LFSR 控制另外一个 LFSR 的移位时钟脉冲,其最简单的模型如图 5-23 所示。

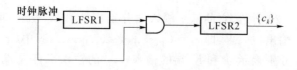

图 5-23 最简单的钟控序列生成器

假设 LFSR1 和 LFSR2 分别输出序列 $\{a_k\}$ 和 $\{b_k\}$,其周期分别为 p_1 和 p_2。当 LFSR1 输出 1 时,移位时钟脉冲通过与门使 LFSR2 进行一次移位,从而生成下一位;当 LFSR1 输出 0 时,移位时钟脉冲无法通过与门影响 LFSR2,因此 LFSR2 重复输出前一位。假设钟控序列 $\{c_k\}$ 的周期为 p,则可得如下的关系:

$$p = \frac{p_1 p_2}{\gcd(w_1, p_2)}, \quad w_1 = \sum_{i=0}^{p_1-1} a_i$$

若$\{a_k\}$和$\{b_k\}$的极小特征多项式分别为$GF(2)$上的m和n次本原多项式$f_1(x)$和$f_2(x)$,且$m|n$,则$p_1=2^m-1$,$p_2=2^n-1$。又知$w_1=2^{m-1}\cdot(2^m-1)$,因此$\gcd(w_1,p_2)=1$,所以$p=p_1 p_2=(2^m-1)(2^n-1)$。

此外,亦可推导出$\{c_k\}$的线性复杂度为$n(2^m-1)$,极小特征多项式为$f_2(x^{2^m-1})$。

5.3.5 门限发生器

这个发生器试图通过使用可变数量的LFSR来避免前面发生器的安全性问题,理论根据是,如果使用了很多LFSR,将更难破译这种密码。

这样的发生器如图5-24所示,考虑一个大数目的LFSR的输出(使LFSR的数目是奇数),确信所有的LFSR的级数互素,且所有的LFSR的特征多项式都是本原的,这样可达到最大周期。如果过半的LFSR的输出是1,那么发生器输出是1;如果过半的LFSR的输出是0,那么发生器的输出是0。

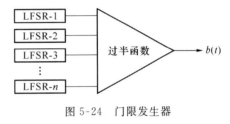

图5-24 门限发生器

3个LFSR的发生器的输出可表示为:$b=(a_1 \wedge a_2)\oplus(a_1 \wedge a_3)\oplus(a_2 \wedge a_3)$。

这个发生器并不好,发生器的每一输出位泄漏LFSR状态的一些信息(刚好是0.189位),并且它不能有效抗相关攻击,所以不建议直接使用这种发生器。

5.4 典型序列密码算法

序列密码算法的关键是能够高效产生不可预测的密钥序列。序列密码的算法很多,其设计思想差异较大且各有特点,下面介绍几个典型的序列密码算法,以使读者能对序列密码有更深入的了解。

5.4.1 RC4算法

RC4是由麻省理工学院的Rivest开发的,他也是RSA的开发者之一。RC4的突出优点是在软件中很容易实现。RC4可能是世界上使用最广泛的序列密码,它已应用于Microsoft Windows、Lotus Notes和其他软件应用程序中,应用于安全套接字层(SSL, Secure Sockets Layer)以保护因特网的信息流,还应用于无线系统以保护无线链路的安全等。

RC4是一个典型的基于非线性数组变换的序列密码。它以一个足够大的数组为基础,对其进行非线性变换,产生密钥序列,一般把这个大数组称为S盒。RC4的S盒大小随参数n的值变化而变化,理论上来说,S盒长度为$N=2^n$个元素,每个元素n比特。通常$n=8$,这也是本书示例所选取值,此时,生成共有$256(=2^8)$个元素的数组S。RC4包含两个处理过程:一个是密钥调度算法(KSA, Key-Scheduling Algorithm),用来置乱S盒的初始排列;另一个是伪随机生成算法(PRGA, Pseudo Random-Generation Algorithm),用来输出随机序列并修改S的当前排列顺序。

KSA首先初始化S,即$S[i]=i(i=0\sim 255)$,同时建立一个临时数组向量$T(|T|=$

256),如果种子密钥 K 的长度为 256 字节($|K|=256$),则直接将 K 赋给 T,否则,若种子密钥 K 的长度(记为$|K|$)小于$|T|$,则将 K 的值赋给 T 的前$|K|$个元素,并不断重复加载 K 的值,直到 T 被填满。这些操作可概括如下:

```
for i := 0 to 255 do
    begin
        S[i] := i;
        T[i] := K[i mod |K|];
    end
```

然后用 T 产生 S 的初始置换,从 $S[0]$ 到 $S[255]$,对每个 $S[i]$,根据 $T[i]$ 的值将 $S[i]$ 与 S 中的另一个字节对换。概括如下:

```
j := 0;
for i := 0 to 255 do
    begin
        j := (j + S[i] + T[i]) (mod 256);
        swap(S[i], S[j]);      // 交换 S(i)和 S(j)的内容;
    end
```

因为对 S 的操作仅是交换,所以唯一的改变就是位置,S 仍然遍历 $0\sim 255$ 的所有元素。

最后,利用 PRGA 生成密钥流。从 S 中随机选取一个元素输出,并置换 S 以便下一次选取,选取过程取决于索引 i 和 j,下面描述选取密钥序列的过程:

```
i,j := 0
while (true)
begin
  i := i + 1 (mod 256);
  j := j + S[i] (mod 256);
  swap(S[i], S[j]);
  t := S[i] + S[j] (mod 256);
  k := S[t];
end
```

加密时,将 k 的值与明文字节异或;解密时,将 k 的值与密文字节异或。

图 5-25 总结了 RC4 的逻辑结构。

下面以元素长为 3 比特(即 $n=3$)的 RC4 为例来演示它的工作过程。显然,3 位 RC4 的所有操作是对 $2^3=8$ 取模。数组 S 只有 $2^3=8$ 个元素,初始化为:

S	0	1	2	3	4	5	6	7
	0	1	2	3	4	5	6	7

接着选取一个密钥,该密钥是由 $0\sim 7$ 的数以任意顺序组成的。例如,选取 5、6、7 作为密钥。该密钥如下填入临时数组 T 中:

K	5	6	7	5	6	7	5	6
	0	1	2	3	4	5	6	7

然后执行 S 数组的初始置换,以 $j=0$ 和 $i=0$ 开始。使用更新公式后,j 为:

$$j=[0+S(0)+T(0)](\bmod 8)$$

$$= (0+0+5) \bmod 8$$
$$= 5$$

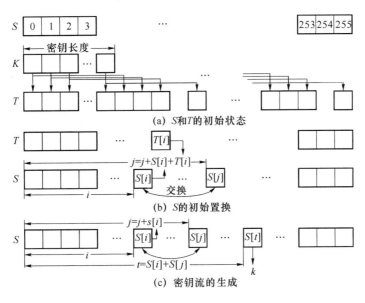

(a) S和T的初始状态

(b) S的初始置换

(c) 密钥流的生成

图 5-25 RC4 算法的示意图

因此，S 数组的第一个操作是将 S(0) 与 S(5) 互换：

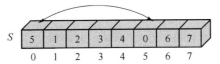

索引 i 加 1 后，j 的下一个值为：

$$j = [5 + S(1) + T(1)] \pmod 8$$
$$= (5 + 1 + 6) \bmod 8$$
$$= 4$$

即将 S 数组的 S(1) 与 S(4) 互换：

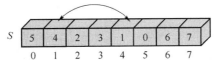

当该循环执行完后，数组 S 就被随机化：

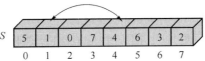

下面数组 S 就可以用来生成随机数序列了。从 $j=0$ 和 $i=0$ 开始，RC4 计算第一个随机数的过程如下：

$$i = (i+1) \bmod 8 = (0+1) \bmod 8 = 1$$
$$j = [j + S(i)] \bmod 8 = [0 + S(1)] \bmod 8 = [0 + 4] \bmod 8 = 4$$
$$\mathrm{swap}(S(1), S(4))$$

然后计算 t 和 k：

$$t=[S(j)+S(i)] \bmod 8 = [S(4)+S(1)] \bmod 8 = (1+4) \bmod 8 = 5$$
$$k=S(t)=S(5)=6$$

第一个随机数为 6，其二进制表示为 110。反复进行该过程，直到生成的密钥序列长度等于明文的长度。

RC 算法的小结：

(1) 加密时，将 k 的值与明文字节异或；解密时，将 k 的值与密文字节异或。

(2) 为了保证安全强度，目前的 RC4 至少使用 128 位密钥，以防止穷举搜索攻击。

(3) RC4 算法可看成一个有限状态自动机，把 S 表和 i、j 索引的具体取值称为 RC4 的一个状态：$T=(S_0,S_1,\cdots,S_{255},i,j)$。对状态 T 进行非线性变化，产生出新的状态，并输出密钥序列中的一个字节 k，大约有 $2^{1700}(256! \times 256^2)$ 种可能状态。

(4) 用大的数据表 S 和字长来实现这个思想是可能，如可定义 16 位 RC4。

5.4.2　A5 算法

A5 算法是 GSM 系统中使用的加密算法之一，主要用于加密手机终端与基站之间传输的语音和数据。该算法由一个 22 比特长的参数（帧号码，Fn）和 64 比特长的参数（会话密钥，Kc），生成两个 114 比特长的序列（密钥流）。这样设计的原因是 GSM 会话每帧含 228 比特，通过与 A5 算法产生的 228 比特密钥流进行异或实现保密。A5 算法有 3 种版本：A5/1 算法限制出口，保密性较强；A5/2 算法没有出口限制，但保密性较弱；A5/3 算法则是更新的版本，它基于 KASUMI 算法，但尚未被 GSM 标准采用。

A5 算法是一种典型的基于线性反馈移位寄存器的序列密码算法，构成 A5 加密器主体的 LFSR 有 3 个，组成了一个集互控和停走于一体的钟控模型。线性移位寄存器（A、B、C）的长度各不相同：A 有 19 位，B 有 22 位，C 有 23 位，它们的移位方式都是由低位移向高位。每次移位后，最低位就要补充一位，补充的值由寄存器中的某些抽头位进行异或运算的结果决定，如运算的结果为"1"，则补充"1"，否则补充"0"。在 3 个 LFSR 中，A 的抽头位置为 18、17、16、13；B 的抽头位置为 21、20、16、12；C 的抽头位置为 22、21、18、17。3 个 LFSR 输出的异或值作为 A5 算法的输出。A5 算法的主体部分如图 5-26 所示。

这 3 个 LFSR 的移位是由时钟控制的，且遵循"服从多数"的原则。即从每个寄存器中取出一个中间位（图 5-26 中的 x、y、z，位置，分别为 A、B、C 的第 9、11、11 位）进行运算判断，若在取出的 3 个中间位中至少有 2 个为"1"，则为"1"的寄存器进行一次移位，而为"0"的不移。反过来，若 3 个中间位中至少有 2 个为"0"，则为"0"的寄存器进行一次移位，而为"1"的不移。显然，这种机制保证了每次至少有 2 个 LFSR 被驱动移位。

一个 GSM 消息被转换成一系列的帧，每帧具有 228 位。A5 算法在会话密钥 Kc 和帧数 Fn 的作用下输出相应的密钥序列，与 GSM 消息逐比特的异或，完成对消息的加密，如图 5-27 所示。

A5 算法的初始密钥长度为 64 比特。为了对该算法进行攻击，已知明文攻击法只需要确定其中两个寄存器的初始值就可以计算出另一个寄存器的初始值，这说明攻击 A5 一般要用 2^{40} 次尝试来确定两个寄存器的结构，而后从密钥流来决定第 3 个 LFSR。A5 的设计思想优秀，效率高，可以通过所有已知统计检验标准。其唯一缺点是移位寄存器级数短，其最短循环长度为 $4/3 \times 2^k$（k 是最长的 LFSR 的级数）总级数为 $19+22+23=64$，这样就可以用穷尽搜索法破译，如果 A5 算法能够采用更长的、抽头更多的线性反馈移位寄存器，则会更为安全。

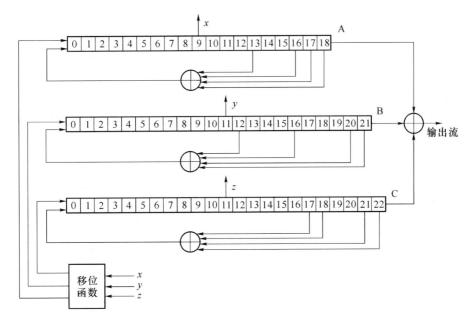

图 5-26　A5 算法的示意图

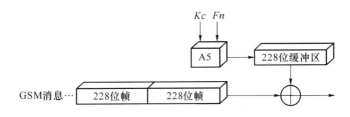

图 5-27　GSM 中使用 A5 序列加密法

5.4.3　HC 算法

ECRYPT(European Network of Excellence for Cryptology)是欧洲 FP6 下的 IST 基金支持的一个为期 4 年的项目,是 NESSIE 结束后欧洲启动的一个更大的信息安全研究项目。因为 NESSIE 在流密码方面没有筛选到满意的算法,ECRYPT 特别启动了 STREAM 流密码计划的研究项目,目的是推荐"可以成为适合广泛采用的新流密码"。该计划征集了多达 34 个流密码体制,经过 3 个阶段评测,截至 2008 年 9 月,评委会从中选出 7 个流密码体制,其中适合软件实现的算法 4 个,适合硬件实现的算法 3 个。

HC 流密码族是由 Hongjun Wu 提出的适合软件实现的同步流密码算法,它进入第三阶段评测的有两个版本 HC-128 和 HC-256(数字表示密钥长度)。eSTREAM 文件夹收录的是 HC-128,下面简单介绍该算法。

符号定义:

$+$:$x+y$ 表示 $x+y \bmod 2^{32}$。

$-$:$x-y$ 表示 $x-y \bmod 512$。

$\oplus$:逐位异或 OR。

$\|$:串联。

$\gg$:右移操作,$x \gg n$ 表示 x 右移 n 位。

$\ll$:左移操作,$x \gg n$ 表示 x 左移 n 位。

$>>>$:右循环移位操作,$x>>>n$ 等于 $(x>>n)\oplus(x<<(32-n))$,其中 $0\leqslant n<32, 0\leqslant x<2^{32}$。

$<<<$:左循环移位操作,$x<<<n$ 等于 $(x<<n)\oplus(x>>(32-n))$,其中 $0\leqslant n<32, 0\leqslant x<2^{32}$。

该算法输入为 128 比特密钥和 128 比特初始向量,作者建议每对密钥/初始向量可以生成 2^{64} 密钥流比特。初始化和密钥流生成阶段使用两张密表 P 和 Q,每一张都包含 512 个 32 比特元素。

(1) 初始化

将 128 比特密钥 K 和 128 比特初始变量 IV 扩展并装载到密表 P 和 Q 中,然后混淆表中元素 $P[i]$ 和 $Q[i]$($0\leqslant i<512$),经过 1 024 步两张表所有的元素都将被更新。

A) 令 $K=K_0\|K_1\|K_2\|K_3$,$IV=IV_0\|IV_1\|IV_2\|IV_3$,其中 K_i 和 IV_i 都是 32 比特的字。然后令 $K_{i+4}=K_i(0\leqslant i\leqslant 3)$,$IV_{i+4}=IV_i(0\leqslant i\leqslant 3)$,将 K 和 IV 扩展为矩阵 $[W]$,W_i 为其第 i 个字($0\leqslant i\leqslant 1\ 279$):

$$W_i=\begin{cases}K_i & 0\leqslant i\leqslant 7\\ IV_{i-8} & 8\leqslant i\leqslant 15\\ f_2(W_{i-2})+W_{i-7}+f_1(W_{i-15})+W_{i-16}+i & 16\leqslant i\leqslant 1\ 279\end{cases}$$

式中函数 f_1、f_2 定义如下:

$$f_1(x)=(x>>>7)\oplus(x>>>18)\oplus(x>>3)$$
$$f_2(x)=(x>>>17)\oplus(x>>>19)\oplus(x>>10)$$

B) 用矩阵 $[W]$ 更新密表 P 和 Q:

$$P[i]=W_{i+256},\quad 0\leqslant i\leqslant 511$$
$$Q[i]=W_{i+768},\quad 0\leqslant i\leqslant 511$$

C) 运行 1024 步下列操作,每步的输出更新密表中的一个元素:

for $j=0,\cdots,511$ do
$\quad P[j]=P[j]+g_1(P[(j-3)],[P(j-10)],P[(j-511)]\oplus h_1(P[(j-12)])$
for $j=0,\cdots,511$ do
$\quad Q[j]=Q[j]+g_2(Q[j-3],Q[j-10],Q[j-511])\oplus h_2(Q[j-12])$

(2) 密钥流生成过程

每一步(i 表示步数)执行后,密钥表的一个元素更新并输出 32 比特密钥流 s_i。P 表更新和输出 512 次后,换 Q 表更新和输出,以此类推,直到输出足够长的密钥流 $s=s_0\|s_1\|s_2\|\cdots s_i\|s_{i+1}\|\cdots$。

$i=0$;

repeat until enough keystream bits are generated.
{
$\quad j=i \bmod 512$;
$\quad if(i \bmod 1024)<512$
$\quad${
$\quad\quad P[j]=P[j]+g_1(P[j-3],P[j-10],P[j-511])$;
$\quad\quad s_i=h_1(P[j-12])\oplus P[j]$;
$\quad$}
$\quad$else

$$\{$$
$$\quad Q[j] = Q[j] + g_2(Q[j-3], Q[j-10], Q[j-511]);$$
$$\quad s_i = h_2(Q[j-12]) \oplus Q[j];$$
$$\}$$
$$\text{end-if}$$
$$i = i+1;$$
$$\}$$
end-repeat

式中函数 g_1、g_2、h_1、h_2 定义如下。
$$g_1(x,y,z) = ((x>>>10) \oplus (z>>>23)) + (y>>>8)$$
$$g_2(x,y,z) = ((x<<<10) \oplus (z<<<23)) + (y<<<8)$$
$$h_1(x) = Q[x_0] + Q[256+x_2]$$
$$h_2(x) = P[x_0] + P[256+x_2]$$

其中 $x = x_3 \| x_2 \| x_1 \| x_0$，$x$ 为 32 比特，x_0、x_1、x_2、x_3 分别为 4 字节，x_3 和 x_0 分别标记 x 中最高字节和最低字节。

5.4.4 Rabbit

Rabbit 是 Boesgaard，Vesterager，Christensen 和 Zenner 设计的同步流密码算法，算法设计有利于软硬件实现，eSTREAM 将其作为软件算法收录，下面我们简单介绍该算法。

符号定义：

$+$：$x+y$ 表示 $x+y \mod 2^{32}$。

$\oplus$：逐位异或 OR。

$\|$：串联，级联。

$>>$：右移操作，$x>>n$ 表示 x 右移 n 位。

$<<$：左移操作，$x>>n$ 表示 x 左移 n 位。

$>>>$：右循环移位操作，$x>>>n$ 等于 $(x>>n) \oplus (x<<(32-n))$，其中 $0 \leqslant n < 32$，$0 \leqslant x < 2^{32}$。

$<<<$：左循环移位操作，$x<<<n$ 等于 $(x<<n) \oplus (x>>(32-n))$，其中 $0 \leqslant n < 32$，$0 \leqslant x < 2^{32}$。

该算法输入为 128 比特密钥 K 和 64 比特初始向量 IV，经过初始化扩充为 513 比特的内部状态，其中包括 8 个 32 比特的状态变量 $x_{j,i}$，8 个 32 比特的计数变量 $c_{j,i}$ 和 1 比特进位变量 $\phi_{7,i}$，这里 j 为子系统标号 ($j=0,1,\cdots,7$)，i 为迭代次数。

(1) 初始化

A) 密钥初始化

首先将 128 比特的密钥 $K^{[127\cdots0]}$ 分成 8 个子密钥：
$$k_0 = K^{[15\cdots0]}, k_1 = K^{[31\cdots16]}, \cdots, k_7 = K^{[127\cdots112]}。$$

然后按如下方法初始化状态变量和计数变量：
$$x_{j,0} = \begin{cases} k_{(j+1 \mod 8)} \| k_j, & j=\{0,2,4,6\}, \\ k_{(j+5 \mod 8)} \| k_{(j+4 \mod 8)}, & j=\{1,3,5,7\}. \end{cases}$$
$$c_{j,0} = \begin{cases} k_{(j+4 \mod 8)} \| k_{(j+5 \mod 8)}, & j=\{0,2,4,6\}, \\ k_j \| k_{(j+1 \mod 8)}, & j=\{1,3,5,7\} \end{cases}$$

最后按照状态变量更新函数迭代 4 次生成 $\{x_{j,4}\}$，然后根据如下公式再次初始化计数变量：

$$c_{j,4} = c_{j,4} \oplus x_{(j+4 \bmod 8),4} \quad j=0,1,\cdots,7$$

B) 初始向量初始化

首先 64 比特的初始向量 $IV^{[63\cdots0]}$ 按如下公式更新计数变量：

$$c_{0,4} = c_{0,4} \oplus IV^{[31\cdots0]} \qquad c_{1,4} = c_{1,4} \oplus (IV^{[63\cdots48]} \| IV^{[31\cdots16]})$$
$$c_{2,4} = c_{2,4} \oplus IV^{[63\cdots32]} \qquad c_{3,4} = c_{3,4} \oplus (IV^{[47\cdots32]} \| IV^{[15\cdots0]})$$
$$c_{4,4} = c_{4,4} \oplus IV^{[31\cdots0]} \qquad c_{5,4} = c_{5,4} \oplus (IV^{[63\cdots48]} \| IV^{[31\cdots16]})$$
$$c_{6,4} = c_{6,4} \oplus IV^{[63\cdots32]} \qquad c_{7,4} = c_{7,4} \oplus (IV^{[47\cdots32]} \| IV^{[15\cdots0]})$$

其次按照状态变量更新函数再迭代 4 次，使得所有状态比特都非线性地与 IV 所有比特相关。

状态变量更新函数定义为

$$x_{j,i+1} = \begin{cases} g_{j,i} + (g_{j-1 \bmod 8,i} <<< 16) + (g_{j-2 \bmod 8,i} <<< 16), & j=\{0,2,4,6\} \\ g_{j,i} + (g_{j-1 \bmod 8,i} <<< 8) + g_{j-2 \bmod 8,i}, & j=\{1,3,5,7\} \end{cases}$$

这里所有的加法都是模 2^{32}，其中 g 函数定义如下：

$$g_{j,i} = (x_{j,i} + c_{j,i+1})^2 \oplus ((x_{j,i} + c_{j,i+1})^2 >> 32) \bmod 2^{32}$$

计数变量更新函数定义如下：

$$c_{j,i+1} = \begin{cases} c_{0,i} + a_0 + \varphi_{7,i} \bmod 2^{32}, & j=0 \\ c_{j,i} + a_j + \varphi_{j-1,i+1} \bmod 2^{32}, & j>0 \end{cases}$$

式中 $\phi_{j,i+1}$ 表示进位变量，初始值为 0，被存储在两轮迭代之间，由以下公式给出：

$$\phi_{j,i+1} = \begin{cases} 1, & c_{0,i} + a_0 + \phi_{7,i} \geqslant 2^{32} \wedge j=0 \\ 1, & c_{j,i} + a_j + \phi_{j-1,i+1} \geqslant 2^{32} \wedge j>0 \\ 0, & 其他 \end{cases}$$

此外，a_j 为常数，取值为：

$$a_0 = a_3 = a_6 = 0_X 4D34D34D;$$
$$a_1 = a_4 = a_7 = 0_X D34D34D3;$$
$$a_2 = a_5 = 0_X 34D34D34.$$

(2) 密钥流生成

状态变量每次迭代更新后，输出一个 128 比特的密钥流子块 $s_i^{[127\cdots0]}$，其提取方式如下：

$$s_i^{[15\cdots0]} = x_{0,i}^{[15\cdots0]} \oplus x_{5,i}^{[31\cdots16]}, \qquad s_i^{[31\cdots16]} = x_{0,i}^{[31\cdots16]} \oplus x_{3,i}^{[15\cdots0]},$$
$$s_i^{[47\cdots32]} = x_{2,i}^{[15\cdots0]} \oplus x_{7,i}^{[31\cdots16]}, \qquad s_i^{[63\cdots48]} = x_{2,i}^{[31\cdots16]} \oplus x_{5,i}^{[15\cdots0]},$$
$$s_i^{[79\cdots64]} = x_{4,i}^{[15\cdots0]} \oplus x_{1,i}^{[31\cdots16]}, \qquad s_i^{[95\cdots80]} = x_{4,i}^{[31\cdots16]} \oplus x_{7,i}^{[15\cdots0]},$$
$$s_i^{[111\cdots96]} = x_{6,i}^{[15\cdots0]} \oplus x_{3,i}^{[31\cdots16]}, \qquad s_i^{[127\cdots112]} = x_{6,i}^{[31\cdots16]} \oplus x_{1,i}^{[15\cdots0]}.$$

5.4.5 Salsa20

Salsa20 是由密码学家 Bernstein 提出的同步流密码算法，其核心部分是一个 64 字节输入和 64 字节输出的 hash 函数。eSTREAM 将其作为软件算法收录，下面我们简单介绍该算法。

符号定义

$+$：$x + y$ 表示 $x+y \bmod 2^{32}$。

$\oplus$：逐位异或 OR。

$>>>$：右循环移位操作，$x>>>n$ 等于 $(x>>n) \oplus (x<<(32-n))$，其中 $0 \leq n < 32, 0 \leq x < 2^{32}$。

$<<<$：左循环移位操作，$x<<<n$ 等于 $(x<<n) \oplus (x>>(32-n))$，其中 $0 \leq n < 32, 0 \leq x < 2^{32}$。

(1) Salsa20 Hash 函数

Salsa20 Hash 函数 $Salsa20(x) = x + doubleround^{10}(x)$ 的输入是 64 字节的变量 $x = (x[0], x[1], x[2], \cdots, x[63])$，输出是 64 字节的散列值。首先将 64 字节输入 $x = (x[0], x[1], x[2], \cdots, x[63])$ 转换成 16 个字：

$$x_0 = \text{littleendian}(x[0], x[1], x[2], x[3]),$$
$$x_1 = \text{littleendian}(x[4], x[5], x[6], x[7]),$$
$$x_2 = \text{littleendian}(x[8], x[9], x[10], x[11]),$$
$$\vdots$$
$$x_{15} = \text{littleendian}(x[60], x[61], x[62], x[63]),$$

然后计算 $(z_0, z_1, \cdots, z_{15}) = doubleround^{10}(x_0, x_1, \cdots, x_{15})$，最后，$Salsa20(x)$ 的输出 64 字节为

$$\text{littleendian}^{-1}(z_0 + x_0),$$
$$\text{littleendian}^{-1}(z_1 + x_1),$$
$$\text{littleendian}^{-1}(z_2 + x_2),$$
$$\vdots$$
$$\text{littleendian}^{-1}(z_{15} + x_{15}).$$

其中，小端字节序函数 $\text{littleendian}(x)$ 输入为 4 字节数据 $b = (b_0, b_1, b_2, b_3)$，输出为一个 32 比特字，定义如下：

$$\text{littleendian}(b) = b_0 + 2^8 b_1 + 2^{16} b_2 + 2^{24} b_3。$$

Doubleround(x) 函数的输入为 16 个字，输出也为 16 个字，其定义为先作一个 rowround 变换，再作一个 columnround 变换，$doubleround(x) = rowround(columnround(x))$。

如果 $y = (y_0, y_1, y_2, \cdots, y_{15})$ 是一个 16-word 的向量，则 rowround 函数定义为：$rowround(y) = (z_0, z_1, \cdots, z_{15})$，其中，

$$(z_0, z_1, z_2, z_3) = quarterround(y_0, y_1, y_2, y_3),$$
$$(z_5, z_6, z_7, z_4) = quarterround(y_5, y_6, y_7, y_4),$$
$$(z_{10}, z_{11}, z_8, z_9) = quarterround(y_{10}, y_{11}, y_8, y_9),$$
$$(z_{15}, z_{12}, z_{13}, z_{14}) = quarterround(y_{15}, y_{12}, y_{13}, y_{14}).$$

Columnround 函数定义为：$columnround(y) = (z_0, z_1, z_2, \cdots, z_{15})$，其中，

$$(z_0, z_4, z_8, z_{12}) = quarterround(y_0, y_4, y_8, y_{12}),$$
$$(z_5, z_9, z_{13}, z_1) = quarterround(y_5, y_9, y_{13}, y_1),$$
$$(z_{10}, z_{14}, z_2, z_6) = quarterround(y_{10}, y_{14}, y_2, y_6),$$
$$(z_{15}, z_3, z_7, z_{11}) = quarterround(y_{15}, y_3, y_7, y_{11}).$$

quarterround 函数是 Salsa20 最基本的部分，该函数的输入为 4-word 序列，输出也为 4-word 序列，其定义为：$(b_0, b_4, b_8, b_{12}) = quarterround(a_0, a_4, a_8, a_{12})$ 其中，

$$b_1 = a_1 \oplus ((a_0 + a_3) <<< 7)$$
$$b_2 = a_2 \oplus ((b_1 + a_0) <<< 9)$$
$$b_3 = a_3 \oplus ((b_2 + b_1) <<< 13)$$
$$b_0 = a_0 \oplus ((b_3 + b_2) <<< 18)$$

(2) 密钥流生成

Salsa20 支持 128 比特和 256 比特密钥，令 k 是一个 32 字节（或 16 字节）的密钥，n 为 16 字节，则 $Salsa20_k(n)$ 输出一个 2^{70} 字节序列

$$Salsa20_k(v,0), Salsa20_k(v,1), \cdots Salsa20_k(v, 2^{64}-1)。$$

其中，$Salsa20_k(v,c) = Salsa20(x)$，这里

$$x = \begin{cases} (\sigma_0, k_0, \sigma_1, n, \sigma_2, k_1, \sigma_3), & k=k_0||k_1, |k_0|=|k_1|=16 \text{ byte} \\ (\tau_0, k, \tau_1, n, \tau_2, k, \tau_3), & |k|=16 \text{ byte} \end{cases}$$

其中，常数定义如下：

$\sigma_0 = (101,120,112,97), \sigma_1 = (110,100,32,51), \sigma_2 = (50,45,98,121), \sigma_3 = (116,101,32,107);$
$\tau_0 = (101,120,112,97), \tau_1 = (110,100,32,49), \tau_2 = (54,45,98,121), \tau_3 = (116,101,32,107);$

也就是说，Salsa20 Hash 函数的初始状态 x 由密钥、一个 64 比特的 nonce（唯一的消息序号）和一个 64 比特的计数 counter(n=nonce||counter)，以及 4 个 32 比特的常数构成。通过 Salsa20/r（r 为迭代轮数），更新的状态作为输出密钥流。作者提供了三个版本 Salsa20/8、Salsa20/12 和 Salsa20/20，后面的数字表示 Hash 函数步函数的迭代轮数，作者推荐在特殊应用中使用 Salsa20/20 以达到高安全性，eSTREAM 委员会考虑到安全和效率的平衡推荐 Salsa20/12。此外，由于每个输出的 512 比特密钥流块之间相互独立，只与密钥、计数和 nonce 有关，所以密钥流块的生成可以采用分组密码的 counter 工作模式并行计算。

5.4.6 Sosemanuk

Sosemanuk 算法是由 Berbain 等人提出的一个全新的专门为软件应用设计的同步流密码算法，该算法结合流密码 Snow2.0 和分组密码 Serpent 以达到高度安全性和高效率要求。

(1) 初始化

Sosemanuk 算法输入一个 128 比特的初始向量 IV 和一个 128～256 比特的密钥 K。作者宣称，不管密钥多长算法只提供 128 比特的安全性。

首先，密钥 K 通过 Serpent 的密钥编排算法推导出 32 个 128 比特的子密钥，取前 25 个 $K_1 \sim K_{25}$。

其次，初始化向量 IV 作为 Serpent24 的输入，Serpent24 为分组密码 Serpent 算法只迭代 24 轮，第 24 轮后还包含一个密钥加运算，数学表达式如下：

$$R_n(X) = L(S(X \oplus K_n)) = Y^n, \quad n=1,2,\cdots,23$$
$$R_n(X) = L(S(X \oplus K_{24})) \oplus K_{25} = Y^{24}, \quad n=24$$

其中，当 $n=1$ 时，$X=IV$；若 $n>1$ 时，X 为上一轮的输出 Y^{n-1}。用 Serpent24 迭代中的输出状态 $Y_i^j (j=\{12,18,24\}$ 为迭代次数，$i=0,1,2,3$ 为当前输出 32-比特块的序号）来初始化 Sosemanuk 的状态变量，对应关系如下：

$$(s_7, s_8, s_9, s_{10}) = (Y_3^{12}, Y_2^{12}, Y_1^{12}, Y_0^{12})$$
$$(s_5, s_6) = (Y_1^{18}, Y_3^{18})$$
$$(s_1, s_2, s_3, s_4) = (Y_3^{24}, Y_2^{24}, Y_1^{24}, Y_0^{24})$$
$$R1_0 = Y_0^{18}$$
$$R2_0 = Y_2^{18}$$

其中，$S_0 \sim S_{10}$ 为线性移位寄存器 LSFR 的初始状态，$R1_0$ 和 $R2_0$ 为有限状态机 FSM 的初始状态。

(2) 密钥流生成

Sosemanuk 具有 12 个 32 比特的内部状态变量,FSM(有限状态器)的连续四个输出字经 Serpent1 变换后与 LFSR(线性反馈移位寄存器)的连续四个输出字相异或,最后输出 128 比特密钥流 $z:(z_{t+3},z_{t+2},z_{t+1},z_t)=\text{Serpent1}(f_{t+3},f_{t+2},f_{t+1},f_t)\oplus(s_{t+3},s_{t+2},s_{t+1},s_t)$。其结构原理如图 5-28 所示。

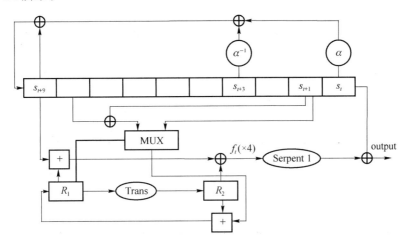

图 5-28　SOSEMANUK 原理图

A) Serpent1 是分组算法 Serpent 的一轮迭代,包含子密钥加(异或),S 盒代换(这里只并行使用 Serpent 定义的第二个 S 盒 S2)以及线性双射变换。

B) 线性移位寄存器 LSFR

线性反馈移位寄存器运算是在域 F_2^{32} 上,级数为 10,内部状态记为 $(s_t,s_{t+1},\cdots,s_{t+9})$,初始时 $t=0$,反馈函数定义为:
$$s_{t+10}=s_{t+9}\oplus\alpha^{-1}s_{t+3}\oplus\alpha s_t,\forall t\geqslant 1$$
式中,α 是满足如下本原多项式的根:
$$P(X)=X^4+\beta^{23}X^3+\beta^{245}X^2+\beta^{48}X+\beta^{239}$$
β 是满足如下本原多项式的根:
$$Q(X)=X^8+X^7+X^5+X^3+1$$

C) 有限状态机 FSM

FSM 是 64 比特记忆元件,包含两个 32 比特的存储器 $R1$ 和 $R2$。当 LFSR 的时刻 $t\geqslant 1$ 时,开始执行,每一时刻,将 LSFR 中的 (s_1,s_8,s_9) 作为输入,输出一个 32 比特字 f_t,并更新寄存器值:
$$\text{FSM}_t(R1_{t-1},R2_{t-1},S_{t+1},S_{t+8},S_{t+9})=(R1_t,R2_t,f_t),$$
$$R1_t=(R2_{t-1}+\text{mux}(lsb(R1_{t-1}),s_{t+1},s_{t+1}\oplus s_{t+8}))\mod 2^{32},$$
$$R2_t=\text{Trans}(R1_{t-1}),$$
$$f_t=(s_{t+9}+R1_t\mod 2^{32})\oplus R2_t,$$

其中,$lsb(X)$ 指输出 X 的最低有效比特;$\text{mux}(c,x,y)$ 表示当 $c=0$ 时,输出值 x,当 $c=1$ 时,输出值 y;内部转移函数 Trans 满足如下公式:
$$\text{Trans}(z)=(M*z\mod 2^{32})<<<7;\quad M=0x54655307.$$

5.4.7　Grain v1

Grain v1 是由 Hell,Johansson 和 Meier 设计的支持硬件实现的同步流密码算法。Grain

v1 初始有两个版本:80 比特密钥(和 64 比特初始向量 IV),以及 128 比特密钥(和 80 比特初始向量)。它的设计非常简洁,使用一个线性移位寄存器 LFSR 和一个非线性的移位寄存器 NFSR。目前,80 比特密钥版本被推荐。而针对 128 比特密钥版本的一些分析结果,促使 Grain v1(128)改进为 Grain 128a,在密钥流生成的基础上,加入了消息认证的功能。这里,我们主要介绍 Grain v1。

(1) 初始化

在密钥流产生之前,需要使用密钥 $k_i (0 \leqslant i \leqslant 79)$ 和初始向量 $IV_i (0 \leqslant i \leqslant 63)$ 进行密钥初始化。

NFSR 初始化:将 80 比特的密钥载入 NFSE 的寄存器 $b_i = k_i, (0 \leqslant i \leqslant 79)$;

LFSR 初始化:将 64 位初始向量载入 LFSE 的前 64 位寄存器中,$s_i = IV_i (0 \leqslant i \leqslant 63)$,后面寄存器位用 1 填充,$s_i = 1 (64 \leqslant i \leqslant 79)$;

之后,密码算法进动 160 次,在运行过程中输出函数的值并不作为密钥流输出,而是通过异或运算反馈到两个移位寄存器的输入中,如图 5-29 所示。

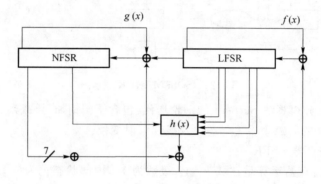

图 5-29 Grain v1 初始化

A) 定义 LFSR 的存储器单元为 $s_i, s_{i+1}, \cdots, s_{i+79}$,则该 LFSR 的生成多项式 $f(x)$ 是次数为 80 的本原多项式:

$$f(x) = 1 + x^{18} + x^{29} + x^{42} + x^{57} + x^{67} + x^{80}$$

或者,其反馈函数为:

$$s_{i+80} = s_i + s_{i+13} + s_{i+23} + s_{i+38} + s_{i+51} + s_{i+62}$$

B) 定义 NFSR 的寄存器单元为 $b_i, b_{i+1}, \cdots, b_{i+79}$,则 NFSR 的非线性生成多项式 $g(x)$ 定义如下:

$$\begin{aligned}g(x) = &\ 1 + x^{18} + x^{20} + x^{28} + x^{35} + x^{43} + x^{47} + x^{52} + x^{59} + x^{66} + x^{71} + x^{80} + \\ & x^{17}x^{20} + x^{43}x^{47} + x^{65}x^{71} + x^{20}x^{28}x^{35} + x^{47}x^{52}x^{59} + x^{17}x^{35}x^{52}x^{71} + \\ & x^{20}x^{28}x^{43}x^{47} + x^{17}x^{20}x^{59}x^{65} + x^{17}x^{20}x^{28}x^{35}x^{43} + x^{47}x^{52}x^{59}x^{65}x^{71} + \\ & x^{28}x^{35}x^{43}x^{47}x^{52}x^{59}\end{aligned}$$

或者,其反馈函数为:

$$\begin{aligned}b_{i+80} = &\ s_i + b_{i+62} + b_{i+60} + b_{i+52} + b_{i+45} + b_{i+37} + b_{i+33} + b_{i+28} + b_{i+21} + \\ & b_{i+14} + b_{i+9} + b_i + b_{i+63}b_{i+60} + b_{i+37}b_{i+33} + b_{i+15}b_{i+9} + \\ & b_{i+60}b_{i+52}b_{i+45} + b_{i+33}b_{i+28}b_{i+21} + b_{i+63}b_{i+45}b_{i+28}b_{i+9} + \\ & b_{i+60}b_{i+52}b_{i+37}b_{i+33} + b_{i+63}b_{i+60}b_{i+21}b_{i+15} + \\ & b_{i+63}b_{i+60}b_{i+52}b_{i+45}b_{i+37} + b_{i+33}b_{i+28}b_{i+21}b_{i+15}b_{i+9} + \\ & b_{i+52}b_{i+45}b_{i+37}b_{i+33}b_{i+28}b_{i+21}\end{aligned}$$

C) 定义一个滤波函数 $h(x)$,$h(x)$ 的输入变量是 LFSR 和 NFSR 的 5 个寄存器单元状态值。设计者选取 $h(x)$ 是一个平衡的、一阶相关免疫的布尔函数,并且其代数次数为 3,非线性度达到最大——12,定义如下:

$$h(x) = x_1 + x_4 + x_0 x_3 + x_2 x_3 + x_3 x_4 + x_0 x_1 x_2 + x_0 x_2 x_3 + x_1 x_2 x_4 + x_2 x_3 x_4$$

其中,x_0, x_1, x_2, x_3, x_4 分别对应于两个寄存器的 $s_{i+3}, s_{i+25}, s_{i+46}, s_{i+64}, b_{i+63}$。

(2) 密钥流生成

线性移位寄存器 LFSR 和非线性的移位寄存器 NFSR 初始化完成之后,算法开始输出密钥流,如图 5-30 所示,每一时刻 i,输出一个比特密钥 z_i:

$$z_i = \sum_{j \in A} b_{i+j} + h(s_{i+3}, s_{i+25}, s_{i+46}, s_{i+64}, b_{i+63}), \quad A = \{1, 2, 4, 10, 31, 43, 56\}.$$

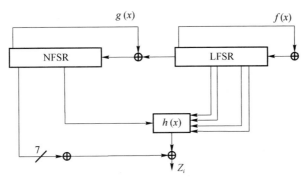

图 5-30 Grain-128 密钥流生成

5.4.8 MICKEY 2.0

MICKEY 2.0 是由 Babbage 和 Dodd 针对资源有限的硬件平台设计的同步流密码,其名字 MICKEY 是"Mutual Irregular Clocking KEYstream generator"的首字母缩写。该算法输入 80 比特密钥 K 和 0~80 比特初始向量,使用两个 100 比特的钟控移位寄存器 R(线性)和 S(非线性)。算法说明中称,一个密钥可以被用于最多 2^{40} 个初始向量,而一对密钥/初始向量可以生成 2^{40} 比特密钥流。设计者同样给出了一个升级版本 MICKEY 2.0-128,输入 128 比特密钥和 0~128 比特初始向量。

(1) 初始化

80 比特的密钥 K,标记为 $k_0 \cdots k_{79}$;初始变量 IV,标记为 $iv_0 \cdots iv_{\text{IVLENGTH}-1}$,长度 IV-LENGTH 是 0 到 80 比特之间的任意值。

第一步:寄存器 R 和 S 初始为全 0;

第二步:载入初始向量 IV,i 从 0 到 IVENGTH-1(初始向量长度)执行下面运算

    CLOCK_KG(R, S, MIXING=TRUE, INPUT_BIT=iv_i);

第三步:载入密钥 K,i 从 0 到 79 执行下面运算

    CLOCK_KG(R, S, MIXING=TRUE, INPUT_BIT=k_i);

第四步:预钟控,i 从 0 到 99 执行下面运算

    CLOCK_KG(R, S, MIXING=TRUE, INPUT_BIT=0)。

A) 密钥生成函数

钟控函数 CLOCK_KG(R, S, MIXING, INPUT_BIT)定义如下:

a) CONTROL_BIT_R=$s_{34} \oplus r_{67}$,

CONTROL_BIT_S=$s_{67} \oplus r_{33}$。

b) 如果 MIXITNG=TRUE,INPUT_BIT_R=INPUT_BIT$\oplus s_{50}$,

如果 MIXING=FALSE,INPUT_BIT_R=INPUT_BIT。

c) INPUT_BIT_S=INPUT_BIT。

d) CLOCK_R(R,INPUT_BIT_R,CONTROL_BIT_R),

CLOCK_S(S,INPUT_BIT_S,CONTROL_BIT_S)。

B) 钟控寄存器 R

定义 R 的反馈抽头位置为:

PTAP={0,1,3,4,5,6,9,12,13,16,19,20,21,22,25,28,37,38,41,42,45,46,50,52, 54,56,58,60,61,63,64,65,66,67,71,72,79,80,81,82,87,88,89,90,91,92, 94,95,96,97}

R 钟控函数 CLOCK_R(R,INPUT_BIT_R,CONTROL_BIT_R)定义如下。

a) 令 $r_0,r_1,\cdots,r_{99}$ 表示钟控前寄存器 R 的状态,$r'_0,r'_1,\cdots,r'_{99}$ 表示钟控后寄存器 R 的状态。

b) FEEDBACK_BIT=$r_{99} \oplus$ INPUT_BIT_R。

c) 令 $r'_i=r_{i-1}$,$1 \leqslant i \leqslant 99$;$r'_0=0$。

d) 如果 $i \in$ RTAPS,则 $r'_i=r'_i \oplus$ FEEDBACK_BIT,$0 \leqslant i \leqslant 99$。

e) 如果 CONTROL_BIT_R=1,则 $r'_i=r_i \oplus r'_i$,$0 \leqslant i \leqslant 99$。

C) 钟控寄存器 S

定义如下四个序列

COMP0$_1$…COMP0$_{98}$,COMP1$_1$…COMP1$_{98}$,FB0$_0$…FB0$_{99}$,FB1$_0$…FB1$_{99}$

i	0	1	2	3	4	5	6	7	8	9	10	11	12	13	14	15	16	17	18	19	20	21	22	23	24
COMP0$_i$		0	0	0	1	1	0	0	0	1	0	1	1	1	1	0	1	0	0	1	0	1	0	1	0
COMP1$_i$		1	0	1	0	0	1	0	1	1	1	1	0	0	1	0	1	0	0	0	1	1	0	1	1
FB0$_i$	1	1	1	1	0	1	0	1	1	1	1	1	1	1	1	0	0	1	0	1	1	1	1	1	1
FB1$_i$	1	1	1	0	1	1	0	0	0	1	1	1	0	1	0	0	1	1	0	0	0	1	0	1	1

i	25	26	27	28	29	30	31	32	33	34	35	36	37	38	39	40	41	42	43	44	45	45	47	48	49
COMP0$_i$	1	0	1	0	1	1	0	1	0	0	1	0	0	0	0	0	0	0	0	1	0	1	0	1	1
COMP1$_i$	0	1	1	0	1	0	1	1	1	1	0	0	1	0	1	1	0	1	1	1	0	0	0	0	1
FB0$_i$	1	1	1	1	0	0	1	1	0	0	0	0	0	0	1	1	1	1	0	1	0	0	1	0	1
FB1$_i$	0	1	1	0	1	0	1	1	1	1	0	0	1	0	1	0	0	0	0	1	1	0	1	1	0

i	50	51	52	53	54	55	56	57	58	59	60	61	62	63	64	65	66	67	68	69	70	71	72	73	74
COMP0$_i$	0	0	0	0	1	0	1	0	0	0	1	1	1	0	0	1	0	1	0	1	1	1	1	1	1
COMP1$_i$	0	0	0	0	1	1	0	1	0	0	0	1	1	1	1	1	0	1	0	1	1	1	1	0	1
FB0$_i$	0	1	0	0	1	0	1	1	1	0	1	0	1	0	1	0	0	0	0	0	0	0	0	0	0
FB1$_i$	0	0	1	0	0	1	0	1	1	1	0	1	0	1	1	0	1	0	1	0	0	1	0	1	1

i	75	76	77	78	79	80	81	82	83	84	85	86	87	88	89	90	91	92	93	94	95	96	97	98	99
COMP0$_i$	1	1	1	0	1	0	1	1	1	1	1	0	1	0	1	0	0	0	0	0	0	0	0	1	1
COMP1$_i$	1	1	1	0	0	0	1	0	0	0	0	1	1	1	0	0	0	0	1	0	0	1	1	0	0
FB0$_i$	1	1	0	1	0	0	0	1	1	0	1	1	1	0	0	1	1	1	0	0	1	1	0	0	0
FB1$_i$	0	0	0	1	1	1	1	0	1	1	1	1	0	0	0	0	0	0	0	1	0	0	0	0	1

钟控函数 CLOCK_S(S,INPUT_BIT_S,CONTROL_BIT_S)定义如下。

a) 令 $s_0,s_1,\cdots,s_{99}$ 表示钟控前寄存器 S 的状态,$s'_0,s'_1,\cdots,s'_{99}$ 表示钟控后寄存器 S 的状态。

b) FEEDBACK_BIT $= s_{99} \oplus$ INPUT_BIT_S。

c) $\hat{s}_i = s_{i-1} \oplus ((s_i \oplus \text{COMP0}_i) \cdot (s_{i+1} \oplus \text{COMP1}_i)), 1 \leqslant i \leqslant 98; \hat{s}_0 = 0; \hat{s}_{99} = s_{98}$。

d) 如果 CONTROL_BIT_S $= 0$,则
$$s'_i = \hat{s}_i \oplus (\text{FB0}_i \cdot \text{FEEDBACK\_BIT}), 0 \leqslant i \leqslant 99$$

e) 如果 CONTROL_BIT_S $= 1$,则
$$s'_i = \hat{s}_i \oplus (\text{FB1}_i \cdot \text{FEEDBACK\_BIT}), 0 \leqslant i \leqslant 99.$$

(2)密钥流生成

初始化后,产生密钥流比特 $z_0, z_1, \cdots, z_{L-1}$。对任意的 $i, 0 \leqslant i \leqslant L-1$,执行如下两步。

a) $z_i = r_0 \oplus s_0$

b) CLOCK_KG(R, S, MIXING $=$ FALSE, INPUT_BIT $= 0$)

5.4.9 Trivium

Trivium 由密码学家 Cannière 和 Preneel 设计的一种基于硬件的同步流密码。Trivium 包含 288 比特的内部状态,表示为 $s_1, \cdots, s_{93}, s_{94}, \cdots, s_{177}, s_{178}, \cdots, s_{288}$,分成 3 个相互不连接的非线性反馈移位寄存器,长度分别是 93,84 和 111。输入 80 比特的密钥 K 和 80 比特的初始变量 IV,分别表示为 $K_1, \cdots, K_{80}$ 和 $IV_1, \cdots, IV_{80}$。算法说明中称一对密钥/初始向量可以生成 2^{64} 比特密钥流。

(1)初始化

将 80 比特的密钥 K 和 80 比特的初始变量 IV 分别赋值给内部状态,同时将 s_{286}, s_{287} 和 s_{288} 置为 1,剩余所有位置零,具体概括如下:

$$(s_1, s_2, \cdots, s_{93}) \leftarrow (K_1, \cdots, K_{80}, 0, \cdots, 0)$$
$$(s_{94}, s_{95}, \cdots, s_{177}) \leftarrow (IV_1, \cdots, IV_{80}, 0, \cdots, 0)$$
$$(s_{178}, s_{279}, \cdots, s_{288}) \leftarrow (0, \cdots, 0, 1, 1, 1)$$

载入后,内部状态执行 1 152(4 * 288)次更新步骤,将 80 比特密钥 K 和 80 比特初始向量 IV 混淆,具体算法描述如下:

```
for i = 1 to 1152  do
    t₁ ← s₆₆ + s₉₁ · s₉₂ + s₉₃ + s₁₇₁
    t₂ ← s₁₆₂ + s₁₇₅ · s₁₇₆ + s₁₇₇ + s₂₆₄
    t₃ ← s₂₄₃ + s₂₈₆ · s₂₈₇ + s₂₈₈ + s₆₉
    (s₁, s₂, ⋯, s₉₃) ← (t₃, s₁, ⋯, s₉₂)
    (s₉₄, s₉₅, ⋯, s₁₇₇) ← (t₁, s₉₄, ⋯, s₁₇₆)
    (s₁₇₈, s₂₇₉, ⋯, s₂₈₈) ← (t₂, s₁₇₈, ⋯, s₂₈₇)
end for
```

上述算法中的"＋"和"·"相当于逻辑运算

(2) 密钥流生成：

每次迭代，在 288 比特的内部状态 $(s_1,s_2,\cdots,s_{288})$ 中提取 15 个比特，用它们更新 3 个内部状态比特，并计算 1 比特的密钥流 z_i。若需要 N 位密钥则迭代过程重复 N 次后停止（$N \leqslant 2^{64}$），具体算法如描述如下：

for $i = 1$ to N do（N 为所需密钥位数）

$\quad t_1 \leftarrow s_{66} + s_{93}$

$\quad t_2 \leftarrow s_{162} + s_{177}$

$\quad t_3 \leftarrow s_{243} + s_{288}$

$\quad z_i \leftarrow t_1 + t_2 + t_3$

$\quad t_1 \leftarrow t_1 + s_{91} \cdot s_{92} + s_{171}$

$\quad t_2 \leftarrow t_2 + s_{175} \cdot s_{176} + s_{264}$

$\quad t_3 \leftarrow t_3 + s_{286} \cdot s_{287} + s_{69}$

$\quad (s_1, s_2, \cdots, s_{93}) \leftarrow (t_3, s_1, \cdots, s_{92})$

$\quad (s_{94}, s_{95}, \cdots, s_{177}) \leftarrow (t_1, s_{94}, \cdots, s_{176})$

$\quad (s_{178}, s_{279}, \cdots, s_{288}) \leftarrow (t_2, s_{178}, \cdots, s_{287})$

end for

5.5 习 题

1. 判断题

(1) 序列密码（又称流密码）是属于对称密码体制。（　　）

(2) 序列密码的加密/解密运算只是简单的模二加运算，所以序列密码只应用于安全保密要求不高的场合。（　　）

(3) 在计算机的应用环境中，真正的随机数是不存在的。（　　）

(4) 序列密码的加解密钥是由种子密钥生成的，而种子密钥的长度是由需加密的明文长度决定。（　　）

(5) 在密钥序列产生器中，同样要求具备类似分组密码的设计思想，即具有混淆性和扩散性。（　　）

(6) 线性反馈移位寄存器所产生的序列中，有些类如 m 序列具有良好的伪随机性，所以它可直接作为密钥序列。（　　）

(7) 利用反馈移位寄存器来生成密钥序列的过程中，反馈移位寄存器的初始值是由种子密钥决定的。（　　）

(8) 密钥序列生成器使用非线性组合函数的目的是实现更长周期的密钥序列。（　　）

(9) 序列密码往往应用在信息传输的安全中，不适合于文件保密存储的应用。（　　）

2. 选择题

(1) m 序列本身是适宜的伪随机序列产生器，但在（　　）或（　　）下，破译者能破解这个伪随机序列。

　　A. 唯密文攻击　　B. 已知明文攻击　　C. 选择明文攻击　　D. 选择密文攻击

(2) Geffe 发生器使用了（　　）个 LFSR。

A. 1　　　　　　B. 2　　　　　　C. 3　　　　　　D. 4

(3) Jennings 发生器用了一个复合器来组合（　　）个 LFSR。
A. 1　　　　　　B. 2　　　　　　C. 3　　　　　　D. 4

(4) eSTREAM 文件夹收录 HC 算法的种子密钥长度是（　　）比特。
A. 64　　　　　　B. 80　　　　　　C. 128　　　　　　D. 256

(5) A5 算法的主要组成部分是三个长度不同的线性移位寄存器，即 A,B,C。其中 A 有（　　）位，B 有 22 位，C 有 23 位。
A. 18　　　　　　B. 19　　　　　　C. 20　　　　　　D. 21

(6) Trivium 由密码学家 Cannière 和 Preneel 设计的一种基于硬件的同步流密码，其种子密钥长度是（　　）比特。
A. 64　　　　　　B. 80　　　　　　C. 128　　　　　　D. 256

(7) 按目前的计算能力，RC4 算法的种子密钥长度至少应为（　　）才能保证安全强度。
A. 64 位　　　　　B. 128 位　　　　　C. 256 位　　　　　D. 1 024 位

(8) 下面哪个序列密码是主要用于加密手机终端与基站之间传输的语音和数据。（　　）。
A. RC4　　　　　B. A5　　　　　C. Salsa20　　　　　D. Rabbit

(9) n 级线性反馈移位寄存器的输出序列周期与其状态周期相等，只要选择合适的反馈函数便可使序列的周期达到最大，其最大值是（　　）。
A. n　　　　　B. $2n$　　　　　C. $2^n - 1$　　　　　D. 不确定

3. 填空题

(1) 序列密码的起源可以追溯到_____。

(2) 序列密码结构可分为_____和_____两个主要组成部分。

(3) 序列密码的关键是在于密钥序列产生器，而密钥序列产生器一般是由_____和_____两个部分组成的，譬如 A5 算法。

(4) 序列密码的安全核心问题是_____。

(5) 序列密码的工作方式一般分为是_____和_____。

(6) 一般地，一个反馈移位寄存器由两部分组成：_____和_____。

(7) 反馈移位寄存器输出序列生成过程中，_____对输出周期长度的影响起着决定性的作用，而_____对输出的序列起着决定性的作用。

(8) 选择合适的 n 级线形反馈函数可使序列的周期达到最大值_____，并具有 m 序列特性，但敌手知道一段长为_____的明密文对时即能破译这 n 级线形反馈函数。

(9) 门限发生器要求：LFSR 的数目是_____，确信所有的 LFSR 的长度_____，且所有的反馈多项式都是_____，这样可达到最大周期。

4. 术语解释

(1) 序列密码

(2) 一次一密线性

(3) 种子密钥

(4) 反馈移位寄存器

(5) 伪随机序列

(6) m 序列

5. 简答题

(1) 简述序列密码算法和分组密码算法的不同。

（2）简述自同步序列密码的特征。

（3）密钥序列生成器是序列密码算法的核心，请说出至少 5 点关于密钥序列生成器的基本要求。

（4）已知序列密码的密文串 1010110110 和相应的明文串 0100010001，而且还已知密钥流是使用 3 级线性反馈移位寄存器产生的，试破译该密码系统。

（5）简述 HC 算法的实现过程。

（6）简述 Rabbit 算法的实现过程。

（7）简述 Salsa20 算法的实现过程。

（8）简述 SOSEMANUK 算法的实现过程。

（9）简述 Grain v1 算法的实现过程。

（10）简述 MICKEY 2.0 算法的实现过程。

（11）简述 Trivium 算法的实现过程。

6. 综合分析题

RC4 是由麻省理工学院的 Rivest 开发的，其突出优点是在软件中很容易实现，RC4 是世界上使用最广泛的序列密码之一，5.4.1 节介绍 RC4 算法的实现过程。理论上来说，RC4 算法可以生成总数为 $N=2^n$ 个元素的 S 盒，通常 $n=8$，这也是本题所选取值。请回答以下问题：

（1）指出生成密钥序列的周期长度。

（2）指出种子密钥的长度。

（3）评价 RC4 密钥序列产生器的混乱性。

（4）评价 RC4 密钥序列产生器的扩散性。

（5）分析密钥序列的不可预测性。

第 6 章　Hash 函数和消息认证

Hash 函数是密码学的一个重要分支,它是一种将任意长度的输入变换为固定长度输出的不可逆的单向密码体制。Hash 函数在数字签名和消息完整性检测等方面有广泛的应用。本章将首先介绍 Hash 函数的基本概念,然后详述 MD5、SHA1、SHA256 和 SHA512 等 Hash 算法,接着阐述消息认证码理论和基于 DES 和 Hash 函数的消息认证码算法,最后对 Hash 的安全性进行解析。

6.1　Hash 函数

在一个开放通信网络环境中,攻击者可以随意地窃听、截取、重放、修改、伪造或插入消息。对于攻击者插入了修改的或伪造的消息,并试图欺骗目标接收者使其相信该消息来自某个合法的主体时,抗击这种攻击的最有效方法就是消息认证。消息认证的基础是生成认证码,用来检查消息是否被恶意修改。认证码与通信学中的检错码不同:检错码是用来检测由于通信的(客观)缺陷而导致消息发生错误的特殊代码,而认证码用来防止攻击者(主观)恶意篡改或伪造消息。

6.1.1　Hash 函数的概念

Hash 函数也称散列函数、哈希函数、杂凑函数等,是一个从消息空间到像空间的不可逆映射。换句话说,Hash 函数可以将"任意长度"的消息经过变换得到固定长度的像。所以 Hash 函数同时是一种具有压缩特性的单向函数,其像通常称为数字指纹(Digital Fingerprint)、消息摘要(Message Digest)或散列值(Hash Value)。散列值生成过程可表示为

$$h = H(M)$$

其中,M 是一个变长消息,H 是 Hash 函数,h 是定长的散列值。散列函数主要应用于消息认证和数字签名,因此必须具有下列性质。

(1) H 可应用于"任意"长度的消息。

(2) H 产生定长的输出。

(3) 对"任意"给定的消息 x,计算 $H(x)$ 比较容易,用硬件和软件均可实现。

(4) 单向性:又称为抗原像性(Pre-image Resistance),对任意给定的散列值 h,找到满足 $H(x)=h$ 的消息 x 在计算上是不可行的。

(5) 抗弱碰撞性:又称为抗第二原像性(Second Pre-image Resistance),对任何给定的消息 x,找到满足 $y \neq x$ 且 $H(x)=H(y)$ 的消息 y 在计算上是不可行的。

(6) 抗强碰撞性:找到任何满足 $H(x)=H(y)$ 的偶对 (x,y) 在计算上是不可行的。

性质(1)中"任意"是指在实际中存在的,性质(2)是 Hash 函数的基本特征,性质(3)是指 Hash 函数的可用性,性质(4)、(5)、(6)则是 Hash 函数为满足不同应用而需具备的基本安全

性质。

性质(4)的单向性是指由消息很容易计算出散列值,但是由散列值却不能计算出相应的消息,这个性质是满足性质(5)和(6)的必要条件。如果 Hash 函数不满足单向性,那么寻找碰撞则易如反掌。

性质(5)和(6)是指 Hash 函数应具有抗碰撞性。在数字签名中,消息的签名其实是通过对消息散列值的加密产生的,而不是消息的本身。所以,只有 Hash 函数满足抗碰撞性,才能防止签名的伪造和对数字签名的抵赖。抗强碰撞性的 Hash 函数比抗弱碰撞性的 Hash 函数的安全性高,即满足抗强碰撞性的 Hash 函数肯定满足抗弱碰撞性,反之不成立。另外,任何两个消息如果略有差别,它们的散列值会有很大差别。也就是说,Hash 函数应具有雪崩效应,即消息的散列值的每一比特应与消息的每一个比特有关联。

6.1.2 Hash 函数结构

Hash 函数的一般结构如图 6-1 所示,称为 Hash 函数迭代结构,也称为 MD 结构。它由 Merkle 和 Damgard 分别独立提出,包括 MD5、SHA1 等目前所广泛使用的大多数 Hash 函数都采用这种结构。MD 结构将输入消息分为 L 个固定长度的分组,每一分组长为 b 位,最后一个分组包含输入消息的总长度,若最后一个分组不足 b 位时,需要将其填充为 b 位。由于输入包含消息的长度,所以攻击者必须找出具有相同散列值且长度相等的两条消息,或者找出两条长度不等但加入消息长度后散列值相同的消息,从而增加了攻击的难度。

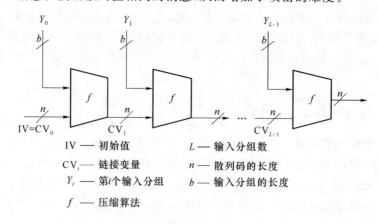

IV —— 初始值　　　　　L —— 输入分组数
CV_i —— 链接变量　　　n —— 散列码的长度
Y_i —— 第 i 个输入分组　b —— 输入分组的长度
f —— 压缩算法

图 6-1　MD 迭代结构

迭代结构包含一个压缩函数 f。压缩函数 f 有两个输入:一个是前一次迭代的 n 位输出,称为链接变量;另一个是消息的 b 位分组,并产生一个 n 位的输出。因为一般来说消息分组长度 b 大于输出长度 n,因此称之为压缩函数。第一次迭代输入的链接变量又称为初值变量,由具体算法指定,最后一次迭代的输出即为散列值。

6.1.3 Hash 函数应用

Hash 函数的单向性、压缩性、抗碰撞性等特点使得它能够解决实际应用中很多棘手的安全问题,下面介绍几种 Hash 函数的典型应用。

1. 数字签名

由于消息散列值通常比消息本身短得多,因此对消息散列值进行数字签名在处理上比直接对消息本身签名高效得多。由于安全的 Hash 函数具有抗碰撞性,所以利用消息散列值实现数字签名,能够满足消息的完整性、防伪造性以及不可否认性等特点,而且签名短,更容易管理,有利于签名的扩展。

2. 生成程序或文档的"数字指纹"

Hash 函数可以用来保证数据的完整性,实现消息认证,防止消息未经授权地修改。首先,通过 Hash 函数变换得到程序或文档的散列值,即"数字指纹",并存放在安全地方;然后,定时计算程序或文档的散列值,并与原有保存的"数字指纹"进行比对,如果相等,说明程序或文档是完整的,否则,表明程序或文档已被篡改过,这样可发现病毒或入侵者对程序或文档的修改。

3. 用于安全传输和存储口令

如果通过 Hash 函数生成口令的散列值,然后在系统中保存用户的 ID 和对应的口令散列值,而不是保存口令本身,当用户进入系统时输入口令,然后系统计算口令的散列值并与保存的口令散列值进行比较,当两者相等时,说明用户的口令是正确的,允许用户进入系统,否则将被系统拒绝。只存储口令的散列值,使得即使系统管理员或黑客入侵系统也无法得到用户的口令,保证用户口令存储的安全性。

6.2 Hash 算法

到目前为止,Hash 函数的设计主要分为两类:一类是基于加密体制实现的,例如使用对称分组密码算法的 CBC 模式来产生散列值;另一类是通过直接构造复杂的非线性关系实现单向性,后者是目前使用最多的设计方法。下面介绍的 Hash 函数算法,如 MD5、SHA1、SHA256 等都是采用这种方法设计的。

6.2.1 MD5 算法

MD5 算法是美国麻省理工学院著名密码学家 Rivest 设计的,MD(Message Digest)是消息摘要的意思。Rivest 于 1992 年向 IETF 提交的 RFC1321 中对 MD5 作了详尽的阐述。MD5 是在 MD2、MD3 和 MD4 基础上发展而来的,尤其在 MD4 上增加了 Safety-Belts,所以,MD5 又被称为是"系有安全带的 MD4",它虽然比 MD4 要稍慢一些,但更为安全。

1. MD5 算法描述

MD5 算法的输入是长度小于 2^{64} 比特的消息,输出为 128 比特的消息摘要。输入消息以 512 比特的分组为单位处理,其流程如图 6-2 所示。

图 6-2 中,L 为消息的长度;N 为消息扩充后分组个数;$Y_i(0 \leqslant i \leqslant N-1)$ 代表一个分组;IV 表示初始链接变量,A、B、C、D 是 4 个 32 位的寄存器;CV_i 是链接变量,即是第 i 个分组处理单元的输出,也是第 $i+1$ 个分组处理单元的输入,最后单元的输出 CV_N 即是消息的散列值。

算法的具体过程描述如下。

(1) 附加填充位

填充一个"1"和若干个"0"使消息长度模 512 与 448 同余,然后再将原始消息长度以 64 比特表示附加在填充结果的后面,从而使得消息长度恰好为 512 比特的整数倍。

(2) 初始化链接变量

MD5 使用 4 个 32 位的寄存器 A、B、C 和 D,最开始存放 4 个固定的 32 位的整数参数,即

初始链接变量,这些参数用于第 1 轮迭代:

$A=\text{0x01234567}, B=\text{0x89ABCDEF}, C=\text{0xFEDCBA98}, D=\text{0x76543210}$

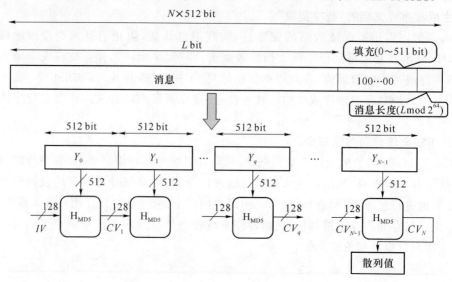

图 6-2　MD5 运算流程

(3) 分组处理(迭代压缩)

MD5 算法的分组处理(压缩函数)与分组密码的分组处理相似,如图 6-3 所示。它由 4 轮组成,512 比特的消息分组 M_i 被均分为 16 个子分组(每个子分组为 32 比特)参与每轮 16 步函数运算,即每轮包括 16 个步骤。每步的输入是 4 个 32 比特的链接变量和一个 32 比特的消息子分组,输出为 32 位值。经过 4 轮共 64 步后,得到的 4 个寄存器值分别与输入链接变量进行模加,即得到此次分组处理的输出链接变量。

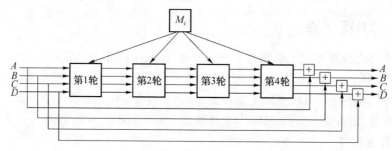

图 6-3　MD5 的压缩函数

4 轮操作开始前,先将前一分组的链接变量(A、B、C 和 D 的值)复制到另外 4 个备用记录单元 AA、BB、CC 和 DD,以便执行最后的模加运算。

(4) 步函数

MD5 每一轮包含 16 步,每一轮的步函数(见图 6-4)相同,即使用同一个非线性函数,而不同轮的步函数使用的非线性函数是不相同,即 4 轮使用 4 个不同的非线性函数(逻辑函数)。设 X、Y 和 Z 是 3 个 32 比特的输入变量,输出是一个 32 比特变量,则这 4 个非线性函数 F、G、H 和 I 定义为

$$F(X,Y,Z)=(X \wedge Y) \vee (\neg X \wedge Z)$$
$$G(X,Y,Z)=(X \wedge Z) \vee (Y \wedge \neg Z)$$
$$H(X,Y,Z)=(X \oplus Y \oplus Z)$$

$$I(X,Y,Z)=Y\oplus(X\vee\neg Z)$$

其中,∧、∨、¬、⊕分别表示与、或、非和异或运算。

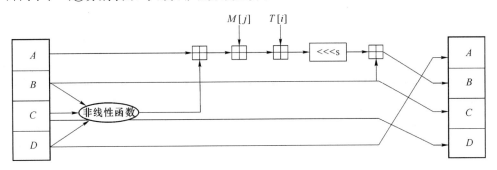

图 6-4　MD5 步函数的执行过程

MD5 步函数的执行过程如图 6-4 所示。

在图 6-4 中,$M[j]$ 表示消息分组 M_i 的第 $j(0\leqslant j\leqslant 15)$ 个 32 比特子分组。<<<s 表示循环左移 s 位。常数 $T[i]$ 为 $[2^{32}\times\mathrm{abs}(\sin(i))]=[4\,294\,967\,296\times\mathrm{abs}(\sin(i))]$,$1\leqslant i\leqslant 64$,$i$ 为弧度。如 $T[28]=[4\,294\,967\,296\times\mathrm{abs}(\sin(28))]\approx[1\,163\,531\,501.079\,396\,724\,7]$,然后其整数部分转化为十六进制 $T[28]=(1163531501)_{10}=(455\mathrm{A}14\mathrm{ED})_{16}$。$T[i]$ 是一个伪随机的常数,可以消除输入数据的规律性,其详细取值见表 6-1。

表 6-1　常数 $T[i]$ ($i=1,\cdots,64$)

$T[1]$=D76AA478	$T[2]$=E8C7B756	$T[3]$=242070DB	$T[4]$=C1BDCEEE
$T[5]$=F57C0FAF	$T[6]$=4787C62A	$T[7]$=A8304613	$T[8]$=FD469501
$T[9]$=698098D8	$T[10]$=8B44F7AF	$T[11]$=FFFF5BB1	$T[12]$=895CD7BE
$T[13]$=6B901122	$T[14]$=FD987193	$T[15]$=A679438E	$T[16]$=49B40821
$T[17]$=F61E2562	$T[18]$=C040B340	$T[19]$=265E5A51	$T[20]$=E9B6C7AA
$T[21]$=D62F105D	$T[22]$=02441453	$T[23]$=D8A1E681	$T[24]$=E7D3FBC8
$T[25]$=21E1CDE6	$T[26]$=C33707D6	$T[27]$=F4D50D87	$T[28]$=455A14ED
$T[29]$=A9E3E905	$T[30]$=FCEFA3F8	$T[31]$=676F02D9	$T[32]$=8D2A4C8A
$T[33]$=FFFA3942	$T[34]$=8771F681	$T[35]$=6D9D6122	$T[36]$=FDE5380C
$T[37]$=A4BEEA44	$T[38]$=4BDECFA9	$T[39]$=F6BB4B60	$T[40]$=BEBFBC70
$T[41]$=289B7EC6	$T[42]$=EAA127FA	$T[43]$=D4EF3085	$T[44]$=04881D05
$T[45]$=D9D4D039	$T[46]$=E6DB99E5	$T[47]$=1FA27CF8	$T[48]$=C4AC5665
$T[49]$=F4292244	$T[50]$=432AFF97	$T[51]$=AB9423A7	$T[52]$=FC93A039
$T[53]$=655B59C3	$T[54]$=8F0CCC92	$T[55]$=FFEFF47D	$T[56]$=85845DD1
$T[57]$=6FA87E4F	$T[58]$=FE2CE6E0	$T[59]$=A3014314	$T[60]$=4E0811A1
$T[61]$=F7537E82	$T[62]$=BD3AF235	$T[63]$=2AD7D2BB	$T[64]$=EB86D391

从图 6-4 可以看到:轮函数先取向量(A,B,C,D)中的后 3 个作一次非线性函数运算,然后将所得的结果依次加上第 1 个变量、32 比特消息子分组和一个伪随机常数,再将所得结果循环右移指定位数,并加上(A,B,C,D)中的第 2 个变量,最后把新值赋给向量中的第 1 个变量。4 轮操作的详细过程如下所示。

第 1 轮

$FF(a,b,c,d,M[j],s,T[i])$ 表示 $a=b+((a+(F(b,c,d)+M[j]+T[i])<<<s)$

$(A,B,C,D,M[0],7,1)$	$(D,A,B,C,M[1],12,2)$	$(C,D,A,B,M[2],17,3)$	$(B,C,D,A,M[3],22,4)$
$(A,B,C,D,M[4],7,5)$	$(D,A,B,C,M[5],12,6)$	$(C,D,A,B,M[6],17,7)$	$(B,C,D,A,M[7],22,8)$
$(A,B,C,D,M[8],7,9)$	$(D,A,B,C,M[9],12,10)$	$(C,D,A,B,M[10],17,11)$	$(B,C,D,A,M[11],22,12)$
$(A,B,C,D,M[12],7,13)$	$(D,A,B,C,M[13],12,14)$	$(C,D,A,B,M[14],17,15)$	$(B,C,D,A,M[15],22,16)$

第 2 轮

$GG(a,b,c,d,M[j],s,T[i])$ 表示 $a=b+((a+(G(b,c,d)+M[j]+T[i])<<<s)$

$(A,B,C,D,M[1],5,17)$	$(D,A,B,C,M[6],9,18)$	$(C,D,A,B,M[11],14,19)$	$(B,C,D,A,M[0],20,20)$
$(A,B,C,D,M[5],5,21)$	$(D,A,B,C,M[10],9,22)$	$(C,D,A,B,M[15],14,23)$	$(B,C,D,A,M[4],20,24)$
$(A,B,C,D,M[9],5,25)$	$(D,A,B,C,M[14],9,26)$	$(C,D,A,B,M[3],14,27)$	$(B,C,D,A,M[8],20,28)$
$(A,B,C,D,M[13],5,29)$	$(D,A,B,C,M[2],9,30)$	$(C,D,A,B,M[7],14,31)$	$(B,C,D,A,M[12],20,32)$

第 3 轮

$HH(a,b,c,d,M[j],s,T[i])$ 表示 $a=b+((a+(H(b,c,d)+M[j]+T[i])<<<s)$

$(A,B,C,D,M[5],4,33)$	$(D,A,B,C,M[8],11,34)$	$(C,D,A,B,M[11],16,35)$	$(B,C,D,A,M[14],23,36)$
$(A,B,C,D,M[1],4,37)$	$(D,A,B,C,M[4],11,38)$	$(C,D,A,B,M[7],16,39)$	$(B,C,D,A,M[10],23,40)$
$(A,B,C,D,M[13],4,41)$	$(D,A,B,C,M[0],11,42)$	$(C,D,A,B,M[3],16,43)$	$(B,C,D,A,M[6],23,44)$
$(A,B,C,D,M[9],4,45)$	$(D,A,B,C,M[12],11,46)$	$(C,D,A,B,M[15],16,47)$	$(B,C,D,A,M[2],23,48)$

第 4 轮

$II(a,b,c,d,M[j],s,T[i])$ 表示 $a=b+((a+(I(b,c,d)+M[j]+T[i])<<<s)$

$(A,B,C,D,M[0],6,49)$	$(D,A,B,C,M[7],10,50)$	$(C,D,A,B,M[14],15,51)$	$(B,C,D,A,M[5],21,52)$
$(A,B,C,D,M[12],6,53)$	$(D,A,B,C,M[3],10,54)$	$(C,D,A,B,M[10],15,55)$	$(B,C,D,A,M[1],21,56)$
$(A,B,C,D,M[8],6,57)$	$(D,A,B,C,M[15],10,58)$	$(C,D,A,B,M[6],15,59)$	$(B,C,D,A,M[13],21,60)$
$(A,B,C,D,M[4],6,61)$	$(D,A,B,C,M[11],10,62)$	$(C,D,A,B,M[2],15,63)$	$(B,C,D,A,M[9],21,64)$

第 4 轮最后一步完成后,再作如下运算：

$$A\equiv(A+AA)\bmod 2^{32}, B\equiv(B+BB)\bmod 2^{32}$$
$$C\equiv(C+CC)\bmod 2^{32}, D\equiv(D+DD)\bmod 2^{32}$$

然后把 A、B、C 和 D 的值作为下一个迭代压缩时的链接变量输入,直到最后一个消息分组压缩得到的寄存器值 $(A\|B\|C\|D)$ 输出作为 128 比特的消息散列值。

2. MD5 举例

例 6.1 用 MD5 算法处理 ASCII 码序列"iscbupt"。

解 将消息进行填充后经过 64 轮循环操作,A、B、C、D 这 4 个 32 比特的寄存器变化如表 6-2 所示。

表 6-2 ASCII 码序列"iscbupt"经 64 步循环处理时 A、B、C 和 D 的变化

i	A	B	C	D
1	10325476	D6D99BA5	EFCDAB89	98BADCFE
2	98BADCFE	7B9B602A	D6D99BA5	EFCDAB89
3	EFCDAB89	2E90879B	7B9B602A	D6D99BA5
4	D6D99BA5	D7FBA0BF	2E90879B	7B9B602A
5	7B9B602A	4B3198BC	D7FBA0BF	2E90879B
6	2E90879B	9612CB69	4B3198BC	D7FBA0BF

续表

i	A	B	C	D
7	D7FBA0BF	82EB00DD	9612CB69	4B3198BC
8	4B3198BC	0D531610	82EB00DD	9612CB69
9	9612CB69	88509CB3	0D531610	82EB00DD
10	82EB00DD	B5C7DF78	88509CB3	0D531610
11	0D531610	A743F5ED	B5C7DF78	88509CB3
12	88509CB3	7954F6DF	A743F5ED	B5C7DF78
13	B5C7DF78	4BAAD82B	7954F6DF	A743F5ED
14	A743F5ED	70188235	4BAAD82B	7954F6DF
15	7954F6DF	CD55B049	70188235	4BAAD82B
16	4BAAD82B	9617213A	CD55B049	70188235
17	70188235	886AF085	9617213A	CD55B049
18	CD55B049	C038421A	886AF085	9617213A
19	9617213A	F706A125	C038421A	886AF085
20	886AF085	DDD0C564	F706A125	C038421A
21	C038421A	93ED064E	DDD0C564	F706A125
22	F706A125	3522690A	93ED064E	DDD0C564
23	DDD0C564	A7CEA2BF	3522690A	93ED064E
24	93ED064E	6B7579F1	A7CEA2BF	3522690A
25	3522690A	A2ED771C	6B7579F1	A7CEA2BF
26	A7CEA2BF	50C660E2	A2ED771C	6B7579F1
27	6B7579F1	5692F83E	50C660E2	A2ED771C
28	A2ED771C	54532D5D	5692F83E	50C660E2
29	50C660E2	B8D63D11	54532D5D	5692F83E
30	5692F83E	CB5A93CE	B8D63D11	54532D5D
31	54532D5D	CE737D84	CB5A93CE	B8D63D11
32	B8D63D11	69CE4B07	CE737D84	CB5A93CE
33	CB5A93CE	C5500509	69CE4B07	CE737D84
34	CE737D84	933ED2B6	C5500509	69CE4B07
35	69CE4B07	0E9D4E67	933ED2B6	C5500509
36	C5500509	A07DA1F5	0E9D4E67	933ED2B6
37	933ED2B6	26977057	A07DA1F5	0E9D4E67
38	0E9D4E67	D0A89393	26977057	A07DA1F5
39	A07DA1F5	ACA0EF2D	D0A89393	26977057
40	26977057	53FDDD62	ACA0EF2D	D0A89393
41	D0A89393	4686ECF9	53FDDD62	ACA0EF2D
42	ACA0EF2D	8EF453B5	4686ECF9	53FDDD62
43	53FDDD62	10D470D4	8EF453B5	4686ECF9
44	4686ECF9	106D0738	10D470D4	8EF453B5

续表

i	A	B	C	D
45	8EF453B5	FAFB1FF2	106D0738	10D470D4
46	10D470D4	8DA8E372	FAFB1FF2	106D0738
47	106D0738	772D7B27	8DA8E372	FAFB1FF2
48	FAFB1FF2	19984719	772D7B27	8DA8E372
49	8DA8E372	B80EDD70	19984719	772D7B27
50	772D7B27	22068738	B80EDD70	19984719
51	19984719	A2D0C7CD	22068738	B80EDD70
52	B80EDD70	AC0C4C36	A2D0C7CD	22068738
53	22068738	D208E795	AC0C4C36	A2D0C7CD
54	A2D0C7CD	AE261425	D208E795	AC0C4C36
55	AC0C4C36	B4877C85	AE261425	D208E795
56	D208E795	1D603755	B4877C85	AE261425
57	AE261425	E95A86DF	1D603755	B4877C85
58	B4877C85	A0094568	E95A86DF	1D603755
59	1D603755	A570770F	A0094568	E95A86DF
60	E95A86DF	0D20E39F	A570770F	A0094568
61	A0094568	DA456015	0D20E39F	A570770F
62	A570770F	A7517CE9	DA456015	0D20E39F
63	0D20E39F	DAB4FBDA	A7517CE9	DA456015
64	DA456015	231F2EC1	DAB4FBDA	A7517CE9

在此特别强调的是，尽管前面提到 MD5 的初始链接变量是：

$A=0\mathrm{x}01234567, B=0\mathrm{x}89\mathrm{ABCDEF}, C=0\mathrm{xFEDCBA98}, D=0\mathrm{x}76543210$

但在运算过程中涉及大端(Big Endian)和小端(Little Endian)的转换问题，所以计算时首先应该将初始链接变量进行大小端的转换，运算结束后再进行一次大小端的转换即得 MD5 散列值。

完成第一个分组(即最后一个分组)处理后得散列值为：

$A=(0\mathrm{xDA456015}+0\mathrm{x}67452301)\bmod 2^{32}=0\mathrm{x}418\mathrm{A}8316$

$B=(0\mathrm{x}231\mathrm{F}2\mathrm{EC}1+0\mathrm{xEFCDAB89})\bmod 2^{32}=0\mathrm{x}12\mathrm{ECDA4A}$

$C=(0\mathrm{xDAB4FBDA}+0\mathrm{x}98\mathrm{BADCFE})\bmod 2^{32}=0\mathrm{x}736\mathrm{FD}8\mathrm{D}8$

$D=(0\mathrm{xA7517CE9}+0\mathrm{x}10325476)\bmod 2^{32}=0\mathrm{xB}783\mathrm{D}15\mathrm{F}$

由此可得：

MD5("iscbupt")="16838A414ADAEC12D8D86F735FD183B7"

有兴趣的读者可以编程验证下面两个例子：

MD5 ("Beijing University of Posts and Telecommunications")
   ="F2F2CCD920E437226DEA34B75BF2C052"

MD5("State Key Laboratory of Networking and Switching")
   ="963D49BA01666C8A66AF403FF8B66955"

3. MD5 与 MD4

MD4(RFC 1320)是 Rivest 在 1990 年设计的。它的基本操作单元是 32 比特的字,适用在 32 位字长的处理器上用高速软件实现。Den Boer 和 Bosselaers 等人很快发现了攻击 MD4 中第 1 轮和第 3 轮的方法。此外,Dobbertin 向人们演示了如何利用一台普通的个人计算机在几分钟内找到 MD4 的碰撞。从而预示着它并不像期望的那样安全,于是 Rivest 改进了它并设计了 MD5 算法。

MD5 比 MD4 复杂,其速度较 MD4 降低了近 30%,但在抗安全性分析方面表现更好,因此在实际应用中颇受欢迎。MD5 较 MD4 所做的改进是主要包括 6 点:

(1) MD4 只有 3 轮,MD5 增加到了 4 轮;
(2) MD5 比 MD4 增加了一种逻辑运算;
(3) 每一轮都使用了一个不同的加法常数 $T[i]$;
(4) 步函数做了改进,以加快"雪崩效应";
(5) 改变了第 2 轮和第 3 轮中访问消息子分组的顺序,减小了形式的相似程度,加大了不相似程度;
(6) 近似优化了每轮的循环左移位移量,以实现更快的"雪崩效应"。

因为 MD4 的详细计算步骤与 MD5 大同小异,所以在此只举 3 个例子来说明 MD5 与 MD4 的不同。

MD4("iscbupt")="E40634A46DE80FC702DC4865876DCC93"

MD4("Beijing University of Posts and Telecommunications")
 ="DF8F642A3839FF686732054D0A65A948"

MD4("State Key Laboratory of Networking and Switching")
 ="6E15041A108A9FA2176449DDD4C97F54"

6.2.2 SHA1 算法

1993 年美国国家标准技术研究所 NIST 公布了安全散列算法 SHA0(Secure Hash Algorithm)标准,1995 年 4 月 17 日公布的修改版本称为 SHA1。SHA1 在设计方面很大程度上是模仿 MD5 的,但它对"任意"长度的消息生成 160 比特的消息摘要(MD5 仅仅生成 128 位的摘要),因此抗穷举搜索能力更强。它有 5 个参与运算的 32 位寄存器字,消息分组和填充方式与 MD5 相同,主循环也同样是 4 轮,但每轮进行 20 次操作,包含非线性运算、移位和加法运算,但非线性函数、加法常数和循环左移操作的设计与 MD5 有一些区别。

1. SHA1 原理

SHA1 算法的输入是最大长度小于 2^{64} 比特的消息,输入消息以 512 比特的分组为单位处理,输出是 160 比特的消息摘要。图 6-5 显示了处理消息、输出消息摘要的整个过程,该过程包含下述步骤。

(1) 附加填充位:填充一个"1"和若干个"0"使其长度模 512 与 448 同余。然后在消息后附加 64 比特的无符号整数,其值为原始消息的长度。产生长度为 512 整数倍的消息串并把消息分成长为 512 位的消息块 $M_1, M_2, \cdots, M_N$,因此填充后消息的长度为 $512 \times N$ 比特。

(2) 初始化链接变量:和 MD5 类似,将 5 个 32 比特的固定数赋给 5 个 32 比特的寄存器 A、B、C、D 和 E 作为第一次迭代的链接变量输入:

$$A=0\text{x}67452301, B=0\text{xEFCDAB89}$$
$$C=0\text{x}98\text{BADCFE}, D=0\text{x}10325476, E=0\text{xC3D2E1F0}$$

(3) 压缩函数以 512 位的分组为单位处理消息,算法核心是一个包含 4 轮循环的模块,每轮循环由 20 个步骤组成,其逻辑如图 6-5 所示。每轮循环使用的步函数相同,不同轮的步函数包含不同的非线性函数(Ch、Parity、Maj、Parity)。步函数的输入除了寄存器 A、B、C、D 和 E 外,还有额外常数 K_r($1 \leqslant r \leqslant 4$)和子消息分组(消息字)$W_t$($0 \leqslant t \leqslant 79$),$t$ 为迭代的步数,r 为轮数。

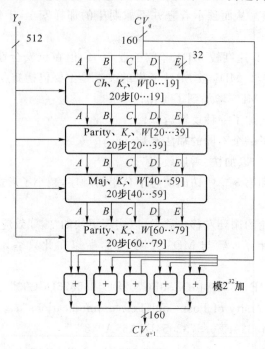

图 6-5 SHA1 的压缩函数的处理流程

(4) 每轮循环均以当前正在处理的 512 比特消息分组 Y_q 和 160 比特的缓存值 A、B、C、D 和 E 为输入,然后循环更新缓存的内容。最后,寄存器 A、B、C、D、E 的当前值模 2^{32} 加上此次迭代的输入 CV_q 产生 CV_{q+1}。

(5) 得到最终散列值:全部 512 比特数据块处理完毕后,最后输出的就是 160 比特的消息摘要。

2. SHA1 的步函数

SHA1 的步函数如图 6-6 所示,它是 SHA1 最为重要的函数,也是 SHA1 中最关键的部件。

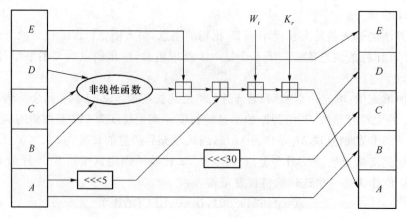

图 6-6 SHA1 的步函数

SHA1每运行一次步函数,A、B、C、D的值顺序赋值给(或经过一个简单左循环移位后)B、C、D、E寄存器。同时,A、B、C、D、E的输入值与常数和子消息块经过步函数运算后赋值给A。

$$A = (\text{ROTL}^5(A) + f_t(B,C,D) + E + W_t + K_r) \bmod 2^{32}$$
$$B = A$$
$$C = \text{ROTL}^{30}(B) \bmod 2^{32}$$
$$D = C$$
$$E = D$$

其中,t是步数,$0 \leq t \leq 79$,r为轮数,$1 \leq r \leq 4$。

图中非线性函数输入3个32比特的变量B、C和D进行操作,产生一个32位的输出,其定义如下:

$$f_t(x,y,z) = \begin{cases} \text{Ch}(x,y,z) = (x \wedge y) \oplus (\neg x \wedge z), & 0 \leq t \leq 19 \\ \text{Parity}(x,y,z) = x \oplus y \oplus z, & 20 \leq t \leq 39 \\ \text{Maj}(x,y,z) = (x \wedge y) \oplus (x \wedge z) \oplus (y \wedge z), & 40 \leq t \leq 59 \\ \text{Parity}(x,y,z) = x \oplus y \oplus z, & 60 \leq t \leq 79 \end{cases}$$

图6-6中K_r是循环中使用的额外常数,其值定义如下。

K_r的4个取值分别为2、3、5和10的平方根,然后再乘以$2^{30} = 1\,073\,741\,824$,最后取乘积的整数部分。以计算$K_4$为例,

步数	K_r
$r=1(0 \leq t \leq 19)$	0x5A827999
$r=2(20 \leq t \leq 39)$	0x6ED9EBA1
$r=3(40 \leq t \leq 59)$	0x8F1BBCDC
$r=4(60 \leq t \leq 79)$	0xCA62C1D6

$\sqrt{10} \approx 3.162\,277\,660\,168\,379\,331\,998\,893\,544\,432\,7$,$\sqrt{10} \times 2^{30} = \sqrt{10} \times 1\,073\,741\,824 \approx 3\,395\,469\,782.823\,647\,771\,064\,393\,520\,381$,最后取求积的整数部分得$(3395469782)_{10} = (\text{CA62C1D6})_{16}$。

$\text{ROTL}^n(x)$表示对32比特的变量x循环左移n比特。

32比特的消息字W_t是从512比特的消息分组中导出的,其生成过程如图6-7所示。

$$\begin{cases} W_t = M_t^{(i)}, & 0 \leq t \leq 15 \\ W_t = \text{ROTL}^1(W_{t-3} \oplus W_{t-8} \oplus W_{t-14} \oplus W_{t-16}), & 16 \leq t \leq 79 \end{cases}$$

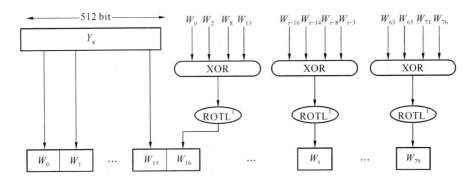

图6-7 SHA1的80个消息字生成过程

从图6-7可以看出,在前16步处理中W_t值等于消息分组中的相应字,而余下的64步操作中,其值是由前面的4个值相互异或后再循环移位得到。上述操作增加了消息比特的扩散,故对于相同长度的消息找出另一个杂凑值相同的消息会非常困难。

3. SHA1 举例

例 6.2 用 SHA1 处理 ASCII 码序列"iscbupt"。

解 首先将消息进行填充,填充后消息分组赋值给 16 个 32 比特的字:

$W_0 = 0x69736362, W_1 = 0x75707480, W_2 = W_3 = W_4 = W_5 = W_6 = 0x00000000,$
$W_7 = W_8 = W_9 = W_{10} = W_{11} = W_{12} = W_{13} = W_{14} = 0x00000000, W_{15} = 0x00000038$

初始散列值为:

$$A = 0x67452301, B = 0xEFCDAB89$$
$$C = 0x98BADCFE, D = 0x10325476, E = 0xC3D2E1F0$$

经过 80 步循环后这 5 个 32 比特的寄存器 A、B、C、D 和 E 的值如表 6-3 所示。

表 6-3 ASCII 序列"iscbupt"经 80 步循环处理时 A、B、C、D、E 的取值变化

t	A	B	C	D	E
0	0927FC15	67452301	7BF36AE2	98BADCFE	10325476
1	0120C42E	0927FC15	59D148C0	7BF36AE2	98BADCFE
2	93272739	0120C42E	4249FF05	59D148C0	7BF36AE2
3	942C9871	93272739	8048310B	4249FF05	59D148C0
4	FA2FC998	942C9871	64C9C9CE	8048310B	4249FF05
5	E70E5507	FA2FC998	650B261C	64C9C9CE	8048310B
6	21604BFE	E70E5507	3E8BF266	650B261C	64C9C9CE
7	11613549	21604BFE	F9C39541	3E8BF266	650B261C
8	2B7FFA17	11613549	885812FF	F9C39541	3E8BF266
9	F1D03F2D	2B7FFA17	44584D52	885812FF	F9C39541
10	0EA63D92	F1D03F2D	CADFFE85	44584D52	885812FF
11	7C7ABD30	0EA63D92	7C740FCB	CADFFE85	44584D52
12	FAB03C81	7C7ABD30	83A98F64	7C740FCB	CADFFE85
13	7B969848	FAB03C81	1F1EAF4C	83A98F64	7C740FCB
14	64E341D7	7B969848	7EAC0F20	1F1EAF4C	83A98F64
15	F9207325	64E341D7	1EE5A612	7EAC0F20	1F1EAF4C
16	8F83629A	F9207325	D938D075	1EE5A612	7EAC0F20
17	94619941	8F83629A	7E481CC9	D938D075	1EE5A612
18	63D3D93A	94619941	A3E0D8A6	7E481CC9	D938D075
19	3E6C9B6B	63D3D93A	65186650	A3E0D8A6	7E481CC9
20	35A2AF9E	3E6C9B6B	98F4F64E	65186650	A3E0D8A6
21	8A90C462	35A2AF9E	CF9B26DA	98F4F64E	65186650
22	D473785F	8A90C462	8D68ABE7	CF9B26DA	98F4F64E
23	0A24DBBB	D473785F	A2A43118	8D68ABE7	CF9B26DA
24	249DF8C5	0A24DBBB	F51CDE17	A2A43118	8D68ABE7
25	3095C907	249DF8C5	C28936EE	F51CDE17	A2A43118
26	8E4695E2	3095C907	49277E31	C28936EE	F51CDE17
27	E8050B61	8E4695E2	CC257241	49277E31	C28936EE
28	6BB594AB	E8050B61	A391A578	CC257241	49277E31

续表

t	A	B	C	D	E
29	64746D55	6BB594AB	7A0142D8	A391A578	CC257241
30	AEAE3848	64746D55	DAED652A	7A0142D8	A391A578
31	8AE926E1	AEAE3848	591D1B55	DAED652A	7A0142D8
32	25AA0768	8AE926E1	2BAB8E12	591D1B55	DAED652A
33	75AA6977	25AA0768	62BA49B8	2BAB8E12	591D1B55
34	A3B1A79A	75AA6977	096A81DA	62BA49B8	2BAB8E12
35	5E417EF8	A3B1A79A	DD6A9A5D	096A81DA	62BA49B8
36	AE5F8B3C	5E417EF8	A8EC69E6	DD6A9A5D	096A81DA
37	E8766E06	AE5F8B3C	17905FBE	A8EC69E6	DD6A9A5D
38	5378BA92	E8766E06	2B97E2CF	17905FBE	A8EC69E6
39	B256ED0F	5378BA92	BA1D9B81	2B97E2CF	17905FBE
40	9E986C07	B256ED0F	94DE2EA4	BA1D9B81	2B97E2CF
41	F80E2410	9E986C07	EC95BB43	94DE2EA4	BA1D9B81
42	1755D376	F80E2410	E7A61B01	EC95BB43	94DE2EA4
43	DD1EB570	1755D376	3E038904	E7A61B01	EC95BB43
44	C5B034A6	DD1EB570	85D574DD	3E038904	E7A61B01
45	198447ED	C5B034A6	3747AD5C	85D574DD	3E038904
46	8FAAB10C	198447ED	B16C0D29	3747AD5C	85D574DD
47	6C81D1FA	8FAAB10C	466111FB	B16C0D29	3747AD5C
48	49635D74	6C81D1FA	23EAAC43	466111FB	B16C0D29
49	A8EFD1C6	49635D74	9B20747E	23EAAC43	466111FB
50	7304E820	A8EFD1C6	1258D75D	9B20747E	23EAAC43
51	69A63594	7304E820	AA3BF471	1258D75D	9B20747E
52	143F49D3	69A63594	1CC13A08	AA3BF471	1258D75D
53	7BE37B87	143F49D3	1A698D65	1CC13A08	AA3BF471
54	143D4983	7BE37B87	C50FD274	1A698D65	1CC13A08
55	356A46CF	143D4983	DEF8DEE1	C50FD274	1A698D65
56	64F5C342	356A46CF	C50F5260	DEF8DEE1	C50FD274
57	4A89A474	64F5C342	CD5A91B3	C50F5260	DEF8DEE1
58	AA3A3A2B	4A89A474	993D70D0	CD5A91B3	C50F5260
59	BCEC6B95	AA3A3A2B	12A2691D	993D70D0	CD5A91B3
60	1B1AC8B8	BCEC6B95	EA8E8E8A	12A2691D	993D70D0
61	F1FBF79B	1B1AC8B8	6F3B1AE5	EA8E8E8A	12A2691D
62	B56F3E7A	F1FBF79B	06C6B22E	6F3B1AE5	EA8E8E8A
63	0A5BD897	B56F3E7A	FC7EFDE6	06C6B22E	6F3B1AE5
64	56AAAB33	0A5BD897	AD5BCF9E	FC7EFDE6	06C6B22E
65	2F050B3F	56AAAB33	C296F625	AD5BCF9E	FC7EFDE6
66	9CB5A958	2F050B3F	D5AAAACC	C296F625	AD5BCF9E

t	A	B	C	D	E
67	DDF063E5	9CB5A958	CBC142CF	D5AAAACC	C296F625
68	1DEC5E2B	DDF063E5	272D6A56	CBC142CF	D5AAAACC
69	32DB61D0	1DEC5E2B	777C18F9	272D6A56	CBC142CF
70	6C86183B	32DB61D0	C77B178A	777C18F9	272D6A56
71	FBA0E2EC	6C86183B	0CB6D874	C77B178A	777C18F9
72	D115BA59	FBA0E2EC	DB21860E	0CB6D874	C77B178A
73	9596930B	D115BA59	3EE838BB	DB21860E	0CB6D874
74	16C89BC5	9596930B	74456E96	3EE838BB	DB21860E
75	1332C900	16C89BC5	E565A4C2	74456E96	3EE838BB
76	AD4AF4E7	1332C900	45B226F1	E565A4C2	74456E96
77	C62226FA	AD4AF4E7	04CCB240	45B226F1	E565A4C2
78	280E6F65	C62226FA	EB52BD39	04CCB240	45B226F1
79	FF08A6EF	280E6F65	B18889BE	EB52BD39	04CCB240

分组处理完毕后,5 个寄存器的值为:

$A = (0x67452301 + 0xFF08A6EF) \bmod 2^{32} = 0x664DC9F0$

$B = (0xEFCDAB89 + 0x280E6F65) \bmod 2^{32} = 0x17DC1AEE$

$C = (0x98BADCFE + 0xB18889BE) \bmod 2^{32} = 0x4A4366BC$

$D = (0x10325476 + 0xEB52BD39) \bmod 2^{32} = 0xFB8511AF$

$E = (0xC3D2E1F0 + 0x04CCB240) \bmod 2^{32} = 0xC89F9430$

由此可得:

SHA1("iscbupt") = "664DC9F017DC1AEE4A4366BCFB8511AFC89F9430"。

有兴趣的读者可以编程验证下列例子:

SHA1("Beijing University of Posts and Telecommunications")
　　= "C70AEC84B435D69659D24ABA72222B7EE1A6EBE1"

SHA1("State Key Laboratory of Networking and Switching")
　　= "EA616117A3115A3CAA792813AC5DE2743F00B613"

6.2.3 SHA256 算法

2001 年,NIST 公布 SHA2(是由 NSA 设计)作为联邦信息处理标准,它包含 6 个算法 SHA224,SHA256,SHA384,SHA512,SHA512/224,SHA512/256。输出分别为 224 比特、256 比特、384 比特和 512 比特的散列值,本书对前 4 个算法进行简单介绍。

1. SHA256 描述

SHA256 算法的输入是最大长度小于 2^{64} 比特的消息,输出是 256 比特的消息摘要,输入消息以 512 比特的分组为单位处理。该过程包含下述步骤。

(1) 附加填充位和长度

填充一个"1"和若干个"0"使其长度模 512 与 448 同余。在消息后附加 64 比特的长度块,其值为填充前消息的长度。从而产生长度为 512 整数倍的消息分组 $M_1, M_2, \cdots, M_N$,即填充后消息长度为 $512 \times N$ 比特。

(2) 初始化散列缓冲区

散列函数的中间结果和最终结果存于 256 比特的散列缓冲区中,缓冲区用 8 个 32 比特的寄存器 A、B、C、D、E、F、G 和 H 表示。初始链接变量也存于 8 个寄存器 A、B、C、D、E、F、G 和 H 中:

$$A = H_0^{(0)} = 0x6A09E667, \quad B = H_1^{(0)} = 0xBB67AE85$$
$$C = H_2^{(0)} = 0x3C6EF372, \quad D = H_3^{(0)} = 0xA54FF53A$$
$$E = H_4^{(0)} = 0x510E527F, \quad F = H_5^{(0)} = 0x9B05688C$$
$$G = H_6^{(0)} = 0x1F83D9AB, \quad H = H_7^{(0)} = 0x5BE0CD19$$

初始链接变量是取自前 8 个素数(2、3、5、7、11、13、17 和 19)的平方根的小数部分的二进制表示的前 32 位。以第四个字为例:$\sqrt{7} \approx 2.645\,751\,311\,064\,590\,590\,501\,615\,753\,6$,取其小数部分 $0.645\,751\,311\,064\,590\,590\,501\,615\,753\,6$,小数部分的二进制表示的前 32 位是 $(0.645751311064590590501 6157536)_{10} \approx (10100101010011111111010100111010)_2 = (A54FF53A)_{16}$。

(3) 压缩函数:以 512 位分组为单位处理消息,其核心是 64 步循环模块。图 6-8 是 SHA256 的压缩函数的处理流程。每一轮都把 256 比特缓冲区的值 A、B、C、D、E、F、G 和 H 作为输入,其值取自上一次迭代的输出链接变量 $H_{i-1} = (H_0^{(i-1)}, H_1^{(i-1)}, H_2^{(i-1)}, H_3^{(i-1)}, H_4^{(i-1)}, H_5^{(i-1)}, H_6^{(i-1)}, H_7^{(i-1)})$:

$$A = H_0^{(i-1)}, \quad B = H_1^{(i-1)}, \quad C = H_2^{(i-1)}, \quad D = H_3^{(i-1)}$$
$$E = H_4^{(i-1)}, \quad F = H_5^{(i-1)}, \quad G = H_6^{(i-1)}, \quad H = H_7^{(i-1)}$$

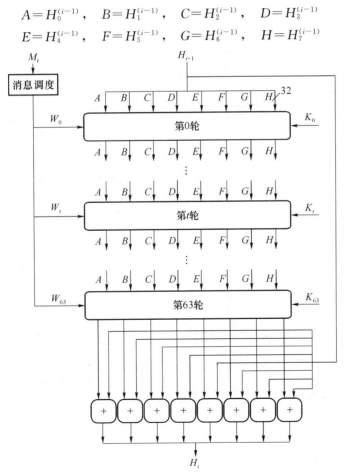

图 6-8 SHA256 的压缩函数

(4) 对于 64 步操作中的每一步 t,使用一个 32 比特的消息字 W_t,其值由当前被处理的 512 比特消息分组 M_i 导出(其规则见图 6-10)。在每步操作过程中还使用一个附加常数 K_t,$0 \leqslant t \leqslant 63$。$K_t$ 的获取方法是取前 64 个素数的立方根的小数部分的二进制表示的前 32 比特。其作用是提供 64 比特随机串集合以消除输入数据里的任何规则性,K_t 的具体数值如表 6-4 所示。

表 6-4 SHA256 中用到的常数 $K_t(0 \leqslant t \leqslant 63)$

428A2F98	71374491	B5C0FBCF	E9B5DBA5	3956C25B	59F111F1	923F82A4	AB1C5ED5
D807AA98	12835B01	243185BE	550C7DC3	72BE5D74	80DEB1FE	9BDC06A7	C19BF174
E49B69C1	EFBE4786	0FC19DC6	240CA1CC	2DE92C6F	4A7484AA	5CB0A9DC	76F988DA
983E5152	A831C66D	B00327C8	BF597FC7	C6E00BF3	D5A79147	06CA6351	14292967
27B70A85	2E1B2138	4D2C6DFC	53380D13	650A7354	766A0ABB	81C2C92E	92722C85
A2BFE8A1	A81A664B	C24B8B70	C76C51A3	D192E819	D6990624	F40E3585	106AA070
19A4C116	1E376C08	2748774C	34B0BCB5	391C0CB3	4ED8AA4A	5B9CCA4F	682E6FF3
748F82EE	78A5636F	84C87814	8CC70208	90BEFFFA	A4506CEB	BEF9A3F7	C67178F2

最后一步的输出和此次迭代压缩输入的链接变量 H_{i-1} 模 2^{32} 相加,产生此次迭代的输出链接变量 $H_i=(H_0^{(i)},H_1^{(i)},H_2^{(i)},H_3^{(i)},H_4^{(i)},H_5^{(i)},H_6^{(i)},H_7^{(i)})$:

$$H_0^{(i)}=(H_0^{(i-1)}+A)\bmod 2^{32}, \quad H_1^{(i)}=(H_1^{(i-1)}+B)\bmod 2^{32}$$
$$H_2^{(i)}=(H_2^{(i-1)}+C)\bmod 2^{32}, \quad H_3^{(i)}=(H_3^{(i-1)}+D)\bmod 2^{32}$$
$$H_4^{(i)}=(H_4^{(i-1)}+E)\bmod 2^{32}, \quad H_5^{(i)}=(H_5^{(i-1)}+F)\bmod 2^{32}$$
$$H_6^{(i)}=(H_6^{(i-1)}+G)\bmod 2^{32}, \quad H_7^{(i)}=(H_7^{(i-1)}+H)\bmod 2^{32}$$

(5) 得到最终散列值:消息 M 所有的 N 个 512 比特分组都处理完毕后,输出 256 比特的消息摘要,即 $\text{SHA256}(M)=H_0^{(N)} \| H_1^{(N)} \| H_2^{(N)} \| H_3^{(N)} \| H_4^{(N)} \| H_5^{(N)} \| H_6^{(N)} \| H_7^{(N)}$,式中"$\|$"表示连接操作。

2. SHA256 的步函数

步函数是 SHA256 中最为重要的函数,也是 SHA256 中最关键的部件。其运算过程如图 6-9 所示。

每一步先生成两个临时变量 T_1,T_2:

$$T_1=(\sum\nolimits_1(E)+Ch(E,F,G)+H+W_t+K_t)\bmod 2^{32}$$

$$T_2=(\sum\nolimits_0(A)+Maj(A,B,C))\bmod 2^{32}$$ 然后根据 T_1,T_2 的值,寄存器 A、E 更新。A、B、C、E、F、G 的输入值顺序赋值给 B、C、D 和 E、F、G 寄存器。

$A=(T_1+T_2)\bmod 2^{32}$
$B=A$
$C=B$
$D=C$

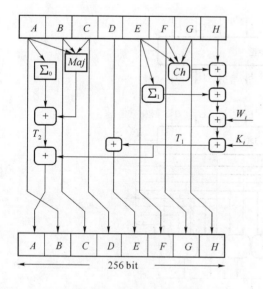

图 6-9 SHA256 的步函数

$E = (D + T_1) \bmod 2^{32}$
$F = E$
$G = F$
$H = G$

其中,t 是步数,$0 \leq t \leq 63$;

$$\mathrm{Ch}(E,F,G) = (E \wedge F) \oplus (\neg E \wedge G);$$
$$\mathrm{Maj}(A,B,C) = (A \wedge B) \oplus (A \wedge C) \oplus (B \wedge C);$$
$$\sum\nolimits_0(A) = \mathrm{ROTR}^2(A) \oplus \mathrm{ROTR}^{13}(A) \oplus \mathrm{ROTR}^{22}(A);$$
$$\sum\nolimits_1(E) = \mathrm{ROTR}^6(E) \oplus \mathrm{ROTR}^{11}(E) \oplus \mathrm{ROTR}^{25}(E),$$

且 $\mathrm{ROTR}^n(x)$ 表示对 32 比特的变量 x 循环右移 n 比特。

32 比特的消息字 W_t 是从 512 比特消息分组中导出的,其导出方法如图 6-10 所示,从图中可以看出

$$\begin{cases} W_t = M_t^{(i)}, & 0 \leq t \leq 15 \\ W_t = W_{t-16} + \sigma_0(W_{t-15}) + W_{t-7} + \sigma_1(W_{t-2}), & 16 \leq t \leq 63 \end{cases}$$

其中:
$\sigma_0(x) = \mathrm{ROTR}^7(x) \oplus \mathrm{ROTR}^{18}(x) \oplus \mathrm{SHR}^3(x)$
$\sigma_1(x) = \mathrm{ROTR}^{17}(x) \oplus \mathrm{ROTR}^{19}(x) \oplus \mathrm{SHR}^{10}(x)$

式中,$\mathrm{SHR}^n(x)$ 表示对 32 比特的变量 x 右移 n 位。

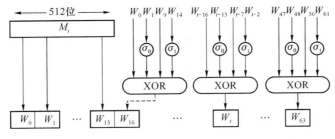

图 6-10 SHA256 的 64 个消息字生成过程

从图 6-10 可以看出,在前 16 步处理中,W_t 等于消息分组中的相应字,而余下的 48 步操作中,其值是由前面的 4 个值计算得到,4 个值中的两个要进行移位和循环移位操作。上述操作同样增强了消息比特的扩散性,使压缩函数具有良好的抗碰撞性。

6.2.4 SHA512 算法

1. SHA512 描述

SHA512 算法的输入是最大长度小于 2^{128} 比特的消息,输出是 512 比特的消息摘要,输入消息以 1 024 比特的分组为单位处理。图 6-11 显示了处理消息、输出消息摘要的整个过程,遵循前面提到的 MD 的一般结构,该过程包含下述步骤。

(1) 附加填充位:填充一个"1"和若干个"0"使其长度模 1 024 与 896 同余,填充位位于 0 ~1 023。

(2) 附加长度:在消息后附加 128 比特的长度块,其值为填充前消息的长度。

如消息"bupt"的附加填充和附加长度的结果为:

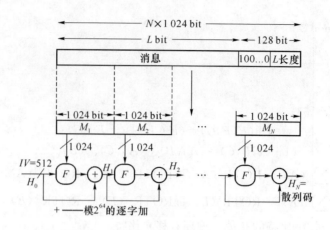

图 6-11 SHA512 的整体结构

前两步产生长度为 1 024 整数倍的消息串。在图 6-11 中,扩展的消息被表示为 1 024 比特的消息分组 $M_1, M_2, \cdots, M_N$,因此填充后消息的长度为 $1\,024 \times N$ 比特。

(3) 初始化散列缓冲区:散列函数的中间结果和最终结果存于 512 比特的散列缓冲区中,缓冲区用 8 个 64 比特的寄存器 A、B、C、D、E、F、G 和 H 表示。初始链接变量也存于 8 个寄存器 A、B、C、D、E、F、G 和 H 中:

$A = $ 0x6A09E667F3BCC908, $B = $ 0xBB67AE8584CAA73B

$C = $ 0x3C6EF372FE94F82B, $D = $ 0xA54FF53A5f1D36F1

$E = $ 0x510E527FADE682D1, $F = $ 0x9B05688C2B3E6C1F

$G = $ 0x1F83D9ABFB41BD6B, $H = $ 0x5BE0CD19137E2179

初始链接变量采用高端格式存储,即字的最高有效字节存于低地址位置(最左边位置)。初始链接变量的获取方法是取前 8 个素数(2、3、5、7、11、13、17 和 19)的平方根的小数部分的二进制表示的前 64 位。以第五个字计算为例:$\sqrt{13} \approx 3.605\,551\,275\,463\,989\,293\,119\,221\,267\,470\,5$,取其小数部分 $0.605\,551\,275\,463\,989\,293\,119\,221\,267\,470\,5$,小数部分的二进制表示的前 64 位是 $(0.60555127546398929311922126747 05)_{10} \approx (10011011000001010110100010001100 0010101100111 1100110110000011111)_2 = $ (9B05688C2B3E6C1F)$_{16}$。

(4) 压缩函数:以 1 024 位的分组为单位处理消息,其核心是具有 80 步循环的模块。图 6-12 是 SHA512 的压缩函数处理流程。每一次迭代都把 512 比特缓冲区的值 A、B、C、D、E、F、G 和 H 作为输入,其值取自上一次迭代压缩的计算结果 $H_{i-1} = (H_0^{(i-1)}, H_1^{(i-1)}, H_2^{(i-1)}, H_3^{(i-1)}, H_4^{(i-1)}, H_5^{(i-1)}, H_6^{(i-1)}, H_7^{(i-1)})$:

$A = H_0^{(i-1)}, B = H_1^{(i-1)}, C = H_2^{(i-1)}, D = H_3^{(i-1)}$

$E = H_4^{(i-1)}, F = H_5^{(i-1)}, G = H_6^{(i-1)}, H = H_7^{(i-1)}$

对于 80 步操作中的每一步 t,使用一个 64 比特的消息字 W_t,其值由当前被处理的 1 024 比特消息分组 M_i 导出,在每步操作过程中同时还使用一个附加常数 $K_t, 0 \leq t \leq 79$。K_t 的获取方法是取前 80 个素数的立方根的小数部分的二进制表示的前 64 比特,其取值如表 6-5 所示。其作用是提供了 64 比特随机串集合以消除输入数据里的任何规则性。

表 6-5 SHA512 使用的 K_t

428A2F98D728AE22	7137449123EF65CD	B5C0FBCFEC4D3B2F	E9B5DBA58189DBBC
3956C25BF348B538	59F111F1B605D019	923F82A4AF194F9B	AB1C5ED5DA6D8118
D807AA98A3030242	12835B0145706FBE	243185BE4EE4B28C	550C7DC3D5FFB4E2
72BE5D74F27B896F	80DEB1FE3B1696B1	9BDC06A725C71235	C19BF174CF692694
E49B69C19EF14AD2	EFBE4786384F25E3	0FC19DC68B8CD5B5	240CA1CC77AC9C65
2DE92C6F592B0275	4A7484AA6EA6E483	5CB0A9DCBD41FBD4	76F988DA831153B5
983E5152EE66DFAB	A831C66D2DB43210	B00327C898FB213F	BF597FC7BEEF0EE4
C6E00BF33DA88FC2	D5A79147930AA725	06CA6351E003826F	142929670A0E6E70
27B70A8546D22FFC	2E1B21385C26C926	4D2C6DFC5AC42AED	53380D139D95B3DF
650A73548BAF63DE	766A0ABB3C77B2A8	81C2C92E47EDAEE6	92722C851482353B
A2BFE8A14CF10364	A81A664BBC423001	C24B8B70D0F89791	C76C51A30654BE30
D192E819D6EF5218	D69906245565A910	F40E35855771202A	106AA07032BBD1B8
19A4C116B8D2D0C8	1E376C085141AB53	2748774CDF8EEB99	34B0BCB5E19B48A8
391C0CB3C5C95A63	4ED8AA4AE3418ACB	5B9CCA4F7763E373	682E6FF3D6B2B8A3
748F82EE5DEFB2FC	78A5636F43172F60	84C87814A1F0AB72	8CC702081A6439EC
90BEFFFA23631E28	A4506CEBDE82BDE9	BEF9A3F7B2C67915	C67178F2E372532B
CA273ECEEA26619C	D186B8C721C0C207	EADA7DD6CDE0EB1E	F57D4F7FEE6ED178
06F067AA72176FBA	0A637DC5A2C898A6	113F9804BEF90DAE	1B710B35131C471B
28DB77F523047D84	32CAAB7B40C72493	3C9EBE0A15C9BEBC	431D67C49C100D4C
4CC5D4BECB3E42B6	597F299CFC657E2A	5FCB6FAB3AD6FAEC	6C44198C4A475817

最后第 80 步的输出和此次迭代压缩输入的链接变量 H_{i-1} 模 2^{64} 相加产生 $H_i = (H_0^{(i)},$ $H_1^{(i)}, H_2^{(i)}, H_3^{(i)}, H_4^{(i)}, H_5^{(i)}, H_6^{(i)}, H_7^{(i)})$：

$$H_0^{(i)} \equiv (H_0^{(i-1)} + A) \bmod 2^{64}, \quad H_1^{(i)} \equiv (H_1^{(i-1)} + B) \bmod 2^{64}$$

$$H_2^{(i)} \equiv (H_2^{(i-1)} + C) \bmod 2^{64}, \quad H_3^{(i)} \equiv (H_3^{(i-1)} + D) \bmod 2^{64}$$

$$H_4^{(i)} \equiv (H_4^{(i-1)} + E) \bmod 2^{64}, \quad H_5^{(i)} \equiv (H_5^{(i-1)} + F) \bmod 2^{64}$$

$$H_6^{(i)} \equiv (H_6^{(i-1)} + G) \bmod 2^{64}, \quad H_7^{(i)} \equiv (H_7^{(i-1)} + H) \bmod 2^{64}$$

（5）得到最终散列值：消息 $M^{(N)}$ 所有的 N 个 1 024 比特分组都处理完毕后，第 N 次迭代压缩输出的 512 比特链接变量为消息摘要，即

$$\text{SHA512}(M^{(N)}) = H_0^{(N)} \| H_1^{(N)} \| H_2^{(N)} \| H_3^{(N)} \| H_4^{(N)} \| H_5^{(N)} \| H_6^{(N)} \| H_7^{(N)}$$

式中，"$\|$"表示连接操作。

2. SHA512 步函数

步函数是 SHA512 中最为重要的函数，也是 SHA512 中最关键的部件。每一步的运算过程如图 6-13 所示。

图 6-13 中每一步的压缩函数由如下方程定义，同样，B、C、D、F、G、H 的更新值分别是 A、B、C、E、F、G 的输入状态值，同时生成两个临时变量用于更新 A、E 寄存器。

$$T_1 = (\sum\nolimits_1(E) + Ch(E,F,G) + H + W_t + K_t) \bmod 2^{64}$$

$$T_2 = (\sum\nolimits_0(A) + Maj(A,B,C)) \bmod 2^{64}$$

$$A = (T_1 + T_2) \bmod 2^{64}$$

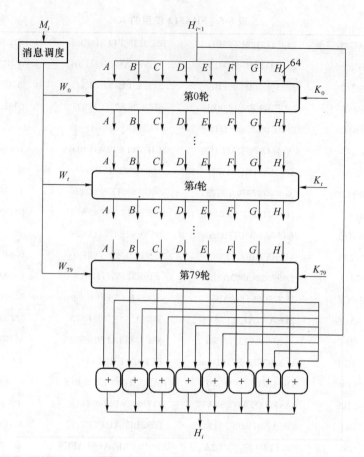

图 6-12 SHA512 的压缩函数

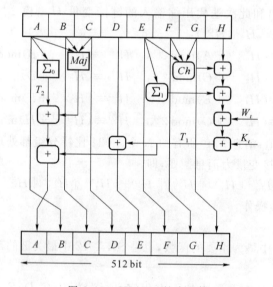

图 6-13 SHA512 的步函数

$B = A$
$C = B$
$D = C$
$E = (D + T_1) \bmod 2^{64}$

$F = E$

$G = F$

$H = G$

其中，t 是步骤数，$0 \leq t \leq 79$；

$$Ch(E, F, G) = (E \wedge F) \oplus (\neg E \wedge G);$$
$$Maj(A, B, C) = (A \wedge B) \oplus (A \wedge C) \oplus (B \wedge C);$$
$$\sum\nolimits_0 (A) = \mathrm{ROTR}^{28}(A) \oplus \mathrm{ROTR}^{34}(A) \oplus \mathrm{ROTR}^{39}(A);$$
$$\sum\nolimits_1 (E) = \mathrm{ROTR}^{14}(E) \oplus \mathrm{ROTR}^{18}(E) \oplus \mathrm{ROTR}^{41}(E)。$$

64 比特的消息字 W_t 是从 1 024 比特消息分组中导出的，其导出方法如图 6-14 所示，从图中可以看出：

$$\begin{cases} W_t = M_t^{(i)}, & 0 \leq t \leq 15 \\ W_t = W_{t-16} + \sigma_0(W_{t-15}) + W_{t-7} + \sigma_1(W_{t-2}), & 16 \leq t \leq 79 \end{cases}$$

其中，

$$\sigma_0(x) = \mathrm{ROTR}^1(x) \oplus \mathrm{ROTR}^8(x) \oplus \mathrm{SHR}^7(x)$$
$$\sigma_1(x) = \mathrm{ROTR}^{19}(x) \oplus \mathrm{ROTR}^{61}(x) \oplus \mathrm{SHR}^6(x)$$

式中，$\mathrm{ROTR}^n(x)$ 表示对 64 比特的变量 x 循环右移 n 比特，$\mathrm{SHR}^n(x)$ 表示对 64 比特的变量 x 右移 n 位。

从图 6-14 可以看出，在前 16 步处理中，W_t 值等于消息分组中的相应 64 比特字，而余下的 64 步操作中，其值是由前面的 4 个值计算得到，4 个值中的两个要进行移位和循环移位操作。

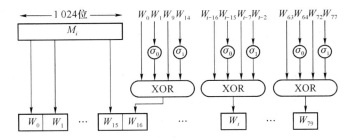

图 6-14 SHA512 的 80 个消息字生成过程

3. SHA224 与 SHA384

2001 年的 FIPS PUB 180-2 草稿中，NIST 在 SHA1 基础上发布了三个额外的 SHA 变体，这三个函数增加了的散列值长度，并以其散列值长度（以比特计算）加在原名后面来命名：SHA256，SHA384 和 SHA512。之后，包含 SHA1 的 FIPS PUB 180-2，于 2002 年以官方标准发布。2004 年 2 月，发布了一次 FIPS PUB 180-2 的变更通知，加入了一个额外的变种 SHA224，这是为了符合双密钥 3DES 所需的密钥长度而定义。SHA256 和 SHA512 是很新的散列函数，前者以定义一个 word 为 32 位，后者则定义一个 word 为 64 位。实际上二者结构是相同的，只在循环运行的次数、使用常数上有所差异。SHA224 以及 SHA384 则是前述二种散列函数的截短版，利用不同的初始值做计算。

SHA224 的输入消息长度跟 SHA256 相同，也是小于 2^{64} 比特，其分组的大小也是 512 比特，其处理流程跟 SHA256 也基本一致，但有如下两处不同。

(1) SHA224 的散列值取自 A、B、C、D、E、F、G 共 7 个寄存器的比特字，而 SHA256 的消息摘要取自 A、B、C、D、E、F、G 和 H 共 8 个 32 比特字。

(2) SHA224 的初始链接变量 A、B、C、D、E、F、G、H 与 SHA256 的初始链接变量不同，它也采用高端格式存储，但其初始链接变量的获取方法是取前第 9 至第 16 个素数（23、29、31、37、41、43、47 和 53）的平方根的小数部分的二进制表示的第二个 32 位，SHA224 的初始链接变量如下：

$A=0xC1059ED8$；$B=0x367CD507$

$C=0x3070DD17$；$D=0xF70E5939$

$E=0xFFC00B31$；$F=0x68581511$

$G=0x64F98FA7$；$H=0xBEFA4FA4$

下面以素数 43 的计算为例：$\sqrt{43} \approx 6.5574385243020006523441099997636$，取其小数部分 $0.5574385243020006523441099997636$，小数部分的二进制表示的前 64 位是 $(0.5574385243020006523441099997636)_{10} \approx (1000111010110100010010101000011101101000010110000001010100010001)_2 = (8EB44A8768581511)_{16}$。故第二个 32 比特为 $F=0x68581511$。

因为 SHA224 的详细计算步骤与 SHA256 一致，所以在此只举三个例子，有兴趣的读者可以自己验证。

　　SHA224("iscbupt")

="3f0aafd2801c8c8dee905acd92dece5c988a579e04d0d245eee16ff"。

　　SHA224("Beijing University of Posts and Telecommunications")

="f3fc5af6355f08cd91d26e59aded19c8d5b62411a69b985c9764f34"。

　　SHA224("State Key Laboratory of Networking and Switching")

="a69e2bc558db3c6687c5f05b670ab8a88f30b7cbeea02fcdd5158f43"。

SHA384 的输入消息长度跟 SHA512 相同，也是小于 2^{128} 比特，其分组的大小也是 1 024 比特，其处理流程跟 SHA512 也基本一致，但有如下两处不同。

(1) SHA384 的 384 位的消息摘要取自 A、B、C、D、E、F 共 6 个 64 比特字，而 SHA512 的消息摘要取自 A、B、C、D、E、F、G 和 H 共 8 个 64 比特字。

(2) SHA384 的初始链接变量 A、B、C、D、E、F、G、H 与 SHA512 的初始链接变量不同，它也采用高端格式存储，但其初始链接变量的获取方法是取前第 9 至第 16 个素数（23、29、31、37、41、43、47 和 53）的平方根的小数部分的二进制表示的前 64 位，SHA384 的初始链接变量如下：

$A=0xCBBB9D5DC1059ED8$；$B=0x629A292A367CD507$

$C=0x9159015A3070DD17$；$D=0x152FECD8F70E5939$

$E=0x67332667FFC00B31$；$F=0x8EB44A8768581511$

$G=0xDB0C2E0D64F98FA7$；$H=0x47B5481DBEFA4FA4$

同样由上面的例子可知，素数 43 平方根后，小数部分的二进制表示的前 64 位是 $(0.5574385243020006523441099997636)_{10} = (8EB44A8768581511)_{16}$。

因为 SHA384 的详细计算步骤与 SHA512 相同，在此也只举三个例子供读者验证。

　　SHA384("iscbupt")

="2B991DFB7AE33BE0FBDDEA915CB220FAB409AC5F80715D436623E76B
B41FA62143B600C8378EE7D11B733A56613F2EEA"。

　　SHA384("Beijing University of Posts and Telecommunications")

="5AA7D505CC58959A164C9D63047C61B74ECEAA6791993E22FE458
B350533D71FBE78402150C41AB233923394B319CC56"。

SHA384("State Key Laboratory of Networking and Switching")
="5DF47C83BF5604351BADC58DAFB429C16658052471045097CF2FCF19B620905
D8E512F6AD70018535E2B288968C70AA9"。

4. SHA 系列算法相关参数的比较

NIST 在 2008 年启动了安全散列函数 SHA3 评选活动，2012 年 10 月，Guido Bertoni，Joan Daemen，Michaël Peeters，and Gilles Van Assche 设计的密码学函数族 Keccak 脱颖而出，被公布为新的 Hash 函数标准。几种 Hash 算法的相关属性区别如表 6-6 所示。

表 6-6　SHA 相关属性比较　　　　　　　　　　　　　　单位：bit

算法	MD5	SHA0	SHA1	SHA2				SHA3			
				SHA224	SHA256	SHA384	SHA512	SHA3-224	SHA3-256	SHA3-384	SHA3-512
输出长度/bit	128	160	160	224	256	384	512	224	256	384	512
初始变量长度/bit	128	160	160	256		512		1 600	5×5 array of 64 bit words		
消息分组长度/bit	512	512	512	512		1 024		1 152	1 088	832	576
最大压缩消息长度/bit	$2^{64}-1$	$2^{64}-1$	$2^{64}-1$	$2^{64}-1$		$2^{128}-1$					
字长/bit	32	32	32	32		64		64			
压缩函数迭代步数	64	80	80	64		80		24			
是否存在碰撞（截至2014年6月）	Yes	Yes	2^{61}	None		None		None			

6.3　Hash 函数的攻击

散列函数的安全性主要体现在其良好的单向性和对碰撞的有效避免。由于散列变换是一种消息收缩型的变换，当消息和散列值长度相差较大时，仅知散列值不能够给恢复消息提供足够的信息，因此仅通过散列值来恢复消息的难度，大于对相同分组长度的分组密码进行惟密文攻击的难度。但是散列函数常被用于数据改动检测，如果一个合法的消息和一个非法的消息能够碰撞，攻击就可以先用合法消息生成散列值，再以非法消息作为该散列值的对应消息进行欺骗，而他人将无法识别。因此，对于 Hash 函数的攻击，攻击者的主要目标不是恢复原始的消息，而是用相同散列值的非法消息替代合法消息进行伪造和欺骗，故安全的散列函数必须抵抗碰撞攻击。

从表面上看，对输出长度是 128 比特的散列函数，能够满足 $H(M)=H(M')$ 的概率是 2^{-128}。与此相应，满足 $H(M)\neq H(M')$ 的概率是 $1-2^{-128}$，所以尝试 k 个任意消息 $\{M_i(i=1,2,\cdots,k)\}$ 而没有一个能够满足 $H(M)=H(M_i')$ 的概率是 $(1-2^{-128})^k$，则至少有一个 M_i' 满足 $H(M)=H(M'i)$ 的概率是 $1-(1-2^{-128})^k$。

由二项式定理可知攻击者至少要尝试 2^{127} 个消息，伪造成功的概率才能超过 0.5。2^{127} 的搜索空间对现有的计算能力来说已经足够大。

通过以上讨论，可以看出输出长度是 128 比特的散列函数似乎是安全的。但事实上，攻击者可以通过其他攻击方法，用少得多的计算量就能生成碰撞。目前对散列函数最好的攻击方法是生日攻击和中途相遇攻击，这两种方法对输出长度是 128 比特的散列函数是理论有效的，但对输出长度是 160 比特以上的散列函数还是计算不可行的，所以目前推荐使用输出长度大于等于 160 比特的散列函数。

6.3.1 生日悖论

生日悖论问题：假定每个人的生日是等概率的，在不考虑闰年的情况下每年有 365 天。在 k 个人中至少有两个人的生日相同的概率大于 $1/2$，问 k 的最小值是多少？

把每个人的生日看成在 $[1, 365]$ 中的随机变量，由组合基本知识得知 k 个人的生日不相同的概率为：

$$p_k = \frac{P_{365}^k}{365^k} = \frac{365 \times 364 \times \cdots \times (365-k+1)}{365^k}$$

当 $k=23$ 时，$p_k \approx 0.4927$，从而 23 个人的生日至少有一个相同的概率为 $1-p_k \approx 0.5073 > \frac{1}{2}$。

当 $k=100$ 时，$1-p_k \approx 0.9999997$，从而 100 个人的生日至少有一个相同的概率基本上变为必然事件概率。这个结果似乎和人们的直觉不太一致，这就是生日悖论（Birthday Paradox）。

其实，如果从 k 个人中抽出一个人，其他人与这个特定的人具有相同生日的人的概率非常小，只有 365^{-1}。但若不指定特定的日期，仅仅是找两个生日相同的人，问题就变得容易得多，在相同的范围内成功的概率也就大得多。

对于输出长度是 128 比特的散列函数求碰撞，类似于以上情况。要找到与一个特定的消息具有相同散列值的另一个消息的概率很小。但如果不指定散列值，只是在两组消息中找到具有相同散列值的两个消息，问题就容易得多。

6.3.2 两个集合相交问题

已知两个 k 元集合 $X=\{x_1, x_2, \cdots, x_k\}$，$Y=\{y_1, y_2, \cdots, y_k\}$，其中 $x_i, y_i, 1 \leq i,j \leq k$ 是 $\{1, 2, \cdots, n\}$ 上的均匀分布的随机变量。取定 x_i，若 $y_j = x_i$，则称 y_j 与 x_i 匹配。固定 i, j，y_j 与 x_i 匹配的概率是 n^{-1}，$y_j \neq x_i$ 的概率是 $1-n^{-1}$。Y 中所有 k 个随机变量都不等于 x_i 的概率为 $(1-n^{-1})^k$。若 X, Y 中的 k 个随机变量两两互不相同，则 X 与 Y 中不存在任何匹配的概率为 $(1-n^{-1})^{k^2}$，从而 Y 与 X 至少有一个匹配的概率为 $p=1-(1-n^{-1})^{k^2}$。由数学分析的知识知 $\lim_{n \to \infty} \left(1+\frac{x}{n}\right)^n = e^x$，故得 $p = 1-(1-n^{-1})^{k^2} \approx 1-(e^{-1/n})^{k^2}$，若想要 p 大于 0.5，则 $e^{-k^2/n} < 0.5$，可求出 k 和 n 之间的关系为 $k = \sqrt{(\ln 2) \times n} \approx 0.83\sqrt{n} \approx \sqrt{n}$。

6.3.3 Hash 函数的攻击方法

"两个集合相交"问题可以转述为：假设散列函数 h 输出长度为 m，全部可能的输出有 $n=2^m$ 个。散列函数 h 接收 k 个随机输入产生 X，接受另外 k 个随机输入产生 Y。根据前面的讨论知，当取 $k=\sqrt{2^m}=2^{m/2}$ 时，X 与 Y 至少存在一对匹配（即散列函数产生碰撞）的概率大于 $1/2$。由此看出，$2^{m/2}$ 将决定输出长度为 m 的散列函数 H 抗碰撞的强度。

通常情况，攻击者利用上述原理生成散列函数碰撞，达到其目的的攻击称为生日攻击，也称为平方根攻击。对于输出散列值长度为 m 的散列函数，其攻击复杂度为 $2^{m/2}$。

例如,当 Hash 函数被用于数字签名方案,产生消息签名。如果攻击者可以找到两个碰撞消息 x 和 x',使得这两个消息的摘要相等 $H(x)=H(x')$,那么,攻击者可以根据需要,使用适当的消息(x 或 x')和消息签名 $Sign_k(h(x))$ 匹配,来达到诬陷、抵赖等目的。值得注意的是,数字签名算法通常是对表达一定含义的消息进行处理,并非随机输入。故而寻找碰撞的一种方法是 Yuval 攻击,其原理是攻击者通过对有意义的消息,加入空格、改变写法或格式,但保持含义不变,产生 $2^{m/2}$ 个不同的消息变形,即产生一个相同含义的消息组。具体过程如下。

(1) 攻击者 A 准备好合法的消息 x,再拟定一个准备替换消息 x 的假消息 x'。

(2) 攻击者对消息 x 产生 $2^{m/2}$ 个变形的消息(含义不变),同时产生 x' 的 $2^{m/2}$ 个变形消息,计算所有这些消息的散列值。

(3) 比较这两个散列函数值集合,以便发现具有相同散列值(匹配)的消息。根据生日悖论,"两个相交集合"问题成功的概率大于 1/2。如果没发现,则再产生其他一批合法消息和假消息,直到出现一个匹配为止。

(4) 攻击者将消息 x 发送给签名者 A,得到其签名 $Sign_k(H(x))$。

(5) 用匹配的假消息 x' 代替 x,后面仍然附加签名 $Sign_k(H(x))$ 送给接收方 B。

6.3.4 Hash 攻击新进展

对 Hash 函数的分析从未停止,特别是近十年,取得了许多进展。

MDX 系列:1996 年,H. Dobbertin 给出一个对 MD4 算法的攻击,该攻击以 2^{-22} 的概率找到一个碰撞,同时他给出了如何找到有意义消息碰撞的方法;同年,H. Dobbertin 给出了自由初始值下 MD5 的碰撞实例,即在初始值可自由选择的情况下能够找到两个不同的消息,它们具有共同的 Hash 值;1998 年,H. Dobbertin 证明了 MD4 算法的前两圈不是单向函数,这一结论意味着对于寻找原像和第二原像存在有效的攻击。在 EuroCrypt 2004 上,王小云等宣布了包括 MD4、MD5、HAVAL-128 以及 RIPEMD 在内的碰撞实例,其中对 MD4 和 RIPEMD 算法碰撞的复杂性分别低于 2^8 和 2^{18},该结果被认为是 2004 年密码学界最具突破性的成果。

SHA0:1997 年,王小云首次使用"比特追踪法"分析 SHA0,给出了一个优于生日攻击的攻击结果,理论上破解了 SHA0;同年,王小云使用"消息修改技术"极大地改进了对 SHA0 的攻击效果;在 Crypto 1998 上,F. Chabaud 和 A. Joux 证明了用差分攻击可以以 2^{-61} 的概率找到一个 SHA0 碰撞。2004 年时,Biham 和 Chen 也发现了 SHA0 的近似碰撞,其中 162 比特中有 142 比特相同。他们也发现了 SHA0 的完整碰撞,复杂度降低到 62 次方。

2004 年 8 月 12 日,Joux, Carribault, Lemuet 和 Jalby 宣布找到 SHA0 算法的完整碰撞的方法,这是归纳 Chabaud 和 Joux 的攻击所完成的结果。发现一个完整碰撞只需要 2^{51} 的计算复杂度。他们使用的是一台有 256 颗 Itanium2 处理器的超级计算机,约耗 80 000 CPU 工时。

2004 年 8 月 17 日,在 CRYPTO 2004 的 Rump 会议上,王小云,冯登国(Feng)、来学嘉(Lai),和于红波(Yu)宣布了攻击 MD5、SHA0 和其他散列函数的初步结果。他们攻击 SHA0 的计算复杂度是 2^{40},比 Joux 还有其他人所做的更好。2005 年二月,王小云和殷益群、于红波再度发表了对 SHA0 破密的算法,可在 2^{39} 的计算复杂度内就找到碰撞。

SHA1:2005 年,Rijmen 和 Oswald 发表了对 SHA1 较弱版本(53 次步循环而非 80 次)的攻击:在 2^{80} 的计算复杂度之内找到碰撞。2005 年二月,王小云、殷益群及于红波发表了对完整版 SHA1 的攻击,只需少于 2^{69} 的计算复杂度,就能找到一组碰撞。这篇论文的作者们写道:"我们的破译分析是以对付 SHA0 的差分攻击、近似碰撞、多区块碰撞技术、以及从 MD5 算法中查找碰撞的信息更改技术为基础。没有这些强力的分析工具,SHA1 就无法破解。"此外,作者还展示了一次对 58 次步循环 SHA1 的攻击,在 2^{33} 个单位操作内就找到一组碰撞。完整攻击方法的论文发表在 2005 年八月的 CRYPTO 会议中。殷益群在一次面谈中如此陈述:"大致上来说,我们找到了两个弱点:其一是前置处理不够复杂;其二是前 20 个循环中的某些数学运算会造成不可预期的安全性问题。"2005 年 8 月 17 日的 CRYPTO 会议尾声中王小云、姚期智、姚储枫再度发表更有效率的 SHA1 攻击法,能在 2^{63} 个计算复杂度内找到碰撞。2006 年的 CRYPTO 会议上,Christian Rechberger 和 Christophe De Cannière 宣布他们能在容许攻击者决定部分原信息的条件之下,找到 SHA1 的一个碰撞。

SHA2 的分析结果参见表 6-7。

表 6-7 SHA2 分析结果(2014)

发表文章题目	New Collision attacks Against Up To 24-step SHA2		Preimages for step-reduced SHA2				Advanced meet-in-the-middle preimage attacks		Higher-Order Differential Attack on Reduced SHA256		Bicliques for Preimages: Attacks on Skein-512 and the SHA2 family			
攻击时间	2008		2009				2010		2011		2011			
攻击方法	Deterministic		Meet-in-the-middle				Meet-in-the-middle		Differential		Biclique			
攻击种类	碰撞		二次原像				二次原像		伪碰撞		二次原像		伪二次原像	
算法	SHA256	SHA512	SHA256		SHA512		SHA256	SHA512	SHA256	SHA256	SHA256	SHA512	SHA256	SHA512
攻击步数	24/64	24/80	42/64	43/64	42/80	46/80	42/64	42/80	46/64	46/64	45/64	50/80	52/64	57/80
复杂度	$2^{28.5}$	$2^{52.5}$	$2^{251.7}$	$2^{254.9}$	$2^{302.3}$	$2^{311.5}$	$2^{248.4}$	$2^{494.5}$	2^{178}	2^{45}	$2^{255.5}$	$2^{511.5}$	2^{255}	2^{511}

目前,对于 Hash 函数的攻击最有效的方法是模差分方法,也就是前面提到的"比特追踪法",该方法是王小云等人在分析 MD4 系列散列函数时首次提出的。模差分方法是结合整数模差分和 XOR 差分而定义的一种新的差分,相比较于单一的一种差分,两种差分结合能够表达更多的信息。一般来说,使用模差分方法寻找散列函数的碰撞,主要包括以下四个步骤。

(1) 选择消息差分。首要是选择一个合适的消息差分,该差分决定了攻击成功的概率,而消息差分的选择是由攻击目的确定的。例如,如果想要寻找具有一个消息分组的碰撞,可以选择轮循环中的差分路线。该消息差分能够使得在第三轮形成一个局部碰撞,而在第一轮和第二轮的前半部分形成一个内部碰撞。正确地选择消息差分是产生高概率的碰撞差分路线的关键一步。

(2) 寻找差分路线。在寻找差分路线的过程中,需要使用轮函数的属性以及比特进位来产生一些想要的比特差分而抵消一些不想要的非零比特差分或消息差分。对于那些不太安全的散列函数,像 MD4,无论是手动的或者是通过计算机搜索,寻找它们的差分路线都非常容易。

(3) 确定链接变量的条件。在搜索差分路线的过程中,链接变量的条件也能够被确定,一个可行的差分路线意味着从该路线中推导出来的链接变量的条件是不相互矛盾的。

(4) 消息修改。当差分路线以及对应的充分条件被确定后,剩下的任务就是如何寻找一个消息,使得消息满足所有的链接变量条件。一般来说,对于一个随机的消息是不容易找到它的碰撞的,这是因为一个随机的消息满足所有充分条件的概率非常小。根据链接变量条件的分布,采用消息修改技术可以使得修改后的消息满足尽可能多的充分条件。对于差分的第一轮的条件,通过实施基本消息修改技术就能够纠正所有的条件。对于第二轮中的一些条件,可以使用高级消息修改技术来纠正,经过消息修改后,可以以高概率找到一对碰撞。

6.4 消息认证

信息安全一方面要实现消息的保密传送，使其可以抵抗窃听攻击等；另一方面它还要能防止攻击者进行伪造或篡改消息内容等攻击。消息认证（Message Authentication）是对抗这种攻击的主要方法，它对于开放网络中各种信息系统的安全性发挥着重要的作用。

消息认证的作用主要有两个：一个是验证信息来源的真实性，一般称之为是信息源认证；另一个是验证消息的完整性，即验证消息在传输和存储过程中没有被篡改、伪造等。

6.4.1 消息认证码

消息认证码（MAC，Message Authentication Code）是一种消息认证技术，它利用消息和双方共享的密钥通过认证函数来生成一个固定长度的短数据块，并将该数据块附加在消息后。比如发送方 A 和接收方 B 共享密钥 K，若 A 向 B 发送消息 M，则 A 计算 $MAC=C(K,M)$，其中 C 是认证函数，MAC 是消息认证码（也称 MAC）。原始消息和 MAC 一起发送给接收方。接收方对收到的消息 M' 用相同的密钥进行相同认证函数的计算得出新的 MAC'，然后将接收到的 MAC 与其计算出的 MAC' 进行比较，如图 6-15(a)所示。如果假定只有收发双方知道该密钥，那么若接收到的 MAC 与计算得出的 MAC' 相等，则：

（1）接收方可以相信消息未被修改。因为攻击者能够改变消息，但他不能伪造对应的 MAC 值，因为攻击者不知道只有发送方和接收方才知道的密钥。

（2）接收方可以确信消息来自真正的发送方，因为除发送方和接收方外无其他第三方知道密钥，因此第三方不能产生正确的消息和 MAC 值。

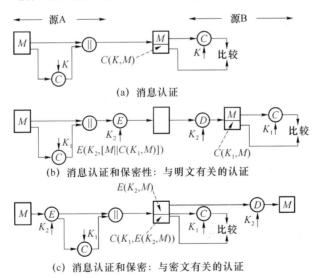

图 6-15 消息认证码 MAC 的基本用途

如图 6-15(a)所示的方法只提供了消息认证，不能满足机密性要求，因为整个消息是以明文形式传送的，窃听者可以获悉消息内容。若在 MAC 算法之后（如图 6-15(b)所示）或之前（如图 6-15(c)所示）对消息加密则可以达到保密、认证的两个目的。这两种情况下都需要两个独立的密钥，而且收发双方事前共享这两个密钥。在图 6-15(b)中，先将消息作为输入，计算 MAC 并将其附在消息后,然后对整个数据块加密;而在图 6-15(c)中,先将消息加密,然后将该密文作为输入,计算 MAC 后将其附加在密文之后生成待发送的数据块。

MAC 函数不同于加密算法,两者的本质区别是 MAC 算法不要求可逆但加密算法则必须是可逆的,另外,输出的结果也有区别,MAC 函数输出的 MAC 是定长,而加密算法输出的密文长度与明文长度有关。但是,MAC 函数也可以利用加密函数来构造,例如下面介绍的 CBC-MAC。

6.4.2 基于 DES 的消息认证码

CBC-MAC(FIPS PUB 113)建立在 DES 之上,是使用最广泛的 MAC 算法之一,它也是一个 ANSI 标准(X.917)。该认证算法采用 DES 运算的密文块链接(CBC)方式,其初始向量为 0,需要认证的数据(如消息、记录、文件和程序等)分成连续的 64 位的分组 $D_1, D_2, \cdots, D_N$,若最后分组不足 64 位,可在其后填充 0 直至成为 64 位的分组。利用 DES 加密算法和密钥,计算数据认证码(DAC)的过程如图 6-16 所示。

$$O_1 = E(K, D_1)$$
$$O_2 = E(K, [D_2 \oplus O_1])$$
$$O_3 = E(K, [D_3 \oplus O_2])$$
$$\vdots$$
$$O_N = E(K, [D_N \oplus O_{N-1}])$$

其中,DAC 可以是整个块 O_N,也可以截取其最左边的 m 位,其中 $16 \leqslant m \leqslant 64$。

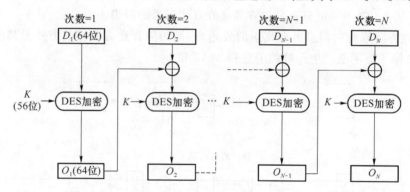

图 6-16 数据认证算法(FIPS PUB 113)

当然,依据数据认证算法(FIPS PUB 113)的思想,可选用其他分组密码算法(如 AES 等)代替 DES 算法来生成数据认证码(DAC),同时,考虑 DAC 的安全性,分组长度应选更长的。此外,在消息分块时,可在第一块之前开辟一个新块填入原始消息长度,并对 O_N 进行输出处理。

6.4.3 基于 Hash 的认证码

近年来,人们越来越多地利用散列函数来设计 MAC,因为 MD5 和 SHA1 等这样的散列函数软件执行速度通常比对称分组密码算法要快。目前已提出了许多基于散列函数的消息认证算法,其中 HMAC(RFC 2104)是实际应用中使用最多的方案,如广泛使用的安全协议 SSL(Secure Socket Layer)就使用 HMAC 来实现消息认证功能。HMAC 已作为 FIPS 198 标准发布。

1. HMAC 简介

在 RFC 2104 中给出了 HMAC 的设计目标:

(1) 不用修改就可以使用适合的散列函数,而且散列函数在软件方面表现很好;
(2) 当发现或需要运算速度更快或更安全的散列函数时,可以很容易地实现底层散列函数的替换;
(3) 密钥的使用和操作简单;
(4) 保持散列函数原有的性能,设计和实现过程没有使之出现明显降低;
(5) 若已知嵌入的散列函数的强度,则完全可以知道认证函数抗密码分析的强度。

前两个目标是 HMAC 为人们所接受的重要原因。HMAC 将散列函数看成"黑盒"有两个好处:一是实现 HMAC 时可将现有的散列函数作为一个模块,这样可以对许多 HMAC 代码预先封装,并在需要时直接使用;二是若希望替代 HMAC 中的散列函数,则只需删去现有的散列函数模块并加入新的模块,如需要更快的散列函数就可以这样处理。更重要的原因是,如果嵌入的散列函数的安全受到威胁,那么只需用更安全的散列函数替换嵌入的散列函数,仍可保持 HMAC 的安全性。最后一个目标实际是 HMAC 优于其他基于散列函数的认证算法的主要方面,只要嵌入的散列函数有合理的密码分析强度,则可以证明 HMAC 是安全的。

2. HMAC 算法描述

HMAC 算法的实现过程如图 6-17 所示。

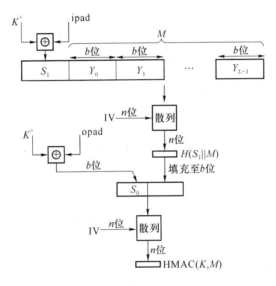

图 6-17 HMAC 操作流程

其中,H 表示嵌入的散列函数;IV 表示初始链接变量;M 表示 HMAC 的消息输入;L 表示 M 中的分组数;Y_i 表示 M 的第 i 个分组;b 表示每个分组包含的比特数;n 表示嵌入的散列函数产生的散列码长度;K 表示密钥,一般来说,K 的长度不小于 n,如果密钥长度大于 b,则将密钥作为散列函数的输入而产生一个 n 位的密钥;K^+ 表示密钥 K 在左边填充若干个 0 后所得的结果;ipad 表示一个字节的 0x36 重复 $b/8$ 次后的结果;opad 表示字节 0x5C 重复 $b/8$ 次后的结果。

由此可知,HMAC 可描述为:
$$\mathrm{HMAC}(K,M) = H[(K^+ \oplus \mathrm{opad}) \parallel H[(K^+ \oplus \mathrm{ipad}) \parallel M]]$$

即:
(1) 在 K 左边填充若干 0 得到 b 位的 K^+;
(2) 用(1)得到的 K^+ 与 ipad 执行按位异或操作产生 b 位的分组 S_1;

(3) 将消息 M 附加到 S_1 后;

(4) 对(3)产生的结果用散列函数 H 计算消息摘要;

(5) K^+ 与 opad 执行按位异或操作产生 b 位的分组 S_0;

(6) 将(4)生成的消息摘要附于 S_0 后;

(7) 对(6)产生的结果用散列函数 H 计算消息摘要,并输出该函数值。

需要强调的是,K^+ 与 ipad 异或后,其信息位有一半发生变化;同样,K^+ 与 opad 异或后,其信息位一半发生了变化。HMAC 的密钥长度可以是任意长度,最小推荐长度为 n 比特,因为小于 n 比特时会显著降低函数的安全性,大于 n 比特也不会增加安全性。密钥应该随机选取,或者由密码性能良好的伪随机数产生器生成,且需定期更新。

实现 HMAC 更有效的方法如图 6-18 所示,其中 $f(\text{IV},(K^+ \oplus \text{ipad}))$ 和 $f(\text{IV},(K^+ \oplus \text{opad}))$ 是预计算的两个值,式中 f 为散列函数的压缩函数,其输入是 n 位的链接变量和 b 位的分组,输出是 n 位的链接变量,上述值只有在初始化或密钥改变时才需要计算,这些预先计算的值取代了散列函数的初值 IV。因此,在输入 MAC 函数的消息都较短的情况下,这种实现的效率很高。

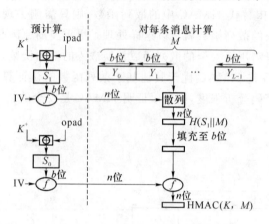

图 6-18 HMAC 的有效实现方案

6.5 习 题

1. 判断题

(1) 哈希函数的定义中的"任意消息长度"是指实际中存在的任意消息长度,而不是理论上的任意消息长度。 ( )

(2) 关于哈希函数的特性,具有抗强碰撞性的哈希函数一定具有抗弱碰撞性。 ( )

(3) 哈希函数可以将"任意消息长度"的消息经过变换得到固定长度的输出,也就是说,无论采用何种哈希函数,所得哈希值的长度总是相同的。 ( )

(4) 哈希函数的安全性是指根据已知的哈希值不能推出相应的消息原文。 ( )

(5) 运用安全的哈希函数技术可实现口令的安全传输和存储。 ( )

(6) 利用安全的哈希函数技术可检测应用程序是否感染计算机病毒。 ( )

(7) MD 系列算法和 SHA 系列算法是类似的,都是采用 MD 迭代结构的。 ( )

(8) MD5、SHA1、SHA256 这三个算法所输出的哈希值长度是不同的,而且它们的分组长度也是不相同的。 ( )

(9) SHA256 和 SHA512 输入消息的最大长度是相同的。 ( )

(10) 假设目前攻击复杂度小于 2^{80} 的算法为不安全的,那么 MD5 算法是不安全的。 ( )

(11) SHA 系列算法有多个,其输出的散列值长度是不相同的,其散列值长度越长,其安全性就越高。 ( )

(12) 近几年,对一些 Hash 函数的一些攻击取得了一些进展,譬如,找到了 MD5、SHA1

等函数的一些碰撞,由此可断定这些 Hash 函数已经被破解。( )

(13) 基于 Hash 消息认证码的输出长度与消息的长度无关,而与选用的 Hash 函数有关。( )

(14) 基于 Hash 消息认证码 HMAC 的安全强度是由嵌入散列函数的安全强度决定的。( )

(15) 消息认证码 MAC 的生成过程使用到密钥,所以,消息认证码 MAC 也是一种保密技术。( )

2. 选择题

(1) 下面哪一项不是 Hash 函数的等价提法。( )
  A. 压缩信息函数　　　B. 哈希函数　　　C. 单向散列函数　　　D. 杂凑函数

(2) 下面哪个不是 Hash 函数具有的特性。( )
  A. 单向性　　　B. 可逆性　　　C. 压缩性　　　D. 抗碰撞性

(3) 下列不属于散列(哈希)算法的特点是( )。
  A. "任何"长度的消息经过散列运算后生成的散列值长度是固定的。
  B. 对于给定的消息,计算其散列值是复杂的。
  C. 对于给定的消息散列值,要发现另一个相同散列值的消息在计算上是不可行的。
  D. 发现一对消息使二者散列值相同在计算上是不可行的。

(4) 现代密码学中很多应用包含散列运算,而下面应用中不包含散列运算的是( )。
  A. 消息机密性　　　B. 消息完整性　　　C. 消息认证码　　　D. 数字签名

(5) 散列(哈希)技术主要解决信息安全存在的( )问题。
  A. 保密性　　　B. 完整性　　　C. 可用性　　　D. 不可否认性

(6) 在众多 Hash 算法中,SHA 被称为安全的哈希函数,其中 SHA1 生成消息的哈希值长度是( )。
  A. 64 位　　　B. 128 位　　　C. 160 位　　　D. 256 位

(7) 下列简称中,属于散列(哈希)算法的是( )。
  A. RSA　　　B. DSA　　　C. ECC　　　D. SHA

(8) 下面哪一项不是 Hash 函数的应用( )。
  A. 文件校验　　　B. 数字签名　　　C. 数据加密　　　D. 安全存储口令

(9) SHA-1 算法是以( )位分组来处理输入信息的。
  A. 64　　　B. 128　　　C. 256　　　D. 512

(10) SHA1 算法中,针对一个分组为单位处理消息,算法核心是一个包含( )个循环的模块。
  A. 3　　　B. 4　　　C. 5　　　D. 8

(11) SHA1 算法可接受输入消息的最大长度是( )比特。
  A. 任意
  C. $2^{64}-1$
  B. 2^{64}
  D. $512*(2^{64}-1)$

(12) 分组加密算法(如 AES)与散列函数算法(如 SHA)的实现过程最大的不同是( )。
  A. 分组　　　B. 迭代　　　C. 非线性　　　D. 可逆

(13) 生日攻击是针对下面哪种密码算法的分析方法。( )
  A. DES　　　B. AES　　　C. RC4　　　D. MD5

(14) 设 Hash 函数的输出长度为 n 比特,则安全的 Hash 函数寻找碰撞的复杂度应该

为_____。（　　）

    A. $O(n)$ B. $O(2^n)$

    C. $O(2^{n-1})$ D. $O(2^{n/2})$

（15）截至2014年9月为止，下面哪个哈希函数没有发现碰撞。（　　）

    A. MD5   B. SHA0   C. SHA1   D. SHA256

（16）计算消息认证码（MAC）所进行的运算是（　　）。

    A. 加密   B. 解密   C. 散列   D. 签名

（17）消息认证码（MAC）的主要作用是实现（　　）。

    A. 消息的保密性   B. 消息的完整性

    C. 消息的可用性   D. 消息的不可否认性

3．填空题

（1）Hash函数就是把任意长度的输入，通过散列算法，变换成固定长度的输出，该输出称为_____。

（2）Hash函数的单向特性是指_____。

（3）Hash函数的抗碰撞性是指_____。

（4）该散列算法迭代使用一个压缩函数，压缩函数有两个输入：一个是前一次迭代的n位输出，称为链接变量，另一个来源于消息的_____，并产生一个n位的输出。第一次迭代输入的链接变量又称为_____，由算法在开始时指定，最后一次迭代的输出即为_____。

（5）SHA1算法的输入是最大长度小于_____比特的消息，输出为_____比特的消息摘要。

（6）SHA1的算法核心是一个包含_____个循环的模块，每个循环由_____个步骤组成，每个循环使用的步函数相同，不同的循环中步函数包含不同的_____，每一步函数的输入也不相同，除了寄存器A、B、C、D和E外，还有_____和_____。

（7）与以往攻击者的目标不同，散列函数的攻击不是恢复原始的明文，而是寻找_____的过程，最常用的攻击方法是_____。

（8）消息认证码的作用是_____和_____。

（9）MD5、SHA1、SHA256的消息分组长度为_____比特，SHA384、SHA512的消息分组长度为_____比特。

（10）设消息为"Hi"，则用SHA1算法压缩前，填充后的消息二进制表示为_____。

4．术语解释

（1）哈希函数

（2）抗强碰撞性

（3）抗弱碰撞性

（4）数字指纹

（5）消息认证码

（6）生日攻击

5．简答题

（1）简要说明散列（哈希）函数的特点。

（2）简述消息认证码和检错码（通信学）的关联与不同。

（3）简述哈希算法的一般结构。

(4) MD5 在 MD4 基础上做了哪些改进,其改进目的是什么?
(5) SHA1 算法与 MD5 算法有哪些差异,并简要说明这些差异的好处。
(6) SHA512 算法与 SHA1 算法有哪些差异,并简要说明这些差异的好处。
(7) 简述 HMAC 算法。
(8) 简述利用生日攻击方法攻击 Hash 函数的过程。
(9) 图 6-16 所示的认证码是基于分组密码的 CBC 模式,其模式是否也可以用来认证消息?请简要说明原因。
(10) 与图 6-17 的方案相比,图 6-18 的方案有哪些实际意义,简要说明原因。
(11) 数字签名算法中,对消息的 Hash 值签名,而不对消息本身签名,这有哪些好处?

6. 综合应用题

在一个广域网的应用环境,用户使用用户名和口令的方式登入到远程的服务器上,服务器的管理员给每个用户设置一个初始口令,请利用哈希函数的技术实现以下安全需求。

(1) 用户口令在广域网上安全传输(也就是说,即使攻击者窃取用户网上传输的信息,也分析不出口令)。

(2) 管理员也不知道用户的口令。

请设计一个方案满足上述的安全需求并分析其安全性。

第 7 章 公钥密码体制

公钥密码体制为密码学的发展提供了新的理论和技术基础,它的出现是迄今为止整个密码学发展史上最伟大的一次革命,甚至可以说没有公钥密码体制,就没有现代密码学。本章首先介绍了公钥密码体制的思想及特点,然后阐释3种应用最广的公钥密码体制:RSA、ElGamal和椭圆曲线密码体制,并对它们进行了对比,最后简要介绍其他几种公钥密码算法。

7.1 公钥密码体制概述

7.1.1 公钥密码体制的提出

对称密码体制,即解密密钥与加密密钥相同或解密密钥可由加密密钥推算出来,可以在一定程度上解决保密通信的问题。但随着计算机和网络的飞速发展,保密通信的需求越来越广泛,对称密码体制的局限性就逐渐显现出来,主要表现在:

(1) 密钥分发问题

使用对称密码体制进行保密通信时,通信双方要事先通过安全的信道传递密钥,而安全信道是不易实现的。所以发送方如何安全、高效地发送密钥到接收方(通常称为初始密钥分发)是对称密码体制难以解决的问题。

(2) 密钥管理问题

在 n 个用户的通信网络中,使用对称密码体制实现两两保密通信,则每个用户需要和其他 $n-1$ 个用户分别共享一个密钥,而系统中的总密钥量将达到 $n(n-1)/2$。当 n 较大时,这样大的密钥量,使得密钥产生、保存、传递、使用和销毁等各个管理环节都会变得很复杂,存在着安全隐患。

(3) 数字签名问题

对称密码体制中通信双方拥有同样的密钥,所以任何一方都可以生成消息的认证标签,故发送方可以否认发送过某消息,即无法实现信息安全的不可否认性目标,或者说不能实现数字签名功能。

正是对称密码体制存在的这些局限性以及实际应用需求促使一种新的密码体制被提出。1976 年,Whitefield Diffie 和 Martin Hellman 在论文《密码学的新方向》(New Directions in Cryptography)中提出一个设想:用户 A 有一对密钥:加密密钥 P_k 和解密密钥 S_k,公开 P_k,保密 S_k。若 B 要给 A 发送加密信息,他需要在公开的目录中查出 A 的公开(加密)密钥 P_k,用它加密消息;A 收到密文后,用自己秘密保存的解密密钥 S_k 解密密文,由于别人不知道 S_k,即使截获了密文,也无法恢复明文。在这种思想中,加密密钥和解密密钥是不同的,加密密钥是公开的且从加密密钥推出解密密钥是不可行的。基于这种思想建立的密码体制,被称为公钥密码体制,也叫非对称密码体制。这个设想提出之后,立刻引起密码学家的高度重视和浓厚兴趣,多种公钥密码算法相继被提出,可惜许多是不安全的,而那些被视为安全的算法又有许多不实用。直到 1978 年,美国麻省理工学院的 Rivest、Shamir 和 Adleman 3 位密码学家提出了 RSA 公钥密码体制,很好地解决了对称密码体制所面临的问题。

7.1.2 公钥加密体制的思想

公钥密码体制,通常要使用一些计算上困难的问题。更重要的是,与只使用单一密钥的传统加密技术不同,它在加密/解密时,分别使用了两个不同的密钥:一个可对外界公开,称为公钥或公开密钥,用于加密消息;另一个只有所有者知道,称为私钥或私有密钥,用于解密消息。公钥和私钥之间具有紧密关系,但由公开密钥推导私有密钥,在计算上是不可行的。

通常情况下,公钥加密体制满足以下要求。

(1) 接收方 A 容易产生一对密钥(公钥 P_k 和私钥 S_k)。

(2) 发送方 B 在知道接收方 A 公钥 P_k 和待加密消息 M 的情况下,很容易通过加密函数计算产生对应的密文 C;同理,接收方收到密文 C 后,容易用私钥和解密函数解出明文。

(3) 敌对方 T 即使知道公钥 P_k,要确定私钥 S_k 在计算上是不可行的。

(4) 敌对方 T 即使知道公钥 P_k 和密文 C,要想恢复原来的消息 M 在计算上也是不可行的。

(5) 加密、解密次序可交换,即 $E_{P_k}[D_{S_k}(M)] = D_{S_k}[E_{P_k}(M)]$。

最后一条不是对所有的算法都作这个要求,但非常有用。

公钥加密体制与陷门单向函数有关,要满足上述对公钥加密体制的要求,最终可归结为设计一个陷门单向函数。

陷门单向函数是满足下列条件的函数 f:

(1) 正向计算容易,即如果知道密钥 P_k 和消息 M,容易计算 $C = f_{P_k}(M)$;

(2) 在不知道密钥 S_k 的情况下,反向计算不可行,即如果只知道加密后的消息 C 而不知道密钥 S_k,则计算 $M = f^{-1}(C)$ 不可行;

(3) 在知道密钥 S_k 的情况下,反向计算容易,即如果同时知道加密消息 C 和密钥 S_k,则计算 $M = f_{S_k}^{-1}(C)$ 是容易的,这里的密钥 S_k 相当于陷门,它和 P_k 配对使用。

对于以上的条件,若仅满足(1)、(2)的函数 f 称为单向函数。在现实世界中,这样的例子很普遍,如将挤出的牙膏弄回管子里要比把牙膏挤出来困难得多;把盘子打碎成数片碎片很容易,但要把所有这些碎片再拼成为一个完整的盘子则很难。数学上有很多函数感觉像单向函数,能够有效地计算它们,但至今未找到有效的求逆算法。如将许多大素数相乘要比将其乘积因式分解容易得多。第(3)条称为陷门性,其中的密钥 S_k 称为陷门信息。也就是说,对于陷门单向函数而言,若不知道某种附加的信息,它是一个单向函数,有了附加信息,函数的反向就容易计算出来。在现实生活中,这样的例子也不少,比如将一个手表拆分为数百个细小的零件很简单,但是若要想将这些零件重新组合起来成为一个可工作的手表却很难,这就需要知道陷门(手表的结构图及装配指令)才能完成重新组合。

公钥加密体制中的公钥用于陷门单向函数的正向(加密)计算,私钥用于反向(解密)计算。

7.1.3 公钥密码体制的分类

自 1976 年公钥密码体制的思想提出以来,国际上已经出现了许多种公钥加密体制,例如,基于大整数因子分解问题的公钥加密、基于有限域乘法群上的离散对数问题的公钥加密、基于椭圆曲线上的离散对数问题的公钥加密、基于背包问题的公钥加密、基于格的短向量问题的公钥加密、基于代数编码中的线性解码问题的公钥加密等。

目前应用最广的公钥加密体制主要有3个：RSA公钥加密体制，ElGamal公钥加密体制和椭圆曲线公钥加密体制。

本章将着重对上面列出的3个算法作较为详细的介绍。

7.2 RSA公钥加密体制

在Diffie和Hellman提出公钥密码体制的设想后，Merkle和Hellman首先共同提出MH背包公钥加密体制，随后Rivest、Shamir、Adleman联合提出RSA公钥加密体制。RSA虽晚于MH背包公钥加密体制，但它是第一个安全、实用的公钥加密算法，已经成为国际标准，是目前应用广泛的公钥加密体制。RSA的基础是数论的欧拉定理，它的安全性依赖于大整数因子分解的困难性。因为加解密次序可换，RSA公钥加密体制既可用于加密，也可用于设计数字签名体制，加密体制又可以分为密钥生成算法、加密算法和解密算法三部分。

7.2.1 RSA密钥生成算法

密钥生成算法为用户生成加解密算法中使用的公私密钥对，分为以下几个步骤：

(1) 选取两个安全大素数 p 和 q （"大"指其长度要足够长，目前推荐长度为至少1 024比特）；

(2) 计算乘积 $n=p\times q, \varphi(n)=(p-1)(q-1)$，其中 $\varphi(n)$ 为 n 的欧拉函数；

(3) 随机选取整数 $e(1<e<\varphi(n))$ 作为公钥，要求满足 $\gcd(e,\varphi(n))=1$，即 e 与 $\varphi(n)$ 互素；

(4) 用Euclid扩展算法计算私钥 d，以满足 $d\times e\equiv 1(\mod \varphi(n))$，即 $d\equiv e^{-1}(\mod \varphi(n))$。

则 e 和 n 是公钥，d 是私钥。

注意，加解密算法中两个素数 p 和 q 不再需要，可销毁，但绝不能泄露。

下面举例说明RSA公钥/私钥对的具体产生过程（注，在公钥密码体制中，参数长度都比较长，而为方便计算，实例中选取参数都较小，重在说明算法流程）。

例7.1 假设 $p=13, q=17$；

计算 $n=p\times q=13\times 17=221$；则 $\varphi(n)=(p-1)\times(q-1)=(13-1)\times(17-1)=192$。

选取公钥 $e=11$（一般为素数），满足 $1<e<\varphi(n)$，且满足 $\gcd(e,\varphi(n))=1$。通过Euclid扩展算法求得满足公式 $d\times e\equiv 1(\mod 192)$ 的 $d=35$。

所以，得到公钥 (e,n) 为 $(11,221)$，私钥 d 为35。

7.2.2 RSA加解密算法

1. 加密过程

加密时首先将明文比特串分组，使得每个分组对应的十进制数小于 n，即分组长度小于 $\log_2 n$，然后对每个明文分组 m_i 作加密运算，具体过程分为如下几步：

(1) 获得接收方公钥 (e,n)；

(2) 把消息 M 分组为长度为 $L(L<\log_2 n)$ 的消息分组 $M=m_1 m_2 \cdots m_t$；

(3) 使用加密算法 $c_i \equiv m_i^e (\mod n)(1\leqslant i \leqslant t)$ 计算出密文 $C=c_1 c_2 \cdots c_t$；

(4) 将密文 C 发送给接收方。

2. 解密过程

(1) 接收方收到密文 $C, C = c_1 c_2 \cdots c_t$；

(2) 使用私钥 d 逐一恢复明文分组 m_i，$m_i \equiv c_i^d \pmod{n}$ $(1 \leqslant i \leqslant t)$；

(3) 得明文消息 $M = m_1 m_2 \cdots m_t$。

3. 正确性

下面证明若算法严格按步骤执行，接收者可以使用私钥及解密算法恢复出明文。

由公式 $c_i \equiv m_i^e \pmod{n}$，可得

$c_i^d \pmod{n} \equiv m_i^{ed} \pmod{n} \equiv m_i^{\varphi(n)+1} \pmod{n}$. 因为 $ed \equiv 1 \pmod{\varphi(n)}$，故存在 $k \in \mathbf{Z}$，使得 $ed = k \cdot \varphi(n) + 1$，下面分两种情况讨论：

(1) $\gcd(m_i, n) = 1$，则由欧拉定理得

$$m_i^{\varphi(n)} \equiv 1 \pmod{n} \Rightarrow m_i^{k\varphi(n)} \equiv 1 \pmod{n}, m_i^{k\varphi(n)+1} \equiv m_i \pmod{n}$$

又因为 $m_i < n$，所以，$c_i^d \bmod n \equiv m_i^{k\varphi(n)+1} \equiv m_i \pmod{n}$。

(2) $\gcd(m_i, n) \neq 1$，可得 $\gcd(m_i, n) > 1$。由于 $n = p \times q$，所以 $\gcd(m_i, n)$ 必含 p 或 q。

不妨设 $\gcd(n, m_i) = p$，则有 $m_i = tp$，$1 \leqslant t < q$，由欧拉定理得

$$m_i^{\varphi(q)} \equiv 1 \pmod{q}。$$

因此，

$$m_i^{\varphi(q)} \equiv 1 \pmod{q} \Rightarrow [m_i^{\varphi(q)}]^{\varphi(p)} \equiv 1 \pmod{q} \Rightarrow m_i^{\varphi(n)} \equiv 1 \pmod{q}。$$

因此存在一整数 r，使得 $m_i^{\varphi(n)} = 1 + rq$，两边同时乘以 $m_i = tp$ 得：

左边 $= m_i^{\varphi(n)+1}$；　右边 $= tp + rq \cdot tp = m_i + rtpq = m_i + rtn$。

上面等式两边同时进行模 n 运算，得 $m_i^{\varphi(n)+1} = (m_i + rtn) \equiv m_i \pmod{n}$。

又因为 $m_i < n$，得 $m_i^{\varphi(n)+1} \bmod n = m_i$。

故由(1)、(2)验证了解密算法的正确性。

表 7-1 总结了 RSA 密码体制。

表 7-1　RSA 密码体制

密钥生成算法	n：两素数 p 和 q 的乘积（p 和 q 必须保密） $\varphi(n) = (p-1)(q-1)$ 公钥 e：满足 $\gcd(e, \varphi(n)) = 1$，即 e 与 $\varphi(n)$ 互素 私钥 d：$d \equiv e^{-1} \pmod{\varphi(n)}$
加密算法	$c \equiv m^e \pmod{n}$
解密算法	$m \equiv c^d \pmod{n}$

4. 实例

下面举一个简单的例子来说明如何用 RSA 公钥加密体制来对一段消息进行加解密。

例 7.2　设接收方 B 选择 $p = 43, q = 59, e = 13$。发送方 A 有消息 $m = $ cybergreatwall，按英文字母表顺序 $a = 00, b = 01, \cdots, z = 25$ 进行编码。A 欲用 RSA 公钥加密体制加密后传送给 B，求 B 的私钥并描述加解密过程。

解　密钥生成：$n = p \times q = 43 \times 59 = 2\,537$，$\varphi(2\,537) = 42 \times 58 = 2\,436$，

$e = 13$，则根据 $d \equiv e^{-1} \pmod{2\,436}$，得：$d = 937$

则公钥 $(n = 2\,537, e = 13)$，私钥 $d = 937$。

A 的加密过程：先将消息分块为：cy、be、rg、re、at、wa、ll。

利用英文字母表的顺序编码将明文数字化得：

分组明文	$m_1=$cy	$m_2=$be	$m_3=$rg	$m_4=$at	$m_5=$wa	$m_6=$ll
对应编码	0224	0104	1706	0019	2200	1111

利用公钥（$n=2\,537, e=13$）和加密算法 $c_i \equiv m_i^e \pmod{n}$ 进行加密。
对第一个分组 m_1 的加密过程为：
$$0224^{13} \bmod 2\,537 = 1\,692 = c_1$$
同理对其他分组进行加密，得密文：
$$C = c_1 c_2 c_3 c_4 c_5 c_6 = 169\ 208\ 031\ 359\ 229\ 912\ 540\ 724$$
解密过程：解密消息时用私钥 $d=937$ 和解密算法 $m_i \equiv c_i^d \pmod{n}$ 进行解密，对第一组密文 c_1 进行解密的过程为：
$$1\,692^{937} \bmod 2\,537 = 0224$$
0224 对应的明文分组为 $m_1=$cy，所以密文 c_1 所对应的明文为 cy。
消息的其余部分用同样的方法就可以恢复出来，得明文 $m=$cyber greatwall。

5. RSA 的快速计算

应用 RSA 算法进行加解密计算的时候，可以使用下列方法加快计算速度。
(1) 利用模运算的性质：
$$[(a \bmod n) \times (b \bmod n)] \bmod n = (ab) \bmod n$$
每次乘积后即进行模运算，可以使得中间结果长度小于 n 的长度。
(2) 使用快速取模指数算法可以很有效地减少模乘的次数，对此算法描述如下：
e 的二进制表示为 $b_k b_{k-1} \cdots b_0$，其中 $b_i \in \{0,1\}(i=0,1,\cdots,k)$，则
$$e = \sum_{i=0}^{k} b_i 2^i = \sum_{b_i=1} 2^i$$

因此有
$$m^e \bmod n = m^{\sum_{b_i=1} 2^i} \bmod n =$$
$$((\cdots(((m^{b_k})^2 \bmod n \cdot m^{b_{k-1}})^2 \bmod n \cdot m^{b_{k-2}})^2 \bmod n \cdots)^2 \bmod n \cdot m^{b_0}) \bmod n$$

这就是快速取模指数算法，计算 $c \equiv m^e \pmod{n}$ 的快速取模指数算法的伪代码如下：

```
t←0; c←1
for    i←k down to 0
do     t←2×t
       c←(c×c) mod n
       if b_i = 1 then t←t+1
             c←(c×m) mod n
return c
```

例 7.3 使用快速取模指数算法求例 7.2 中 $c_1 \equiv m_1^e \pmod{n} \equiv 224^{13} \pmod{2\,537}$ 的值。

解 本例中，$m_1=224, n=2\,537, e=13=(1101)_2$

i	3	2	1	0
b_i	1	1	0	1
t	1	3	6	13
c_1	$(1 \times 224) \bmod 2\,537 = 224$	$(224 \times 224 \times 224) \bmod 2\,537 = 514$	$(514 \times 514) \bmod 2\,537 = 348$	$(348 \times 348 \times 224) \bmod 2\,537 = 1\,692$

故 $c_1 = m_1^e \bmod n = 224^{13} \bmod 2537 = 1692$。上例中实际执行了 5 次模乘运算,而若直接计算 m^{13},则需 12 次模乘运算,可以看到计算量大大减少。

7.2.3 RSA 公钥密码安全性

这一小节主要讨论与 RSA 公钥密码相关的安全性问题,主要介绍因子分解法、针对参数选择等几个攻击方法,此外还简要介绍根据这些攻击方法所采取的一些防范措施。

1. 攻击方法

(1) 因子分解法

RSA 密码体制的安全性主要依赖于整数因子分解问题,试图分解模数 n 的素因子是攻击 RSA 最直接的方法。如果对手能够对模数 n 进行分解,那么 $\varphi(n) = (p-1)(q-1)$ 便可算出,公开密钥 d 关于私钥 e 满足:$ed \equiv 1 (\bmod \varphi(n))$,私钥 d 便不难求了,从而完全破解 RSA 公钥密码体制。

出现比较早的因子分解分析法是试除法,它的基本思想是一个密码分析者完全尝试小于 n 的所有素数,直到因子找到。根据素数理论,尝试的次数上限为 $2\sqrt{n}/(\log_2(\sqrt{n}))$。虽然这种方法很有效,但是对于大数 n,这种方法的资源消耗在现实中是不可能实现的。后来,出现了一些比较重要的因子分解分析法,包括 Pollard 在 1974 年提出的 $p-1$ 因子分解法、Williams 提出的 $p+1$ 因子分解法、二次筛(Quadratic Sieve)因子分解法、椭圆曲线因子分解法、数域筛(Number Field Sieve)因子分解法等,下面主要介绍应用较多的二次筛法和运算较快的数域筛法。

二次筛法在解析数论中是一种常用的标准方法,它的基本思想是:找出正整数 x、y,使得 $x^2 \equiv y^2 (\bmod n)$,即存在整数 c 满足 $cn = x^2 - y^2 = (x-y)(x+y)$,并且满足 $x \not\equiv \pm y (\bmod n)$,因此 n 是数 $x^2 - y^2 = (x-y)(x+y)$ 的因子,故 $\gcd(x+y, n)$ 或 $\gcd(x-y, n)$ 均为 n 的因子,由此便可将 n 分解。作为二次筛选的特例,费马因子分解令 $c=1$,则 $n + y^2 = x^2$。为找出 x、y 的值,直接计算 $n+1^2$、$n+2^2$、$\cdots$、$n+k^2$,直至 $n+k^2$ 为完全平方数为止。如令 $n = 295\,927$,$295\,927 + 3^2 = 295\,936 = 544^2$,因此可得因数分解 $295\,927 = 544^2 - 3^2 = (544+3)(544-3) = 547 \times 541$。

到目前为止,二次筛法处理少于 110 位的十进制大整数很有效,但是要处理更大的数,它并不是最佳的选择,数域筛法能更有效地进行分解。由于数域筛法比较复杂,在此仅介绍其基本思想。数域筛法,通常需要经过两个阶段。第一阶段称关系收集阶段,采取小素数集 $S = \{b_1, b_2, \cdots, b_t\}$ 和相关整数 a_i,使得 $b_i \equiv a_i^2 (\bmod n)$ 是 S 中某个素数的平方。因此,b_i 也可以代表一个 t 维向量,此阶段要收集到足够多的向量 b_i。第二阶段称矩阵阶段,通过对矩阵 $B = [b_i]$ 执行高斯消元法,可以找到 $x^2 \equiv y^2 (\bmod n)$ 的解,至少有 50% 的概率找到 n 的因子。数域筛法在上述步骤中,引入一个有效的"筛处理"方法来确定整数 a_i,通常使用一个适于选择代数域的整数环。

除了因子分解方法的长足发展之外,并行计算和网络上的分布式计算也加快了因子分解的速度,表 7-2 列出近年来实现的因子分解位数记录。

表 7-2 因子分解位数

年度	位数(十进制)
1984	71
1990	116
1994	129
1999	155
2003	174
2005	200
2009	768

随着因子分解位数的增加,人们可能会怀疑因子分解是不是一个计算上的难题。但由于因子分解的时间复杂性并没有降为多项式时间,因此,因子分解还是一个计算上的难题,只是需要考虑使用较大的位数,以确保无法在短时间内被破解。

(2) 针对参数选择的攻击

RSA 存在以下几种攻击并不是因为算法本身存在缺陷,而是由于参数选择不当造成的。

(a) 共模攻击

在实现 RSA 时,为方便起见,可能设想让多个用户使用相同的模数 n,但他们公、私钥对不同。然而,这样做法是不安全的,存在所谓的"共模攻击"。

设两个用户的公开钥分别为 e_1 和 e_2,且 e_1 和 e_2 互素(一般情况都成立),明文消息是 m,密文分别是 $c_1 \equiv m^{e_1} \pmod{n}$,$c_2 \equiv m^{e_2} \pmod{n}$。敌手截获 c_1 和 c_2 后,可如下恢复 m。用扩展的 Euclidean 算法求出满足 $re_1 + se_2 = 1$ 的两个整数 r 和 s,由此可得 $c_1^r c_2^s \equiv m^{re_1} m^{se_2} \equiv m^{(re_1 + se_2)} \equiv m \pmod{n}$。

同样,不同用户选用的素因子(p 或 q)不能相同,这是因为模数 n 是公开的,如果素因子相同,可通过求模数 n 的公约数的方法得到相同素因子,从而分解模数 n。

(b) 低指数攻击

为了增强加密的高效性,希望选择较小的加密密钥 e。如果相同的消息要送给多个实体,就不应该使用小的加密密钥。例如,假定将 RSA 算法同时用于多个用户(为讨论方便,以下假定 3 个),每个用户的加密指数(即公钥)都很小,譬如为 3。设 3 个用户的模数分别为 n_i($i=1,2,3$),且当 $i \neq j$ 时,$\gcd(n_i, n_j) = 1$,否则通过 $\gcd(n_i, n_j)$ 有可能得出 n_i 和 n_j 的分解。设发送同一明文消息 m,密文分别是:

$$c_1 \equiv m^3 \pmod{n_1} \quad c_2 \equiv m^3 \pmod{n_2} \quad c_3 \equiv m^3 \pmod{n_3}.$$

于是可得:$m^3 \equiv c_1 \pmod{n_1}$ $m^3 \equiv c_2 \pmod{n_2}$ $m^3 \equiv c_3 \pmod{n_3}$。再由中国剩余定理可求出 $m^3 \bmod (n_1 n_2 n_3)$。由于 $m^3 < n_1 n_2 n_3$,可直接由 m^3 开立方根得到 m。

同样的,解密密钥 d 也不能取得太小。事实上,如果 $d < n^{1/4}$,则存在有效算法可由公钥 (n, e) 计算出 d。这个攻击较为复杂,需要用到连分数逼近的知识,有兴趣的读者请参考相关文献。

(c) $p-1$ 和 $q-1$ 都应有大的素数因子

设攻击者截获密文 c,可如下进行重复加密:

$$c^e \equiv (m^e)^e \equiv m^{e^2} \pmod{n}, c^{e^2} \equiv (m^e)^{e^2} \equiv m^{e^3} \pmod{n}, \cdots, c^{e^t} \equiv (m^e)^{e^t} \equiv m^{e^{t+1}} \pmod{n}$$

若 $c^{e^t} \pmod{n} \equiv c \pmod{n}$,即 $(m^{e^t})^e \equiv c \pmod{n}$,则有 $m^{e^t} \equiv m \pmod{n}$,即 $(c^{e^{t-1}}) \equiv m \pmod{n}$,所以在上述重复加密的倒数第 2 步就已恢复出明文 m,这种攻击只有在 t 较小的时候才是可行的,为抵抗这种攻击,p、q 的选择应保证使 t 很大。

设 m 在模 n 下阶为 k,由 $m^{e^t} \equiv m \pmod{n}$ 得 $m^{e^t-1} \equiv 1 \pmod{n}$,所以 $k|(e^t-1)$,即 $e^t \equiv 1 \pmod{k}$,t 取为满足上式的最小值(为 e 在模 k 下的阶)。又当 e 与 k 互素时 $t|\varphi(k)$,为使 t 大,k 就应该大,而且 $\varphi(k)$ 应有大的素因子。又由 $k|\varphi(n)$,所以为使 k 大,$p-1$ 和 $q-1$ 都应有大的素因子。

2. 防范措施

通过上面的分析可以看出,多年来虽然针对 RSA 密码体制还没有有效的攻击方法,但是上述这些方法也提醒着开发和使用人员在实现 RSA 密码体制时有很多需要注意的事项,包括密钥长度、参数选择和实现细节等方面。

(1) 密钥长度

首先,在 RSA 密钥长度方面,应以达到使得攻击者在现有计算能力条件下不可破解为基本原则,同时,选择时需要考虑被保护的数据类型、数据保护期限、威胁类型以及最可能的攻击等方面。目前大多数标准要求使用 1 024 比特 RSA 密钥,不再使用 512 比特密钥。数域筛方法是比较有效的因子分解方法,并常用于确定 RSA 密钥长度的下限。在 2000 年,Silverman 依此推断 1 024 比特密钥在未来 20 年内还是安全的。但是,NIST(The National Institute of Standard and Technology)的《Key Managemen Guideline》草案中只推荐使用 RSA 1024 比特长密钥来加密保存要求不超过 2015 年保密要求期限的数据,如果保密期限超过 2015 年,则建议至少使用 2 048 比特长密钥。另外,也要考虑密钥长度对密钥生成、加密和解密运算效率的影响。

(2) 参数选择

除了需要选取足够大的大整数 n 外,对素数 p 和 q 的选取应该满足以下要求。

(a) 为避免椭圆曲线因子分解法,p 和 q 的长度相差不能太大。如使用 1 024 比特的模数 n,则 p 和 q 的模长都大致在 512 比特左右。

(b) p 和 q 差值不应该太小。如果 $p-q$ 太小,则 $p \approx q$,因此 $p \approx \sqrt{n}$,故 n 可以简单地用所有接近 $\sqrt{n}$ 的奇整数试除而被有效分解。

(c) $\gcd(p-1, q-1)$ 应该尽可能小。

(d) p 和 q 应为强素数,即 $p-1$ 和 $q-1$ 都应有大的素因子。

另外,为了防止低指数攻击,加密指数 e 和解密指数 d 都不能选取太小的数。

(3) 注意安全性目标及适用范围

未加填充的 RSA 加密体制仅仅达到了单向性安全,而并不具有语义安全性。事实上,明文的部分信息(如 Jacobi 符号)是泄露的,这是因为公钥 e 必为奇数,因而有

$$\left(\frac{c}{n}\right) = \left(\frac{m^e}{n}\right) = \left(\frac{m}{n}\right)^e = \left(\frac{m}{n}\right)$$

此外,由于未加填充的 RSA 加密算法固有的乘法同态属性,即 $(m_1)^e (m_2)^e \equiv (m_1 m_2)^e \pmod{n}$,所以它不适合用于需要防止密文被延展(即篡改后仍然为有效密文)的场景。

7.3 ElGamal 公钥加密体制

这一节主要讨论基于有限域上离散对数问题的公钥加密体制,其中最著名的是 ElGamal 加密体制,它是由 T. ElGamal 在 1985 年提出的。该密码体制既可用于加密,又可以用于数字签名,也是最有代表性的公钥密码体制之一。同样,下面分密钥生成,加密算法和解密算法三部分分别介绍。

7.3.1 ElGamal 密钥生成算法

ElGamal 加密体制的公私密钥对生成过程如下。

(1) 随机选择一个满足安全要求的大素数 p，并生成有限域 $\mathbf{Z}_p$ 的一个生成元 $g \in \mathbf{Z}_p^*$。

(2) 选一个随机数 $x(1<x<p-1)$，计算 $y \equiv g^x \pmod{p}$，则公钥为 (y,g,p)，私钥为 x。

7.3.2 ElGamal 加解密算法

1. 加密过程

与 RSA 密码体制相同，加密时首先将明文比特串分组，使得每个分组对应的十进制数小于 p，即分组长度小于 $\log_2 p$，然后对每个明文分组分别加密。具体过程分为如下几步：

(1) 得到接收方的公钥 (y,g,p)；

(2) 把消息 m 分组为长度为 $L(L<\log_2 p)$ 的消息分组 $m=m_1 m_2 \cdots m_t$；

(3) 对第 i 块消息 $(1 \leqslant i \leqslant t)$ 随机选择整数 r_i，$1<r_i<p-1$；

(4) 计算 $c_i \equiv g^{r_i} \pmod{p}$，$c_i' \equiv m_i y^{r_i} \pmod{p}$ $(1 \leqslant i \leqslant t)$；

(5) 将密文 $C=(c_1,c_1')(c_2,c_2')\cdots(c_t,c_t')$ 发送给接收方。

2. 解密过程

(1) 接收方收到的密文 $C=(c_1,c_1')(c_2,c_2')\cdots(c_t,c_t')$；

(2) 使用私钥 x 和解密算法 $m_i \equiv (c_i'/c_i^x) \pmod{p}$ $(1 \leqslant i \leqslant t)$ 进行计算；

(3) 得到明文 $m=m_1 m_2 \cdots m_t$。

3. 正确性

下面证明若严格按步骤执行算法，则接收者可以使用私钥和解密算法恢复明文。

因为

$$y \equiv g^x \pmod{p}, c_i \equiv g^{r_i} \pmod{p}, c_i' \equiv m_i y^{r_i} \pmod{p};$$

所以

$$(c_i'/c_i^x) \equiv (m_i y^{r_i}/g^{xr_i}) \equiv (m_i g^{xr_i}/g^{xr_i}) \equiv m_i \pmod{p}$$

又因为 $m_i<p$，故

$$(c_i'/c_i^x) \bmod p = m_i$$

得证。

表 7-3 总结了 ElGamal 公钥加密体制。

ElGamal 加密过程需要两次模指数运算和一次模乘积运算，解密过程需要模指数运算，求逆运算和模乘积运算各一次。每次加密运算需要选择一个随机数，所以密文既依赖于明文，又依赖于选择的随机数，故对于同一个明文，不同的时刻生成的密文不同。另外，ElGamal 加密使得消息扩展了两倍，即密文的长度是对应明文长度的两倍。

表 7-3 ElGamal 公钥加密体制

密钥生成算法	公钥	p：大素数 $g:g<p$ $y:y \equiv g^x \pmod{p}$
	私钥	$x:1<x<p-1$
加密算法		r_i：随机选择，$1<r_i<p-1$ 密文：$c_i \equiv g^{r_i} \pmod{p}$ $c_i' \equiv m_i y^{r_i} \pmod{p}$
解密算法		明文：$m_i \equiv (c_i'/c_i^x) \pmod{p}$

4. 实例

下面举一个简单的例子来说明如何用 ElGamal 公钥加密体制来对一段消息进行加解密。

例 7.4 假设发送方为 A，接收方为 B，B 选择素数 $p=13\,171$，生成元 $g=2$，私钥 $x=23$。

A 欲用 ElGamal 算法将消息 $m=$ bupt 加密为密文 C 后传送给 B。消息 m 按英文字母表 $a=00, b=01, \cdots, z=25$ 编码，求加解密过程。

解 密钥生成：$y = g^x \bmod p = 2^{23} \bmod 13\,171 = 11\,852$

则公钥为 $(p=13\,171, g=2, y=11\,852)$，私钥为 $x=23$。

加密过程：消息分为两个分组 m_1 和 m_2 按英文字母表编码如下。

分组明文	$m_1=$ bu	$m_2=$ pt
对应编码	0120	1519

A 对明文的加密过程如下：

$$c_1 = g^{r_1} \bmod p = 2^{31} \bmod 13\,171 = 4\,782 \text{（注：随机数为 31）}$$
$$c'_1 = m_1 y^r \bmod p = 120 \times 11\,852^{31} \bmod 13\,171 = 8\,218$$
$$c_2 = g^{r_2} \bmod p = 2^{16} \bmod 13\,171 = 12\,852 \text{（注：随机数为 16）}$$
$$c'_2 = m_2 y^r \bmod p = 1\,519 \times 11\,852^{16} \bmod 13\,171 = 4\,511$$

得密文 $C = (c_1, c'_1)(c_2, c'_2) = (4\,782, 8\,218)(12\,852, 4\,511)$

B 对密文 C 的解密过程如下：

根据密文 $C = (4\,782, 8\,218)(12\,852, 4\,511)$

$$(c'_1/c_1^x) \bmod p = (8\,218/4\,782^{23}) \bmod 13\,171 = 0120$$
$$(c'_2/c_2^x) \bmod p = (4\,511/12\,852^{23}) \bmod 13\,171 = 1519$$

0120 所对应的明文为 $m_1=$ bu，1519 所对应的明文为 $m_2=$ pt。

故解密出明文 $m = m_1 m_2 =$ bupt。

7.3.3 ElGamal 公钥密码安全性

ElGamal 体制的安全性基础是离散对数求解的困难性。目前，对离散对数问题的研究取得了一些重要的研究成果，已经设计出了一些计算离散对数的算法，这里，主要介绍著名的小步大步(Baby-step Giant-step)算法、和速度较快的指数积分法(Index Calculus)。

1. 小步大步算法

事实上，小布大步算法的思想来自于生日攻击。不失一般性，假定给定一个素数 p 阶循环群 $G=<g>$ 和 $h \in G$，我们的目标是期望在生日复杂性界内(即 $O(p^{1/2})$) 找到 a 使得 $h=g^a$ 成立。算法原理如下：首先，令 $r=\lfloor\sqrt{p}\rfloor$，并且将 a 表示为 $a_0 + ra_1$，其中 $0 \leqslant a_0, a_1 \leqslant r$。于是，我们有 $hg^{-a_0} = g^{a-a_0} = g^{ra_1}$。反过来，如果得到了这样的一个等式，则 h 的离散对数 a 也可以立即求解。换句话说，求解 h 的离散对数 a 就相当于要从下列两个长度为 r 的随机序列中寻找一对碰撞。

(1) 小步序列。由所有形如 hg^{-a_0} 的元素组成，其中 a_0 从 1 到 r。亦即，这可以看作是一个"等比"序列，其步长(即"公比")较小，为 g。

(2) 大步序列。由所有形如 g^{ra_1} 的元素组成，其中 a_1 从 1 到 r；这也可以看作是一个"等比"序列，其步长(即"公比")较大，为 g^r。

显然，小步大步两个序列的构造，时间、空间复杂度均为 $O(r) = O(p^{1/2})$（不失一般性，这里将以此模幂运算的复杂性看作是常数）。如果这两个序列均是无序的，那么逐个比较寻找碰撞对的时间复杂度就为 $O(r^2) = O(p)$，这就与穷举法没有区别了。因此，需要做进一步的优化：例如对小步或大步序列先进行排序，然后在查找时就可以使用二分查找。此时，查找碰撞的时间复杂度为 $O(r\log_2 r) = O(p^{1/2}\log_2 p^{1/2})$。

例 7.5 计算 $\log_2 3 \bmod 100$。

解:这里 $p=101, g=2, h=3, r=\lvert\sqrt{101}\rvert=10$。

计算 $(0, g^0 \bmod 101), (1, g^1 \bmod 101), \cdots, (9, g^9 \bmod 101)$。

即得到这样一个表:$(0,1),(1,2),(2,4),(3,8),(4,16),(5,32),(6,64),(7,27),(8,54),(9,7)$。

按照数对第二分量由小到大排列则得到:

$(0,1),(1,2),(2,4),(9,7),(3,8),(4,16),(7,27),(5,32),(8,54),(6,64)$。

令 $a = g^{-m} \bmod p = 2^{-10} \bmod 101 = 65$,初始化 $b = h = 3$,发现 3 不在表中,用 $b * a \bmod p$ 代替 b,并且只要 b 不在表中就继续计算:

$$3 * 65 \bmod 101 = 94$$
$$94 * 65 \bmod 101 = 50$$
$$50 * 65 \bmod 101 = 18$$
$$18 * 65 \bmod 101 = 59$$
$$59 * 65 \bmod 101 = 98$$
$$98 * 65 \bmod 101 = 7$$

这一次发现 7 在表中,即 $3 * (2^{-10})^6 \bmod 101 \equiv 7 \equiv 2^9 \pmod{101}$。

所以,$\text{Log}_2 3 \bmod 100 = 6 * 10 + 9 = 69$。

注:对于 g 的阶不是素数的情形,例如 $N = \text{ord}(g) = \prod_{i=1}^{n} p_i^{e_i}$(其中 p_i 为互异的素数),上述小步大步方法也可直接作用。但是,此时更高效方法是使用 Pohlig-Hellmen 算法,即结合使用小步大步方法和中国剩余定理来求解 a。特别地,此时离散对数的求解复杂度以 $O(B^{1/2} \log_2 N)$ 为界,其中 $B = \max\{p_1, \cdots, p_n\}$。显然,如果 B 很小(此时我们称 N 为 B-光滑的),则离散对数很容易计算。本质上,离散对数求解的难度主要由其生成元阶的非光滑因子决定的,这也正是 Elgamal 密码系统中 $p-1$ 必须包含大素数因子的根本原因。

2. 指数积分法

计算离散对数的算法,最迅速的应为指数积分法,其时间复杂度为亚指数级的。在实际操作中通常是结合筛法(如二次筛法和数域筛法)使用,故其计算复杂度的估计时间等同于使用相同筛法的因数分解。指数积分法适用于乘法群 $\mathbf{Z}_p^*$ 上的离散对数计算,但对椭圆曲线上的离散对数问题的计算是不合适的。

对于求解离散对数问题 $y \equiv g^x \pmod{p}$,指数积分法分如下几个步骤。

(1) 选取因子基 S:如同筛法选取小素数集基一样选择 G 的一个较小的子集,$S = \{p_1, p_2, \cdots, p_m\}$。

(2) 建构同余方程组:对若干随机整数 $k(0 \leq k \leq p)$,计算 g^k。尝试将 g^k 写成 S 中的元素幂次的乘积,即 $g^k \equiv \prod_i p_i^{e_i} \pmod{p}$,

式子两边取离散对数,得 $k \equiv \sum_i e_i \log_g(p_i) \pmod{(p-1)}$。

重复这个过程,直到有超过 m 个方程。

(3) 求 $\log_g(p_i)$:求解方程组以求得因子基中元素以 g 为底的对数。如果方程组不能确定 $\log_g(p_i)$,则返回到上一步并生成更多的方程。

(4) 计算 x:随机取整数 r,计算值 $yg^r \bmod p$,使得其值可表示为 S 中元素幂次的乘积,即

$yg^r \equiv \prod_i p_i^{d_i} \mod p$,取离散对数可得 $x \equiv \log_g(y) \equiv -r + \sum_i d_i \log_g(p_i) \pmod{(p-1)}$,如果成功,即求得此解 x。

如果不成功,选择不同的 r,并返回重新计算。

例 7.6 计算 $\log_{11} 7 \mod 28$。

解:取因子基 $S = \{2, 3, 5\}$。

考虑 g 的随机方幂,构建同余方程组:

$11^2 \mod 29 = 5$

$11^3 \mod 29 = 26$ (失败,不能表为 S 中元素的乘积)

$11^5 \mod 29 = 14$ (失败,不能表为 S 中元素的乘积)

$11^6 \mod 29 = 9 = 3^2$

$11^7 \mod 29 = 12 = 2^2 * 3$

$11^9 \mod 29 = 2$

恰好在本例中,可以通过解模 28 的方程组获得 S 中元素的对数。由第一个关系式就可直接得到 $\log_{11} 5 \mod 28 = 2$。由第四个关系式则可得 $6 = 2 * \log_{11} 3 \mod 28$,因为对数前的系数 2 与模数 28 有一个公因子,因此不能唯一地确定 $\log_{11} 3$。但是由最后一个关系式可直接得到 $\log_{11} 2 = 9$。然后再利用倒数第二个关系式,则有 $7 = 2 * \log_{11} 2 + \log_{11} 3 \mod 28$,可得 $\log_{11} 3 = 17$。

这就完成对因子基 $S = \{2, 3, 5\}$ 的预计算。为了求 $\log_{11} 7 \mod 28$,用 $g = 11$ 的"随机"方幂乘以 $y \equiv 7 \pmod{29}$,然后寻找可表示为因子基元素乘积的结果:

$$7 * 11 \mod 29 = 19 \quad (失败)$$

$$7 * 11^2 \mod 29 = 2 * 3$$

因此,$\log_{11} 7 \mod 28 = \log_{11} 2 + \log_{11} 3 - 2 = 9 + 17 - 2 = 24$

考虑到 $\mathbf{Z}_p^*$ 上离散对数问题的最新进展,512 比特的模数 p 已经不足以抵挡联合攻击。从 1996 年起,推荐模数 p 至少为 768 比特。为了安全,建议使用 1 024 比特或更大的数。另外,在加密中使用的随机数 r 必须是一次性的。因为,如果使用的 r 不是一次性的,则攻击者获得 r 就可能在不知道私钥的情况下解密新的密文。例如,假设用同一个 r 加密两个消息 m_1 和 m_2,结果为 (c_1, c_1') 和 (c_2, c_2')。由于 $c_1'/c_2' = m_1/m_2$,若 m_1 是已知的,则 m_2 就可以很容易计算出来。

7.4 椭圆曲线公钥加密体制

RSA 公钥加密体制虽然得到了广泛应用,但是,随着计算机信息处理能力的不断提高,对 RSA 密钥长度的要求也越来越长,这个问题对那些存储能力受限的系统(如智能卡、手机等)来说显得尤为突出。椭圆曲线密码体制(Elliptic Curve Cryptosystem,ECC)的提出改变了这种状况,它可以用更短的密钥提供与其他体制相当的或更高等级的安全。它也成为迄今被实践证明安全、有效、应用较广的 3 种公钥密码体制之一。

椭圆曲线在代数学和几何学上已被广泛研究了 150 多年之久,有坚实的理论基础。1985 年,Koblitz 和 Miller 将椭圆曲线引入密码学,提出了基于有限域 GF(p) 的椭圆曲线上的点集构成群,在这个群上定义离散对数问题并构造出基于离散对数的一类公钥密码体制,即基于椭圆曲线的离散密码体制,其安全性基于椭圆曲线上离散对数问题的难度。

目前,椭圆曲线公钥密码体系开始从学术理论研究阶段走向实际应用阶段,受到学术界、开发商、政府部门、密码标准研制组织等有关各界的重视,IEEE、ANSI、ISO、IETF 等组织已在椭圆曲线密码算法的标准化方面做了大量工作。ECC 的理论比较复杂,本节旨在阐释椭圆曲线公钥密码体制基本原理及其相关理论,并不提供相关的证明。

7.4.1 椭圆曲线

1. 椭圆曲线的定义

所谓椭圆曲线是指由韦尔斯特拉(Weierstrass)方程:
$$E: y^2 + axy + by = x^3 + cx^2 + dx + e$$
所确定的平面曲线,其中 a、b、c、d 和 e 属于域 F,F 可以是有理数域、复数域、还可以是有限域 $GF(p)$。椭圆曲线是其上所有点 (x,y) 的集合,外加一个无穷远点 O(定义椭圆曲线上一个特殊的点,记为 O,它为仿射平面无穷远处的点,称为无穷远点。在 xOy 平面上,可以看作是平行于 y 轴的所有直线的集合的一种抽象。)

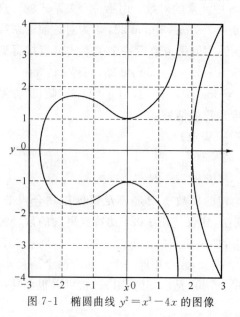

图 7-1 椭圆曲线 $y^2 = x^3 - 4x$ 的图像

密码学中,常采用下列形式的椭圆曲线:
$$E: y^2 = x^3 + ax + b$$
并要求 $4a^3 + 27b^2 \neq 0$。例如,椭圆曲线 $E: y^2 = x^3 - 4x$ 的图形如图 7-1 所示。

2. 有限域 GF(p)上的椭圆曲线

密码学中普遍采用的是有限域上的椭圆曲线,它是指椭圆曲线方程定义式中,所有的系数都是某一有限域 $GF(p)$ 中的元素。它的最简单的表示式为:
$$y^2 \equiv x^3 + ax + b \pmod{p}$$
其中,p 为一个大素数,a、b、x 和 y 均在有限域 $GF(p)$ 中,即从 $\{0,1,\cdots,p-1\}$ 上取值,且满足:$4a^3 + 27b^2 \pmod{p} \neq 0$,这类椭圆曲线通常用 $E_p(a,b)$ 表示。该椭圆曲线上只有有限个离散点,设为 N 个,则 N 称为椭圆曲线的阶为 N,N 越大,安全性越高。粗略估计,N 近似等于 p,N 的更精确范围由 Hasse 定理确定。

定理 7.1 (Hasse 定理) 如果 E 是有限域 $GF(p)$ 上的椭圆曲线,N 是 E 上的点 (x,y)(其中 $x,y \in GF(p)$) 的个数,则:$|N-(p+1)| \leqslant 2\sqrt{p}$。

3. 椭圆曲线在模 p 下的 Abel 群

定理 7.2 椭圆曲线上的点集合 $E_p(a,b)$ 对于如下定义的加法规则构成一个 Abel 群。
加法规则:
(1) $O+O=O$;
(2) 对所有点 $P=(x,y) \in E_p(a,b)$,有 $P+O=O+P=P$;
(3) 对所有点 $P=(x,y) \in E_p(a,b)$,有 $P+(-P)=O$,即点 P 的逆为 $-P=(x,-y)$;
(4) 令 $P=(x_1,y_1) \in E_p(a,b)$ 和 $Q=(x_2,y_2) \in E_p(a,b)$,则
$$P+Q=R=(x_3,y_3) \in E_p(a,b)$$
其中:
$$x_3 = \lambda^2 - x_1 - x_2, y_3 = \lambda(x_1-x_3) - y_1$$

$$\lambda = \begin{cases} \dfrac{y_2 - y_1}{x_2 - x_1} & \text{若 } P \neq Q \\ \dfrac{3x_1^2 + a}{2y_1} & \text{若 } P = Q \text{(倍点规则)} \end{cases}$$

(5) 对于所有的点 P 和 Q，满足加法交换律，即 $P+Q=Q+P$；

(6) 对于所有的点 P、Q 和 R，满足加法结合律，即 $P+(Q+R)=(P+Q)+R$。

以上规则的几何含义如下。

(1) O 是加法单位元。

(2) 一条与 X 轴垂直的线和曲线相交于两个点，这两个点的 X 坐标相同的点，即 $P_1=(x,y)$ 和 $P_2=(x,-y)$，同时它也与曲线相交于无穷远点 O，因此 $P_2=-P_1$，故椭圆曲线的性质决定 P 与其逆元成对在椭圆曲线上。

(3) 横坐标不同的两个点 P 和 Q 相加时，先在它们之间画一条直线并求直线与曲线的第三个交点 R，则 $P+Q=-R$。

(4) 两个相同点 P 相加时，通过该点画一条切线，切线与曲线的交于另一个点 R，则 $P+P=2P=-R$。

椭圆曲线点乘规则如下。

(1) 如果 k 为整数，则对所有的点 $P \in E_p(a,b)$，有
$$kP = P+P+\cdots+P \quad (k \text{ 个 } P \text{ 相加})$$

(2) 如果 s 和 t 为整数，则对所有的点 $P \in E_p(a,b)$，有
$$(s+t)P = sP+tP, \quad s(tP) = (st)P$$

$E_p(a,b)$ 为在模 p 之下椭圆曲线 E 上所有的整数点所构成的集合(包括 O)。若存在最小正整数 n，使得 $nP=O(P \in E_p(a,b))$，则 n 为椭圆曲线 E 上点 P 的阶(n 是椭圆曲线的阶 N 的因子)。除了无限远的点 O 之外，椭圆曲线 E 上任何可以生成所有点的点都可视为是 E 的生成元，但并不是所有在 E 上的点都可视为生成元。

例 7.7 考虑 GF(23) 上的椭圆曲线 $E: y^2 = x^3 - 4x + 1$，令 $P=(4,7), Q=(10,31)$。

求：(1) $R=(x_3,y_3)=P+Q$；

(2) $2P$。

解 (1) $\lambda = (y_2-y_1)/(x_2-x_1) = (31-7)/(10-4) = 24/6 = 4 \equiv 4 (\text{mod } 23)$

$\quad x_3 = \lambda^2 - x_1 - x_2 = 42 - 4 - 10 = 2 \equiv 2 (\text{mod } 23)$

$\quad y_3 = \lambda(x_1 - x_3) - y_1 = 4 \times (4-2) - 7 = 1 \equiv 1 (\text{mod } 23)$

所以 $R=(2,1)$。

(2) $\lambda = (3x_1^2+a)/2y_1 = (3(4^2)-4)/(2 \times 7) = 44/14 \equiv 13 (\text{mod } 23)$

$\quad x_3 = \lambda^2 - 2x_1 = 13^2 - 2 \times 4 = 161 \equiv 0 (\text{mod } 23)$

$\quad y_3 = \lambda(x_1-x_3) - y_1 = 13 \times (4-0) - 7 = 45 \equiv 22 (\text{mod } 23)$

所以 $2P=(0,22)$。

4. 有限域 GF(P) 上椭圆曲线点的计算

$E_p(a,b)$ 的生成过程如下：

(1) 对 $x=0,1,\cdots,p-1$ 计算 $x^3+ax+b(\text{mod } p)$；

(2) 对于(1)得到的每一结果确定它是否有一个模 p 的平方根，如果没有，则 $E_p(a,b)$ 中没有以该结果相应的 x 为横坐标的点；如果有，就有两个平方根 y 和 $p-y$，从而点 (x,y) 和 $(x,p-y)$ 都是 $E_p(a,b)$ 的点(如果 $y=0$，只有 $(x,0)$ 一个点)。

例 7.8 GF(23)上的一个椭圆曲线为：$y^2 \equiv x^3+x+1 \pmod{23}$（即 $p=23, a=b=1$），求该椭圆曲线方程在 GF(23)上的整数点集。

解 取 $x=0,1,\cdots,22$，并计算 $y^2 \equiv x^3+x+1 \pmod{23}$，现仅以 $x=0$ 和 $x=7$ 作为例子。

因为，$x=0$，$y^2 \equiv 0^3+0+1 \pmod{23} \equiv 1 \pmod{23}$

所以，$y \equiv 1 \pmod{23}$ 或 $y \equiv -1 \pmod{23} \equiv 22 \pmod{23}$

故 $(0,1),(0,22)$ 为椭圆曲线上的点。

同理，$x=7, y^2 \equiv 7^3+7+1 \pmod{23} \equiv 351 \pmod{23} \equiv 6 \pmod{23} \equiv 121 \pmod{23}$

所以，$y \equiv 11 \pmod{23}$ 或 $y \equiv -11 \pmod{23} \equiv 12 \pmod{23}$

故 $(7,11),(7,12)$ 为椭圆曲线上的点。

可用相同的方法求出椭圆曲线上的其他点。

则该椭圆曲线方程在 GF(23)上的解（即该椭圆曲线上的点）如表 7-4 所示。

表 7-4 椭圆曲线 $E_{23}(1,1)$ 上的点

(0,1)	(5,4)	(9,16)	(17,3)
(0,22)	(5,19)	(11,3)	(17,20)
(1,7)	(6,4)	(11,20)	(18,3)
(1,16)	(6,19)	(12,4)	(18,20)
(3,10)	(7,11)	(12,19)	(19,5)
(3,13)	(7,12)	(13,7)	(19,18)
(4,0)	(9,7)	(13,16)	

从表 7-4 可以看出，GF(23)上共有 28 个解（包括无穷远点 O）。这些点除了 $(4,0)$ 外，对应于每一个 x 值，均有 2 个点，如 $(5,4)$ 和 $(5,19)$，而且它们关于 $y=23/2=11.5$ 对称，这些点的分布如图 7-2 所示。

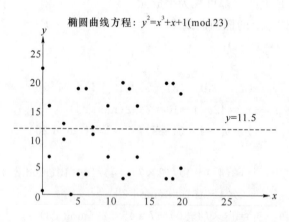

图 7-2 椭圆曲线 $E_{23}(1,1)$ 上点的分布

7.4.2 ECC 密钥生成算法

用于密码学的椭圆曲线可以分成两大类，分别对应以素数为模的整数域 GF(p)（适合于软件实现）和特征为 2 的伽罗华域 GF(2^m)（适合于硬件实现）。本部分主要介绍基于有限域 GF(p) 上的 ECC，椭圆曲线上所有的点都落在某一个区域内，组成一个 Abel 群，与密钥长度对应，密钥长度越长，这个区域越大，安全层次就越高，但计算速度慢；反之亦然。

在 $E_P(a,b)$ 构成的 Abel 群上考虑方程 $Q=kP$，其中 $P\in E_p(a,b)$ 且为生成元，Q 为 P 的倍点，即存在正整数 k(小于 p)，则由 k 和 P 易求 Q。由 P、Q 求 k 称为椭圆曲线上的离散对数问题。

例如，对基于 GF(23)的椭圆群 $y^2=x^3+ax+b$，求 $Q=(x_1,y_1)$ 对于 $P=(x,y)$ 的离散对数，最直接的方法就是计算 P 的倍数，$P=(x,y),2P=(x_2,y_2),3P=(x_3,y_3),\cdots$，直到找到 k，在 $P=(x_1,y_1)=Q$，因此，Q 关于 P 的离散对数是 k，对于大素数构成的群 E，这样计算离散对数是不现实的。事实上，目前还不存在多项式时间算法求解椭圆曲线上的离散对数问题，所以通常假设这是个困难问题。

下面考虑如何生成用户 B 公私密钥对，其步骤如下。

(1) 选择一个椭圆曲线 $E:y^2\equiv x^3+ax+b(\bmod p)$，构造一个椭圆群 $E_p(a,b)$。

(2) 在 $E_p(a,b)$ 中挑选生成元点 $G=(x_0,y_0)$，G 应使得满足 $nG=O$ 的最小的 n 是一个非常大的素数。

(3) 选择一个小于 n 的整数 n_B 作为其私钥，然后产生其公钥 $P_B=n_BG$，则 B 的公钥为 (E,n,G,P_B)，私钥为 n_B。

7.4.3 椭圆曲线加密体制加解密算法

假设接收方为 B，发送方为 A，A 将消息加密后传送给 B(注：加法和乘法都是定义在 GF(P)上的运算)。

1. 加密过程

(1) A 将明文消息编码成一个数 $m<p$，并在椭圆群 $E_p(a,b)$ 中选择一点 $P_t=(x_t,y_t)$；

(2) 在区间 $[1,n-1]$ 内，A 选取一个随机数 k，计算点 $P_1:P_1=(x_1,y_1)=kG$；

(3) 依据接收方 B 的公钥 P_B，A 计算点 $P_2=(x_2,y_2)=kP_B$；

(4) A 计算密文 $C=mx_t+y_t$；

(5) A 传送加密数据 $C_m=\{kG,P_t+kP_B,C\}$ 给接收方 B。

2. 解密过程

(1) 接收方 B 收到加密数据 $C_m=\{kG,P_t+kP_B,C\}$；

(2) 接收方 B 使用自己的私钥 n_B 作如下计算：
$$P_t+kP_B-n_B(kG)=P_t+k(n_BG)-n_B(kG)=P_t$$

(3) B 计算 $m=(C-y_t)/x_t$，得明文 m。

3. 小结

由加密算法和解密算法的过程，易得其正确性，此处略去证明。

攻击者若想由密文 C 得到明文 m，就必须知道 k 或 n_B。但已知 kG 求 k 或已知 P_B 求 n_B，都是求解椭圆曲线上的离散对数问题，由假设知其不可行，故攻击者无法从密文推导出明文。

表 7-5 总结了椭圆曲线公钥加密体制。

表 7-5 椭圆曲线公钥加密体制

密钥生成算法	公钥	E：椭圆曲线　　　　　　　　　　n：非常大的素数(N 的素因子) G：椭圆曲线 $E_p(a,b)$ 的生成元，$nG=O$ $P_B:P_B=n_BG$
	私钥	$n_B,P_B=n_BG$

加密算法	k、$P_t(x_t,y_t)$：随机选择　　m：明文消息的编码 $P_1:P_1=(x_1,y_1)=kG$　　$P_2:P_2=(x_2,y_2)=kP_B$ $C:C=mx_t+y_t$ 加密数据：$C_m=(kG,P_t+kP_B,C)$
解密算法	$P_t+kP_B-n_B(kG)=P_t+k(n_BG)-n_B(kG)=P_t=(x_t,y_t)$ 明文：$m=(C-y_t)/x_t$

4. 实例

下面举一个简单的实例来说明如何用椭圆曲线公钥加密体制实现加解密的。

例 7.9 取 $p=23,a=13,b=22$，即椭圆密码曲线为 $y^2\equiv x^3+13x+22\pmod{23}$，$E_{23}(13,22)$ 的一个生成元是 $G=(10,5)$，B 的私钥 $n_B=7$。假定 A 已将欲发往 B 的消息编码为 $m=15$，椭圆曲线上的随机点 $P_t=(11,1)$，求其加解密过程。

解　密钥生成：由 $P_B=7G=(17,21)$，得 B 的公钥为 $\{E:y^2\equiv x^3+13x+22\pmod{23},G=(10,5),P_B=(17,21)\}$，私钥为 $n_B=7$。

加密过程：A 选取随机数 $k=13$

则得 $P_1=kG=13(10,5)=(16,5)$

$P_2=kP_B=13(17,21)=(20,18)$

$P_t+kP_B=(11,1)+(20,18)=(18,19)$

$C=mx_t+y_t=15\times 11+1\pmod{23}=5$

得加密数据为 $C_m=\{(16,5),(18,19),5\}$。

解密过程：B 接收到密文 C_m，使用自己的私钥 $n_B=7$ 解密消息：

$P_t=P_t+k(n_BG)-n_B(kG)=P_t+kP_B-n_B(kG)=(18,19)-7(16,5)=(11,1)$

$m=(C-y_t)/x_t=(5-1)/11\pmod{23}=15$

然后根据编码规则由 $m=15$ 得到原始消息。

7.4.4　ECC 安全性

ECC 的安全性基于椭圆曲线上离散对数问题（ECDLP，Elliptic Curve Discrete Logarithem Problem）的难解性，它优于基于有限域乘法群上离散对数问题的密码体制，求解有限域上离散对数问题的指数积分法对 ECDLP 不适用。多年来，ECDLP 一直受到各国数学家的关注，目前还没有发现 ECDLP 的明显弱点，但也存在一些求解思路，大致分为两类：一类是利用一般曲线离散对数的攻击方法，如前面提到过的小步—大步法以及 Pohlig-Hellman 法；另一类是对特殊曲线的攻击方法，如 MOV 规约法和 Smart 法。这里简要介绍一下 MOV 规约法。

1993 年 Menezes、Okamoto 和 Vanstone 发表了将 ECDLP 规约到有限域上离散对数问题的有效解法，并以他们三个人的名字命名为 MOV 规约，这种方法只适用于超奇异椭圆曲线。MOV 规约法利用 Weil 配对方法，建立 $GF(p)$ 上的椭圆曲线加法群与有限次扩域 $GF(p^r)$（$r\leqslant 6$）上的乘法群之间的联系，也就是把计算椭圆曲线上离散对数问题转化为对有限域上乘法群的离散对数问题的求解，那么攻击者就可以采用指数积分法等有效攻击方法求解。

要保证 ECC 的安全性，就要使所选取的曲线能够抵抗各种已知的攻击，这就涉及选取安全椭圆曲线的问题。用于建立密码体制的椭圆曲线的主要参数有 p、a、b、P、n 和 h，其中 p 是域的大小，取值为素数（模数）或 2 的幂；a、b 是方程中的系数，取值于 $GF(p)$；P 为基点（生成元);n 为点 P 的阶;h 是椭圆曲线上所有点的个数 N 除以 n 的结果。为了使所建立的密码体制有较好的安全性,这些参数的选取应满足如下条件:

(1) p 越大越安全,但越大,计算速度会变慢,160 位可以满足目前的安全要求;

(2) 为了防止 Pohlig-Hellman 方法攻击,n 为大素数($n > 2^{160}$),对于固定的有限域 GF(p),n 应当尽可能大;

(3) 因为 $x^3 + ax + b$ 无重复因子才可基于椭圆曲线 $E_p(a,b)$ 定义群,所以要求 $4a^3 + 27b^2 \neq 0 \pmod{p}$;

(4) 为了防止小步—大步攻击,要保证 P 的阶 n 足够大,要求 $h \leq 4$;

(5) 为了防止 MOV 规约法和 Smart 法,不能选取超奇异椭圆曲线和异常椭圆曲线等两类特殊曲线。

椭圆曲线的离散对数问题被公认为要比整数因子分解问题和基于有限域的离散对数问题难解得多,所以,它的密钥长度大大地减小,160 位的 ECC 密钥就可以达到 RSA 密钥 1 024 位的安全水平,这使得 ECC 成为目前已知公钥密码体制中安全强度最高的体制之一。

7.4.5 ECC 的优势

前面介绍的 3 个公钥密码体制:RSA 公钥密码体制、ElGamal 公钥密码体制和 ECC 公钥密码体制在一定程度上都能满足实际应用中安全性的需求。但是,随着信息技术的飞速发展,对安全性、效率以及一些其他开销的综合考虑愈显重要。下面将这 3 个密码体制作一个简要的对比。

首先,表 7-6 对 3 个公钥密码体制作了一个简要的总结。

表 7-6 RSA、ElGamal 和 ECC 的比较

	RSA	ElGamal	ECC
数论基础	欧拉定理	离散对数	离散对数
安全性基础	整数分解问题的困难性	有限域上离散对数问题的难解性	椭圆曲线离散对数问题的难解性
当前安全密钥长度	1 024 位	1 024 位	160 位
用途	加密、数字签名	加密、数字签名	加密、数字签名
是否申请专利	是	否	否

虽然,目前已有密码分析者声称已经成功地攻击了 RSA 算法,但在实际上还没证实 RSA 算法是不安全的。RSA 作为第一个比较完善的公钥密码算法,也是目前使用最多的一种公钥密码算法,其影响力很大。RSA 密码算法实际上只依赖一种数学运算(模指数运算),指数运算的性质决定了该算法运算的速度。对签名和解密,私钥(指数)很大,因此,计算很慢;验证和加密速度则快一些,因为公钥(指数)可以取一些特殊形式,例如 $2^k + 1$ 等。ElGamal 密码体制作为继 RSA 之后提出的又一突破性算法,它的安全性以及运算速度等都有一定的提高。ElGamal 密码系统用于签名和加解密的数学运算完全不同,签名和解密的速度不同,签名验证和加密的速度不同。基本上,签名比验证快,解密比加密快。ECC 安全性能更高,且计算量小,处理速度快,存储空间占用小,带宽要求低,特别适合在移动通信、无线设备上的应用,被公认为目前最有希望的一种公钥密码算法,其应用前景非常好。

由于其自身优点,椭圆曲线密码算法 ECC 一出现便受到关注,现在密码学界普遍认为它将替代 RSA 成为通用的公钥密码算法,SET(Secure Electronic Transactions)协议的制定者

已把 ECC 作为下一代 SET 协议中缺省的公钥密码算法。椭圆曲线的数字签名同样可以应用到体积小、资源有限的设备中,例如,智能卡、PDA 等,椭圆曲线上的密码算法速度很快,分别在 32 位的 PC 上和 16 位微处理器上实现了快速的椭圆曲线密码算法,其中 16 位微处理器上的 ECDSA 数字签名不足 500 ms。

与 RSA 密码体制和 ElGamal 密码体制相比,ECC 有如下特点。

(1) 椭圆曲线密码体制的安全性不同于 RSA 的大整数因子分解问题及 ElGamal 素域乘法群离散对数问题。自公钥密码产生以来,人们基于各种数学难题提出了大量的密码方案,但能经受住时间考验而广泛为人们所接受的只有基于大整数分解及离散对数问题的方案,且不说这两种问题受到亚指数算法的严重威胁,就如此狭窄的数学背景来说,也不能不引起人们的担忧,寻找新的数学难题作为密码资源早就是人们努力的一个方向,而椭圆曲线为公钥密码体制提供一类新型的机制。

(2) 椭圆曲线资源丰富。同一个有限域上存在着大量不同的椭圆曲线,这为安全性增加了额外的保证。

(3) 效率方面。在同等安全水平上,椭圆曲线密码体制的密钥长度与 RSA、ElGamal 的密钥小得多,所以,计算量小,处理速度快,存储空间占用小,传输带宽要求低,特别在移动通信、无线设备上的应用前景非常好。

(4) 安全性。这显然是任何密码体制的必备条件,椭圆曲线密码体制的安全性分析因而也引起了各国密码学家及有关部门的关注与重视,但成果并不丰硕。也许这可视为椭圆曲线密码体制具有高安全性的一种证据,因此,大多数密码学家对 ECC 的前景持乐观态度。

正是由于椭圆曲线具有丰富的群结构和多选择性,并可以在保持和 RSA、ElGamal 体制同样安全性的前提下大大缩短密钥长度,因而,ECC 在密码学领域有着广阔的应用前景。

7.5 其他公钥密码

公钥密码体制中,除了前面提及的 RSA、ElGamal 和椭圆曲线加密体制以外,还有很多其他公钥密码算法,但由于各种原因它们的应用都不如上述算法广泛,本节将对一些其他重要公钥密码算法的原理作简要的介绍。

7.5.1 MH 背包公钥加密体制

背包公钥加密体制是由 Ralph Merkle 和 Martin Hellman 于 1978 年首次提出的,它是第一个公钥加密算法,其安全性基于背包难题。尽管这个算法后来发现是不安全的,但是由于它实现了如何将 NP 完全问题用于设计公钥密码算法,所以其设计思想很值得借鉴和研究。

背包问题描述起来很简单:给定一堆物品,每个重量不同,能否将这些物品中的几件放入一个背包中使之等于一个给定的重量?数学描述为:给定一个正整数集 $A=\{a_1,a_2,\cdots,a_n\}$ (称为背包向量),已知 S 是 A 的某子集合 A' 中元素的和。求 A' 或者求一个 n 元的 0、1 向量 $X=(x_1,x_2,\cdots,x_n)$ 使得:

$$\sum_{i=1}^{n} x_i a_i = S$$

Merkle 和 Hellman 提出的背包公钥加密体制(简称 MH 背包密码)是利用超递增序列的背包问题来实现的(简称超递增背包问题)。所谓超递增序列,是指这个序列的每一项都大于

它之前所有项之和,即对于任意 $j>1$,有:
$$a_j > \sum_{i=1}^{j-1} a_i$$

例如,$\{1,3,6,13,27,52\}$ 就是一个超递增序列。超递增背包问题的解很容易找到,用 S 与 A 的最后一项 a_n 比较,如果 $S<a_n$,则它不在背包中令 $x_n=0$;如果 $S>a_n$,则它在背包中,令 $x_n=1$,并令 $S=S-a_n$。进而考查序列下一个最大的数 a_{n-1},重复到最后一个数比较结束。如果总重量减为零,那么有一个解,否则无解。而一般背包问题是困难的,它目前没有多项式时间的算法。求解若使用穷搜法,则最坏情况下需遍历 2^n 个子集合,n 较大时,非常困难。MH 背包公钥加密体制利用了超递增序列作为私钥,公钥则是有相同解的一般背包向量。

密钥生成算法:令 $A=\{a_1,a_2,\cdots,a_n\}$ 是一个超递增整数序列,取素数 p、b,$p > \sum_{i=1}^{n} a_i$,$1 \leq b \leq p-1$,计算 $t_i \equiv b a_i \pmod{p}$,$1 \leq i \leq n$。则公钥为 $t=(t_1,t_2,\cdots,t_n)$ 和 p,私钥为 A 和 b。

加密算法:设明文块二进制表示为 $m=m_1 m_2 \cdots m_n$,则使用加密算法 $c \equiv \sum_{i=1}^{n} t_i m_i \pmod{p}$ 计算出密文 c,发送给接收方。

解密算法:通过公式 $S \equiv b^{-1} c \pmod{p}$ 计算得到 S,对超递增序列 $A=\{a_1,a_2,\cdots,a_n\}$ 及整数 S 利用超递增背包问题求解算法,恢复出明文 $m=m_1 m_2 \cdots m_n$。

例 7.10 已知 $A=(1,3,7,13,26,65,119,267)$ 是超递增序列,作为私钥,求解一个公钥,并利用这个公私钥对对明文 10101100 实现加解密。

解

由于 $1+3+7+13+26+65+119+267=501$,

取 $p=523$,$b=467$,得 $b^{-1} \equiv 28 \bmod 532$。

则:
$$t_1 \equiv 467 \times 1 \equiv 467 \pmod{523}$$
$$t_2 \equiv 467 \times 3 \equiv 355 \pmod{523}$$
$$t_3 \equiv 467 \times 7 \equiv 131 \pmod{523}$$
$$t_4 \equiv 467 \times 13 \equiv 318 \pmod{523}$$
$$t_5 \equiv 467 \times 26 \equiv 113 \pmod{523}$$
$$t_6 \equiv 467 \times 65 \equiv 21 \pmod{523}$$
$$t_7 \equiv 467 \times 119 \equiv 135 \pmod{523}$$
$$t_8 \equiv 467 \times 267 \equiv 215 \pmod{523}$$

可得,A 和 b 为私钥,与之对应的公钥:$(467,355,131,318,113,21,135,215)$ 和 p。

对于明文 10101100 加密得密文:
$$t_1+t_3+t_5+t_6=467+131+113+21=732$$

接收方收到密文 732 后计算:
$$732 \times 28 = 20\,496 \equiv 99 \pmod{523}$$

解超递增序列背包问题:
$$m_1+3m_2+7m_3+13m_4+26m_5+65m_6+119m_7+267m_8 \equiv 99 \pmod{523}$$

得到 $m_1=m_3=m_5=m_6=1$,$m_2=m_4=m_7=m_8=0$,即得明文:10101100。

背包问题是 NP 完全类问题,至今还没有多项式时间的求解方法。若对所有可能解进行穷举搜索,当 $n>100$ 时,计算是不可能的。然而对大多数基于背包问题的公钥加密体制,已经有有效的攻击方法。1983年Shamir发现了MH加密体制的缺陷,即可以从普通的背包向量(公钥)重构出超递增背包向量(私钥),从而证明MH背包密码是不安全的。自从MH被破译后,又有许多其他的背包加密体制被提出,但这些体制中的大多数都被用同样的密码分析方法攻破了,少数则采用更高级的分析方法攻破,虽然有极个别的背包变型还没有破解,但人们已不再信赖它们了。另外,大多数背包密码算法不适合数字签名。

7.5.2 Rabin 公钥加密体制

1979年,M.O.Rabin在论文《Digital Signature and Public-Key as Factorization》中提出了一种新的公钥加密体制和签名体制,即Rabin公钥加密体制和签名体制,它是基于合数模下求解平方根的困难性构造的一种公钥密码体制。Rabin公钥加密体制主要有两个特点。

(1) 它不是以一一对应的陷门单向函数为基础,对同一密文,可能有多个对应的明文。

(2) 破译该体制等价于对大整数的因子分解。

密钥生成算法:随机选取两个大素数 p 和 q,并且 $p\equiv 3\bmod 4$,$q\equiv 3\bmod 4$。将 p 和 q 作为私钥,$n(=pq)$ 作为公钥。

加密算法:设明文块为 $m(m<n)$,运用公式 $c=m^2\bmod n$ 进行加密,c 为密文。

解密算法:因为接收方知道 p 和 q,所以可以得到 c 模 p 的2个平方根和 c 模 q 的两个平方根:

$$m_1=(c^{(p+1)/4}\bmod p), \quad m_2=((p-c^{(p+1)/4})\bmod p)$$
$$m_3=(c^{(q+1)/4}\bmod q), \quad m_4=((q-c^{(q+1)/4})\bmod q)$$

再利用中国剩余定理求解方程组

$$\begin{cases} m\equiv m_1\pmod p \\ m\equiv m_3\pmod q \end{cases} \qquad \begin{cases} m\equiv m_1\pmod p \\ m\equiv m_4\pmod q \end{cases}$$

$$\begin{cases} m\equiv m_2\pmod p \\ m\equiv m_3\pmod q \end{cases} \qquad \begin{cases} m\equiv m_2\pmod p \\ m\equiv m_4\pmod q \end{cases}$$

得到消息 m 的4个可能解。

如原始消息 m 是随机数据流,则接收者无法确定哪一个解是正确的消息。解决这一问题的一个办法在消息加密前加入一个已知的标识。若原始消息 m 是有意义的数据,则接收者很容易根据上下文判断出正确解。

例 7.11 假设私钥:$p=7$,$q=11$,则对应公钥为 $n=pq=77$,已知密文 $c=23$,求解与密文 c 对应的明文 m。

解

根据加密函数 $c\equiv m^2\bmod 77$,可得

$$m\equiv \sqrt{c}\pmod{77}$$

首先需要找到23模7和模11的平方根。由于7和11都是模4余3,所以可得

$$23^{(7+1)/4}\equiv 2^2\equiv 4\pmod 7$$
$$23^{(11+1)/4}\equiv 1^3\equiv 1\pmod{11}$$

所以23模7的平方根是 $\pm 4\bmod 7$,而模11的平方根是 $\pm 1\bmod 11$。然后利用中国剩余定理,计算得到23模77的4个平方根为 ± 10,$\pm 32\pmod{77}$。因此4个可能的明文为 $m=10,32,45,67$。

Rabin的安全性是基于在合数模下求平方根的困难性,已经证明了Rabin公钥密码体制对于选择明文攻击是安全的,显然,对于选择密文攻击是不安全的。

7.5.3 Goldwasser-Micali 概率公钥加密体制

1984 年 S. Goldwasser 与 S. Micali 提出了概率加密的概念，并构造了第一个概率公钥密码系统[①]。概率加密体制的一个重要特点是：由于加密过程中随机操作或随机数的引入，使得即使对于相同的明文和相同的加密密钥，两次加密的结果也是不同的；但在解密时，这些不同的密文在相同的解密密钥的作用下均可得到同一个明文。

Goldwasser-Micali 加密体制描述如下。

(1) 密钥生成。随机选定两个大素数 p 与 q，计算 $n=pq$。随机选定一个正整数 t 满足：$L(t,p)=L(t,q)=-1$，这里 $L(.,.)$ 表示 Legendre 符号，即 t 是模 p 及 q 非二次剩余。(n,t) 是公钥，p 与 q 是私钥。

(2) 加密算法。设有待加密的二进制表示的明文 $m=m_1 m_2 \cdots m_s$。对每个明文比特 m_i 随机选择整数 x_i，$1 \leqslant x_i \leqslant n-1$，计算：

$$C_i \equiv \begin{cases} tx_i^2 \pmod{n}, & m_i=1 \\ x_i^2 \pmod{n}, & m_i=0 \end{cases},$$

最后输出密文 $C=(c_1,c_2,\cdots,c_s)$。

(3) 解密算法。待解密的密文 $C=(c_1,c_2,\cdots,c_s)$。对每个密文元 c_i，先计算出 $L(c_i,p)$ 及 $L(c_i,q)$ 的值，然后令

$$m_i = \begin{cases} 0, & L(c_i,p)=L(c_i,q)=1 \\ 1, & L(c_i,p)=L(c_i,q)=-1 \end{cases}$$

最后输出明文 $m=m_1 m_2 \cdots m_s$。（事实上，对于合法的密文，解密时只需计算 $L(c_i,p)$ 或者 $L(c_i,q)$ 两个当中的一个即可。这是因为，对于合法密文，必然有 $J(c_i,n)=1$，这里 $J(.,.)$ 为 Jacobi 符号。在此条件下，已知 $n=pq$，故有 $L(c_i,p)=L(c_i,q)$ 成立。）

例 7.12 假设私钥为 $(5,7)$，即 $p=5$，$q=7$，选择 $t=3$ 且满足其为 p 和 q 的非二次剩余，则公钥为 $(35,3)$，明文为 $m(11010)$，求加解密过程。

解：

利用公钥 $(35,3)$ 和加密算法 $C_i \equiv \begin{cases} tx_i^2 \pmod{n}, & m_i=1 \\ x_i^2 \pmod{n}, & m_i=0 \end{cases}$ 对明文 (11010) 加密过程如下：

$$c_1 \equiv 3 \times 4^2 \equiv 13 \pmod{35}$$
$$c_2 \equiv 3 \times 2^2 \equiv 12 \pmod{35}$$
$$c_3 \equiv 5^2 \equiv 25 \pmod{35}$$
$$c_4 \equiv 3 \times 6^2 \equiv 3 \pmod{35}$$
$$c_5 \equiv 8^2 \equiv 29 \pmod{35}$$

所以得到密文为 $(13,12,25,3,29)$。

利用私钥 $(5,7)$ 和解密算法 $m_i = \begin{cases} 0, & L(c_i,p)=L(c_i,q)=1 \\ 1, & L(c_i,p)=L(c_i,q)=-1 \end{cases}$ 对密文 $(13,12,25,3,29)$ 的解密过程如下：

$$L(c_1,p)=L(13,5)=13^{(5-1)/2} \bmod 5 = 169 \bmod 5 = 4 \bmod 5$$

即

[①] 事实上，该密码系统最早发表于 1982 年的 ACM STOC 国际会议上。

$$L(c_1,p) = -1$$
$$L(c_1,q) = L(13,7) = 13^{(7-1)/2} \bmod 7 = 169 \times 13 \bmod 7 = 6 \bmod 7$$

即
$$L(c_1,q) = -1$$

所以 $m_1 = 1$

同理可以得到 $m_2 = m_4 = 1, m_3 = m_5 = 0$，从而得到明文为 (11010)。

Goldwasser-Micali 概率公钥密码体制的安全性是基于平方剩余问题（也叫二次剩余问题）的难解性的假设。平方剩余问题是说，如果不知道 n 的素因数分解，那么要判定一个数是否为模 n 的平方剩余是很困难的，这是数论中的一个公认的难解问题。Goldwasser-Micali 概率公钥密码体制的缺点是加密后数据扩展了 $\log_2 n$ 倍，存储效率和带宽利用率不高，因而在实际系统中较少使用。但是，该方案首次实现了概率加密的思想，而且也成为后续许多设计的思想源头。概率加密的思想使得实现语义安全的加密体制成为可能，进而为建立严格的基于计算复杂性的语义安全性证明奠定了基础。S. Goldwasser 与 S. Micali 也因其在理论密码学领域的杰出贡献而荣膺 2012 年图灵奖，在其图灵奖获奖词中也突出强调了概率加密思想的重要性。

7.5.4 NTRU 公钥加密体制

NTRU (Number Theory Research Unit) 公开密钥算法是一种新的快速公开密钥体系，它是在 1996 年的美国密码学会上由布朗大学的三位美国数学家 Hoffstein, Pipher, Silverman 提出的。经过几年的迅速发展与完善，该算法在密码学领域中受到了高度的重视并在实际应用中取得了很好的效果。

NTRU 是一种基于多项式环的密码系统，其加、解密过程基于环上多项式代数运算和模约化运算，解密的有效性依赖于某些参数的选取。为方便描述 NTRU 加密体制，需要先引入如下两个背景知识。

(1) n 次截断多项式。设 n 为一正整数，$R = \mathbf{Z}[x]/(x^n - 1)$，则 R 中的元素 f 可以看作是一个多项式或者一个行向量，即
$$f = \sum_{i=0}^{n-1} f_i x^i = (f_0, f_1, \cdots, f_{n-1})$$

(2) 小系数多项式。设整数 $d_1, d_2 > 0$，则 R 中的子集 $\mathscr{L}(d_1, d_2)$ 定义为
$$\mathscr{L}(d_1, d_2) = \{f \in R : f \text{ 的分量中恰好有 } d_1 \text{ 个 } 1, d_2 \text{ 个 } -1, \text{其余均为 } 0\}$$

基于上述背景知识，NTRU 加密系统的核心算法可以描述如下。

1. 密钥生成

(1) 选择六个正整数 $n, p, q; d_f, d_g, d_\phi$，其中 $p < q$ 且 $\gcd(p, q) = 1$，n 为素数，其余参数的含义和限制条件通过后面的使用过程来指明。

(2) 随机选择 $f \in \mathscr{L}(d_f, d_f - 1), g \in \mathscr{L}(d_g, d_g)$ 使得 f 在模 q 和模 p 意义下均可逆。

(3) 求 f_q, f_p 使得 $f f_q \equiv 1 \pmod{q}, f f_p \equiv 1 \pmod{p}$。

(4) 计算 $h = g f_q \bmod q$。

(5) 输出公钥 $pk = (n, p, q, h)$ 和私钥 $sk = (f, g)$。

2. 加密

(1) 将消息 m 按 p 进制展开表示为 n 长的数字串，每个分位均在 $\left\{-\dfrac{p-1}{2}, \cdots, \dfrac{p-1}{2}\right\}$ 内

取值。

（2）随机选择 $\phi \in \mathscr{L}(d_\phi, d_\phi)$。

（3）计算并输出密文 $c = p\phi h + m \bmod q$。

3. 解密

$$m = f_p(fc \bmod q) \bmod p$$

现在来分析 NTRU 算法的正确性及可能存在的解密误差。首先，根据加解密过程，有如下计算步骤。

$$\begin{aligned}
&f_p(fc \bmod q) \bmod p \\
&\equiv f_p(fp\phi h + fm \bmod q) \bmod p \\
&\equiv f_p(fp\phi g f_q + fm \bmod q) \bmod p \\
&\equiv f_p(p\phi g + fm \bmod q) \bmod p \\
&\equiv \underbrace{f_p(p\phi g \bmod q) \bmod p}_{E} + \underbrace{f_p(fm \bmod q) \bmod p}_{M}
\end{aligned}$$

其次，要分别考虑解密结果当中的 E 项（即错误项）和 M 项（即消息项）。

对于 E 项：ϕ, g 均为小系数多项式，如果它们的乘积多项式的系数如果小于 q/p，那么模 q 操作就可以忽略，进而 E 项就等于 0。

对于 M 项：f 均为小系数多项式，m 的每个分量在 $\left\{-\dfrac{p-1}{2}, \cdots, \dfrac{p-1}{2}\right\}$ 上取值，如果它们的乘积多项式的系数如果小于 q，那么模 q 操作就可以忽略，进而 M 项就等于 m。

可见，解密发生错误的根源在于小系数多项式的乘积多项式中出现了大系数，导致模内层的模 q 操作不能被忽略。因此，通过选择恰当的参数 n, p, q 就能够避免以上错误或显著降低出错的概率。例如取 $(n, p, q) = (107, 3, 64)$ 和 $(n, p, q) = (503, 3, 256)$，通过实验表明解密错误的概率小于 5×10^{-5}，这就是通常能够正确解密的原因。NTRU 的设计者给出了三组可供选择的参数，如表 7-7 所示。

表 7-7　NTUR 系统参数

	n	p	q	d_f	d_g	d_φ
NTRU1	167	3	128	61	20	18
NTRU2	263	3	128	50	24	16
NTRU3	503	3	256	216	72	55

下面举例说明 NTRU 公钥算法的实现过程。

例 7.13　设 $(n, p, q) = (5, 3, 16)$，以及 $f = X^4 + X - 1$ 和 $g = X^3 - X$，求公私钥对以及描述加解密过程。

解：由于 $(X^4 + X - 1) \otimes (X^3 + X^2 - 1) \equiv 1 \pmod{3}$，故有 $F_p = X^3 + X^2 - 1$，

同理可得 $F_q = X^3 + X^2 - 1$。

又由于 $h = F_p \otimes g \bmod 16 = -X^4 - 2X^3 + 2X^2 + 1$

所以公钥为 $(n, p, q, h) = (5, 3, 16, -X^4 - 2X^3 + 2X^2 + 1)$；

私钥为 $(f, F_p) = (X^4 + X - 1, X^3 + X^2 - 1)$。

加密过程：设要加密的消息 $M = 16$，首先按 3 进制展开后为 $(121)_3$，取绝对最小剩余为 $(1, -1, 1)_3$，即将消息 M 表示成多项式 $m = X^2 - X + 1$，然后选取多项式 $r = X - 1$，则密文为：

$$c \equiv 3r \otimes h + m \equiv -3X^4 + 6X^3 + 7X^2 - 4X - 5 \pmod{16}$$

解密过程：

首先计算 $a \equiv f \otimes c \equiv 4X^4 - 2X^3 - 5X^2 + 6X - 2 \pmod{16}$，然后计算 $F_p \otimes a \equiv X^2 - X + 1 \pmod{3}$，这样就恢复了消息 M 的多项式系数 $(1, -1, 1)$，即等价地按非负最小剩余表示为 $(121)_3$，即恢复出消息 $M = 1 \cdot 3^2 + 2 \cdot 3 + 1 = 16$。

NTRU 算法的安全性是基于数论中在一个非常大的维数格中寻找最短向量的数学难题。目前解决这个问题的最好方法是 LLL(Lenstra-Lenstra-Lovasz) 算法，但该算法也只能解决维数在 300 以内的格。正是由于 NTRU 的安全性与格中最短向量问题的这种内在联系，因而跻身于后量子密码的行列，这是诸如 RSA、Elgamal、ECC 等公钥密码系统所不具有的优势。当然，NTRU 也有缺点，其解密可能失败，NTRU 公钥加密系统并没有提供完善的解密机制，也就是说存在着用公钥加密产生合法密文不能被私钥解密的现象。不过通过对系统参数的仔细选择，解密失败的概率可小于 5×10^{-5}。另外，NTRU 算法只包括小整数的加、乘、模运算，在相同安全级别的前提下 NTRU 算法的速度比要比其他公开密钥体制的算法快得多，产生密钥的速度也很快，密钥的位数也较小。因此 NTRU 算法可以降低对带宽、处理器、存储器的性能要求，这使得在智能卡、无线通信等应用中有认证与数字签名的需求时，NTRU 公钥密码算法是目前很好的选择。

7.5.5 McEliece 公钥加密体制

McEliece 公钥加密体制基于纠错码理论，基本思想是先选取一个特殊的编码，其解码相对容易，然后将其伪装成一般的编码。原先的编码可以作为私钥，变换成的一般线性码作为公钥。McEliece 目前没有有效的攻击算法，但是公钥太长，故很少用于实际。

1. 密钥生成算法

(1) 确定 k, n, t 作为系统参数（可被所有用户共享）。

(2) 每个用户按照如下步骤生成自己的公、私钥。

① 选取一个能纠 t 个错误的二元线性码的一个 $k \times n$ 阶生成矩阵 G，且知道该线性的有效解码算法。

② 随机选取一个 $k \times k$ 的二元非奇异矩阵 S。

③ 随机选取一个 $n \times n$ 的二元置换矩阵 P。

④ 计算 $k \times n$ 阶矩阵 $\hat{G} = SGP$。

⑤ 输出公钥 $(\hat{G}, t)$ 和私钥 (S, G, P)。

2. 加密算法

(1) 将消息 m 分割为长为 k 的二进制串；

(2) 选取一个随机长为 n 的错误向量 z，至多有 t 个 1；

(3) 计算 $c = m\hat{G} + z$；

(4) 输出密文 c。

3. 解密算法

(1) 计算 $\hat{c} = cP^{-1}$，P^{-1} 是矩阵 P 的逆。

(2) 用 G 生成的编码译码算法解密 $\hat{c}$ 得 $\hat{m}$。

(3) 计算 $m = \hat{m} S^{-1}$。

4. 正确性

若所有算法都按步骤执行，则解密者可以正确恢复明文，因为

$$\hat{c}=cP^{-1}=(m\hat{G}+z)P^{-1}=(mSGP+z)P^{-1}=(mS)G+zP^{-1}$$

又因为 $W_H(zP^{-1})=W_H(Z)\leqslant t$，所以通过译码，去掉纠错部分得到 $\hat{m}=mS$。

例 7.14 本例意在展示密钥生成及加解密过程，故参数选取较短，且设已知的编码生成矩阵为 $G=\begin{pmatrix}1&0&0&0&1&1&0\\0&1&0&0&1&0&1\\0&0&1&0&0&1&1\\0&0&0&1&1&1&1\end{pmatrix}$，其编码和译码可以通过查表 7-8 完成。

表 7-8 消息和码字对应表

消息	码字
(0,0,0,0)	(0,0,0,0,0,0,0)
(0,0,0,1)	(0,0,0,1,1,1,1)
(0,0,1,0)	(0,0,1,0,0,1,1)
(0,0,1,1)	(0,0,1,1,1,0,0)
(0,1,0,0)	(0,1,0,0,1,0,1)
(0,1,0,1)	(0,1,0,1,0,1,0)
(0,1,1,0)	(0,1,1,0,1,1,0)
(0,1,1,1)	(0,1,1,1,0,1,0)
(1,0,0,0)	(1,0,0,0,1,1,0)
(1,0,0,1)	(1,0,0,1,0,0,1)
(1,0,1,0)	(1,0,1,0,1,0,1)
(1,0,1,1)	(1,0,1,1,0,1,0)
(1,1,0,0)	(1,1,0,0,0,1,1)
(1,1,0,1)	(1,1,0,1,1,0,0)
(1,1,1,0)	(1,1,1,0,0,0,0)
(1,1,1,1)	(1,1,1,1,1,1,1)

密钥生成：选取矩阵 $S=\begin{pmatrix}1&0&0&1\\1&1&0&1\\0&1&0&1\\1&1&1&0\end{pmatrix}$

和

$$P=\begin{pmatrix}0&0&1&0&0&0&0\\1&0&0&0&0&0&0\\0&0&0&0&1&0&0\\0&0&0&0&0&1&0\\0&0&0&0&0&0&1\\0&1&0&0&0&0&0\\0&0&0&1&0&0&0\end{pmatrix}$$

计算

$$G_1 = SGP = \begin{pmatrix} 0 & 0 & 1 & 1 & 1 & 0 \\ 1 & 0 & 1 & 0 & 1 & 1 \\ 1 & 1 & 0 & 0 & 1 & 0 \\ 1 & 0 & 1 & 0 & 0 & 1 \end{pmatrix}$$

则 G_1 为公钥，G,S,P 为私钥。

加密过程：设加密消息为 $m=(1011)$，A 选取随机错误向量 $z=(0,1,0,0,0,0)$，计算密文 $c=mG_1+z=(0,0,0,1,1,0,0)$。

解密过程：B 根据密文计算 $\hat{c} \equiv cP^{-1}=(0,0,1,0,0,0,1)$，纠错得码字 $x=(0,0,1,0,0,1,1)$，解码(查表7-8)得 $\hat{m}=(0,0,1,0)$，最后得到真实消息 $m=\hat{m}S^{-1}=(1011)$。

McEliece 公钥加密方案安全性基于解码的困难性，首先，从公钥信息推测出原始纠错码生成矩阵 G，属于一般线性码的解码问题，是 NP-hard 的。基于安全的考虑，McEliece 最初建议的参数大小为 $n=1\,024, t=50$ 和 $k \geqslant 524$；针对 80 比特的安全性，建议参数为 $n=2\,048, t=27$ 和 $k \geqslant 1\,751$。最常用的一种纠错码叫作 Goppa 码，已知这种码有有效的解码算法，而 Coppa 码的最佳参数选择是 $n=1\,632, t=34$ 和 $k \geqslant 1\,269$。虽然该加密体制的加解密运算速度相对较快，但是其公钥太长（约为 2^{19} 比特），因而在实际中很少使用。

7.6 习　题

1. 判断题

（1）公钥密码体制为密码学的发展提供了新的理论和技术基础，它的出现是迄今为止整个密码学发展史上最伟大的一次革命。（　）

（2）促使公钥密码体制的出现主要原因是密码学家的智慧。（　）

（3）成熟的公钥密码算法出现以后，对称密码算法在实际应用中已无太大价值了。（　）

（4）在实际应用中，尽量少用公钥密码技术进行加解密操作，对大量数据作加解密操作，往往结合对称密码技术来实现。（　）

（5）在公钥密码体中，用户的私钥和公钥是有关联的，为了保证用户私钥的安全性，用户的公钥是不能公开的。（　）

（6）在 RSA 公钥密码体制中，素数 p 和 q 确定后，可生成多个公私钥对为用户使用。（　）

（7）在 RSA 公钥密码体制中，素数 p 和 q 的选取很重要，影响了私钥的安全性。（　）

（8）ElGamal 密码体制是除了 RSA 之外最有代表性的公钥密码体制之一，有较好的安全性，且同一明文在不同的时间所生成的密文是不同的。（　）

（9）在相同的安全强度下，ElGamal 的安全密钥长度与 RSA 的安全密钥长度基本相同。（　）

（10）在 ECC 公钥密码体制中，椭圆曲线确定后，可生成多个公私钥对为用户使用。（　）

（11）第一个较完善、现使用最多的公钥密码算法是椭圆曲线密码算法（ECC）。（　）

（12）背包密码算法是第一个公开密钥算法，其安全性源于背包问题（NP 完全问题），而大多数背包密码算法现被证明是不安全的，所以，NP 安全问题不是难解的问题。（　）

（13）Goldwasser-Micali 概率公钥密码的重要特点是相同的明文和相同的加密密钥，不同的加密对应不同的密文。   (   )

2. 选择题

(1) 下列哪个算法属于公钥密码算法。(   )
    A. DES   B. 序列密码生成器
    C. 哈希函数   D. RSA

(2) 公钥密码体制的出现,解决了对称密码体制的密钥分发问题,那么,在公钥密码算法中,加密对称密钥所使用的密钥是(   )。
    A. 发送方的公钥   B. 发送方的私钥
    C. 接受方的公钥   D. 接受方的私钥

(3) 第一个较完善、现使用最多的公钥密码算法是(   )。
    A. 背包算法   B. Elgamal   C. RSA   D. ECC

(4) 在现有的计算能力条件下,非对称密码算法 RSA 被认为是安全的最小密钥长度是(   )。
    A. 256 位   B. 512 位   C. 1 024 位   D. 2 048 位

(5) 在现有的计算能力条件下,非对称密码算法 Elgamal 被认为是安全的最小密钥长度是(   )。
    A. 256 位   B. 512 位   C. 1 024 位   D. 2 048 位

(6) 在现有的计算能力条件下,非对称密码算法 ECC 被认为是安全的最小密钥长度是(   )。
    A. 128 位   B. 160 位   C. 512 位   D. 1 024 位

(7) 设在 RSA 的公钥密码体制中,公钥为 $(e,n)=(13,35)$,则私钥 $d=$(   )。
    A. 11   B. 13   C. 15   D. 17

(8) 二次筛因子分解法是针对下面那种密码算法的分析方法。   (   )
    A. 背包密码体制   B. RSA   C. ElGamal   D. ECC

(9) 指数积分法(Index Calculus)针对下面那种密码算法的分析方法。   (   )
    A. 背包密码体制   B. RSA   C. ElGamal   D. ECC

(10) 下面哪种公钥密码体制是利用 NP 安全问题来设计公钥密码算法的。   (   )
    A. 背包密码体制   B. Rabin
    C. Goldwasser-Micali   B. NTRU

(11) 下面哪种公钥密码体制实现针对同一密文可能有两个以上对应的明文。 (   )
    A. 背包密码体制   B. Rabin
    C. Goldwasser-Micali   D. NTRU

(12) 下面哪种公钥密码体制适用于单个二进制加解密。   (   )
    A. 背包密码体制   B. Rabin
    C. Goldwasser-Micali   D. NTRU

(13) 在相同的安全水平下,下面哪种公钥密码体制的密钥长度最短。   (   )
    A. RSA   B. Rabin
    C. Goldwasser-Micali   D. NTRU

3. 填空题

(1) 公钥密码体制的思想是基于_____函数,公钥用于该函数的_____计算,私钥用于该函数的_____计算。

（2）_____年，W. Diffie 和 M. Hellman 在_____一文中提出了公钥密码的思想，从而开创了现代密码学的新领域。

（3）公钥密码体制的出现，解决了对称密码体制很难解决的一些问题，主要体现以下三个方面：_____、_____和_____。

（4）在公钥密码体制中，每用户拥有公钥和私钥，当用户 A 需要向用户 B 传送对称加密密钥时，用户 A 使用_____加密对称加密密钥；当用户 A 需要数字签名时，用户 A 使用_____对消息进行签名。

（5）在目前计算能力条件下，RSA 被认为是安全的最短密钥长度是_____位，而 ECC 被认为是安全的最短密钥长度是_____位。

（6）公钥密码算法一般是建立在对一个特定的数学难题求解上，那么 RSA 算法是基于_____的困难性、ElGamal 算法是基于_____的困难性。

（7）Rabin 公钥密码体制是 1979 年 M. O. Rabin 在论文"Digital signature and Public-Key as Factorization"中提出了一种新的公钥密码体制，它是基于_____（等价于分解大整数）构造的一种公钥密码体制。

（8）1984 年 S. Goldwasser 与 S. Micali 提出了概率公钥密码系统的概念，其安全性是基于_____的难解性的假设，Goldwasser-Micali 概率公钥密码系统的主要特点是_____，其缺点是_____，使用于_____加解密。

（9）NTRU 公开密码算法的安全性是基于_____的数学难题。

4．术语解释

（1）公钥密码体制

（2）陷门单向函数

（3）大整数因子分解问题

（4）离散对数问题

（5）背包问题

（6）平方剩余问题

5．简答题

（1）公钥密码体制与对称密码体制相比有哪些优点和不足？

（2）RSA 算法中 $n=11413$，$e=7467$，密文是 5859，利用分解 $11413=101\times113$，求明文。

（3）在 RSA 算法中，对素数 p 和 q 的选取的规定一些限制，譬如：

（a）p 和 q 的长度相差不能太大，相差比较大；

（b）$p-1$ 和 $q-1$ 应有大的素因子；

请说明原因。

（4）请简要描述针对 RSA 公钥密码攻击的二次筛法的基本思想。

（5）在 ElGamal 密码系统中，Alice 和 Bob 使用 $p=17$ 和 $g=3$。Bob 选用 $x=6$ 作为他的私钥，则他的公钥 $y=15$。Alice 发送密文 (7, 6)，请确定明文 m。

（6）简述针对 ElGamal 公钥密码攻击的大步小步算法的基本思想。

（7）简述针对 ElGamal 公钥密码攻击的指数积分法的基本思想。

（8）$\mathbf{Z}_{11}$ 上的椭圆曲线 $E: y^2 = x^3 + x + 6$。

（a）请确定该椭圆曲线上所有的点。

（b）生成元 $G=(2,7)$，私钥 $n_B=2$，公钥 $P_B=n_B G=(5,2)$，明文消息编码成一个数 8，选择一点 $P_t=(3,5)$，加密时选取随机数 $k=3$，求加解密过程。

(9) 与 RSA 密码体制和 ElGamal 密码体制相对比,简述 ECC 密码体制的优势。

(10) 简述 MH 背包公钥密码的加解密的过程。

(11) Rabin 公钥密码对同一密文有多个明文,利用什么方法来确定唯一的明文,简述其过程。

6. 综合分析题

下面描述 ElGamal 算法实现加解密过程。

(1) 初始化

首先选择一个安全的大素数 p,使在 $\mathbf{Z}_p$ 中求解离散对数困难。然后选择一个生成元 $g \in \mathbf{Z}_p^*$,选取随机数 $1 < x < (p-1)$,计算 $y \equiv g^x \bmod p$,则公钥为 (p, g, y),私钥为 x。

(2) 加密算法

用户选择随机数 k,对消息进行如下计算得密文 (c_1, c_2)。

$$c_1 \equiv g^k \bmod p$$
$$c_2 \equiv y^k * m \bmod(p-1)$$

(3) 解密算法

收到密文 (c_1, c_2) 后,计算 $m_1 \equiv c_2 * (c_1)^{-x} \bmod(p-1)$,则 m_1 就是明文 m。

请回答以下问题。

(1) 分析上面算法的正确性。

(2) 简述利用上面算法实现通信双方的密钥分发的过程。

(3) 分析私钥的安全性。

第 8 章 数字签名技术

在当今数字化的信息世界里,数字化文档的认证性、完整性和不可否认性是实现信息化安全的基本要求,同时也决定了信息化的进一步普及和推广。数字签名是满足上述要求的主要手段之一,也是现代密码学的主要研究内容之一。本章将首先介绍数字签名的基本概念和基本原理,然后介绍几种常用的数字签名实现方案,最后介绍数字签名的扩展。

8.1 数字签名概述

8.1.1 数字签名简介

1. 数字签名基本概念

在实际生活和工作中,手写签名是一种传统的文件确认方式,如签订协议、支付确认、批复文件等,手写签名表明签名人对文件内容认可,愿意承担事后责任。在数字化应用系统中,发送者同样希望对数字消息进行签名,从而使消息的接收者可以识别伪造信息,更重要的是事后可以追踪到消息发送者来承担相关责任。但是数字信息与传统文件有显著区别,也导致数字签名技术与传统签名技术有许多不同之处,主要体现在:首先,传统的手写签名与对应文件由物理载体(例如纸张)一一绑定,而数字信息没有确定的物理载体,所以需要使用算法将签名与消息绑定在一起。其次,在签名验证的方法上,传统手写签名是由消息接收者用眼分辨签名的特征是否相符,结果受验证者主观思想影响,而数字信息(例如 0-1 比特)通常由电子设备处理,故而签名验证结果依赖于数学算法,较客观。最后,传统手写签名复制(字体模仿)相对数字信息的复制(粘贴)来说较困难,因此数字签名需要有更好的方法实现签名不可重用。

数字签名技术一般可以分为带仲裁的和不带仲裁的两类。

(1) 仲裁数字签名是在签名者、签名接收者和仲裁者之间进行的。仲裁者为签名者和签名接收者共同信任,它承担签名的验证任务。签名者首先对消息进行数字签名,然后发送给仲裁者,仲裁者首先对签名者送来的消息和数字签名进行验证,并对验证过的消息和数字签名附加一个验证日期和一个仲裁说明,然后把验证过的数字签名和消息发给签名接收者。因为有仲裁者的验证,所以签名者无法否认他签过的数字签名。对称密码体制实现数字签名往往采用这种方式,下面简要描述其实现方法。

(i) A→T:$M \parallel E_{AT}[ID_A \parallel H(M)]$。

(ii) T→B:$E_{TB}[ID_A \parallel M \parallel E_{AT}[ID_A \parallel H(M)] \parallel TS]$。

其中:A 是签名者,B 是签名接受者,T 是仲裁者,M 是被签名的消息,E 是对称加密算法,AT 和 TB 分别是 T 与 A 共享的密钥和 T 与 B 共享的密钥,$H(M)$ 是 M 的散列值,TS 是时间戳,ID_A 是 A 的身份。在(i)中,A 以 $E_{AT}[ID_A \parallel H(M)]$ 作为自己对 M 的签名,将 M 及签名发往 T。在(ii)中 T 将从 A 收到的内容和 ID_A、TS 一起加密后发往 B,其中 TS 用于向 Y 表示所

发的消息不是旧消息的重放。B 对收到的内容解密后,将解密结果存储起来以备出现争议时使用。如果出现争议,B 可声称自己收到的 M 的确来自 A,并将 $E_{TB}[ID_A \| M \| E_{AT}[ID_A \| H(M)] \| TS]$ 发给 T,由 T 仲裁,T 用 TB 解密后,再用 AT 对 $E_{AT}[ID_A \| H(M)]$ 解密,并对 $H(M)$ 加以验证。

显然,由于仲裁者 T 在整个签名过程承担签名验证的任务,因此,它需要提供在线的、实时的服务。当仲裁者作为可信第三方为大量用户提供该服务时,它会成为瓶颈,由于负载过重而延误信息处理。

(2) 不带仲裁的数字签名,也称为直接数字签名,或者一般数字签名,是在签名者和签名接收者之间进行的。这种数字签名方式主要依赖公钥密码体制来实现,假设签名接收者知道签名者的公钥,签名者用自己的私钥对整个消息(消息的散列值)进行数字签名,签名接收者用签名者的公钥对签名进行验证。本章介绍的一般签名方案都采用这种方式,下文简称为数字签名。

所谓数字签名(Digital Signature),也称电子签名,是指附加在某一电子文档中的一组特定的符号或代码,它是利用数学方法对该电子文档进行关键信息提取并与用户私有信息进行混合运算而形成的,用于标识签发者的身份以及签发者对电子文档的认可,并能被接收者用来验证该电子文档在传输过程中是否被篡改或伪造。

上述定义表明,数字签名可以标识签发者的身份,也就是说具有消息源认证性。此外,数字签名生成过程中输入签名者私钥,换句话说,具有唯一可能的生成者,因此签名者需承担不可推卸的责任,即数字签名可以实现不可否认性。另一方面,数字签名可以检查电子文档在传输过程中是否被篡改或伪造,即保障消息完整性。特别地,数字签名验证过程输入消息和签名者的公钥,故而任何获知签名者公钥的人都可以对签名进行验证。在 PKI 中(见第十章),任何人可以获取 PKI 中用户的公钥,则这些用户生成的数字签名可以公开验证。

数字签名体制也是一种消息认证技术,它属于非对称密码体制,而第六章提到的消息认证码是对称密码体制,所以消息认证过程中,处理速度比数字签名快得多。但是,消息认证码体制中,双方共享一个密钥,所以 B 可以伪造一个消息却声称是从 A 收到的,或者为了某种目的,A 也可能否认发送过该消息。所以消息认证码体制无法实现不可否认性。而且认证码的验证过程需要输入消息和共享的密钥,不能公开验证。

8.1.2 数字签名原理

一个完整的数字签名方案由三部分组成:密钥生成算法、签名算法和验证算法。密钥生成算法是根据系统参数为签名者生成公钥和私钥;签名算法是产生数字签名的某种算法,而验证算法是检验一个数字签名是否有效(即是否由指定实体生成)的某种算法。如无特殊说明,下文继续用 A 代表签名者,B 代表验证者。

下面给出数字签名的形式化定义:

(1) 密钥生成算法

系统初始化产生签名方案的基本参数 $(M, S, K, \text{Sign}, \text{Ver})$,其中,$M$ 为消息空间,S 为签名空间,K 为密钥空间,包含私钥和公钥,Sign 为签名算法集合,Ver 为签名验证算法集合。用户 A 执行密钥生成算法生成自己的公私密钥 (k_1, k_2)。

(2) 签名算法

对任意的消息 $m \in M$,有 $s = \text{sign}_{k_2}(m)$,且 $s \in S$,那么 s 为消息的签名,将签名消息组 (m, s) 发送给签名验证者。

(3) 验证算法

对于上述的 $k_1 \in K$,有相应的签名验证算法:$\text{ver}_{k_1}: M \times S \to \{\text{True}, \text{False}\}$,$\text{ver}_{k_1} \in \text{Ver}$,且

$$\text{ver}_{k_1}(m,s) = \begin{cases} \text{True} & \text{当 } s = \text{sign}_{k_2}(m) \\ \text{False} & \text{当 } s \neq \text{sign}_{k_2}(m) \end{cases}$$

签名验证者收到(m,s)后，计算$\text{ver}_{k_1}(m,s)$，若$\text{ver}_{k_1}(m,s)=\text{True}$，则签名有效；否则签名无效。

对于每一个$k\in K$，签名函数sign_{k_2}和签名验证函数ver_{k_1}是容易计算的。而验证函数ver_{k_1}是公开的，同时还要求对任意的消息m，在未知k_2条件下从集合S中选取s使得$\text{ver}_{k_1}(m,s)=\text{True}$是非常困难的，也就是说，攻击者对消息$m$产生有效的签名$s$是不可能的。

根据定义，在进行私钥签名前，先进行消息关键信息提取。

如图8-1所示，发送方A将消息用Hash算法产生一个消息摘要（Message Digest），这个消息摘要有两个重要特性：抗碰撞性和摘要长度固定，使得任何消息产生的签名值长度是一样的。发送方A产生消息摘要后，用自己的私钥对摘要进行加密，这个加密后的消息摘要就是数字签名，随后发送方A将消息与签名发给接收方B。B接收到消息及其签名后，用发送方A的公钥解密这个签名，获得由发送方A生成的消息摘要，接着用发送方A所用Hash算法重新生成所获得消息的摘要，然后比对这两个摘要。如果相同，说明这个签名是发送方A针对这个消息的有效签名；如果不相同，则签名无效。

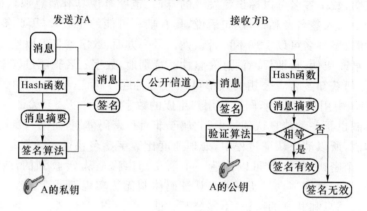

图8-1 恢复消息的数字签名原理简图

依据上述数字签名的基本原理，人们设计出了众多不同种类的数字签名方案，下面将介绍常用数字签名的实现方案。

8.2 数字签名的实现方案

8.2.1 基于RSA的签名方案

RSA签名方案是目前使用较多的一个签名方案，它的安全性是基于大整数因子分解的困难性。RSA签名方案的密钥生成算法与RSA加密方案完全相同。

1. 密钥生成算法

首先选取两个满足安全要求的大素数p和q，计算$n=pq$，及其欧拉函数$\varphi(n)=(p-1)(q-1)$。然后随机选取整数$e(1<e<\varphi(n))$，满足$\gcd(e,\varphi(n))=1$。采用如下方式计算d，$d\equiv e^{-1}(\text{mod }\varphi(n))$，则签名者A的公钥为$(n,e)$，私钥为$d$。$p$和$q$是秘密参数，需要保密。如不需要保存，计算出$d$后可销毁$p$、$q$。

2. 签名算法

设待签名的消息为 $m\in Z_n$，利用一个安全的 Hash 函数 h 来产生消息摘要 $h(m)$，然后签名者 A 用下面算法计算签名 $s\equiv h(m)^d(\bmod\ n)$，则 s 是消息 m 的签名。(s,m) 发送给 B。

3. 验证算法

签名接收者 B 收到消息 m 和签名 s 后，首先，利用上述 Hash 函数 h 计算消息摘要 $h(m)$；然后，检验等式 $h(m)\bmod n\equiv s^e(\bmod\ n)$ 是否成立。若成立，则签名有效；否则，签名无效。

4. 正确性

证明如果所有算法按步骤执行，则接收者 B 输出签名有效。

因为
$$s\equiv h(m)^d(\bmod\ n),\ de\equiv 1(\bmod\ \varphi(n)),\ \varphi(n)=(p-1)(q-1)$$

所以
$$s^e \bmod n = h(m)^{ed} \bmod n = h(m)^{k\varphi(n)+1} \bmod n = h(m)\ h(m)^{k\varphi(n)} \bmod n$$
$$= h(m)\ [h(m)^{\varphi(n)}]^k \bmod n = h(m) \bmod n\ (\text{其中}\ k\ \text{为整数})$$

注意，如果 $h(m)$ 与 n 不互素，上面等式也成立，其证明参见第 7.2.2 节。

5. 举例

例 8.1 下面简单举例来解释上述签名方案的实现过程。

（1）密钥生成算法

假设 A 选取 $p=13,q=11,e=13$，则有 $n=pq=143,\varphi(n)=(p-1)(q-1)=12\times 10=120$。求解 $ed=13d\equiv 1(\bmod\ 120)$ 得 $d=37$。因此 A 的公钥为 $(n=143,e=13)$；私钥为 $d=37$。

（2）签名算法

假定消息 m 的 Hash 值 $h(m)=16$，则计算 m 签名 $s=h(m)^d \bmod n=16^{37} \bmod 143=3$。

（3）验证算法

接收者 B 收到签名后，计算 $s^e \bmod n=3^{13} \bmod 143=16,h(m)=16\equiv s^e\equiv 16(\bmod\ 143)$ 成立，因此，B 验证此签名有效。

注意，本例旨在说明签名方案的实现过程，为计算方便所选参数均较为简单。在目前实际应用中推荐素数长度至少为 1 024 比特。

6. 安全性

从上述 RSA 签名方案中可以看到在签名时使用了 Hash 函数，这个函数的使用较之单纯对消息本身进行签名具有更好的抗攻击性。如果不使用 Hash 函数，则对消息 m_1、m_2 的签名分别为 $s_1\equiv m_1^d(\bmod\ n),s_2\equiv m_2^d(\bmod\ n)$。假设攻击者获得了这两个签名，就可以伪造消息 m_1m_2 的有效签名 s_1s_2。这是因为，RSA 方案的这种乘特性，有时也称为同态特性，$(s_1s_2)^e=s_1^e s_2^e\equiv m_1m_2(\bmod\ n)$（证明参照前面方案正确性的证明）。使用安全的 Hash 函数就可以避免类似这样的攻击，从而提高签名体制的安全性。另外，对于大消息而言，将其映射到固定长度再签名，大大提高其签名和验证的效率。

此外，RSA 签名方案还存在签名可重用的问题，即对同一消息在不同时刻签名是相同的。这个问题可以通过在每次签名中引入不同随机数来解决，在后面提到的数字签名方案中对此解决方法均有所体现。

8.2.2 基于离散对数的签名方案

基于离散对数问题的签名方案是数字签名方案中较常用的一类，包括 ElGamal 签名方案、Schnorr 签名方案、DSA 签名方案等，下面分别对其进行介绍。

1. ElGamal 签名体制

T.ElGamal 于 1985 年提出了一个基于有限域离散对数问题的数字签名方案，美国 NIST 确立的数字签名标准（Digital Signature Standard，DSS）即是在它基础上修订的。ElGamal 数字签名方案是一种非确定性的签名方案，即对给定的一个消息，由于选择的随机数不同而产生不同的数字签名，并且验证算法均会判断为有效。下面简要介绍其方案的实现过程。

(1) 密钥生成算法

选择一个满足安全性要求的大素数 p，然后选择一个生成元 $g \in \mathbf{Z}_p^*$ 和随机数 $x \in_R \mathbf{Z}_p^*$，计算 $y \equiv g^x \pmod{p}$。则签名者 A 的公钥为 (p, g, y)，私钥为 x。

(2) 签名算法

设待签消息为 m，签名者选择随机数 $k \in_R Z_p^*$，计算：

$$r \equiv g^k \pmod{p}$$
$$s \equiv [h(m) - xr]k^{-1} \pmod{(p-1)}$$

则对消息 m 的数字签名为 (r, s)，其中 h 为安全的 Hash 函数。

(3) 验证算法

签名接收者 B 收到消息 m 和签名 (r, s) 后，首先计算 $h(m)$，然后验证下列等式是否成立：

$$y^r r^s \equiv g^{h(m)} \pmod{p}$$

如等式成立，则签名有效；否则，签名无效。

(4) 正确性

如果所有算法按步骤执行，则接收者输出签名有效，因为

$$r \equiv g^k \pmod{p}, s \equiv [h(m) - xr]k^{-1} \pmod{(p-1)}$$

所以

$$ks \equiv h(m) - xr \pmod{(p-1)}$$
$$g^{ks} \equiv g^{h(m)-xr} \pmod{p}$$
$$g^{ks} g^{xr} \equiv g^{h(m)} \pmod{p}$$
$$y^r r^s \equiv g^{h(m)} \pmod{p}$$

(5) 举例

例 8.2 下面简单举例来说明该方案的实现过程。

① 密钥生成算法

假设 A 选取素数 $p=19$，$\mathbf{Z}_p^*$ 的生成元 $g=2$。选取私钥 $x=15$，计算：

$$y = g^x \bmod p = 2^{15} \bmod 19 = 12$$

则 A 的公钥是 $(p=19, g=2, y=12)$。

② 签名算法

设消息 m 的 Hash 值 $h(m)=16$，则 A 选取随机数 $k=11$，计算：

$$r = g^k \bmod p = 2^{11} \bmod 19 = 15; k^{-1} \bmod (p-1) = 5$$

最后计算签名 $s = [h(m) - xr]k^{-1} \bmod (p-1) = 5(16 - 15 \times 15) \bmod 18 = 17$。

A 对 m 的签名为 $(15, 17)$。

③ 验证算法

接收者 B 得到签名 $(15, 17)$ 后计算：

$$y^r r^s \bmod p \equiv 12^{15} 15^{17} \bmod 19 = 5; g^{h(m)} \bmod p \equiv 2^{16} \bmod 19 = 5$$

验证等式 $y^r r^s \equiv g^{h(m)} \pmod{p}$ 成立，因此 B 接受签名。

注意，本例旨在说明该方案的实现过程，为计算方便所选参数均较为简单。按目前计算能力，通常使用1 024比特或更大的模数。

(6) 安全性

使用ElGamal数字签名方案应注意以下安全问题：

① 随机数 k 值的选取和保管

首先，k 值不能泄露。如果 k 值泄露，则容易计算 $x=[h(m)-sk]r^{-1} \mod(p-1)$，签名者的私钥泄露。

其次，随机数 k 不能重复使用。假设 k 用来对两个不同的消息签名，则 r 相同，即 (r,s_1) 是 m_1 的签名，(r,s_2) 是 m_2 的签名。因为 $s_1 \equiv [h(m_1)-xr]k^{-1} \pmod{p-1}$，$s_2 \equiv [h(m_2)-xr]k^{-1} \pmod{p-1}$，那么有 $(s_1-s_2)k \equiv [h(m_1)-h(m_2)] \pmod{p-1}$。又因为消息 m_1 和 m_2 不同，则 $s_1-s_2 \not\equiv 0 \mod(p-1)$ 的概率很大，则 $k \equiv [h(m_1)-h(m_2)](s_1-s_2)^{-1} \pmod{p-1}$，进而容易计算签名者的私钥 x。

最后，签名者多次签名时所选取多个 k 之间无关联。例如，三个不同的签名所选取的随机数为 k_1、k_2、k_3，满足条件 $k_3=k_1+k_2$，显然有 $r_3=r_1r_2$，则：

由 $s \equiv [h(m)-xr]k^{-1} \pmod{p-1}$ 可得 $h(m) \equiv (ks+xr) \pmod{p-1}$

因此有：
$$h(m_1) \equiv (xr_1+k_1s_1) \pmod{p-1}$$
$$h(m_2) \equiv (xr_2+k_2s_2) \pmod{p-1}$$
$$h(m_3) \equiv (xr_3+k_3s_3) \pmod{p-1}$$

对以上三式分别乘以 s_2s_3，s_1s_3，s_1s_2 得：

$$h(m_1)s_2s_3 \equiv (xr_1s_2s_3+k_1s_1s_2s_3) \pmod{p-1} \tag{8-1}$$

$$h(m_2)s_1s_3 \equiv (xr_2s_1s_3+k_2s_1s_2s_3) \pmod{p-1} \tag{8-2}$$

$$h(m_3)s_1s_2 \equiv (xr_3s_1s_2+k_3s_1s_2s_3) \pmod{p-1} \tag{8-3}$$

计算式(8-1)+式(8-2)-式(8-3) 得

$$x \equiv [h(m_1)s_2s_3+h(m_2)s_1s_3-h(m_3)s_1s_2](r_1s_2s_3+r_2s_1s_3-r_3s_1s_2)^{-1} \pmod{p-1}$$

就可以从中推出签名者的私钥 x。

由此可见，随机数 k 的选取和保管对私钥 x 的保密性起着重要的作用。此外，随机数的使用也保证了签名方案的不可重用性，这是因为在不同时刻选取的随机数不同，即使对同一消息进行签名，也会产生不同的结果，因而避免了RSA签名出现的签名重用问题。

② Hash函数的应用

如果未使用Hash函数则签名方案容易受到攻击。例如攻击者可以选取任一整数对 (u,v)，满足 $\gcd(v,p-1)=1$。计算 $r \equiv g^u y^v \pmod{p}$，$s \equiv -rv^{-1} \pmod{p-1}$ 和 $m \equiv su \pmod{p}$，则消息 m 及其签名 (r,s) 可以被验证者接受，即攻击者成功进行存在性伪造。这是因为，$y^r r^s \equiv y^r (g^u y^v)^s \equiv y^{r+sv} \cdot g^{us} \equiv y^{r+(-rv^{-1})v} \cdot g^{su} \equiv g^m \pmod{p}$。又因为 $g^m \equiv g^{su} \pmod{p}$ 也就是说，签名 (r,s) 使等式 $y^r r^s \equiv g^m \pmod{p}$ 成立。可见，使用Hash函数能够有效地提高ElGamal数字签名方案的安全性。

2. Schnorr签名体制

C. Schnorr于1989年提出了此数字签名方案，本方案具有签名速度较快、签名长度较短等特点。下面简要介绍其方案的实现过程。

(1) 密钥生成算法

首先选择两个大素数 p 和 q，q 是 $p-1$ 的大素因子，然后选择一个生成元 $g \in \mathbf{Z}_p^*$，且 $g^q \equiv 1 \pmod{p}$，$g \neq 1$，最后选取随机数 $1 < x < q$，计算 $y \equiv g^x \pmod{p}$，则公钥为 (p, q, g, y)，私钥

为 x。

(2) 签名算法

签名者选择随机数 k，$1 \leqslant k \leqslant q-1$，然后进行如下计算：
$$r \equiv g^k \pmod{p}$$
$$e = h(m, r)$$
$$s \equiv (xe + k) \pmod{q}$$

则计算得签名 (e, s)，其中 h 为安全的 Hash 函数。

(3) 验证算法

签名接收者在收到消息 m 和签名 (e, s) 后，首先计算：
$$r_1 \equiv g^s y^{-e} \pmod{p}$$

然后验证等式：
$$e = h(m, r_1)$$

如等式成立，则签名有效；否则，签名无效。

(4) 正确性

如果所有算法按步骤执行，则接收者输出签名有效。

因为
$$r \equiv g^k \pmod{p}, e = h(m, r), s \equiv (xe + k) \pmod{q}$$

所以
$$r_1 \equiv g^s y^{-e} \equiv g^s g^{-xe} \equiv g^{s-xe} \equiv g^{xe+k-xe} \equiv g^k \equiv r \pmod{p}$$

因此
$$h(m, r_1) = h(m, r) = e$$

(5) 举例

例 8.3 下面简单举例来说明该签名方案的实现过程。

① 密钥生成算法

假设 A 选取素数 $p=23$，得 $q=11$，其中 $(p-1)/q=2$。选取随机数 $h=11 \in \mathbf{Z}_p^*$，并计算 $g = h^{(p-1)/q} \bmod p = 11^2 \bmod 23 = 6$，则有 $g^q \equiv [h^{(p-1)/q} \bmod p]^q \equiv h^{(p-1)} \equiv 1 \pmod{p}$（基于 Fermat 定理）。既然 $g \neq 1$，那么 g 生成 $\mathbf{Z}_p^*$ 中一个 11 阶循环子群。然后选取私钥 $x=10$，计算 $y = g^x \bmod p = 6^{10} \bmod 23 = 4$，则 A 的公钥是 $(p=23, q=11, g=6, y=4)$，私钥为 $(x=10)$。

② 签名算法

选取随机数 $k=9$，$1 < k < 10$，计算 $r = g^k \bmod p = 6^9 \bmod 23 = 16$。设有 $e = h(m, r) = 13$，计算 $s = (xe + k) \bmod q = (10 \times 13 + 9) \bmod 11 = 7$。因此，消息 m 的签名为 $(e=13, s=7)$。

③ 验证算法

签名接收者 B 计算 $r_1 = g^s y^{-e} \bmod p = 6^7 \times 4^{-13} \bmod 23 = 16 = r$。则有 $h(m, r_1) = h(m, r) = e = 13$，因此 B 接受签名。

注意，本例旨在说明该方案的实现过程，为计算方便所选参数均较为简单。实际应用中对模数 p 的选取应与 ElGamal 签名体制基本一致，而 q 是不少于 160 位的素数。

(6) 安全性

Schnorr 数字签名方案中参数的选取与 ElGamal 数字签名方案有所不同。ElGamal 数字签名方案中 g 为 $\mathbf{Z}_p^*$ 的生成元，而在 Schnorr 数字签名方案中 g 为 $\mathbf{Z}_p^*$ 的 q 阶子群的生成元。从穷尽搜索签名者私钥的角度而言，ElGamal 签名的安全性较高，因为它的生成元的阶为 $p-1$，大于 Schnorr 签名生成元的阶 q。除此之外，Schnorr 数字签名方案的安全性与 ElGamal 数字签名方案相似,因此不再赘述。

3. DSA 签名体制

1994 年 12 月美国国家标准和技术研究所(NIST,National Institute of Standard and Technology)正式颁布了数字签名标准(DSS,Digital Signature Standard),它是在 ElGamal 和 Schnorr 数字签名方案的基础上设计的。DSS 最初建议使用 p 为 512 比特的素数,q 为 160 比特的素数,后来在众多的批评下,NIST 将 DSS 的密钥 p 从原来的 512 比特增加到介于 512~1 024 比特。当 p 选为 512 比特的素数时,ElGamal 签名的长度为 1 024 比特,而 DSS 中通过 160 比特的素数 q 可将签名的长度降低为 320 比特,这就减少了存储空间和传输负载。由于 DSS 具有较好的兼容性和适用性,因此 DSS 得到广泛的应用,数字签名标准 DSS 中的算法常称为 DSA(Digital Signature Algorithm)。下面简要介绍其方案的实现过程。

(1) 密钥生成算法

首先选择一个 160 比特的素数 q,接着选择一个长度在 512~1 024 比特的素数 p,使得 $p-1$ 能被 q 整除,最后选择 $g \equiv h^{(p-1)/q} \pmod{p}$,其中 h 是整数,满足 $1 < h < p-1$,且 $g > 1$。用户 A 选择 1 到 q 之间的随机数 x 作为其私钥,计算 $y \equiv g^x \pmod{p}$,用户的公钥为 (p, q, g, y)。

(2) 签名算法

签名者选择随机数 k,对消息 m 计算签名值 (r, s):

$$r = (g^k \bmod p) \bmod q$$
$$s \equiv [h(m) + xr]k^{-1} \pmod{q}$$

其中 h 为 Hash 函数,DSS 标准中规定了 Hash 函数为 SHA1 算法。

(3) 验证算法

签名接收者在收到消息 m 和签名值 (r, s) 后,进行以下步骤计算:

$$w \equiv s^{-1} \pmod{q}$$
$$u_1 \equiv h(m)w \pmod{q}$$
$$u_2 \equiv rw \pmod{q}$$
$$v = (g^{u_1} y^{u_2} \bmod p) \bmod q$$

将 v 和 r 进行比较,若 $v = r$,则签名有效;否则,签名无效。

(4) 正确性

若所有算法按步骤执行,则接收者输出签名有效。

因为

$$r \equiv g^k \bmod p \pmod{q}, s \equiv [h(m) + xr]k^{-1} \pmod{q}$$
$$w \equiv s^{-1} \pmod{q}, u_1 \equiv h(m)w \pmod{q}, u_2 \equiv rw \pmod{q}$$

所以

$$v = (g^{u_1} y^{u_2} \bmod p) \bmod q = [(g^{h(m)w} y^{rw}) \bmod p] \bmod q = [(g^{h(m)w} g^{xrw}) \bmod p]$$
$$\bmod q = [g^{(h(m)+xr)w} \bmod p] \bmod q = (g^{skw} \bmod p) \bmod q = (g^k \bmod p) \bmod q = r$$

(5) 举例

例 8.4 下面简单举例来说明该签名方案的实现过程。

① 密钥生成算法

假设 A 选取素数 $p = 23, q = 11$,其中 $(p-1)/q = 2$。选择随机数 $h = 12 \in \mathbf{Z}_p^*$,计算 $g = h^{(p-1)/q} \bmod p = 12^2 \bmod 23 = 6$。既然 $g \neq 1$,那么 g 生成 $\mathbf{Z}_p^*$ 中的一个 q 阶循环子群。接着选择随机数 $x = 10$ 满足 $1 \leq x \leq q-1$,并计算 $y = g^x \bmod p = 6^{10} \bmod 23 = 4$。则公钥为 $(p = 23, q = 11, g = 6, y = 4)$,私钥为 $(x = 10)$。

② 签名算法

选取随机数 $k=9$，计算 $r=(g^k \bmod p) \bmod q=(6^9 \bmod 23) \bmod 11=5$。然后计算 $k^{-1} \bmod q=5$。假设 $h(m)=13$，计算 $s=[h(m)+xr]k^{-1} \bmod q=5\times(13+10\times 5) \bmod 11=7$。因此消息 m 的签名为 $(r=5,s=7)$。

③ 验证算法

签名接收者 B 计算 $w=s^{-1} \bmod q=8$，$u_1=[h(m)w] \bmod q=13\times 8 \bmod 11=5$，$u_2=rw \bmod q=5\times 8 \bmod 11=7$。然后计算 $v=(g^{u_1}y^{u_2} \bmod p) \bmod q=(6^5\times 4^7 \bmod 23) \bmod 11=5=r$。所以 B 接受签名。

注意，本例旨在说明该方案的实现过程，为计算方便所选参数均较为简单。实际应用中 DSS 规定 q 的长度为 160 比特，p 的长度至少 768 比特，目前推荐为 1 024 比特。

(6) 安全性

DSA 是 ElGamal 签名体制的变形，因此，对 ElGamal 签名体制的安全性论述在此也同样适用。还有一点值得注意的是当使用签名算法计算的签名 s 正好为 0 时，会产生 1 除以 0 的情况，解决这个问题的方法是放弃这个签名，另选一个 k 值，产生另一组 s 不为 0 的签名即可，实际上这种情况出现的概率是非常小的。

4. 3 种签名体制的对比

如前所述，ElGamal 签名方案的提出是 3 种方案中最早的，它也是后 2 种方案的基础。随后的 Schnorr 签名方案可以看作是 ElGamal 签名方案的一种变型，它缩短了签名的长度。而 DSA 签名方案是 ElGamal 签名方案的另一种变型，它也吸收了 Schnorr 签名方案的一些设计思想。下面就具体介绍这 3 种签名方案的联系与区别。

从参数的初始化上可以看到，DSA 方案和 Schnorr 方案中通过引入素数 q 并选择 $\mathbf{Z}_p^*$ 的 q 阶子群的生成元，修改了 ElGamal 方案中直接选择 $\mathbf{Z}_p^*$ 本身的生成元的做法，这样就使得方案的安全性依赖于 2 个不同的但又相关的离散对数问题，即 $\mathbf{Z}_p^*$ 上的离散对数问题和 q 阶循环子群上的离散对数问题。同时，这 2 种方案的签名文件长度较 ElGamal 方案也有所降低。并且在 DSA 中规定 q 的长度是 160 比特，p 的长度可以是 512 比特与 1 024 比特之间 64 的任何倍数。在 Schnorr 签名方案中没有限制 p 和 q 的长度，签名过程中，Schnorr 方案所用的 Hash 函数并不只是消息 m 的函数（而是 m 和 r），这点与另外两种方案不同。此外，DSA 签名方案中专门规定使用算法 SHA1，而在其他两种签名方案中并没有这样的要求。由于采用的签名算法各不相同，因此 3 种方案的签名验证等式和过程也不尽相同。

根据计算量和签名长度，表 8-1 中定量对比和分析这 3 种方案的效率。其中模加、模减、所用时间忽略不计，因为它们运算时间远远低于求幂、乘积、Hash 求值等运算所需时间。

表 8-1 3 种方案的性能对比

签名体制	签名	验证	签名值长度
ElGamal	$T_E+T_H+2T_M+T_I$	$3T_E+T_H+T_M$	$\|p\|+\|p-1\|$
Schnorr	$T_E+T_H+T_M$	$2T_E+T_H+T_M+T_I$	$\|q\|+\|h(m)\|$
DSA	$T_E+T_H+2T_M+T_I$	$2T_E+T_H+3T_M+T_I$	$2\|q\|$

其中，T_E：幂运算的计算量；T_H：散列函数的计算量；T_M：乘积运算的计算量；T_I：求逆运算的计算量。

从表 8-1 可以看出 Schnorr 方案的签名过程计算量相对较少，速度较快，尤其有些计算与消息无关，可以预先完成，这也能够减少签名的时间。Schnorr 方案的验证过程计算量也相对较少，Schnorr 方案生成的签名值长度也较短（取决于 $\|q\|+\|h(m)\|$），因此，Schnorr 方案比较

适合在智能卡等环境中应用。另外两种方案中的 r 值也可以预先计算,而前面提到的 RSA 方案是不可预先计算的。

5. 离散对数签名体制

从前面对 ElGamal、Schnorr、DSA 3 种签名体制的对比可以看出,这三者都可归结为基于有限域的离散对数签名体制的特例,总结这 3 种离散对数签名体制可以得出该体制的一般形式如下:

(1) 密钥生成算法

选取一个满足安全性要求的大素数 p,q 为 $p-1$ 的大素因子。然后选取 $g \in \mathbf{Z}_p^*$,且 $g^q \equiv 1 \bmod p$。选取随机数 $x(1 < x < q)$,作为签名者 A 的私钥。计算 $y \equiv g^x \pmod{p}$,(p, q, g, y) 作为签名者 A 的公钥。

(2) 签名算法

对于待签名的消息 m,签名者 A 执行以下步骤:

① 计算 $h(m)$,h 为安全的 Hash 函数;
② 选择随机数 k,满足 $1 < k < q$,计算 $r \equiv g^k \pmod{p}$;
③ 从签名方程 $ak \equiv b + cx \pmod{q}$ 中解出 s。

方程的系数 a、b、c 有许多种不同的选择方法,见下表 8-2。

表 8-2　a、b、c 的可能选择方法

$\pm r'$	$\pm s$	m
$\pm mr'$	$\pm s$	1
$\pm mr'$	$\pm ms$	1
$\pm mr'$	$\pm sr'$	1
$\pm ms$	$\pm sr'$	1

其中,(a, b, c) 可以取表 8-2 中某一行三个值的任意排列,$r' \equiv r \pmod{q}$。

(3) 验证算法

设验证算法为 ver,签名接收者 B 在收到消息 m 和签名 (r, s) 后,可以按照以下验证方程检验签名:$\text{ver}(y, (r, s), m) = \text{True} \Leftrightarrow r^a \equiv g^b y^c \pmod{p}$。

以表 8-2 第一行的 a、b、c 的几种取值为例(暂不考虑正负号),相应的签名和验证等式见表 8-3。

表 8-3　离散对数签名方案

签名等式	验证等式
$r'k \equiv s + mx \pmod{q}$	$r^{r'} \equiv g^s y^m \pmod{p}$
$r'k \equiv m + sx \pmod{q}$	$r^{r'} \equiv g^m y^s \pmod{p}$
$sk \equiv r' + mx \pmod{q}$	$r^s \equiv g^{r'} y^m \pmod{p}$
$sk \equiv m + r'x \pmod{q}$	$r^s \equiv g^m y^{r'} \pmod{p}$
$mk \equiv s + r'x \pmod{q}$	$r^m \equiv g^s y^{r'} \pmod{p}$
$mk \equiv r' + sx \pmod{q}$	$r^m \equiv g^{r'} y^s \pmod{p}$

如表 8-3 所示,一行可构造 $C_3^1 C_2^1 C_1^1 = 6$ 个不同的签名方案,加上正负号组合总共是 24 个,表 8-2 共有 5 行,所以 a、b、c 的可能值总数是 120 种。

此外,还可以定义 r 来产生更多的类似 DSA 的方案:$r=(g^k \bmod p) \bmod q$,使用相同的签名等式,并且定义验证等式如下:$u_1 \equiv a^{-1}b \bmod q, u_2 \equiv a^{-1}c \bmod q, r=(g^{u_1} y^{u_2} \bmod p) \bmod q$。实施类似于这样的处理,能产生多达 13 000 种变型,所有的变型具有相同的安全性,但是并非所有变型都是有效的,实际应用中应选择一个容易计算的方案。

8.2.3 基于椭圆曲线的签名方案

本节介绍基于椭圆曲线的公钥密码体制(简称 ECC)在数字签名中的一个实现方案 ECDSA(Elliptic Curve Digital Signature Algorithm),这个方案的基本思想就是在椭圆曲线有限域上实现 DSA 算法,下面阐述其具体的实现过程。

1. 密钥生成算法

设 $GF(p)$ 为有限域,E 是有限域 $GF(p)$ 上的椭圆曲线。选择 E 上一点 $G \in E$,G 的阶为满足安全要求的素数 n,即 $nG=O$(O 为无穷远点)。选择一个随机数 $d,d \in [1, n-1]$,计算 Q,使得 $Q=dG$,那么公钥为 (n,Q),私钥为 d。

2. 签名算法

签名者 A 对消息 m 签名的过程如下:

(1) 用户随机选取整数 $k, k \in [1, n-1]$,计算 $kG=(x,y), r \equiv x \pmod n$;

(2) 计算 $e=h(m)$,h 为安全的散列函数;

(3) 计算 $s \equiv (e+rd)k^{-1} \pmod n$。如果 $r=0$ 或 $s=0$,则另选随机数 k,重新执行上面的过程。消息 m 的签名为 (r,s)。

3. 验证算法

签名接收者 B 对消息 m 签名 (r,s) 的验证过程如下:

(1) 计算 $e=h(m)$;

(2) 计算 $u \equiv s^{-1}e \pmod n$,$v \equiv s^{-1}r \pmod n$,$(x_1, y_1) = uG+vQ, r_1 \equiv x_1 \pmod n$;

(3) 判断 r 和 r_1 的关系,如果 $r=r_1$,则签名有效;否则,签名无效。

4. 正确性

如果所有算法按步骤执行,则接受者输出签名有效,因为:

$$Q=dG$$
$$s \equiv (e+rd)k^{-1} \pmod n$$
$$kG=(x,y)$$
$$u \equiv s^{-1}e \pmod n$$
$$v \equiv s^{-1}r \pmod n$$
$$(x_1, y_1) = uG+vQ$$

所以 $k \equiv (e+rd)s^{-1} \equiv s^{-1}e + s^{-1}rd \equiv u+vd \pmod n$。

由此可得 $(x,y)=kG=uG+vdG=uG+vQ=(x_1,y_1), r_1=x_1 \bmod n = x \bmod n = r$,即 $r=r_1$。

5. 举例

例 8.5 下面简单举例来说明该签名方案的实现过程。

(1) 密钥生成算法

假设椭圆曲线为 $y^2 \equiv x^3+x+4 \pmod{23}$,参数分别为:$p=23, G=(0,2), n=29, d=9, Q=dG=(4,7)$。

(2) 签名算法

选取随机数 $k=3$,假设 $h(m)=4$,则计算:

$$(x, y) = kG = 3(0, 2) = (11, 9)$$
$$r = x \bmod n = 11 \bmod 29 = 11$$
$$s = (e + rd)k^{-1} \bmod n$$
$$= (4 + 11 \times 9)3^{-1} \bmod 29 = 15$$

因此对 m 的签名为 $(11, 15)$。

(3) 验证算法

签名接收者 B 得到签名后进行如下计算:

$$u = s^{-1}e \bmod n = 15^{-1} \times 4 \bmod 29 = 8$$
$$v = s^{-1}r \bmod n = 15^{-1} \times 11 \bmod 29 = 22$$
$$(x_1, y_1) = uG + vQ = 8G + 22Q = (11, 9)$$
$$r_1 = x_1 \bmod n = 11 \bmod 29 = 11 = r$$

因此 B 接受签名。

6. 安全性

ECDSA 安全性依赖于基于椭圆曲线的有限群上的离散对数难题。与基于 RSA 的数字签名和基于有限域离散对数的数字签名相比,在相同的安全强度条件下,ECDSA 方案具有如下特点:签名长度短,密钥存储空间小,特别适用于存储空间有限、带宽受限、要求高速实现的场合(如在智能卡中应用)。

除了前面介绍的 ECDSA 方案之外,基于椭圆曲线的数字签名方案还有很多,而类似 DSA 的其他方案例如 Schnorr、ElGamal 等方案也都能被移植到椭圆曲线有限群上。

8.3 特殊数字签名

在数字签名的实际应用当中,一些特殊的场合往往有特殊的需求,因此,需要在一般数字签名体制的基础上进行扩展,以满足这些特殊的需求。例如,为保护信息拥有者的隐私,产生了盲签名;为了实现签名权的安全传递,产生代理签名;为了实现多人对同一个消息的签名,产生了多重签名等。正是这些实际应用的特殊需求,使得各种各样特殊数字签名的研究一直是数字签名研究领域非常活跃的部分并产生很多分支。下面介绍常见的几种特殊数字签名。

8.3.1 代理签名

1. 代理签名(Proxy Signatare)简介

考虑印章的代理授权过程:计划部门的主管由于事务繁忙,他不可能及时审阅所有待审批文件并加盖部门印章,他可能把一部分权力授权给本部门一个信得过的职员,由这个职员代表他审批一些文件并加盖部门印章。为此,主管应把部门的印章交给这个职员,当下属单位看到带部门公章的文件时确信这个文件已经经过计划部审批,其内容是有效的。在当今数字时代,文件实现电子化,印章被数字签名所代替。上述实现过程演化为代理签名,其中部门主管是原始签名者,职员是代理签名者,下属单位是代理签名的验证者。

综上所述,代理签名是指原始签名者把他的签名权授权给代理者,代理者代表原始签名者行使他的签名权。当验证者验证代理签名时,验证者既能验证这个签名的有效性,也能确信这个签名是原始签名者认可的签名。

由代理签名的定义可以得到,代理签名方案实现过程如图 8-2 所示。

原始签名者 —指派代理密钥→ 代理签名者 —代理签名→ 验证者

图 8-2 代理签名过程图

迄今为止,代理签名按照原始签名者给代理签名者的授权形式可分为 3 种:完全委托的代理签名、部分授权的代理签名和带授权书的代理签名,其中部分授权代理签名又可分为非保护代理者的代理签名和保护代理者的代理签名。完全委托的代理签名是指原始签名者将他的私钥(或含私钥的物理设备)秘密交给代理签名者,代理签名者可使用这个私钥签署各种消息,此时,代理签名者生成的代理签名与原始签名者产生的签名是一样的,需要约束代理者,防止他滥用权力。部分授权的代理签名是指原始签名者利用他的私钥计算出一个新的代理私钥,并通过安全通道将其交给代理签名者,代理签名者可用这个代理私钥签署消息并生成代理签名,所产生的代理签名与原始签名者利用自己的私钥生成的签名是不同的,因此,验证者能分辨出原始签名者的签名和代理者的签名。带授权书的代理签名是指为了进一步约束管理者,防止他滥用权力。由原始签名者产生授权书给代理签名者,此授权书是利用原始签名者的私钥签署产生的,除了包含某代理签名者可代理行使签名权力外,还包含一些特殊的信息,如代理期限、可签署消息的类型等。代理签名者得到授权书后,再利用自己的私钥生成代理私钥并利用这个代理私钥签署所代签的消息,并将此授权书包含在签名中,而验证者在验证代理签名时首先检查其授权书,判断代理授权是否有效。如果通过检查,则进一步验证代理签名本身的有效性。如果验证通过,则判断为有效的代理签名;否则,无效。

2. 代理签名特点

根据代理签名的定义,可知代理签名体制可能具备以下特点。

(1) 可验证性

对于有效的代理签名,验证者能够确信这个签名是原始签名者认可的数字签名。

(2) 可区分性(部分授权代理签名和带授权书的代理签名)

由代理签名者所签署的代理签名与原始签名所产生的签名是有区别的。

(3) 不可伪造性(带授权书的代理签名)

唯有代理签名者能够生成有效的代理签名,除此之外,没有任何人能够生成有效的代理签名。

(4) 不可否认性(带授权书的代理签名)

代理签名者不能否认已生成的代理签名。

(5) 可控性(带授权书的代理签名)

原始签名者能够有效地控制代理签名者的代理权限,包括代理者的身份,代理有效时间,代理签署消息范围等授权信息,并能防止代理权限的任意传递。

从上面的定义和特点可看出,带授权书的代理签名既可约束代理签名者的行为,又可以保护代理签名者不被原始签名者陷害,权责分明,从安全角度来看最优。

3. 一个代理签名方案

1997 年,由 S. Kim、S. Park 和 D. Won 提出的一种带授权书的代理签名方案,简称 KPW 方案。其主要思想是代理签名者利用自己私钥和由原始签名者签名的授权书产生代理私钥来生成代理签名,其中授权书 m_w 是指包括原始签名者标识、代理签名者标识、代理权限的有效期、代理签名信息的范围等信息的文件。下面就以 KPW 方案为例,介绍代理签名的一个实现方案。

(1) 代理授权过程

为了指定代理签名者的签名权力范围,原始签名者使用 Schnorr 签名方案对授权书进行签名,执行如图 8-3 所示步骤。

原始签名者 A　　　　　　　　　　代理签名者 B
$k \in_R \mathbf{Z}_q^*$
$r \equiv g^k \bmod p;$
$e = h(m_w, r);$
$s_A \equiv [e x_A + k] \bmod q$

$\xrightarrow{m_w, s_A, r}$

$g^{s_A} \equiv y_A^{h(m_w, r)} r \pmod{p}$
$x_P \equiv [s_A + x_B h(m_w, r)] \pmod{q}$
$x_P \equiv s_A + x_B e \pmod{q}$
$y_P \equiv g^{x_P} \pmod{p}$

图 8-3　KPW 代理授权过程

其中,(x_A, y_A) 是原始签名者 A 的公私钥对,$y_A = g^{x_A} \bmod p$;(x_B, y_B) 是代理签名者 B 的公私钥对,$y_B = g^{x_B} \bmod p$。

如图 8-3 所示,代理签名者 B 收到参数 (m_w, s_A, r) 后验证等式 $g^{s_A} \stackrel{?}{=} y_A^{h(m_w, r)} r \bmod p$ 是否成立。若成立,则代理签名者 B 获得有效的代理签名授权,代理签名者生成代理签名密钥对 (x_P, y_P);否则,拒绝原始签名者的代理授权。

(2) 代理签名过程

如果消息 m 符合代理授权书 m_w 的要求,代理签名者 B 利用通用的签名算法 sign,使用代理私钥 x_P 代表原始签名者 A 对消息 m 进行签名 $s = \text{sign}(x_P, m)$,有效的代理签名为 (m_w, s, r)。

(3) 代理签名验证过程

第一步,验证者检查原始签名者和代理签名者的标识、消息 m 的类型、代理有效期等是否符合代理授权书 m_w 的要求。

第二步,验证者使用代理授权签名值 (m_w, s_A, r) 计算代理公钥 $y_P \equiv (y_A \, y_B)^{h(m_w, r)} \pmod{p}$,然后利用与 sign 相对应的通用签名验证算法 ver,验证者使用 y_P 验证代理签名的有效性,即验证等式 $\text{ver}(y_P, m, s) = \text{True}$ 是否成立。

如果上述两步验证都通过,则认为这个代理签名是有效的。若上述任何一步验证不通过,则认为这个代理签名是无效的。

除了上述 KPW 代理签名方案之外,基于离散对数的代理签名方案还有 MUO 代理签名方案(1996 年 M. Mambo、K. Usuda 和 E. Okamoto 提出的,简称 MUO)、PH 代理签名方案(1997 年 Petersen 和 Horster 提出的,简称 PH)等。将基于离散对数的代理签名思想移植到椭圆曲线密码体制中,又能够演变出多种基于椭圆曲线的代理签名方案。

代理签名产生的历史并不长,但代理签名被提出后,演化出了很多研究分支,如匿名代理签名、自代理签名、限次的代理签名等,它的延伸方案(如代理盲签名、多重代理签名、代理多重签名、指定验证者的代理签名等)也被不断提出,而且在移动代理、电子商务、电子现金、电子投票、分布计算等方面都有广泛的应用。

8.3.2　盲签名

1. 盲签名(Blincl Signature)简介

盲签名是 D. Chaum 于 1982 年首次提出的一种具有特殊性质的数字签名,这种签名要求签名者能够在不知道被签名文件内容的情况下对消息进行签名。另外,即使签名者在以后看到了该消息及其签名,签名者也不能判断出这个签名是他何时为谁生成的。直观上讲,这种签名的生成过程就像签名者闭着眼睛对消息签名一样,所以形象地称为"盲"数字签名。目前根据"盲"程度不同,盲签名方案通常分为强盲签名、弱盲签名、部分盲签名3类。其中强盲签名方案应用最广,大部分场合都趋向于强盲签名的实现,其他几种主要立足于特殊应用需求,是强盲签名的重要补充。设 $R(m)$ 是将消息 m 进行盲化后得到的盲消息,$\text{Sign}(R(m))$ 是对盲消息 $R(m)$ 的签名,$\text{Sign}(m)$ 是去盲后得到的消息 m 的签名。则强盲签名是指签名者无法建立 $\text{Sign}(R(m))$ 到 $\text{Sign}(m)$ 的联系的签名,也称为完全盲签名。而弱盲签名是指签名者仅知道 $\text{Sign}(R(m))$ 而不知道 $\text{Sign}(m)$,但一旦公开 $\text{Sign}(m)$,签名者就可以建立两者间的联系,即签名者能把盲签名 $\text{Sign}(R(m))$ 的行为与消息 m 的内容关联起来。部分盲签名的特殊性在于除了被签名的消息 m 外还包含由消息拥有者和签名者共同产生的消息 m_1(其内容包括消息 m 的范围、有效期等),在部分盲签名过程中,消息 m_1 一直是公开的,即盲化后签名为 $\text{Sign}(R(m),m_1)$,最终消息拥有者获得 $\text{Sign}(m,m_1)$。

在盲签名方案中,消息的拥有者(或提供者)即需要盲签名服务的实体 U 称为用户,而提供盲签名服务的实体 S 称为签名者。当用户 A 需要签名者 B 对消息进行签名时,按下列操作步骤来实现:

(1) 用户 U 首先对待签名的消息进行盲化处理,使得消息的具体内容对于签名者 S 而言是乱码,亦称盲消息;

(2) 用户 U 将变换后的盲消息发送给签名者 S;

(3) 签名者 S 对所收到的盲消息进行数字签名;

(4) 签名者 S 将盲消息及其签名一起交给用户 U;

(5) 用户 U 验证所收到的签名然后做去盲处理,即得到签名者 S 对原消息的签名。

盲签名的实现过程可用图 8-4 简要描述。

2. 盲签名特点

盲签名除具有一般数字签名的特点外,还具有以下两个特性:

(1) 匿名性

签名者对这个消息签了名,如果把消息签名给签名者看,签名者也确信这个签名是有效的,但签名者事先无法知道所签消息的具体内容。

(2) 不可追踪性

签名者不能把签署消息的行为与签署的消息相关联,即使他记下了他所作的每一个盲签名,他也不能把某个盲化后消息的盲签名与某个消息及其签名的内容相关联。

由于具有上述的匿名性和不可追踪性,因此盲签名能满足实际应用的许多需求,并已成为当前研究的热点。

3. 一个盲签名方案

下面以 DSA 签名方案为例,介绍一种基于离散对数的盲签名方案。

(1) 初始化

设 U 是用户,S 为签名者,p 和 q 是满足安全要求的大素数,q 是 $p-1$ 的大因子,g 是 $\mathbf{Z}_q^*$ 的本原元,S 拥有公私钥对 (x,y),其中 $y \equiv g^x \pmod{p}$,m 为待签名的消息,h 是安全 Hash 函数。

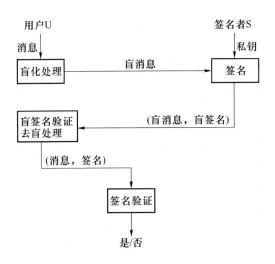

图 8-4 盲签名实现过程图

(2) 签名过程

用户 U   签名者 S

$\xrightarrow{\text{签名请求}}$ $k \in_R \mathbf{Z}_q^*$

$\xleftarrow{r}$ $r \equiv g^k \pmod{q}$

$\alpha, \beta, \gamma \in_R \mathbf{Z}_q^*$

$r' \equiv r^\alpha g^\beta y^\gamma \pmod{p}$

$m' \equiv [h(m, r') + \gamma]\alpha^{-1} \pmod{q} \xrightarrow{m'}$

$s \equiv m'x + k \pmod{q}$

$\xleftarrow{s}$

验证:$g^s \equiv y^{m'} r \pmod{p}$
$\quad\quad s' \equiv s\alpha + \beta \pmod{q}$

签名值:(m, r', s')

(3) 验证过程

验证者得到签名后验证等式:$g^{s'} \equiv y^{h(m,r')} r' \pmod{p}$。若等式成立,则签名有效,否则签名无效。

(4) 正确性证明

若所有过程按步骤执行,则 (s', r') 是 m 的一个有效签名。

因为

$$s' \equiv s\alpha + \beta \pmod{q}$$
$$s \equiv m'x + k \pmod{q}$$
$$r' \equiv r^\alpha g^\beta y^\gamma \pmod{p}$$
$$r \equiv g^k \pmod{p}$$
$$y \equiv g^x \pmod{p}$$
$$m' \equiv [h(m, r') + \gamma]\alpha^{-1} \pmod{q}$$

所以

$$g^{s'} = g^{s\alpha + \beta} \bmod p = g^\beta g^{\alpha(m'x+k)} \bmod p = g^\beta g^{\alpha k} g^{\alpha m'x} \bmod p$$

$$= r^\alpha g^\beta y^{am'} \bmod p = r^\alpha g^\beta y^{a[h(m,r')+\gamma]a^{-1}} \bmod p = r^\alpha g^\beta y^{h(m,r')} y^\gamma \bmod p$$
$$\equiv y^{h(m,r')} r' \bmod p$$

盲签名在电子货币、电子投票、电子拍卖等应用中发挥了重要作用,因为它解决了人们关注的匿名性问题。盲签名就相当于将文件装在一个带复写纸的信封中,签名者不知道信封内文件的内容(该文件内容可能是某客户的一次消费),例如,签名者(银行)对信封进行签名,通过复写纸写到文件中实现了对文件的签名,但这个过程没有打开信封,银行并不知道信封里的内容,这样就保证了客户文件内容对银行是匿名的,保护客户个人消费的隐私权。

8.3.3 一次签名

1. 一次签名简介

一次数字签名(One Time Signature)是指签名者只能签署一条消息的签名方案,否则,签名可能被伪造。Rabin 在 1978 年首次提出了一次性签名方案,之后 Lamport 也提出了一种类似机制的签名方案,并由 Diffie 和 Hellman 将它推广,这种机制验证时不要求与签名者交互。Diffie 建议用单向 Hash 函数改进该机制的效率,因此,常常称它为 Diffie-Lamport 方案。Lamport 也描述过一个更有效的一次签名方案,后来 Bos 和 Chaum Bos 和 Chaum 对它进行了一些修改,减少了签名长度,并证明了其更高的安全性。

2. Lamport 一次签名

首先介绍一下签名中用到的两个符号。

Y:长度为 k 比特的比特串的集合。

$f: Y \to D$ 的单向函数,其中,集合 D 因 f 不同而不同。单向函数 f 可以由一些困难问题来构造(如离散对数问题),也可以像 Riban 一次签名一样,用对称密码算法来构造(如 DES)。

(1) 密钥生成过程

签名者 A 执行下列步骤:首先随机选取 $2k$ 个元素 $y_{i,j} \in Y, 1 \leqslant i \leqslant k, j=0,1$;然后计算 $z_{i,j} = f(y_{i,j}), 1 \leqslant i \leqslant k, j=0,1$;则 A 的公钥是 $\{z_{i,j}\}_{\substack{1 \leqslant i \leqslant k \\ j=0,1}}$,A 的私钥是 $\{y_{i,j}\}_{\substack{1 \leqslant i \leqslant k \\ j=0,1}}$。

(2) 签名过程

A 对长度为 k 比特的消息 $m = x_1 x_2 \cdots x_k$ 签名:令 $s_l = y_{l,x_l}, 1 \leqslant l \leqslant k$;A 对消息 m 的签名是 $(s_1, s_2, \cdots, s_k)$。

(3) 验证过程

验证者 B 验证 A 对消息 m 的签名 $(s_1, s_2, \cdots, s_k)$:计算 $t_l = f(s_l), 1 \leqslant l \leqslant k$;若 $t_l = z_{l,x_l}, 1 \leqslant l \leqslant k$ 那么,B 接受签名,否则拒绝。

(4) 安全性

伪造者无法通过计算单向函数的逆 f^{-1} 来得到 A 泄漏的 k 个私钥以外的私钥,因此,无法计算新消息 m'(与 m 至少有一个不同的比特位)的有效签名,从而无法伪造签名。但是,Lamport 一次签名方案只能签一次名,否则,伪造者可以通过取两次签名泄漏的私钥的不同组合,得到有效的新消息的签名。

Lamport 一次签名方案的公/私钥存储量大约为 $O(k^2)$;签名长度为 k^2 比特。签名算法几乎不消耗运算时间;验证算法需要 k 次 f 函数的运算。从这些方面来看,Lamport 一次数字签名方案并不是很实用。

大多数一次性签名方案都具有签名生成和验证高效的优点,一次数字签名方案可应用在某些环境比如芯片卡中,它们要求比较低的计算复杂度。将一次签名和公开参数(公钥)的认证技术结合,则可以设计多次签名。此外,将一次签名与其他签名结合,可以产生很多特殊的签名方案,例如一次性代理签名方案、一次性多重签名方案等等,它们在移动代理、组传播认证、流签名等技术中有着广泛的应用。

8.3.4 群签名

1. 群签名(Group Signature)简介

1991年,Chaum和Heyst首次提出群签名(也称组签名)方案。群签名方案允许组中合法用户以用户组的名义签名,具有签名者匿名、只有权威者才能辨认签名者身份等多个特点,在实际生活中有广泛的应用。例如,某公司董事会做出决定要对某个职员进行处罚,并委托某个董事进行处理,某个董事代表董事会对处罚相关事宜进行签名,需要使用群签名。这样,受罚者只知道处罚是董事会集体做出的决定,不会通过签名联系到那个具体办理的董事,能够避免一些不愉快的事情发生。若处罚出现争议(该董事越权处理等),那么,董事会的董事长能够揭示签名董事的身份。

2. 群签名的特点

一般来说,群签名的参与者由群成员(签名者)、群管理员(Group Authoriey,GA)和签名接受者(签名验证者)组成。

一个好的群签名方案应该满足以下的安全性要求。

(1) 匿名性

给定一个群签名后,除了唯一的群管理员之外的任何人确定签名者的身份在计算上不可行。

(2) 不关联性

对于签名接收者而言,确定两个不同的群签名是否为同一个群成员所签在计算上不可行。

(3) 防伪造性

只有群成员才能产生有效的群签名。

(4) 可跟踪性

群管理员在必要时可以打开一个群签名以确定出签名者的身份,而且群签名成员不能阻止群管理员打开一个合法群签名。

(5) 防陷害攻击

包括群管理员在内的任何人都不能以其他群成员的名义产生合法的群签名。

(6) 抗联合攻击

即使一些群成员串通在一起也不能产生一个合法的不能被跟踪的群签名。

3. 一个群签名方案

(1) 初始化

组中每一成员 U_i 随机选择 $x_i \in_R \mathbf{Z}_q^*$,$i=1,2,\cdots,t$,并计算 $y_i \equiv g^{x_i} \pmod{p}$,那么用户 U_i 的私钥为 x_i,公钥为 y_i。同样,群管理员 GA 随机选择 $x_T \in_R \mathbf{Z}_q^*$,并计算 $y_T \equiv g^{x_T} \pmod{p}$,GA 的私钥为 x_T,公钥为 y_T。

对于组中每一成员 U_i,GA 随机选择 $k_i \in_R \mathbf{Z}_q^*$,计算:
$$u_i \equiv y_i^{k_i} \pmod{p}$$
$$r_i \equiv g^{-k_i} u_i \pmod{q}$$
$$s_i \equiv k_i - r_i x_T \pmod{q}$$

GA 将 (r_i,s_i) 发送到组中成员 U_i,U_i 收到 (r_i,s_i) 后验证等式:
$$U_i \equiv (g^{s_i} y_T^{r_i})^{x_i} \pmod{p}$$

如果等式成立，则(r_i, s_i)是 GA 对成员 U_i 的公钥的有效签名（这是因为 $(g^{s_i}y_T^{r_i})^{x_i} \equiv (g^{k_i-r_ix_T}g^{x_Tr_i})^{x_i} \equiv (g^{k_i})^{x_i} \equiv y_i^{k_i} u_i (\bmod p)$。

对于组中每一成员 U_i，GA 存储 (r_i, s_i, a_i, y_i)，其中：$a_i \equiv g^{k_i} (\bmod\ p)$；成员 U_i 同样计算 a_i，并保存 (a_i, r_i, s_i)，其中 $a_i \equiv g^{s_i} y_T^{r_i} (\bmod\ p)$。

（2）签名过程

对消息 m 进行签名，成员 U_i 随机选择 $t \in_R \mathbf{Z}_q^*$，计算：

$$r \equiv a_i^t (\bmod\ p), s \equiv [h(m) - rx_i]t^{-1} (\bmod\ q)$$

那么，U_i 生成的群签名为 $((r, s), (r_i, s_i))$。

（3）验证过程

接收方在收到消息 m 和群签名 $((r, s), (r_i, s_i))$ 后，验证以下等式是否成立：

$$a_i^{h(m)} \equiv r^s u_i^r (\bmod\ p)$$

其中 $u_i = g^{s_i} y_T^{r_i} r_i \bmod p$（因为 $g^{s_i} y_T^{r_i} r_i \equiv g^{k_i-r_ix_T} y_T^{r_i} r_i \equiv r_i \cdot g^{k_i} \equiv u_i (\bmod\ p)$），而 $a_i = g^{s_i} y_T^{r_i} (\bmod\ p)$。

如果等式成立，群签名有效；否则，这个群签名无效。

（4）正确性

若签名按步骤执行，则验证者输出群签名有效。

因为

$$r \equiv a_i^t (\bmod\ p), s \equiv [h(m) - rx_i]t^{-1} (\bmod\ q), a_i \equiv g^{s_i} y_T^{r_i} (\bmod\ p), u_i \equiv y_i^{k_i} (\bmod\ p)$$

所以

$$r^s u_i^r \equiv r^{[h(m)-rx_i]t^{-1}} y_i^{k_i r} \equiv a_i^{t[h(m)-rx_i]t^{-1}} g^{x_ik_ir} \equiv g^{k_i[h(m)-rx_i]} g^{x_ik_ir} \equiv g^{k_ih(m)} \equiv a_i^{h(m)} (\bmod\ p)$$

（5）身份揭示过程

群管理员 GA 按照以下面步骤揭示签名者身份。

第一步，GA 使用消息 m 和群签名 $((r, s), (r_i, s_i))$ 验证这个群签名是否有效，若有效则进入下一步。

第二步，GA 根据签名值中的 (r_i, s_i)，在 GA 初始化过程中保存的 (r_i, s_i, a_i, y_i) 中查找匹配项，若匹配项存在，则根据 y_i 就能确定用户的身份。

第三步，GA 验证等式 $a_i^{h(m)} \equiv r^s (y_i^{s_i + x_Tr_i})^r \bmod p$ 成立，从而证明 y_i 用户就是签名者。

自 1991 年提出群签名概念以来，密码专家们提出了许多不同的群签名方案。但总体来说，群签名方案目前面临的主要问题是：如何安全有效地删除旧成员而不影响原有签名的有效性，同时也能保证群中可动态加入新的成员而不引起计算的高复杂性或密钥的大幅度更新；如何使设计的方案能有效地抵制联合攻击而不需要较多的附加条件，同时又能保证在验证时打开签名能合理地实现；如何能有效地保证群中成员的匿名性而同时使群中成员不能恶意地伪造他人有效的签名。可以说，到目前为止，还没有一个满足诸多要求的安全高效的群签名方案。

环签名(Ring Signature)是 Rivest、Shamir 和 Tauman 于 2001 年提出的另一种群组签名，"环"来源于算法的环形结构。它类似于群签名，每个群中的成员可以代表群签名，但是它提供完全的匿名性来保护成员，即任何人不能指认出某个签名的真实签名者，这在很多场合是十分必要的，例如 B 是一名内阁的成员，他想向记者揭露首相贪污的情况。他首先需要向记者证明消息来源于内阁成员，但同时需要保证自己的身份不会泄露而遭受打击报复。另外，环签名中的群结构非常松散，任何几个人都可以随意组群而无须群签名中那样复杂的初始化过程。

8.3.5 不可否认签名

1. 不可否认签名(Undeniable Signature)简介

一般数字签名可以公开验证,但对如个人或公司信件、特别是有价值文件的签名,如果公开验证,就会造成损失。例如,某公司 A 开发一个软件包,随后该公司将软件包和对软件包的签名卖给用户 B,B 可以在 A 的配合下验证 A 的签名,以便确认软件包的真实性和合法性。但是用户 B 可能不经公司 A 的允许把该软件包的复制私自卖给其他人。如果没有 A 的配合,则这个签名无法验证,也就是说,没有公司 A 的参与,第三者不能验证软件包的合法性,从而保护了公司 A 的利益。

不可否认的签名由三个部分组成:一个签名算法、一个验证协议和一个不可否认算法。签名需要在签名者合作下才能验证,签名者也可利用不可否认算法向法庭或公众证明一个签名确实不是来自他的,如果签名者拒绝参与或者不配合执行签名验证协议,就判定这个签名就是由他签署的。

由于在无签名者合作条件下不可能验证签名的有效性,从而可以防止他所签文件的复制或散布。在电子出版系统和知识产权保护中有广阔应用前景。

2. 一个不可否认签名方案

(1) 初始化

设 V 为签名的验证者,S 为签名者,p 和 q 是满足安全要求的大素数,q 是 $p-1$ 的大因子,g 是域 $GF(p)$ 的本原元,S 拥有公私钥对 (x,y),其中 $y \equiv g^x (\bmod p)$,m 为待签名的消息,h 是安全的 Hash 函数。

(2) 签名过程

签名者 S 选取 $k, K \in_R \mathbf{Z}_q^*$,进行如下计算:

$$r \equiv g^{K-k} (\bmod p)$$
$$R \equiv y^K (\bmod p)$$
$$e = h(R, r, m)$$
$$s \equiv k - xe (\bmod q)$$

因此,消息 m 的不可否认签名是 (s, R, r)。

(3) 验证协议

验证者 V   签名者 S

$a, b \in_R \mathbf{Z}_q^*$

$ch \equiv (g^s y^e r)^a g^b (\bmod p)$ $\xrightarrow{ch}$

$\qquad\qquad\qquad\qquad\qquad t \in_R \mathbf{Z}_q^*$

$\xleftarrow{h_1, h_2}\qquad h_1 \equiv ch \cdot g^t (\bmod p)$

$\qquad\qquad\qquad\qquad\qquad h_2 \equiv h_1^x (\bmod p)$

$\xrightarrow{a, b}\qquad ch \stackrel{?}{=} (g^s y^e r)^a g^b (\bmod p)$

$\xleftarrow{t}$

$h_1 \stackrel{?}{=} (g^s y^e r)^a g^{b+t} (\bmod p)$

$h_2 \stackrel{?}{=} R^a y^{b+t} (\bmod p)$

若两等式均成立,则签名有效;若两式不都成立的,则进入不可否认算法。

（4）不可否认算法

首先，假如第一等式不成立，说明签名者没有配合验证者执行验证过程，则认为这个签名是有效的。假如第一等式成立，验证者 V 选取 $t' \in_R [1,q]$，计算 $h'_1 \equiv g^{t'} \pmod{p}$，$h'_2 \equiv y^{t'} \pmod{p}$，并验证等式 $h_2^{h'_1} \bmod p = h_1^{h'_2} \bmod p$ 是否成立。若该等式不成立（说明签名者没有配合验证者执行验证过程），则认为这个签名是有效的；若等式成立，则认为签名不是来自这个签名者。

在不可否认签名中，验证过程或许签名者不能到场，因此他指定一个半可信任的第三方（称为证实者），承担证实和否认功能，同时证实者具有转化该签名为一个普通数字签名（即任何人都可公开验证）的能力。当然，签名者不能参与证实的过程，证实者也不能参与签名的过程，这类签名称为指定验证者签名(Designated Verifier Sigrature)。

8.3.6 其他数字签名

除了前面所述的数字签名外，为满足不同的需求和应用，还有其他多种数字签名方案，比如门限数字签名、多重数字签名、失败停止签名、传递签名、变色龙签名、并发签名等。下面简单介绍其中几种签名的基本思想。

1. 门限数字签名(Threshold Signature)

门限数字签名，也是一种涉及一个群组的数字签名方案，与群签名的区别在于需要由多个用户来共同完成数字签名，以表明该消息为该组用户中的多数用户所共同认可的。与其他群组签名类似只需要知道群体的公开密钥即可验证签名。门限数字签名的思想来源于"秘密共享"。在门限数字签名方案中，最著名的是 Desmedt 等人提出的 (t,n) 门限数字签名方案。

n 为成员人数，t 为门限值，n 个成员各自拥有群体的签名密钥的一个子份额，多于 t 个成员合作可以代表群体产生签名，而少于 t 个成员则不能产生签名，而且不会泄露任何关于签名密钥的信息。当 $t=n$ 时，门限数字签名就是一种多重数字签名。

门限签名面临的威胁主要来自组内部，即由组内多个成员共同发起的"合谋攻击"，所以门限值 t 设置很重要。

2. 多重数字签名(Multi-Signature)

在数字签名应用中，有时需要多个用户对同一文件进行签名和认证。比如，一个公司发表的声明涉及财务部、开发部、销售部、售后服务部等部门，需要得到这些部门签名认可。能够实现多个用户对同一文件进行签名的数字签名方案称为多重数字签名方案。

根据不同的签名过程，多重数字签名方案可分两类：一类为有序多重数字签名(Sequential Multi-Signature)方案，另一类为广播多重数字签名(Broadcasting Multi-Signature)方案。无论是有序多重签名方案，还是广播多重签名方案，都包括信息发布者、消息签名者和签名验证者。在广播多重签名方案中还包括签名收集者。

在有序多重数字签名方案中，消息发布者规定消息签名顺序，然后将消息发送到第一个签名者，除了第一个签名者外，每一位签名者收到签名消息后首先验证上一签名的有效性，如果签名有效，将签名消息发送到下一个签名者继续签名；如果签名无效，拒绝对消息签名，终止整个签名过程。当签名验证者收到签名消息后，验证签名的有效性。如果有效，则多重数字签名有效；否则，多重数字签名无效。图 8-5 描述了有序多重数字签名方案。

在广播多重数字签名方案中，消息发布者同时将消息发送给每一位消息签名者，签名者分别独立地将消息签名并返回到签名收集者，由收集者对消息签名进行组合并发送给签名验证者，签名验证者验证多重签名的有效性。图 8-6 描述了广播多重数字签名方案。

图 8-5　有序多重数字签名方案

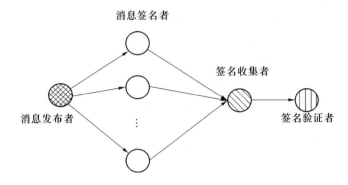

图 8-6　广播多重数字签名方案

3. 失败—停止签名(Fail-Stop Signature)

失败—停止签名是由 B. Pfitzmann 和 M. Waidner 于 1991 年提出的,用以防范有强大计算资源的攻击者。使用失败—停止签名,即使攻击者分析出"密钥"也难以伪造签名者的签名。

失败—停止签名的基本原理是:每个可能的公钥对应着很多的私钥,它们都可以正常使用,而签名者仅仅持有并知道众多私钥中的一个,所以强大的攻击者恢复出来的私钥恰好是签名者持有的私钥的情况出现的概率非常小。

失败—停止签名应具有如下性质:

(1) 如果签名者依据该机制签署一个消息,则验证者能够验证签名并接收它;

(2) 伪造者没有指数运算能力是不可能构造并通过验证算法的签名;

(3) 如果伪造者以很高的概率成功地构造出一个能通过签名验证算法的签名,那么真正的签名者可以给出该签名是伪造的证明;

(4) 签名者本身不能构造出一些签名,其后又声称它们是伪造的,以此来保证接收者的安全。

失败—停止数字签名由签名生成算法、验证算法和"伪造"证明算法组成,其中"伪造"证明算法即是给出"签名是伪造的"的证明。

总之,失败—停止签名可防止伪造者仅凭计算能力去攻破签名者的签名方案,但不能防止主动攻击者窃取签名者的秘密密钥,也不能防止签名者在消息签名后故意丢掉自己的秘密密钥,然后声称别人伪造他的签名。

4. 传递签名(Transitive Signature)

2000 年 Rivest 在他的一次报告中提出可传递签名的概念,它用来签署在动态增长的、可传递的闭包图 G 中的顶点和边,使得任何人通过边(u,v)的签名和边(v,w)的签名,可以很容易推导出边(u,w)的签名。这在关系网中非常有用,例如上级 A 向下级 B 下达命令时,上级 A 必须向下级 B 证明它有权向其下达命令,即要求 A 提供一个权威 T 的签名(比如说司令部的签名),来证明"A 是 B 的上级"。在整个网中,若 T 为每对可能有"命令"关系的成员对发布一个签名,则 T 需要签署和维护很多签名,且每增加一个成员,就要为该成员与其他成员间的所有"命令"关系进行签名,对于动态增长的群体来说效率太低。可以使用命令链方法,比如 A 向 B 下达命令时,他向 B 提供这样一个签名链:"A 是 C 的上级、C 是 D 的上级、D 是 E 的上级、E 是 B 的上级",此时签名量大大减少,但命令链会泄露所有中间成员以及这些成员间的等级关系。

可传递签名可以使所需签名量达到最小的同时隐藏命令链的中间细节。此外,特别适合动态增长的关系图进行签名,每增加一个结点,只需要增加在传递简约中与其关联的边的签名,与其他边的签名可由传递性得到。

一个传递签名方案一般由 4 个集合(私钥空间,公钥空间,明文空间—某集合上的一个可传递的二元关系,签名空间)和 4 个算法(密钥生成算法,签名算法,签名验证算法,签名组合算法)组成。任何人可以使用签名组合算法从相邻边 (u,v) 的签名和边 (v,w) 的签名推导出边 (u,w) 的签名。这和一般数字签名的不可伪造性相违背,因此,传递签名的安全性并不是指攻击者不能伪造新边(或顶点)的签名,而是不能伪造图 G 的传递闭包之外的边的签名。

2002 年,Micali 和 Rivest 正式提出了可传递签名的概念,也给出了第一个可传递签名方案——MRTS 方案。目前已知的传递签名方案基本上是有关无向图的,而密码学家普遍认为传递签名真正广泛的应用更有可能存在于有向图中。但是有向传递签名的方案迟迟没有出现,同时 Hohenberger 曾指出这类算法可能很难构造。

5. 变色龙签名(Chameleon Signature)

变色龙签名是 H. Krawczyk 和 T. Rabin 于 2000 年引入的一种特殊的数字签名。变色龙签名最鲜明的特点是其不可转让性,即变色龙签名的合法性只能由签名者指定的接收者来验证。也就是说,签名者没有能力把该签名的有效性证明给除指定验证者之外的任何其他方。变色龙签名第二个特点是不可否认性,即对于一个伪造的变色龙签名,合法的签名者能够提供证据表明该伪造签名的非法性;而对于合法的变色龙签名,其签名者不能开脱责任。虽然不可否认签名也可以提供不可传递性和不可否认性,但不可否认签名大多需要交互协议;而被指定的验证者也可以在不与签名者交互的情况下验证该签名的有效性。变色龙签名能够同时提供不可否认性,不可伪造性和不可转让性,这与前面的指定验证者签名也不相同。

构造变色龙签名的基本思想是将变色龙散列函数与标准的数字签名方案结合。具体地,变色龙签名的构造遵循了散列再签名的模式,而且说,用来计算待签消息摘要的是变色龙散列函数,而不是普通的散列函数。变色龙散列函数是一个陷门的抗碰撞的散列函数:对于知道其陷门的用户来说,寻找该散列函数的碰撞是非常容易的,而对于不知道其陷门的用户来说,该散列函数与一个标准的散列函数一样是抗碰撞的。陷门只有指定接收者知道,所以指定验证者可以找到任何散列值的碰撞,从而把一个变色龙签名说成是任何所选消息的签名。因此,如果指定验证者私下向第三方展示变色龙签名时,则第三方会怀疑该签名是由指定验证者所伪造的。基于上述思想,利用变色龙散列函数构造的变色龙签名显然是不可传递的。另外,如果接收者根据一个合法的变色龙签名伪造了一个新消息的签名,即同一个签名对应两个消息,则合法的签名者可以获得同一个散列值的两个碰撞。既然此碰撞本该指定验证者才能计算,因而这个碰撞可以看作是指定验证者伪造了变色龙签名的一个证据,从而变色龙签名又是不可伪造的。而对于签名者自己生成的签名,他无法找到一个碰撞的证据来抵赖签名,故变色龙签名是不可否认的。

6. 并发签名(Concurrent Signature)

并发签名,也叫同时生效签名,是 Chen Liqun 等人在 EuroCrypt 2004 上提出来的,它改变了传统公平交换协议的模式,不是先各自生成有效的签名,而是先交换模糊的签名,交换完成后,再使得原来模糊的两个模糊签名同时与签名人绑定而成为有效的签名。

其实现原理是发起者掌握一个秘密信息 keystone，并将这一秘密隐藏于模糊的签名中，发起者先将自己的模糊签名交给对方，接收者收到后按照协议生成自己的模糊签名交给发起者。此时，尽管双方都持有经对方签名的交换信息，但在秘密公开之前两份签名的签名主体信息对任意第三方都是模糊的，即第三方知道签名来自于协议双方中的一个，但无法确定具体的签名者。当 keystone 公开以后两份签名就与签名者信息绑定起来，从而达到了两份签名同时生效的目的。此协议彻底摒弃在交易过程中引入除交易双方之外的第三方，并且满足"要么两个签名同时生效，要么都不生效"，从而实现了公平性。尽管签名的生效时刻及最终是否生效由发起者决定，但并不妨碍协议在某些具体条件下应用的公平性。

8.4 习题

1. 判断题

（1）在数字签名方案中，不仅可以实现消息的不可否认性，而且还能实现消息的完整性、机密性。（ ）

（2）在实际应用中，消息的签名过程其实就是签名者使用自己的私钥对消息加密的过程，譬如基于 RSA 的数字签名。（ ）

（3）在数字签名中，签名值的长度与被签名消息的长度有关。（ ）

（4）数字签名方案往往是非确定性的，即同一人利用同一签名算法对同一消息进行多次签名所得的签名值是不相同的。（ ）

（5）在商用数字签名方案中，签名算法和其验证算法都是公开的，消息的签名值包含签名者的私钥，所以，攻击者一旦获取消息的签名值就能获得签名者的私钥。（ ）

（6）根据不同的应用需求，提出多种代理签名，但无论哪种代理签名的验证算法，其必须用到代理签名者的公钥。（ ）

（7）直观上讲，盲签名就像签名者闭着眼睛对消息签名一样，所以，在实际应用中很难涉及这种签名。（ ）

（8）在 Elgamal 广播多重数字签名方案中，其签名值的长度与签名者的人数无关。（ ）

（9）在不可否认签名方案中，签名的验证必须签名者参与，所以，这种签名方案是有利于签名者。（ ）

（10）群签名的不关联性是指群成员代表多个群对不同消息所产生的群签名，验证者不能判定这些群签名是由同一个人签发的。（ ）

（11）环签名与群签名的主要不同是环签名提供完全的匿名性来保护其成员。（ ）

（12）一次数字签名是指签名者只能签署一条消息的签名方案，否则，签名者可能被伪造。（ ）

（13）失败-停止数字签名其实也是一次性数字签名。（ ）

（14）传递签名能够实现私钥变换了而验证所使用的公钥不变。（ ）

（15）变色龙签名其实就是一种指定验证者的数字签名。（ ）

2. 选择题

（1）数字签名技术主要解决了信息安全中存在的（   ）问题。
　　A. 保密性　　　　B. 认证性　　　　C. 完整性　　　　D. 不可否认性

(2) 通信中如果仅仅使用数字签名技术,则下面哪些安全特性不能被满足。(　　)
    A. 保密性　　　　B. 认证性　　　　C. 完整性　　　　D. 不可否认性
(3) Alice 收到 Bob 发给她一个文件的签名,并要验证这个签名的有效性,那么签名验证算法需要 Alice 选用的密钥是(　　)。
    A. Alice 的公钥　　B. Alice 的私钥　　C. Bob 的公钥　　D. Bob 的私钥
(4) 在普通数字签名中,签名者使用(　　)进行信息签名。
    A. 签名者的公钥　　　　　　　　B. 签名者的私钥
    C. 签名者的公钥和私钥　　　　　D. 验证者的公钥
(5) 签名者无法知道所签消息的具体内容,即使后来签名者见到这个签名时,也不能确定当时签名的行为,这种签名称为(　　)。
    A. 代理签名　　　B. 群签名　　　C. 多重签名　　　D. 盲签名
(6) 签名者把他的签名权授给某个人,这个人代表原始签名者进行签名,这种签名称为(　　)。
    A. 代理签名　　　B. 群签名　　　C. 多重签名　　　D. 盲签名
(7) 针对电子文件或产品的版权保护,防止滥用或盗版,为此,最有可能使用的特殊数字签名是(　　)。
    A. 代理签名　　　B. 群签名　　　C. 多重签名　　　D. 不可否认签名
(8) 下面的特殊数字签名中,哪种签名最不可能具备匿名性。(　　)
    A. 门限签名　　　B. 环签名　　　C. 多重签名　　　D. 群签名
(9) 下面的特殊数字签名中,哪种签名具有完全匿名性。(　　)
    A. 代理签名　　　B. 门限签名　　　C. 群签名　　　D. 环签名
(10) 下列哪种签名中,签名者的公钥对应多个不同私钥。(　　)
    A. 失败-停止签名　　　　　　B. 前向安全签名
    C. 变色龙签名　　　　　　　　D. 同时生效签名
(11) 针对重要文件的签署,需要多人的同意和参与后才能生成该文件的有效数字签名,为此,最有可能使用的特殊数字签名是(　　)。
    A. 代理签名　　　B. 门限签名　　　C. 环签名　　　D. 群签名
(12) 下列哪种签名中,除了签名者以外还有人能够生成有效签名。(　　)
    A. 失败-停止签名　　　　　　B. 前向安全签名
    C. 变色龙签名　　　　　　　　D. 同时生效签名
(13) 下面的特殊数字签名中,哪种签名最鲜明的特点是其不可转让性。(　　)
    A. 失败-停止签名　　　　　　B. 前向安全签名
    C. 变色龙签名　　　　　　　　D. 同时生效签名
(14) 在广域网上,两用户实现网上电子合同的签署,为此,最有可能使用的特殊数字签名是(　　)。
    A. 失败-停止签名　　　　　　B. 前向安全签名
    C. 变色龙签名　　　　　　　　D. 同时生效签名
(15) 下面的特殊数字签名中,这种签名能实现根据已有的相关签名能生成一个另外有效签名(　　)。
    A. 代理签名　　　　　　　　　B. 前向安全签名
    C. 传递签名　　　　　　　　　D. 同时生效签名

3. 填空题

(1) 数字签名技术在许多领域中被广泛应用,尤其是在网络环境中用于＿＿＿＿＿＿。

(2) 在数字签名方案中,不仅可以实现消息的不可否认性,而且还能实现消息的_____、_____。

(3) 数字签名体制也是一种消息认证技术,与消息认证码相比,其主要区别是_____、_____和_____。

(4) 普通数字签名一般包括三个过程,分别是_____、_____和_____。

(5) 1994 年 12 月美国 NIST 正式颁布了数字签名标准 DSS,它是在_____和_____的基础上设计的。

(6) 针对数字签名方案,影响其性能的主要因素是_____和_____,而算法的计算量主要与_____、_____和_____的运算有关。

(7) 根据不同的签名过程,多重数字签名方案可分两类:即_____和_____。

(8) 群签名除具有一般数字签名的特点外,还有两个特征即_____、_____。

(9) 盲签名在电子货币、电子投票、电子拍卖等应用中发挥了重要作用,是因为盲签名具有两个重要特点即_____和_____。

(10) 代理签名按照原始签名者给代理签名者的授权形式可分为三种:_____、_____、_____。

(11) 不可否认的签名方案不仅包含一个签名算法、一个验证协议,还要包含_____。

(12) 门限数字签名是一种涉及一个组,需要由多个用户来共同进行数字签名的签名方案,其具有两个重要的特征:_____和_____。

(13) 一次性数字签名是指签名者只能签署一条消息的签名方案,如果签名者签署消息多于一个,那么_____。

(14) 失败-停止的签名方案不仅包含一个签名算法、一个验证算法,还要包含_____。

4. 术语解释

(1) 数字签名

(2) 盲签名

(3) 代理签名

(4) 多重签名

(5) 群签名

(6) 不可否认签名

5. 简答题

(1) 数字签名与传统的手写签名相比有哪些区别?

(2) 简述数字签名的特点。

(3) 简述数字签名的原理。

(4) 为什么对称密码体制无法实现消息的不可否认性?

(5) 公钥密码体制解决了数字签名和密钥传递的问题,签名密钥和加密密钥分别使用什么密钥,请简要说明原因。

(6) 简述 Hash 函数在数字签名中的作用。

(7) 简述 DSA 签名体制中,签名者随机选取的 k 被泄露,或 k 值重复使用,分别会发生什么,为什么。

(8) 设 $p=19, g=2$, 私钥 $x=9$, 公钥 $y=18$。消息 m 的 Hash 值为 5, 试用 ElGamal 签名方案对消息 m 进行签名, 然后对这个签名进行验证。

(9) 简要介绍 ElGamal、Schnorr、DSA 这三个签名方案的联系与区别。

(10) 简述盲签名的实施步骤。

(11) 举例说明盲签名为什么能实现隐私性, 同时, 指出使用盲签名应注意的问题。

(12) 请简要说明群签名的匿名性和盲签名的匿名性的差异和实际意义。

(13) 与多人利用普通数字签名分别对消息签名后生成的多个数字签名相比, 指出使用多重数字签名的好处。

(14) 简述群签名、多重签名以及门限签名的差异和实际意义。

(15) 举例说明不可否认签名的实际应用例子。

6. 综合应用题

(1) 下面是 ElGamal 数字签名算法。

(a) 初始化

首先, 选择一个大素数 p, 使在 $\mathbf{Z}_p$ 中求解离散对数困难。然后, 选择一个生成元 $g \in \mathbf{Z}_p^*$, 计算 $y \equiv g^x \bmod p$, 则公开密钥 y, g, p, 私钥 x。

(b) 签名过程

待签消息为 m, 签名者选择随机数 $k \in_R \mathbf{Z}_p^*$, 计算：
$$r \equiv (g^k \bmod p)$$
$$s \equiv (h(m) - xr)k^{-1} \bmod (p-1)$$
则数字签名为 (s, r), 其中 $h()$ 为 Hash 函数。

(c) 验证过程

签名接受者在收到消息 m 和签名值 (r, s) 后, 首先计算 $h(m)$, 然后验证等式：
$$y^r r^s \equiv g^{h(m)} \bmod p$$
如等式成立, 则数字签名有效; 否则签名无效。

请回答以下问题。

(a) 分析上面算法的正确性。

(b) 如果使用相同的 k 对两个不同消息进行签名, 会发生什么情况, 为什么?

(c) 分析上面算法的安全性以及不可否认性。

(2) 下面是一个盲签名算法

设 U 为签名的接受者, S 为签名者, 签名者 S 拥有公私钥对 (x, y), 其中 $y = g^x \bmod p$, m 为待签名的文件, U 和 S 通过下面交互过程生成 S 的盲签名:

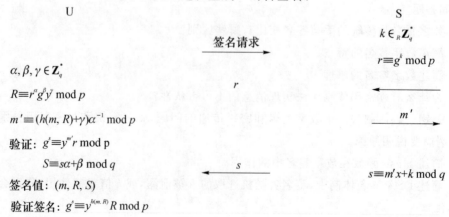

请回答以下问题：

(a) 分析上面算法的正确性，若等式 $g^s \equiv y^{h(m,R)}R \bmod p$ 成立，则签名值：(m,R,S) 是有效的签名。

(b) 什么是强盲签名？分析上面算法生成的签名者 S 的盲签名是强盲签名。

(c) 若 T_E 表示幂运算的计算量，T_H 表示哈希计算的计算量，T_M 表示乘积运算的计算量，而其余的运算与上述三种运算相比可忽略不计，那么计算用户 U 的计算量，计算过程要有步骤。

第 9 章 密码协议

密码协议是以密码算法为基础的协议,也称作安全协议,它是为了达成某些安全属性而设计的协议,比如为确保交互对方身份的真实性而构造的身份鉴别协议。本章在简述密码协议的基础上着重介绍几类重要的密码协议:零知识协议、比特承诺、不经意传送协议、安全多方计算协议,最后讨论密码协议在电子商务中的应用:电子货币、电子投票和电子拍卖。

9.1 密码协议概述

协议是指双方或多方为完成一项任务所进行的一系列步骤,而每一步必须依次执行,在前一步完成之前,后面的步骤都不能执行。协议一般具有以下特点:
(1) 协议中的每一方都必须了解协议,并且预先知道所要完成的所有步骤;
(2) 协议中的每一方都必须同意并遵循它;
(3) 协议必须是清楚的,每一步必须明确定义,并且不会引起歧义;
(4) 协议必须是完整的,对每种可能的情况必须规定具体的动作。

密码协议是使用密码技术完成某项任务并且满足安全需求的协议。参与协议者可能是朋友或完全信任的人,也可能是敌人或相互完全不信任的人。密码算法是密码协议的最基本单元,主要包含 4 个方面:
(1) 公钥密码算法,在分布式环境中实现高效密钥分发和认证;
(2) 对称密码算法,使用高效手段实现信息的保密性和认证性;
(3) 散列函数,实现协议中消息的完整性;
(4) 随机数生成器,为每个参加者提供随机数。

依据密码协议目的的不同,密码协议具有不同安全的特征,常用安全特性有如下几个方面:

(1) 机密性

在当今开放的网络环境中,协议中的信息很容易在信道中被窃听,如果参与者想防止其他人窃听,就应该使用适当的加密算法和密钥协议对信息保密。

(2) 验证性

在协议执行过程中,按照协议中预先的规定,参与者应该交换一系列信息,在每一个中间阶段,在回应之前,参与者要求验证他所收到信息的正确性,在协议结束之时,每个参与者应该能够验证最终结果的正确性。

(3) 认证性

在非面对面的交互中,协议中的信息认证显得尤为重要。协议中信息可能被攻击者截获、修改和添加新内容,因此,协议中信息必须认证,使得接收信息者能够确信他所接收的信息确实是发送者发送的。

(4) 完整性

由于协议是由一些步骤所组成,协议中每个信息都必须验证它的完整性,否则协议中的参与者或局外人可以修改协议中的信息实现其他目的。

(5) 坚固性

在两个参与者以上的协议中,既有"遵纪守法"的参与者,也有"不法"的参与者(攻击者),前者和他们生成的信息应该被接收,而后者和他们所生成的信息应该被拒绝。

(6) 公平性

协议在执行过程中任何时刻都可能被中止,如果在协议执行过程中一个参与者所处的"位置"优于另一个参与者,那么,处于有利位置的参与者可能有意中止协议,并且将中间结果用于其他目的。因此,协议应被设计成在协议执行的任何阶段所有参与者都处于同一"位置"。

(7) 匿名性

在很多情况下,参与者想在协议中隐藏他的身份,使用匿名身份或临时身份。或者在某种特殊情况下,参与者需要对交互的信息保持匿名性。

(8) 零知识

一个证明者想使一个验证者确信他知道某秘密信息,但不想暴露这个信息。换句话说协议执行过程中不能泄露参与者的秘密信息(未泄露知识),在设计密码协议时,零知识性质是一个重要的安全问题。

9.2 零知识证明

零知识证明 Zero Knowledge Proof 是由 S. Goldwasser 等人在 20 世纪 80 年代首先引入的。零知识证明是一种密码协议,该协议的一方称为证明者(Prover),通常用 P 表示,协议的另一方是验证者(Verifier),一般用 V 表示。零知识证明是指 P 试图使 V 相信某个论断是正确的,但却不向 V 提供任何有用的信息,或者说在 P 论证的过程中 V 得不到任何有用的信息。也就是说,零知识证明除了证明证明者论断的正确性外不泄露任何其他信息或知识。

根据证明者 P 和验证者 V 的计算能力的不同,零知识证明可分为 3 类:完全零知识证明(Perfect Zero Knowledge)、计算零知识证明(Computational Zero Knowledge)和统计零知识证明(Statistical Zero Knowledge)。

为了更形象且直观地展示零知识证明的含义,下面通过两个实例对零知识证明这一概念进行类比阐释。

(1) 若 A 要向 B 证明自己拥有某房间的钥匙,假设该房间只能用钥匙打开锁,而其他任何方法都打不开。这时有两个办法可以完成上述任务:

① A 把钥匙出示给 B,B 用这把钥匙打开该房间的锁;

② B 确定该房间内有某一物体,A 用自己拥有的钥匙打开该房间的门,然后把物体拿出来出示给 B,从而证明自己的确拥有该房间的钥匙。

第二个方法属于零知识证明,其好处在于在整个证明过程中,B 始终不能看到钥匙的样子,从而避免了钥匙的泄露。

(2) A 拥有 B 的公钥,但没有见过 B,而 B 见过 A 的照片,偶然一天两人邂逅了,B 认出了 A,但 A 不能确定面前的人是否是 B,这时 B 要向 A 证明自己是 B,此时也有两种证明方案:

① B 把自己的私钥给 A,A 用这个私钥对某个数据签名,然后用 B 的公钥验证,如果正

确,则可以证明对方的确是 B;

② A 给出一个随机值,B 用自己的私钥对其签名,然后把签名交给 A,A 用 B 的公钥验证是否是随机值的正确签名,若正确则证明对方是 B。

同样,第二个方案属于零知识证明,A 除了相信 B 确为其人外,得不到 B 的任何私钥信息。

9.2.1 Quisquater-Guillou 零知识协议

1990 年,Louis C. Guillou 和 Jean-Jacques Quisquater 提出一种形象的基本零知识证明协议的例子,如图 9-1 所示,图中阴影部分表示一个迷宫,C 与 D 之间有一道门,需要知道秘密咒语才能打开。现在,证明者 P 希望向验证者 V 证明他拥有这道门的秘密咒语,但是 P 不愿意向 V 泄露该咒语。所以,P 采用了"分割与选择"技术实现这一零知识协议。

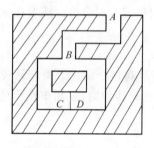

图 9-1 一种零知识证明协议

"分割与选择"技术实现很容易理解,下面用现实生活中分蛋糕实例加以说明:

(1) A 将蛋糕分成两半;

(2) B 首先选择自己喜欢的一份;

(3) A 得到剩下的另一半。

显然,上述"分割与选择"协议是一个公平协议,如果 A 分割不均匀,B 总能拿到对自己有利的那一半。同样,采用"分割与选择"的技术解决上述的迷宫问题:

(1) 验证者 V 开始停留在位置 A;

(2) 证明者 P 一直走到迷宫的深处,随机选择到位置 C 或位置 D;

(3) V 看不到 P 后,走到位置 B,然后命令 P 从某个出口返回;

(4) P 服从 V 的命令,要么原路返回至位置 B,要么使用秘密咒语打开门后到达位置 B;

(5) P 和 V 重复上述步骤 n 次。

在上述协议中,若 P 不知道秘密咒语,就只能原路返回,而 P 第一次猜对 V 要求哪一条路径的概率为 0.5,因此,第一轮协议 P 能够欺骗 V 的概率为 0.5。执行 n 轮协议后,P 成功欺骗 V 的概率为 $1/2^n$。现假定 $n=20$,则 P 成功欺骗 V 的概率为 $1/1\,048\,576$。如果 P 能够 20 次都按 V 的要求返回,V 即确信 P 知道秘密咒语。同时,V 无法从上述证明过程中获取任何关于 P 的秘密咒语的信息,所以上述协议是一个零知识协议。

9.2.2 Hamilton 零知识协议

许多计算上困难的问题都可以用来构造零知识证明协议,下面以 Hamilton 回路为例加以说明。

在图论中,能够遍历图 G 的每个顶点的回路称为 Hamilton 回路,简称为 H 回路。如果一个图包含一条 H 回路,则称此图为 H 图。迄今尚未找到判断 H 图的充要条件,构造图 G 的 H 回路是一个著名的 NP 完全性问题。现在假设证明者 P 掌握的信息是图 G 的 H 回路,并希望向验证者 V 证明这一事实,该协议的执行步骤如下:

(1) P 随机的构造一个与图 G 同构的图 G′并发送给 V;

(2) V 随机地要求 P 做下述两个任务之一:第一个任务是证明图 G 和图 G′同构,第二个任务是指出 G′的一条 H 回路;

(3) P 按照 V 的要求做下述两个工作之一:一是可以证明图 G 和图 G′同构,但不指出图

G' 的 H 回路,二是可以指出图 G' 的 H 回路,但不证明 G 和 G' 同构;

(4) 重复执行上述(1)、(2)和(3)若干次。

上述协议中提到的图 G 和图 G' 同构是指从 G 的顶点集合到 G' 的顶点集合之间存在一个双射 π,当且仅当 x,y 是 G 上的相邻点时,$\pi(x)$ 和 $\pi(y)$ 是 G' 上的相邻点。

上述协议执行完毕后,验证者 V 无法获得任何信息使自己可以构造图 G 的 H 回路,因为在协议执行过程中,若在第(3)步 P 向 V 证明图 G 和图 G' 同构,这个结论对 V 没有任何意义,因为构造图 G' 的 H 回路和构造图 G 的 H 回路一样困难。在第(3)步中如果 P 向 V 指出图 G' 的一条 H 回路,这一事实对 V 来说也没有任何帮助,因为求两个图的同构并不比求一个图的 H 回路简单。上述协议中执行若干次,而每一次 P 都随机的构造与图 G 同构的新图 G',因此无论协议执行多少次,验证者 V 都得不到任何有关构造图 G 的 H 回路的信息。

9.2.3 身份的零知识证明

当用户 A 登录进入计算机或登录进入电子银行系统时,计算机或电子银行系统必须首先识别用户的身份,称为身份识别或身份鉴别,可以用(零知识)证明技术实现。其应满足以下两个条件:

(1) 认证性:证明者 P 能够向验证者 V 证明他的确是 P;

(2) 零知识性:在证明者 P 向验证者 V 证明他的身份后,验证者 V 不能获得关于 P 的任何有用信息,而使得 V 向第三方证明他是 P。

1. Fiat-Shamir 身份证明协议

1986 年,A. Fiat 与 A. Shamir 在美密会 Crypto 1986 上提出了一种基于二次剩余根的身份识别协议,即 Fiat-Shamir 身份识别协议。1988 年,U. Feige、A. Fiat 和 A. Shamir 把 Fiat-Shamir 身份识别协议改进为零知识证明的身份识别协议,即 Feige-Fiat-Shamir 身份识别协议,简称 F.F.S 协议。在该协议中把"分割与选择"和"挑战与应答"的思想结合起来。

(1) 协议描述

假定存在一个可信任的中心 TA,该中心选择两个形式为 $4r+3$ 的大素数 p、q,使得 $n=p\times q$ 是难分解的,然后向其他人公布 n(满足上述条件的 n 一般称为 Blum 数)。TA 的任务完成后,它可以被关闭或撤销,以保证 TA 不能泄露 p、q 的信息。

证明者 P 的秘密身份由 k 个数 $x_1,\cdots,x_i,\cdots,x_k$ 表示,其中 $1\leq x_i<n(i=1,2,\cdots,k)$。P 的公开身份由其他 k 个数 $y_1,\cdots,y_i,\cdots,y_k$ 来表示,其中 y_i 也满足 $1\leq y_i<n(i=1,2,\cdots,k)$,而且 x_i 和 y_i 满足:$y_i x_i^2 \equiv \pm 1 \pmod{n}$,$i=1,2,\cdots,k$。初始状态下验证者 V 知道 TA 公布的 Blum 数 n 和证明者 P 的公开身份 $y_1,y_2,\cdots,y_k$。

现在 P 希望向 V 证明他知道自己的秘密身份,协议执行的步骤如下:

① P 随机选择一个整数 a,计算 $r\equiv \pm a^2 \pmod{n}$ 并把 r 值发送给 V;

② V 从 $\{1,2,\cdots,k\}$ 中选择一子集 $e=\{e_1,e_2,\cdots,e_j\}$,然后将 e 交给 P;

③ P 计算出 $T_x \equiv \prod_{i=1}^{j} x_{e_i} \pmod{n}$,并将 $b\equiv aT_x \pmod{n}$ 交给 V;

④ V 计算出 $T_y \equiv \prod_{i=1}^{j} y_{e_i} \pmod{n}$,并验证 $r\equiv \pm b^2 T_y \pmod{n}$ 是否成立;

⑤ 若上述第④步验证通过,则重复执行①至④步;否则拒绝。

(2) 协议举例(同样,本章的例子只为解释协议执行步骤,故参数长度不满足安全要求)

TA 取 $p=7,q=11$,然后计算 Blum 数 $n=7\times 11=77$ 并公布。不妨设 P 的秘密身份是 x_1

$=9, x_2=31, x_3=67$,则对应的公开身份 y_1, y_2, y_3 分别是：

$$y_1 x_1^2 \equiv 1 (\bmod 77) \Rightarrow 9^2 y_1 \equiv 81 y_1 \equiv 1 (\bmod 77) \Rightarrow y_1 = 58$$
$$y_2 x_2^2 \equiv 1 (\bmod 77) \Rightarrow 31^2 y_2 \equiv 51 y_2 \equiv 1 (\bmod 77) \Rightarrow y_2 = 74$$
$$y_3 x_3^2 \equiv 1 (\bmod 77) \Rightarrow 67^2 y_3 \equiv 30 y_3 \equiv 1 (\bmod 77) \Rightarrow y_3 = 18$$

① P 随机选择一个整数 $a=57$,计算 $r=a^2 \bmod n=57^2 \bmod 77=15$ 并把 $r=15$ 发送给 V；

② 设 V 取 $e=\{1,2\}$,然后将 e 发送给 P；

③ P 计算 $T_x = \prod_{i=1}^{j} x_{e_i} \bmod n = \prod_{i=1}^{2} x_{e_i} \bmod n = (x_1 \times x_2) \bmod n = (9 \times 31) \bmod 77 = 48$,
并将 $b = aT_x \bmod n = (57 \times 48) \bmod 77 = 41$ 发送给 V；

④ V 计算 $T_y = \prod_{i=1}^{j} y_{e_i} \bmod n = \prod_{i=1}^{2} y_{e_i} \bmod n = (y_1 \times y_2) \bmod n = (58 \times 74) \bmod 77 = 57$,
而 $r = b^2 T_y \bmod n = (41^2 \times 57) \bmod 77 = 29$,所以验证通过；

⑤ 重复执行①至④步若干次,直到 V 彻底相信 P 为止。

(3) 协议说明

① 协议满足认证性,因为 $y_i x_i^2 \equiv \pm 1 (\bmod n), i=1,2,\cdots,k$,所以
$b^2 T_y \equiv a^2 T_x^2 T_y \equiv a^2 \prod_{i=1}^{j} x_{e_i}^2 y_{e_i} \equiv \pm a^2 \equiv \pm r (\bmod n)$；从而 P 可以向 V 证明自己的身份。

② 协议中的秘密身份的数值应满足 $\gcd(x_i, n)=1, i=1,2,\cdots,k$,否则攻击者可以分解出 n 的因子 p、q；

③ 计算模 n 的平方根问题是一数学难题,事实上,这个问题与分解 n 的因子问题计算难度相同；

④ 协议中要求 n 为 Blum 整数的目的是使 $y_i(i=1,2,\cdots,k)$ 的取值可能遍历所有Jacobi符号为 ± 1 的模 n 整数；

⑤ 随机选择整数 a 是必要的,因为如果 $a=1$,验证者 V 可以选取子集 $e=\{i\}$,从而求出 x_i。

上述协议适合于网上身份认证,通过执行上面的协议,证明者 P 可以向验证者 V 证明身份,而不泄露有关 $x_1, x_2, \cdots, x_k$ 的任何知识。

1990 年的美洲密码年会 Crypto 1990 上,T. Okamoto 和 K. Ohta 发表了《How to Utilize the Randomness of Zero-Knowledge Proofs》,它利用求模 n(2 个大素数的乘积)的 L 次剩余根($2 \leqslant L \leqslant 10^{20}$)的困难性,提出了一种改进的身份识别协议。

2. Schnorr 身份证明协议

Schnorr 利用离散对数的知识证明,设计了一个身份识别协议。

证明者 P 选择两个大素数 p 和 q,q 是 $p-1$ 的大素因子,然后选择一个 q 阶元素 $g \in \mathbf{Z}_p^*$,且 $g^q \equiv 1 (\bmod p), g \neq 1$,最后选取随机数 $1 < x < q$,计算 $y \equiv g^{-x} (\bmod p)$,则公钥为 (p, q, g, y),私钥为 x,P 向验证者 V 证明他知道私钥 x。

(1) 协议描述

① P 选一个随机数 $k, 0 \leqslant k \leqslant q-1$,并计算 $r \equiv g^k (\bmod p)$,然后将 r 传给 V；

② V 选一个随机数 $e, 1 \leqslant e \leqslant 2^t (t \leqslant |q|)$,并将 e 给 P；

③ P 计算 $s \equiv k + xe (\bmod q)$,并将 s 给 V；

④ V 验证 $r \equiv g^s y^e (\bmod q)$ 是否成立,如果成立,则相信证明者知道 y 对 g 的离散对数,从而相信证明者的身份。

(2) 举例

设 P 选取 $p=88\,667, q=1\,031, t=10$,阶为 q 的元素 $g=70\,322$。假定证明者的秘密指数为 $x=755$,那么 $y\equiv g^{-x} \bmod p \equiv 13\,136$。

① 设 P 选择了 $k=543$,那么 $r=g^k \bmod p=84\,109$,将 r 发送给 V;

② 假设 V 询问 $e=1\,000$;

③ 那么 P 计算出 $s=(k+xe) \bmod q=851$ 并将 s 发给验证者;

④ V 验证 $84\,109=70\,322^{851}\times 13\,136^{1\,000} \bmod 88\,667$ 成立,所以验证者可以相信对方的确是证明者。

(3) 协议说明

① 协议中的 t 为安全参数,它使得证明者在不知道 x 的情况下欺骗验证者的概率为 2^{-t}。这是因为:假如攻击者能预测出验证者选一个随机数 e,那么,攻击者选一个随机数 $k', 0 \leqslant k' \leqslant q-1$,并计算 $r' \equiv g^{k'} y^e (\bmod p)$,然后将 r' 传给验证者。当攻击者把 k' 当作 s 发送给验证者时,V 验证 $r' \equiv g^s y^e (\bmod p)$ 一定成立。

② 该协议的第二步的随机数如果利用 Hash 函数来代替,则该身份证明协议变为一个数字签名算法。

9.3 比特承诺

Alice 想对 Bob 承诺一个比特 b(b 也可以是一个比特序列),但暂不告诉 Bob 她的承诺信息,也就是不向 Bob 泄露比特值 b,直到某个时间以后才公开 b;另外,Bob 可证实在 Alice 承诺后到公开 b 之前,她没有改变她的承诺。在密码学中,一般称这种承诺方法为比特承诺方案(Bit Commitment Scheme),或简称比特承诺。

比特承诺的一个直观例子:Alice 把消息 M(承诺)放在一个箱子里(只有 Alice 有钥匙)并将它锁住送给 Bob,等到 Alice 决定向 Bob 打开承诺时,Alice 把消息 M 及钥匙给 Bob,Bob 打开箱子并验证箱子里的消息同 Alice 告之的消息是否相同,且 Bob 确信箱子里的消息没有被篡改,因为在 Alice 承诺后,箱子一直由他保管。

比特承诺方案是密码协议的重要成分,被用在如网上电子拍卖、电子投票、电子现金等方面,还可以用于零知识证明、身份认证和安全多方计算协议等。一个安全的比特承诺方案必须满足以下两个安全性质:

(1) 隐蔽性:Alice 向 Bob 承诺时,Bob 不可能获得承诺消息的任何信息;

(2) 绑定性:一段时间后,Alice 能够向 Bob 证实她所承诺的消息,但 Alice 不能欺骗 Bob,也就是说,在这段时间里,Alice 不能改变承诺的消息。

比特承诺方案的实现技术有很多种,比较常见的基于对称加密算法的比特承诺方案、基于散列函数的比特承诺方案以及基于数学难题的比特承诺方案。

9.3.1 基于对称密码算法的比特承诺方案

基于对称加密算法的比特承诺方案描述如下:

(1) Alice 和 Bob 共同选定某种对称加密算法 e;

(2) Bob 产生一个随机比特串 R 并发送给 Alice;

(3) Alice 随机选择一个密钥 k,同时生成一个她欲承诺的比特 b(也可以是一个比特串),

然后利用对称加密算法 e 对 R 和 b 加密得 $c=e_k(R,b)$，最后将加密后的结果 c 发送给验证者 Bob；

(4) 当需要 Alice 公开承诺时，她将密钥 k 和承诺的比特 b 发送给 Bob；

(5) Bob 利用密钥 k 解密 c，并利用他的随机串 R 检验比特 b 的有效性。

上述协议满足隐蔽性，第(3)步中的数据 c 可以看作是 Alice 向 Bob 承诺的证据，因为 Bob 不知道加密密钥 k，所以他无法事先解密 c，即 Bob 不知道 Alice 向他承诺的比特是什么。

再考察这个协议的绑定性。如果在上述协议中，消息不包含 Bob 的随机串，那么当 Alice 想在承诺后又改变她的承诺时，她随机选用一系列密钥逐一解密 c，直到解密后的明文 $b'\neq b$。因为比特可能只有两种可能的取值，通常 Alice 只需尝试几次就可以找到一个这样的密钥。而 Bob 选择的随机串可避免这种攻击，因为若 Alice 改变 k 以改变她之前的承诺，则 Bob 用 b' 解密 c 后得到的明文中随机比特串可能不再是 R。事实上，若加密算法是安全的，则 Alice 找到 k'，使得 c 解密后的明文中包含 R 且有相反的承诺比特的概率很小。

9.3.2 基于散列函数的比特承诺方案

若承诺者 Alice 要向检验者 Bob 承诺一个比特（或消息串）b：

(1) Alice 和 Bob 共同选定一个 Hash 函数；

(2) Alice 生成两个随机数 r_1 和 r_2，计算散列值 $h(r_1,r_2,b)$，并将散列结果 h 和其中一个随机数，如 r_1 发送给 Bob；

(3) 当 Alice 向 Bob 出示承诺时，她把 b 和另一个随机数 r_2 一起发送给 Bob；

(4) Bob 计算 $h(r_1,r_2,b)$ 的值，并与第(2)步收到的 h 值做比较以检验消息 b 的有效性。

上述协议中散列值 $h(r_1,r_2,b)$ 和其中一个随机数 r_1 是 Alice 向 Bob 的承诺证据。Alice 在第(2)步利用 Hash 函数和随机数阻止 Bob 对函数求逆以确定承诺比特 b，即由单向性确保隐蔽性。同样，在协议执行的第(3)步由散列函数的抗碰撞性可以确保 Alice 找不到 r_2' 和 b' 使得 $h(r_1,r_2,b)=h(r_1,r_2',b')$，这就使得 Alice 不能够欺骗 Bob。

相比基于对称加密算法的比特承诺方案，基于散列函数的比特承诺方案的优点是 Bob 不必发送任何消息。

9.3.3 Pedersen 比特承诺协议

比特承诺协议也可以利用数论中的一些计算困难的问题，如基于离散对数问题来构造。Pedersen 承诺协议就是基于离散对数问题的比特承诺协议。

协议在初始阶段，参与协议的双方在可信第三方的帮助下选择大素数 p 和 $\mathbf{Z}_p^*$ 的生成元 g，从群 $\mathbf{Z}_p^*$ 中随机选择元素 $y\in \mathbf{Z}_p^*$。承诺协议执行如下：

(1) A 选择所需的承诺比特 $b\in\{0,1\}$，并产生随机数 $r\in \mathbf{Z}_p^*$；

(2) A 计算 $c\equiv g^r y^b \pmod{p}$，c 即为 A 对 b 承诺的证据，A 将 c 发送给 B；

(3) 到了承诺打开时，A 将 b 和 r 发送给 B；

(4) B 验证 c 的计算是否与收到的承诺一致，如果一致，认为承诺有效，否则无效。

Pedersen 承诺协议满足隐蔽性，这是因为 r 是随机选择的，所以 $c_0\equiv g^r \pmod{p}$ 和 $c_1\equiv g^r y^b \pmod{p}$ 都是 $\mathbf{Z}_p^*$ 中的随机数，B 不能区分 c_0 和 c_1，故无法获知 b 的值。再考察绑定性，假设 A 开始承诺的 $b=0$，如果 A 在打开承诺阶段希望将承诺改为 $b=1$ 的话，则 A 需要计算寻找 r'，使得 $g^r\equiv g^{r'} y \pmod{p}$，即 $y\equiv g^{r-r'} \pmod{p}$。这就意味着 A 需要计算随机数 y 的离散对数，而这对于 A 来说是计算困难的问题，所以 A 不能更改做出的承诺。

Pedersen 承诺协议也可以扩展到承诺多个比特的应用。同样,协议在初始阶段,参与协议的双方在可信第三方的帮助下选择强素数 p,满足 $p=2q+1$,其中 q 也是一个素数。选择 $\mathbf{Z}_p^*$ 中的 q 阶元 g,g 生成的子群为 G。从群 G 中随机选择元素 $y \in G$。承诺协议执行如下步骤:

(1) A 选择所需的承诺比特串 $m \in \mathbf{Z}_q$,并产生随机数 $r \in \mathbf{Z}_q^*$;

(2) A 计算 $c=g^r y^m \bmod p$(若比特串 $m>q$ 时,$H(m)$ 取代 m,H 为安全的散列函数),c 即为 A 对 m 的承诺,A 将 c 发送给 B;

(3) 到承诺需要打开时,A 将 m 和 r 发送给 B;

(4) B 验证 c 的计算是否与收到的承诺一致,如果一致,认为承诺有效,否则无效。

这个协议仍然满足隐藏性,这是因为 r 是随机选择的,所以 $g^r y^m \bmod p$ 也是 G 中的随机数,故 B 无法得知 m 的任何信息。再考察绑定性,假设 A 选择随机数 r_0,承诺 m_0,如果 A 在打开承诺阶段希望将承诺改为 m_1 的话,则 A 需要计算寻找 r_1 满足 $g^{r_0} y^{m_0} \equiv g^{r_1} y^{m_1} \pmod{p}$,于是 $g^{r_0-r_1} \equiv y^{m_1-m_0} \pmod{p}$;由于 q 是素数,所以 $(m_1-m_0)^{-1}$ 存在;由于 g 和 y 都是 G 中的元素,所以 $g^q \equiv y^q \equiv 1 \pmod{p}$,于是,$y \equiv g^{(r_0-r_1)(m_1-m_0)^{-1}} \pmod{p}$,这就意味着 A 需要计算随机数 y 的离散对数,而这对于 A 来说是计算困难的问题,所以 A 不能更改做出的承诺。

9.4 不经意传送协议

考虑这样的场景:A 意欲出售许多个问题的答案,B 打算购买其中一个问题的答案,但又不想让 A 知道他买的哪个问题的答案。即 B 不愿意泄露给 A 他究竟掌握哪个问题的秘密,可以利用不经意传输协议达成交易。

不经意传送(Oblivious Transfer,OT)协议又叫健忘传送协议,它是从一个消息集合秘密获取部分消息的一种重要方法。所谓健忘传送是指发送方以 50% 的概率传送一个秘密给接收者,接收方有 50% 的机会收到这个秘密,有 50% 的机会什么也没有收到。这个协议执行完毕后,接收方知道他是否收到这个秘密,但发送方却不知道。不经意传送是密码学中的一种基本构件,在许多密码学和协议设计中有广泛的应用,如可用于实现比特承诺、零知识证明、安全多方计算和电子支付等协议。

Rabin 于 1981 年提出不经意传送的概念,Naor 和 Pinkas 提出第一个高效的不依赖于随机预言模型(Random Oracle)的两轮 OT 基本协议。20 世纪 80 年代末出现一系列实现不经意传送的方案。从其功能方面来看,不经意传送协议分为两类:1-out-of-2 不经意传送协议、1-out-of-n 不经意传送协议以及 m-out-of-n 不经意传送协议等。从其执行过程上看,不经意传输协议主要可以分为不经意传输协议和非交互式不经意传输协议。下面介绍一个不经意传送协议,同时给出一个不经意传送协议的应用举例-公平掷币协议。

9.4.1 Blum 不经意传送协议

设 A 想通过不经意传输协议传递给 B 的秘密是整数 n(n 为两个大素数之积,且为 Blum 数)的因数分解。这个问题具有普遍意义,因为任何秘密都可通过 RSA 加密算法传送给相应的解密者,得到 n 的因数分解就可成为解密者,从而得到秘密。

1. 协议描述

(1) A 选择形式为 $4r+3$ 的 2 个大素数,发送这对素数 p、q 的乘积 $n=p \times q$ 给 B,但将 p、

q 保留为自己的秘密;

(2) B 随机选取一个整数 x,x 满足 $0<x<n$ 和 $\gcd(x,n)=1$,即 x 是比 n 小且与 n 互素的正整数,然后发送 $a\equiv x^2 (\bmod\ n)$ 给 A;

(3) A 根据已知的 p,q 求出 $x^2\equiv a(\bmod\ p)$ 对应的 2 个根,然后 A 随机选择其中的一个根发送给 B;

当 n 为 Blum 整数时,求 $x^2\equiv a(\bmod\ p)$ 和 $x^2\equiv a(\bmod\ q)$ 的根相对容易。因为若 a 是模 p 的二次剩余,由勒让德符号易知:

$$L(a,p)=1\Rightarrow a^{\frac{p-1}{2}}\bmod\ p=1\Rightarrow (a^{\frac{p+1}{4}})^2\equiv a^{\frac{p+1}{2}}\equiv aa^{\frac{p-1}{2}}\equiv a(\bmod\ p)$$

所以,$x^2\equiv a(\bmod\ p)$ 的 2 个根是 $x\equiv \pm a^{\frac{p+1}{4}}(\bmod\ p)$。

结论对 q 同样成立。

求出上述 4 个根后,用中国剩余定理 CRT 就可以最终求出 $x^2\equiv a(\bmod\ n)$ 的 4 个根是:x,$n-x$,y,$n-y$。

(4) 如果 B 接收到的是 y 或是 $n-y$,则 B 通过已知的 x 和接收到的 y 就可以确定出 p 和 q:$\gcd(x+y,n)=p$ 或者 $\gcd(x+y,n)=q$。若 B 接收到的是 x 或是 $n-x$,则 B 得不出 n 的任何信息。

2. 协议举例

(1) A 选择 $p=11$,$q=19$,然后把 Blum 整数 $n=11\times 19=209$ 给 B;

(2) B 选取小于 209 且与 209 互素的正整数 $x=31$,即 x 满足 $0<x<209$ 和 $\gcd(31,209)=1$,然后计算 $a=x^2\bmod n=31^2\bmod\ 209=125$ 发送给 A;

(3) A 求出 $x^2\equiv 125(\bmod\ 11)$ 的 2 个根是:

$$\pm 125^{\frac{11+1}{4}}\bmod\ 11=\pm 125^3\bmod\ 11=\pm 9\bmod\ 11=\begin{cases}2\bmod\ 11\\9\bmod\ 11\end{cases}$$

同理,求出 $x^2\equiv 125\bmod\ 19$ 的 2 个根是:

$$\pm 125^{\frac{19+1}{4}}\bmod\ 19=\pm 125^5\bmod\ 19=\pm 7\bmod\ 19=\begin{cases}7\bmod\ 19\\12\bmod\ 19\end{cases}$$

最终,A 得到以下 4 个联立方程组:

$$\begin{cases}x\equiv 9(\bmod\ 11)\\x\equiv 12(\bmod\ 19)\end{cases} \qquad \begin{cases}x'\equiv 2(\bmod\ 11)\\x'\equiv 7(\bmod\ 19)\end{cases}$$

$$\begin{cases}y\equiv 9(\bmod\ 11)\\y\equiv 7(\bmod\ 19)\end{cases} \qquad \begin{cases}y'\equiv 2(\bmod\ 11)\\y'\equiv 12(\bmod\ 19)\end{cases}$$

用中国剩余定理 CRT,很容易地求得方程 $x^2\equiv 125\bmod\ 209$ 的 4 个根:$x=31$,$x'=178$,$y=64$,$y'=145$。

显然有 $n-x=209-31=178$,并且 $n-y=209-64=145$。

$x=31$ 是 B 所选的,若 A 将 $y'=145$ 发送给 B。

(4) B 计算 $\gcd(31+145,209)=11=p$,从而 $q=\dfrac{n}{p}=\dfrac{209}{11}=19$。

在(3)中,若 A 将 $y=64$ 发送给 B,B 同样可计算出 p 和 q,而把 $x=31$ 或 $x'=178$ 发送给 B,则 B 得不到任何信息,因为 $\gcd(31+31,209)=1$,而 $(31+178,209)=209$。

3. 协议说明

首先,协议第(4)步之所以成立,是因为 B 已知 x 并接收到 y,因为两者都满足同余式 $x^2\equiv$

$a \pmod{n}$ 和 $y^2 \equiv a \pmod{n}$，所以有 $x^2 \equiv y^2 \pmod{n}$，进而有 $n \mid (x^2-y^2) \Rightarrow n \mid (x+y)(x-y)$。又因为 $x \neq \pm y \bmod n$，故必然存在 n 的某个真因子 m 整除 $(x+y)$，且 (n/m) 整除 $(x-y)$。所以，$m = \gcd(x+y, n)$，$1 < m < n$，且 $(n/m) = \gcd(x-y, n)$，$1 < (n/m) < n$。

其次，上述协议的安全性基于 p、q 未知的情况下计算模 n 的平方根的困难性，即 B 不可能求出方程 $x^2 \equiv a \pmod{n}$ 的 4 个根。如果 B 不遵守协议中(2)的条件而选择了一个满足下式的 x：$\gcd(x,n) = v$，$1 < v < n$。此时 B 就可以得到 p、q，因为 v 就是 p（或者 q），从而可以完全获得 A 的秘密，但是当 p、q 都是很大的素数时，B 选中满足上述条件的 x 的概率可忽略。

9.4.2 公平掷币协议

现实生活中，一场比赛或游戏需要对弈双方中一方首先开始，这就涉及谁有这个优先权的问题，而解决的方式常通过掷硬币来实现。由于双方是面对面的，掷硬币方式体现了公平性。但在计算机网络环境中，对弈双方，天各一方，如何"公平地"抛币是双方关切的问题。一般来说，一个掷硬币协议至少需要满足以下 3 个条件：

(1) 对弈双方 Alice 和 Bob 各有 50% 的机会获胜；
(2) 规定如果双方中任何一方欺骗则认为其在博弈中失败；
(3) 协议执行结束后，Alice 和 Bob 都知道结果是否公平。

不经意传输协议可以用来设计公平掷币协议，以上面的不经意传输协议为例，相应的公平掷币协议如下：

1. 协议描述

(1) Alice 选取 $n = p \times q$ 是一个 Blum 整数，p 和 q 是 2 个安全的大素数，并发送 n 给 Bob；

(2) Bob 在 $\mathbf{Z}_n^*$ 中随机选取一个小于 $n/2$ 的 x，然后发送 $a = x^2 \bmod n$ 给 Alice；

(3) Alice 校验 a 是否是模 n 的二次剩余，即是否满足勒让德符号 $L(a,p) = 1$ 和 $L(a,q) = 1$，若满足则计算出 $x^2 \equiv a \pmod{n}$ 的 4 个根是：$x_1, n-x_1, x_2, n-x_2$，其中 $x_1 < x_2 < \dfrac{n}{2}$，然后 Alice 随机猜测 Bob 选取的是 x_1、x_2 中的哪一个（事先规定 x，y 中的大者用 1 表示，小者用 0 表示），最后 Alice 把猜测的结果 0 或 1 发送给 Bob；

(4) Bob 收到 0 或 1 后将第(2)步中选择的 x 发送给 Alice；

(5) Alice 检验 x 是否属于 $\{x_1, x_2\}$，然后 Alice 比较第(3)步她选取的根和接收到的 x，从而判断她的猜测是否正确，最后将 p、q 值传送给 Bob；

(6) Bob 检验 p、q 是否是 2 个不同的素数，且验证 $n = p \times q$ 是否成立，然后根据 $x^2 \equiv a \pmod{p}$ 和 $x^2 \equiv a \pmod{q}$ 计算出 x_1, x_2，现在 Bob 也知道他和 Alice 的博弈最终是谁赢了。

2. 协议举例

为了计算上的方便，仍然采用第 9.4.1 节的范例的数值，下面例子中有关的具体计算过程请参照第 9.4.1 中的第二部分和第三部分。

(1) Alice 选择 $p = 11$，$q = 19$，然后把 $n = 11 \times 19 = 209$ 发送给 Bob；

(2) Bob 在 $\mathbf{Z}_{209}^*$ 中随机选取 $x = 31 < (209/2)$，计算 $a = x^2 \bmod n = 31^2 \bmod 209 = 125$ 并把 $a = 125$ 发送给 Alice；

(3) 因为勒让德符号

$$L(a,p) = L(125,11) = L(4,11) = L(2,11)^2 = 1$$

$$L(a,q) = L(125,11) = L(11,19) = (-1)^{\frac{11-1}{2} \times \frac{19-1}{2}} \times L(19,11) = -L(8,11) = -L(2,11)^3$$

$$= -L(2,11) = (-1) \times (-1)^{\frac{11^2-1}{8}} = 1$$

所以 a 是模 p 的二次剩余,同时也是模 p 的二次剩余,所以 Alice 验证得出 a 是模 n 的二次剩余。并分别求出 $x^2 \equiv a \pmod{n}$ 的 4 个根是:$x_1 = 31, n-x_1 = 178, x_2 = 64, n-x_2 = 145$。假设 Alice 随机猜测 Bob 选取的是 x_2,则 Alice 把猜测的最终结果 1 发送给 Bob;

(4) Bob 收到后 1 后将第(2)步中选择的 $x = x_1 = 31$ 发送给 Alice;

(5) Alice 检验 x 属于 $\mathbf{Z}_{209}^*$,且 $x = x_1 = 31$,现在 Alice 知道她的猜测是错误的,也就是说在这次博弈中 Alice 失败了,然后 Alice 将 $p = 11, q = 19$ 传送给 Bob;

(6) Bob 检验 p, q 是 2 个不同的素数,且满足 $n = p \times q = 11 \times 19 = 209$,然后计算 $x^2 \equiv a \pmod{n}$ 的小于 $n/2$ 的两个根 $x_1 = 31$ 和 $x_2 = 64$,Bob 根据第(3)步 Alice 传给他的数值 1 知道 Alice 猜测错了,也就是说现在 Bob 也知道他和 Alice 的博弈中最终赢家就是自己。

3. 协议说明

首先,上述协议是公平的:如果没有 Alice 的帮助,Bob 不可能分解出 n 的因子,因而 Bob 只知道 x_1 或 x_2,Bob 能够增加取胜机会的唯一方法是在第(4)步根据 Alice 的猜测向 Alice 发送对应的 x_1 和 x_2。但是,Bob 在仅知 n 时只可能知道一个根,故不能做到这一点的,同样的,Alice 增加取胜机会的唯一方法是通过 a 确定 x 是 x_1 或是 x_2 中的哪一个,但是,当 Bob 随机的选择 x 时,$x = x_1$ 和 $x = x_2$ 均以 0.5 的概率出现。也就是说,Alice 和 Bob 都只有 0.5 几率成为赢家。

其次,上述协议是可以防止欺骗的:若 Alice 在第(1)欺骗了 Bob,则 Bob 可在第(6)步发现;如果 Bob 在第(2)步欺骗 Alice,那么 Alice 可在第(3)步或是第(5)步发现其欺骗行为;假设 Bob 在第(4)步欺骗了 Alice,则 Alice 会在第(5)步发现问题;如果 Alice 在第(5)步中欺骗了 Bob,则 Bob 会从第(6)的校验中查出这种欺骗。

最后,上述能使两人在协议结束前均知道最终博弈的结果:Alice 在整个协议的第(5)步得出结论,而 Bob 则在第(6)步得到结果。

9.5 安全多方计算

安全多方计算协议的目的是一组参与者希望共同计算某个约定的函数,每个参与者提供函数的一个输入,而且要求参与者提供的输入对其他参与者保密。如果存在安全可信第三方 TTP,可由 TTP 计算出函数值,再将函数值公布给各参与者,但现实中很难找到这样的 TTP,从而安全多方计算协议应运而生。实际上,安全多方计算是一种分布式协议,在这个协议中,n 个成员 $p_1, p_2, \cdots, p_n$ 分别持有秘密的输入 $x_1, x_2, \cdots, x_n$,试图计算函数值 $y = f(x_1, x_2, \cdots, x_n)$,式中 f 是给定的函数。其中安全的含义是指既要保证函数值的正确性,又不能暴露任何有关各自秘密输入的信息。

安全多方计算起源于图灵奖获得者姚启智(Andrew C. Yao)先生于 1982 年提出的百万富翁问题。1987 年,O. Goldreich、S. Micali 和 A. Wigderson 提出了可以计算任意函数的基于密码学安全模型的安全多方计算协议,证明了存在被动攻击者时 n-Secure 的协议是存在的;存在主动攻击时 $(n-1)$-Secure 的协议是存在的。D. Chaum、C. Crepeau 和 I. Damgard 对信息论安全模型下的安全多方计算进行了研究,证明了在被动攻击者时 $(n-1)$-Secure 的协议是存在的;在主动攻击时 $(\lfloor n/2 \rfloor - 1)$-Secure 的协议是存在的。此后,许多学者在如何提高安全多方计算的效率,如何对安全多方计算进行形式化的定义,如何对通用的安全多方计算协议进行剪裁使之能更有效地适用于不同的应用环境,新的安全多方计算协议的构造方法等方面进行了大量的研究。例如,S. Goldwasser 和 L. Levin 对于计算模型下,大部分协议参与者(超过一半)都被买通情况下的安全多方计算协议进行了研究。O. Goldreich、S. Goldwasser 和 N. Linial 对于不安全的通信信道、拥有无限计算能力的攻击者模型下的安全多方计算协议进行了研究。R. Ostrovsky 和 M. Yung 在安全信道模型下对移动攻击者进行了研究。S. Micali、P. Rogaway 和 Beaver 对安全信道模型下的安全多方计算给出了形式化的定义。目前安全多方计算仍是密码学研究的热点。

在一个安全多方计算协议中,参与方之间是互不信任的,他们各自都有一个不想让其他任何人了解的秘密数,但是他们要利用这些秘密数来求得大家都信任的值或答案。确切地讲,安全多方计算就是满足下述 3 个条件的密码协议:

(1) 一群参与者要利用他们每个人的秘密输入来计算某个多变量复合函数的值;

(2) 参与者希望保持某种安全性,如机密性与正确性,如在安全电子投票协议中要保持投票者所投内容的机密性与票数计算的正确性;

(3) 协议既要保持在发生非协议参与者攻击行为下的安全性,也要保持在发生协议参与者攻击行为下的安全性,但不包括协议参与者的主动欺骗行为,即故意输入错误的秘密数据的情况。

百万富翁问题和平均薪水问题是安全多方计算协议的典型例子,下面以这两个协议为例简介安全多方计算。

9.5.1 百万富翁问题

百万富翁问题是由姚启智先生提出的第一个两方安全计算问题,问题描述为:两个百万富翁在街头偶遇,他们想比较谁更富有,但又不想让其他人(包括对方)了解自己的财富有多少?那么如何在不借助任何第三方的情况下比较他们财富的大小?下面给出一个解决百万富翁问题的协议。

1. 协议描述

不妨设 A 和 B 是 2 个百万富翁,A 拥有的真实财富是 i 百万,B 拥有的真实财富是 j 百万,该问题可以数学化为:对两个秘密输入 i 和 j,判断函数值 $f(i,j)=i-j \leqslant 0$ 还是 $f(i,j)=i-j > 0$。假定 A 和 B 两人拥有的财富数目都没有超过 N 百万,即 $1 \leqslant i, j \leqslant N$。则他们可以执行如下的协议:

① A 和 B 共同协商一种公钥加密体制(E 为加密算法,D 为解密算法),不妨设 B 的公钥和私钥分别是 PK_B 和 SK_B。

② A 随机选择一个大随机数 x,用 B 的公钥加密得 $c=E_{PK_B}(x)$,然后将 $c-i$ 发送给 B。

③ B 首先计算 N 个数:$y_u = D_{SK_B}(c-i+u), u=1,2,\cdots,N$。然后随机选择一个大素数 p,再计算 N 个数:$z_u = y_u \bmod p, u=1,2,\cdots,N$。接着验证对于所有的 $0 \leqslant a \neq b \leqslant N-1$,是否都满足 $|z_a - z_b| \geqslant 2$,若不满足,则重新选择大素数 p 并重新验证。最后,B 将以下的 N 个数串和 $p(z_1, z_2, \cdots, z_j, z_{j+1}+1, z_{j+2}+1, \cdots, z_N+1, p)$ 发送给 A。

④ 设 A 收到 $N+1$ 个数串的第 i 个数 z_i,若满足 $z_i \equiv x \pmod{p}$,则结论是 $i \leqslant j$;否则 $i > j$。

⑤ A 将最终的结论告诉 B。

2. 协议举例

设 A 和 B 两个百万富翁的财富都不超过 1 000 万,即 $N=10$。其中 A 的财富是 900 万,B

的财富是 400 万,即 A 和 B 的秘密数分别为 $i=9$ 和 $j=4$。

(1) A 和 B 选定用 RSA 加密算法对数据加密,双方约定 $n=221$,且 $PK_B=35$,$SK_B=11$。

(2) A 随机选择整数 $x=92$,计算 $c=E_{PK_B}(x)=E_{35}(92)=92^{35} \bmod 221=105$,然后把 $c-i=105-9=96$ 发送给 B。

(3) 对 $u=1,2,\cdots,10$,B 分别计算 $y_u=D_{SK_B}(c-i+u)=D_{11}(96+u)$:

$$y_1=D_{11}(96+1)=D_{11}(97)\equiv 97^{11} \bmod 221=193;$$
$$y_2=D_{11}(96+2)=D_{11}(98)\equiv 98^{11} \bmod 221=106;$$
$$y_3=D_{11}(96+3)=D_{11}(99)\equiv 99^{11} \bmod 221=44;$$
$$y_4=D_{11}(96+4)=D_{11}(100)\equiv 100^{11} \bmod 221=94;$$
$$y_5=D_{11}(96+5)=D_{11}(101)\equiv 101^{11} \bmod 221=186;$$
$$y_6=D_{11}(96+6)=D_{11}(102)\equiv 102^{11} \bmod 221=136;$$
$$y_7=D_{11}(96+7)=D_{11}(103)\equiv 103^{11} \bmod 221=103;$$
$$y_8=D_{11}(96+8)=D_{11}(104)\equiv 104^{11} \bmod 221=195;$$
$$y_9=D_{11}(96+9)=D_{11}(105)\equiv 105^{11} \bmod 221=92;$$
$$y_{10}=D_{11}(96+10)=D_{11}(106)\equiv 106^{11} \bmod 221=98;$$

取素数 $p=109$,计算 $z_u \equiv y_u (\bmod 109)$,$u=1,2,\cdots,10$,得:

$$z_1=y_1 \bmod 109=193 \bmod 109=84;$$
$$z_2=y_2 \bmod 109=106 \bmod 109=106;$$
$$z_3=y_3 \bmod 109=44 \bmod 109=44;$$
$$z_4=y_4 \bmod 109=94 \bmod 109=94;$$
$$z_5=y_5 \bmod 109=186 \bmod 109=77;$$
$$z_6=y_6 \bmod 109=136 \bmod 109=27;$$
$$z_7=y_7 \bmod 109=103 \bmod 109=103;$$
$$z_8=y_8 \bmod 109=195 \bmod 109=86;$$
$$z_9=y_9 \bmod 109=92 \bmod 109=92;$$
$$z_{10}=y_{10} \bmod 109=98 \bmod 109=98;$$

B 检验数列 84,106,44,94,78,28,104,87,93,99 是一个"好数列",然后将数列和 p 发送给 A:84,106,44,94,78,28,104,87,93,99,109。

(4) A 检查该数列中的第 9 个数是 93,因为 $93 \neq 92 \bmod 109$,所以 $i>j$,即 A 比 B 更富有。

(5) A 将结果告诉 B。

3. 协议说明

(1) 当且仅当 $i \leqslant j$ 时,数列 $z_1,z_2,\cdots,z_j,z_{j+1}+1,z_{j+2}+1,\cdots,z_N+1$ 中才存在数 z_i,满足 $z_i \equiv x(\bmod p)$,否则该数列中任何数模 p 都不与 x 同余。

(2) 要求 z_u 中的任何两个数 z_a、z_b 满足 $|z_a-z_b| \geqslant 2$ 是为了保证 B 发送给 A 的 N 个数的数列 $z_1,z_2,\cdots,z_j,z_{j+1}+1,z_{j+2}+1,\cdots,z_N+1$ 中任意两个数不同,一般称这样的数列为"好数列"。因为若数列中存在两个数 $z_m=z_n$,$m<n$,则 A 可以判断出 B 的秘密数的大致范围为 $m \leqslant j<n$。

(3) A 比 B 先知晓了最终的结果,若 A 欺骗 B 告诉他相反的结论,则该协议是不公平的。为了增加公平性,B 可以要求与 A 交换角色,即原来 A 执行的步骤现由 B 执行,而由 B 执行的步骤改由 A 执行。这样 B 也可以首先得出结论。

(4) 协议无法判断 $i=j$ 的情况,这是该协议的一个缺点。

(5) 协议假定秘密数是正整数,而若是一般的实数,可以考虑取两个实数的最大整数部分并对协议作相应的修改。

(6) 协议只涉及两方的安全计算,可将上述协议推广到任意多方的安全计算协议。

(7) 当两方的秘密数很大时,协议的计算量非常大:设待比较的两个数的长度(十进制表示的位数)为 n,则协议第(3)步中的解密次数和协议第(4)步中的检验次数都是 10^n,协议第(3)步中的校验次数为 $10^{2n}/2$。因此计算复杂性为输入规模的指数函数。如果输入规模为100,则计算复杂性为 $O(10^{100})$,这样的计算量实际上是不可能实现的。因此这个协议对于比较两个较大的数不实用。

9.5.2 平均薪水问题

平均薪水问题是指:假设某公司的 n 个职员想了解他们每月的平均薪水有多少,但是每个职员又不想让任何其他人知道自己的薪水,那么他们的平均薪水如何来计算。

1. 协议描述

不妨设公司有 n 个职员 $A_1, A_2, \cdots, A_n$,他们的薪水分别为 $x_1, x_2, \cdots, x_n$。上述问题可以数学化为:对 n 个秘密输入 $x_1, x_2, \cdots, x_n$,如何计算函数值:

$$f(x_1, x_2, \cdots, x_n) = \frac{x_1 + x_2 + \cdots + x_n}{n}。$$

为了在不让任何第三方参与的情况下计算 $f(x_1, x_2, \cdots, x_n)$,可以执行如下的协议完成上述任务:

(1) n 个职员共同确定一种公钥加密体制(E 为加密算法,D 为解密算法),然后每个职员各自选定他们的公私钥对,不妨设职员 A_i 的公私钥对为 (PK_i, SK_i);

(2) A_1 选择一个随机数 r 并加到他的薪水上得 $r + x_1$,然后把 $E_{PK_2}(r + x_1)$ 发送给 A_2;

(3) A_2 解密得 $D_{SK_2}(E_{PK_2}(r + x_1)) = r + x_1$ 后,加上他的薪水得 $r + x_1 + x_2$,然后把结果 $E_{PK_3}(r + x_1 + x_2)$ 发送给 A_3;

(4) $A_3, A_4, A_5, \cdots, A_{n-1}$ 执行 A_2 类似的操作;

(5) A_n 用其私钥解密得 $D_{SK_n}(E_{PK_n}(r + x_1 + x_2 + \cdots + x_{n-1})) = r + x_1 + x_2 + \cdots + x_{n-1}$ 后,加上他的薪水,然后把 $E_{PK_1}(r + x_1 + x_2 + \cdots + x_n)$ 发送给 A_1;

(6) A_1 解密得 $D_{SK_1}(E_{PK_1}(r + x_1 + x_2 + \cdots + x_n)) = r + x_1 + x_2 + \cdots + x_n$ 后,将其减去随机数 r,再除以总人数便得公司职员的平均薪水:

$$\frac{x_1 + x_2 + \cdots + x_n}{n};$$

(7) A_1 向 $A_2, A_3, \cdots, A_n$ 公布平均薪水的结果。

2. 协议举例

设有 3 个职员 A_1, A_2, A_3,他们的薪水分别是 $x_1 = 2, x_2 = 6, x_3 = 7$,下面用上述协议求他们的平均工资。

(1) 3 人共同协商用 Elgamal 公钥加密体制加解密,下面步骤中用 PK 和 SK 分别表示公钥和私钥,用 g 和 p 分别表示本原元和大素数,其中 $PK_1 = 6, SK_1 = 10, g_1 = 13, p_1 = 19$;$PK_2 = 6, SK_2 = 5, g_2 = 2, p_2 = 13$;$PK_3 = 3, SK_3 = 8, g_3 = 2, p_3 = 11$。

(2) A_1 选择一个随机数 $r = 2$ 并加到他的薪水上得 $r + x_1 = 2 + 2 = 4$,然后随机取数 $n_1 = 7$,计算:

$$c_{11} = g_2^{n_1} \bmod p_2 = 2^7 \bmod 13 = 11$$

$$c_{12}=(r+x_1)(\text{PK}_2)^{n_1} \bmod p_2 = 4\times(6)^7 \bmod 13 = 2$$

最后把密文对$(c_{11},c_{12})=(11,2)$发送给A_2。

(3) A_2用其私钥解密：

$$r+x_1=\frac{c_{12}}{c_{11}^{\text{SK}_2}} \bmod p_2 = \frac{2}{11^5} \bmod 13 = 2\times(11^5)^{-1} \bmod 13 = 2\times 7^{-1} \bmod 13 = 2\times 2 \bmod 13 = 4$$

加上A_2的薪水得$r+x_1+x_2=4+6=10$，然后随机取数$n_2=3$，计算：

$$c_{21}=g_3^{n_2} \bmod p_3 = 2^3 \bmod 11 = 8$$

$$c_{22}=(r+x_1+x_2)(\text{PK}_3)^{n_2} \bmod p_3 = 10\times(3)^3 \bmod 11 = 6$$

最后把密文对$(c_{21},c_{22})=(8,6)$发送给A_3。

(4) A_3用其私钥解密：

$$r+x_1+x_2=\frac{c_{22}}{c_{21}^{\text{SK}_3}} \bmod p_3 = \frac{6}{8^8} \bmod 11 = 6\times(8^8)^{-1} \bmod 11 = 6\times 5^{-1} \bmod 11 = 6\times 9 \bmod 11 = 10$$

加上A_3的薪水得$r+x_1+x_2+x_3=10+7=17$，然后随机取数$n_3=11$，计算：

$$c_{31}=g_1^{n_3} \bmod p_1 = 13^{11} \bmod 19 = 2$$

$$c_{32}=(r+x_1+x_2+x_3)(\text{PK}_1)^{n_3} \bmod p_1 = 17\times(6)^{11} \bmod 19 = 4$$

最后把密文对$(c_{31},c_{32})=(2,4)$发送给A_1。

(5) A_1用其私钥解密：

$$r+x_1+x_2+x_3=\frac{c_{32}}{c_{31}^{\text{SK}_1}} \bmod p_1 = \frac{4}{2^{10}} \bmod 19 = 4\times(2^{10})^{-1} \bmod 19 = 4\times 17^{-1} \bmod 19 = 4\times 9 \bmod 19 = 17$$

从而得$x_1+x_2+x_3=17-r=17-2=15$，最终得平均薪水为：

$$f(x_1,x_2,x_3)=\frac{x_1+x_2+x_3}{3}=\frac{15}{3}=5$$

(6) A_1向A_2,A_3公布平均薪水为5。

3. 协议说明

(1) 上述协议假定每个职员是诚实的，即每个职员加上去的是他们的真实薪水，如果某个职员谎报了薪水，则最后A_1计算出的平均薪水就是错误的。

(2) A_1必须是诚实的，否则在A_1计算出正确的平均薪水后，他也许向其他人公布一个错误的平均数。

(3) 若在协议执行过程中A_1选择的随机数r发生泄露，那么所有职员的薪水就可能泄露。该随机数必须是一个较大的随机数，以防止穷举搜索攻击。

9.6 电子商务中密码协议

随着Internet的迅速发展和广泛应用，各种电子商务活动在网络中不断涌现，例如电子货币、电子投票和电子拍卖等，为了满足它们的安全需求，密码协议是这些系统中不可缺少的部分。

9.6.1 电子货币

电子货币是指用一定的现金或存款从银行兑换出代表相同金额的数据，并以可读写的电子形式存储起来。当使用者需要消费时，通过电子方式将该数据直接转移给支付对象，这种数据就称为电子货币。

电子支付是指通过计算机网络进行支付,是电子商务的核心和关键环节。电子支付的分类有许多种,若按银行是否参与支付交易来分,则分为在线支付和离线支付;若按是否保证用户隐私性则分为无匿名支付、完全匿名支付、部分匿名支付和匿名性可撤销的支付;若按结算方式则分为预付型(如借记卡、储值卡)、即付型(如 ATM、POS)和后付型(如信用卡)。

电子现金是离线、预付型的电子支付,它旨在互联网上重建基于现金型的购物消费概念,特别地,它利用密码技术实现完全匿名,从而保护用户的消费隐私。

1. 电子现金系统的基本框架

电子现金系统由 3 个协议组成:

(1) 取款协议

用户从银行自己的账户上提取电子货币,即用户得到有银行签名的电子货币,银行在客户的账户上减去相应的钱。

(2) 支付协议

用户向商店支付电子货币。用户在商店付款时要向商店提供一些信息,以便商店验证面值及电子货币的合法性。

(3) 存款协议

商店向银行提交用户支付的电子货币,要求银行把相应的款存到商店的账户上。

1991 年,Okamoto 和 Ohta 提出理想的电子现金方案应满足的 6 个标准:

(1) 独立性

电子现金方案跟任何网络或存储设备无关,但它至少包括银行的数字签名。

(2) 安全性

安全性包括电子现金的不可伪造性和不可重用性。银行的签名方案是安全的,则认为电子现金是不可伪造的。不可重用性可通过带监视器的钱包事前控制、事后离线检测重复花费或重复报账。一旦检测到重复花费则能追查出重复花费的用户身份。

(3) 离线性

支付协议执行过程中,不需要银行参与。

(4) 匿名性

匿名性包括不可跟踪性和不可联系性。不可跟踪性是指银行和商店合谋都不能跟踪用户的消费情况。不可联系性是指同一账户提取的电子现金是不可联系的。

(5) 可分性

一定数额的电子货币可分为多次花费,其花费总量小于电子货币的面值即可。

(6) 可转移性

客户的电子货币可以转借其他人使用。

事实上,目前的技术还很难高效实现上述所有功能。1982 年,Chaum 最早提出一个在线的、基于 RSA 盲签名的电子货币方案;1988 年,Chaum、Fait 和 Naor 利用切割-选择技术和 RSA 盲签名技术提出一个在线的、完全匿名的电子现金方案;1991 年,Okamoto 和 Ohta 采用二叉树技术和切割-选择技术设计了第一个可分电子现金方案;1992 年,Brands 利用基于离散对数的盲签名技术提了一个离线的、完全匿名的电子现金方案,该方案是迄今为止效率最高的方案之一,在后边的小节中会详细介绍该方案;1995 年,Stadler 和 Brickel 分别提出一种离线的、匿名可控的公正电子现金方案;1996 年,Frankel、Tsiounis 和 Yung 利用间接证明技术提出一个公正电子现金方案;1997 年,Davida、Frankel 和 Tsiounis 利用零知识证明技术对 1996 年 Frankel 提出的公正电子现金方案进行了改进;1998 年,Anna 和 Zulfikar 首先提出用群盲签名构造的、一个具有多个银行参与发行的、完全匿名的电子现金方案。

2. Brands 电子现金方案

(1) 系统参数初始化

初始化只进行一次,由某个可信机构完成。选择一个大素数 p,使得 q 是 $(p-1)$ 的大素因子,g 是有限群 $GF(p)$ 的本原元,选择两个秘密的随机数,分别以 g 为底模 p 求幂(随机数为指数)得 g_1 和 g_2,然后丢掉这两个秘密随机数,公开 g、g_1 和 g_2,同时选择两个公开的安全散列函数,分别记为 H 和 H_0。

(2) 参与者初始化

参与者是银行、消费者和商家。

① 银行

银行选择一个秘密的身份数 x,并计算:
$$h \equiv g^x \pmod{p}$$
$$h_1 \equiv g_1^x \pmod{p}$$
$$h_2 \equiv g_2^x \pmod{p}$$

公开 h,作为银行的公开身份。

② 用户

用户选择一个秘密的身份数 u,并计算账号:
$$I \equiv g_1^u \pmod{p}$$

发送 I 到银行,银行将 I 和用户的身份信息放在一起,但用户不将 u 发送给银行,银行发送 $z' \equiv (Ig_2)^x \pmod{p}$ 给消费者。这里需保证 $Ig_2 \not\equiv 1 \pmod{p}$;当然,$q$ 很大时用户恰好选到一个 u 使得 $Ig_2 \equiv 1 \pmod{p}$ 的概率可忽略。

③ 商家

商家选择身份数 M,并在银行注册这个数。

(3) 取款协议

用户向银行请求取款,与从账户提取传统的现金一样,银行要求身份证明,验证通过后,用户从银行得到货币。在这个方案中假设所有货币都有相同的币值,则一个货币由一个六元组表示:(A, B, z, a, b, r)。

下面描述这个六元组是如何得到的。

① 银行选取随机数 $w \in \mathbf{Z}_q^*$,计算 $g_w \equiv g^w \pmod{p}$,$\beta \equiv (Ig_2)^w \pmod{p}$,然后将 g_w 和 β 发送给消费者。

② 用户选择秘密的随机五元组:$(s, x_1, x_2, \alpha_1, \alpha_2)$,并计算:
$$A \equiv (Ig_2)^s \pmod{p},$$
$$B \equiv g_1^{x_1} g_2^{x_2} \pmod{p},$$
$$z \equiv z'^s \pmod{p},$$
$$a \equiv g_w^{\alpha_1} g^{\alpha_2} \pmod{p},$$
$$b \equiv \beta^{\alpha_1} A^{\alpha_2} \pmod{p}.$$

$A = 1$ 的货币是不允许的,也就是说 $s \not\equiv 0 \pmod{q}$。

③ 用户计算 $c \equiv \alpha_1^{-1} H(A, B, z, a, b) \pmod{q}$,并发送 c 给银行。

④ 银行计算 $c_1 \equiv cx + w \pmod{q}$,并将其发送给用户。

⑤ 用户计算 $r \equiv \alpha_1 c_1 + \alpha_2 \pmod{q}$。

货币 (A, B, z, a, b, r) 已生成,银行从消费者账户中扣除相应的币值。

(4) 支付协议

用户将货币(A,B,z,a,b,r)传给商家,接下来货币支付过程如下所述。

① 商家检查下面两式是否成立:
$$g^r \equiv ah^{H(A,B,z,a,b)} \pmod{p};$$
$$A^r \equiv bz^{H(A,B,z,a,b)} \pmod{p}.$$

如果成立,商家确信这货币是有效的。

② 商家计算:$d = H_0(A,B,M,t)$,其中t表示时间戳,作用是使得不同的交易有不同的d值。

商家将d发送给消费者。

③ 消费者计算:$r_1 \equiv dus + x_1 \pmod{q}$;
$$r_2 \equiv ds + x_2 \pmod{q}.$$

其中,u是消费者的秘密数,s,x_1,x_2是消费者选择秘密的随机五元组的一部分。

消费者将r_1、r_2发送给商家。

④ 商家检查下面等式是否成立:
$$g_1^{r_1} g_2^{r_2} \equiv A^d B \pmod{p}.$$

如果成立,商家就接受这个货币,否则拒绝接受。

(5) 存款协议

商家提交货币(A,B,z,a,b,r)和三元组(r_1,r_2,d)给银行,要求存入自己账户。银行执行步骤如下:

① 银行检查货币(A,B,z,a,b,r)之前是否存入过。如果没有,执行下一步。如果有,银行判断是消费者欺骗还是商家欺骗,并进行处理。

② 银行检查下面等式是否成立:
$$g^r \equiv ah^{H(A,B,z,a,b)} \pmod{p}$$
$$A^r \equiv z^{H(A,B,z,a,b)} b \pmod{p}$$
$$g_1^{r_1} g_2^{r_2} \equiv A^d B \pmod{p}$$

如果都成立,那么货币有效,银行将货币存入。

(6) 安全分析

① 用户双重消费

如果用户将货币(A,B,z,a,b,r)支付两次,每次支付对应不同的三元组,即(r_1,r_2,d)和(r_1',r_2',d'),同一货币(A,B,z,a,b,r)的这两个三元组若都提交给银行,则银行能够生成下面等式:
$$(r_1 - r_1') \equiv us(d - d') \pmod{q}$$
$$(r_2 - r_2') \equiv s(d - d') \pmod{q}$$

于是可得:$u \equiv (r_1 - r_1')(r_2 - r_2')^{-1} \pmod{q}$。银行通过计算$I \equiv g_1^u \pmod{p}$确定用户的身份。

② 商家两次存款

一次是合法的三元组(r_1,r_2,d),一次是伪造的三元组(r_1',r_2',d'),但要伪造的三元组(r_1',r_2',d')满足等式:$g_1^{r_1'} g_2^{r_2'} \equiv A^d B \pmod{p}$,这对于商家是不可能的。

③ 伪造货币

需要伪造满足$g^r \equiv ah^{H(A,B,z,a,b)} \pmod{p}$和$A^r \equiv z^{H(A,B,z,a,b)} b \pmod{p}$的货币$(A,B,z,a,b,r)$,除了银行之外,对于任何人都是很难实现的。例如,如果从A,B,z,a,b中试图得到r,就需

要解离散对数问题。同时,用户从已有的货币生成一个新的货币也是很困难的,因为只有银行知道 x,因此,得到正确的 r 值是不可能的。

④ 商家恶意花费

一个恶意商家从用户处得到一个有效货币 (A,B,z,a,b,r) 并存入银行,但他试图在另一个商家那里花费这个货币,这个商家必须计算 d'(不等于 d),恶意商家不知道 u,x_1,x_2,s,但是他必须选择 r_1' 和 r_2' 使得 $g_1^{r_1'}g_2^{r_2'} \equiv A^{d'}B(\bmod p)$ 成立,这又是一个解离散对数问题,如果恶意商家选择已知的 r_1 和 r_2,由于 $d' \neq d$,所以这个商家会发现 $g_1^{r_1}g_2^{r_2} \equiv A^d B(\bmod p)$ 是不成立的。

⑤ 银行伪造货币

银行与上面的恶意商家拥有基本一样的信息,只是多了一个身份数 I。银行可能伪造一个货币使之满足 $g^r \equiv ah^{H(A,B,z,a,b)}(\bmod p)$,但是因为用户对 u 保密,银行在支付阶段不可能得到合适的 r_1。当然,如果 $s=0$ 是允许的,这是可能的,所以在创建货币中要求 A 不能等于 1。

⑥ 盗窃货币

小偷从消费者那里偷了货币 (A,B,z,a,b,r) 并试图在商家支付它,第一个验证等式 $g^r \equiv ah^{H(A,B,z,a,b)}(\bmod p)$ 是成立的,但小偷不知道 u,因此不可能伪造出 r_1 和 r_2,使得 $g_1^{r_1}g_2^{r_2} \equiv A^d B(\bmod p)$ 成立。

⑦ 匿名性

在交易(支付)的整个过程中,用户从不需要提供任何身份证明,这和用传统的现金进行买卖是一样。同时应注意到,在货币被商家存入银行之前,银行没有见到货币 (A,B,z,a,b,r),实际上,在取款过程中银行只提供了 g_w、β 和 c_1,见到了 c。但从货币 (A,B,z,a,b,r) 和三元组 (r_1,r_2,d) 中商家或银行能否提取出用户的身份信息?虽然银行比商家知道更多的信息(如 I、c 等),但是不可能识别出用户身份信息。因为 s,x_1,x_2 是只有用户知道的随机数。

在货币 (A,B,z,a,b,r) 中有 5 个数,A,B,z,a,b 对其他人而言都是 g 的随机幂数,然而当消费者把 $c \equiv \alpha_1^{-1}H(A,B,z,a,b)(\bmod q)$ 发送给银行后,银行可能试图计算 $H(A,B,z,a,b)$ 的值从而得到 α_1,但由于银行没有见到货币,因此不能计算出这个值。但银行可以保留一个接收到所有 c 值的列表和存入的每个货币的散列值,然后尝试所有的组合找出 α_1,可在一个有上百万个货币的系统中,α_1 可能的值数量巨大,故这个方法不实用。因此,知道 c 和之后的货币 (A,B,z,a,b,r) 不大可能帮助银行识别用户的身份。但如果取 $\alpha_1=1$,那么银行可以保留 c 的列表和每个 c 对应的用户,当货币存入的时候,$H(A,B,z,a,b)$ 可计算出来和列表 c 作比较,很可能对给定的 c 只有一个用户和它对应,因此银行就知道用户的身份了。

9.6.2 电子投票

电子投票是选举在形式上的一次崭新飞跃,在计票的快捷准确、人力和开支的节省以及投票的易用性等方面,它有着传统投票方式无法企及的优越性。电子投票协议是电子投票系统的核心,它主要包含以下 3 个步骤。

(1) 注册

投票人向选委会(Central Tabulating Facility,CTF)或身份登记机构(Central Legimization Agency,CLA)提供其身份信息,CTF 或 CLA 对投票人的身份合法性进行认证。

(2) 投票

投票人发送其选票到投票中心。

(3) 计票

CTF 对合法选票进行统计,公布计票结果。

自 1981 年 D. Chaum 提出了第一个电子投票协议（混合网路型方案）以来的 20 多年的时间里，许多学者对电子投票进行研究，提出了一系列的投票协议。其中以 Atsushi Fujioka、Tatsuaki Okamoto 和 Kazuo Ohta 在 1992 年提出的 FOO 协议最有代表性。该协议被认为是一个能较好地实现电子投票需求的协议，许多研究机构都以 FOO 协议为基础进行改进，开发出了相应的电子投票系统，其中著名的有麻省理工学院的 EVOX 系统和华盛顿大学的 Sensus 系统。然而，FOO 协议本身也存在着一些缺点，致使以其为基础开发出来的系统也存在一些不足。不过对于了解和掌握电子投票协议的基本思想，FOO 协议不失为一个典型实例。本节将介绍安全的电子投票协议应该满足的要求，然后详细地描述 FOO 协议，同时对其安全性进行阐述。

1. 电子投票协议的安全要求

一般来说，一个安全的电子投票协议应该满足以下 6 个方面的要求：

(1) 准确性

任何无效的选票，系统都不予统计。

(2) 完整性

CTF 应接受任何合法投票人的投票，所有有效的选票都应该被正确统计。

(3) 唯一性

只有合法的投票者才能进行投票且仅能投一次。

(4) 公正性

任何事情都不能影响投票的结果。即在选举过程中任何单位不能泄露中间结果，不能对公众的投票意向产生影响，以致影响最终的投票结果。

(5) 匿名性

所有的选票都是保密的，任何人都不能将选票和投票人对应起来以确定某个投票人所投选票的具体内容。

(6) 可验证性

任何投票人都可以检查自己的投票是否被正确统计，以及其他任何关心投票结果的人都可以验证统计结果的正确性。

2. FOO 协议的组成

FOO 协议是一个简明实用的电子投票协议，其参与实体只有 3 个：投票人、监督者和统计者，其中监督者和统计者组成投票中心。该协议使用了比特承诺、盲签名以及一般数字签名技术。因此，在注册阶段，投票人除了拥有自己的唯一身份标识 ID 外，还拥有一个用于比特承诺的随机数 k、一个盲化因子 r 以及自己的签名方案 σ；监督者和统计者拥有自己的公开密钥 (e, n) 和私有密钥 d（假设协议采用 RSA 签名体制）。另外，协议还公开一个安全的散列函数 H 以及比特承诺方案 f。协议中各实体及其相关信息的符号表示如表 9-1 所示。

表 9-1 FOO 协议中各实体及相关信息的符号表示

参 与 实 体	公 开 信 息	私 有 信 息	签 名 表 示
投票人： $V_i: i=1,2,\cdots,n$	唯一身份标识：ID_i	k：解密比特承诺随机数 r_i：盲化因子 σ_i：签名方案	S_i
监督者 A	(e_a, n_a)：公开密钥	d_a：私有密钥	S_a
统计者 C	(e_c, n_c)：公开密钥	d_c：私有密钥	S_c

3. FOO 协议描述

FOO 投票协议分为 6 个阶段进行,描述如下。

(1) 预备阶段

投票人 V_i 选择并填写一张选票,其投票内容为 v_i。V_i 选择一个随机数 k_i 来隐藏投票内容 v_i,并用比特承诺方案 f 计算:

$$x_i = f(v_i, k_i)$$

V_i 再选择一个随机数 r_i 作为盲化因子,盲化 x_i,计算:

$$e_i \equiv r_i^{e_a} H(x_i) \pmod{n_a}$$

对 e_i 签名得:

$$S_i = \sigma_i(e_i)$$

然后,V_i 将 (ID_i, e_i, S_i) 发送给投票管理者 A。

(2) 管理者授权投票阶段

监督者 A 接收到 V_i 发送来的签名请求后,先验证 ID_i 是否合法。如果 ID_i 非法,监督者 A 拒绝给 V_i 颁发投票验证签名证书;如果 ID_i 合法,则 A 检查 V_i 是否已经申请了这个证书,如果 V_i 已经申请过,则 A 同样拒绝颁发该证书;如果 A 没有为 V_i 颁发投票验证签名证书,A 验证 S_i 是否是 V_i 对消息 e_i 的合法签名,如果是,则 A 利用自己的私有密钥对 e_i 签名:

$$S_{ai} \equiv e_i^{d_a} \pmod{n_a}$$

并将签名结果 S_{ai} 作为 A 颁发给 V_i 的投票验证签名证书传给 V_i。然后,A 修改自己已经颁发的证书总数,并公布 (ID_i, e_i, S_i)。

(3) 投票阶段

投票者 V_i 得到由 A 颁发的投票验证签名证书后,通过对 S_{ai} 脱盲恢复出 x_i 的签名 y_i:

$$y_i \equiv S_{ai} / r_i \pmod{n_a}$$

V_i 检查 y_i 是否是 A 对 x_i 的合法签名。如果不是,V_i 通过向 A 证明 (x_i, y_i) 的不合法性并选用另一个 v_i' 来重新获取投票验证签名证书;如果是,则 V_i 匿名的将 (x_i, y_i) 发送给统计者 C。

(4) 收集选票阶段

统计者 C 通过使用 A 的公钥证书来验证 y_i 是否是 x_i 的合法签名。如果是,C 对 (x_i, y_i) 产生一个编号 w,并将 (w, x_i, y_i) 保存在合法选票列表中,同时修改自己保存的合法选票数目。在所有的投票结束后,C 将该表公布。

(5) 公开选票阶段

投票人 V_i 检查他的选票 (x_i, y_i) 是否在合法选票列表中。如果不在,他将向投票中心投诉,并要求统计者 C 将其选票列入合法选票列表中;如果在,投票人 V_i 从合法选票列表中找到自己选票的编号 w,并将 (w, k_i, v_i) 匿名地发送给 C。

(6) 统计选票阶段

C 使用 (w, k_i, v_i) 打开选票的比特承诺,恢复出选票 v_i,并检查 v_i 是否是合法的选票。最后进行统计,并将统计结果公布布告栏中(如表 9-2 所示)。

表 9-2 统计选票阶段的布告栏

序 号	选票信息与统计结果
1	x_1, y_1, k_1, v_1
⋮	⋮
w	x_i, y_i, k_i, v_i
⋮	⋮

4. FOO 协议的安全性

在 FOO 协议中,设计者使用了比特承

诺、盲签名、一般数字签名等密码技术来确保该协议能够较好地满足电子投票协议的要求。

（1）准确性

在投票阶段,因为是匿名投票,任何人可以发送选票(x,y)给计票中心。但是,如果不是由监督者生成的合法签名对,则统计者在阶段(4)拒绝。

投票者也可以对监督者生成的合法签名对(x_i,y_i)进行一票多投,但是在阶段(5),投票者需要揭示承诺的选票,若给出不同的选票(k'_i,v'_i),其比特承诺的结果x_i是不同的,阶段(5)不能通过验证。因此,多个比特承诺相同的选票只能是一票多投的结果,这时监督者就可以采取一定措施来对其进行制裁。因此,任何不合法的选票都不能被统计,从而保证了结果的准确性。

（2）完整性

在投票过程中,设立了公告牌跟踪机制,所有的投票人以及任何关心投票结果的人都可以对投票结果进行验证,统计结果的任何错误都将被发现,从而保证所有有效的选票都会被正确统计。

（3）唯一性

所有投票人在进行投票之前,都要先经过监督者的检查并获得相应的投票授权。因此,任何非法人员要进行投票,就需要伪造监督者的数字签名,所以只要数字签名方案是安全的,非法人员就不能进行投票。

同时,投票者若对一个选票进行多投,则如准确性中所述,不能通过验证或被发现。因此,在监督者可信且数字签名方案安全时,该协议满足唯一性要求。

（4）公正性

协议将投票和计票分作两个阶段进行。在投票阶段,投票人发送给计票者的不是原始的选票信息,而是经过比特承诺处理的选票,计票者将这些选票公布出去,便于公众查询、验证。在计票工作开始之前,除投票人本人外的任何人都不能获得选票的真实内容,从而保证了投票的中间结果不会泄露,所以该协议满足公正性。

（5）匿名性

在投票人从监督者获得选票的签名时使用了盲签名技术,使得监督者只能看到投票人的ID,而不能看到选票的真实内容(v_i)。

投票人投票时采用匿名投票的方式,统计者只能验证选票通过了监督者的审查,不知道投票者的身份。而且,即使监督者和统计者联合起来,由于监督者之前没看到过选票(x_i,y_i),所以无法与投票者ID联系起来,故FOO协议满足了匿名性。

（6）可验证性

在协议的各个阶段,都有相应的信息公布出来,人们可以利用这些信息,对投票的结果进行验证。若统计者舞弊,假装没有收到选票而将有效选票丢弃。这时,只需要投票人本人出示其数字签名就可以揭露这种舞弊行为。

监督者在没有投票人弃权的情况下舞弊,伪造选票并进行投票,这样,最后公布的实际选票数目将超过登记的投票人数。这时,合法的投票人可以表明自己是合法的,并得到了管理者的授权。为此,投票人出示其解密盲签名随机数r,并需要监督者出示投票人的数字签名,当r公布后,进行了盲签名的选票内容e也就唯一确定了,于是监督者出示的投票者的数字签名也就唯一确定了。而监督者无法伪造投票者的数字签名,因而就有监督者无法出示数字签名的剩余选票,这样,监督者的舞弊行为便暴露了。然而,在有人弃权的情况下监督者的舞弊将很难发现。也就是说,FOO协议在没有人弃权的情况下,满足可验证性。

9.6.3 电子拍卖

拍卖活动是电子商务中的一种基本活动,它是由拍卖群体决定价格及分配特殊现货的交易方式。一般情况下,拍卖企业接受委托,在规定的时间和地点,按照一定的规则和程序,由拍卖师主持,买卖双方之间产生一个合理的参与各方都认可的价格,最后把商品卖给出价最高的竞买者。现在,各种拍卖行、拍卖代理系统如 eBay 和 Amazon 等已相继成立。

电子拍卖的基本组成和现实生活中的拍卖是一样的,均由拍卖参与者、拍卖规则和仲裁机构组成,其中拍卖参与者包括投标者、卖方和管理者。拍卖规则是指买卖双方认可和确定的拍卖和成交原则。如所有投标人标价是否公开,是按降价形式还是升价形式拍卖,是按最高价、最低价还是次高价成交,同时还有多个最高价如何处理等。仲裁机构负责解决买方之间、买卖双方之间以及他们和拍卖行之间的拍卖纠纷。仲裁机构一般是非电子化的,是可信赖的第三方,只有在纠纷发生后,仲裁机构才介入。

1. 电子拍卖的安全需求

电子拍卖系统必须提供公平竞争和安全的机制,如中标者的身份必须无异议,必须杜绝中标者的违约,防止投标者与拍卖行或卖方合谋以及黑社会操纵,保护投标者在拍卖过程中的隐私等。概括起来,电子拍卖系统需要满足如下的安全需求。

(1) 匿名性:标价不能泄露投标者的身份。

(2) 可跟踪性:能追踪最后获胜的投标者。

(3) 不可冒充性:任何投标者不能被冒充。

(4) 不可伪造性:任何人不能伪造投标者的标价。

(5) 不可否认性:获胜者不能否认自己投的中标标价。

(6) 公平性:合法的投标者在平等的方式参与投标活动。

(7) 不可关联性:同一投标者在多次拍卖投标中的标价不能被联系起来。

(8) 可链接性:在同一拍卖投标中,任何人能确定同一投标者的标价及标价次数。

(9) 一次注册性:一次注册后,投标者可参加多次拍卖活动。

(10) 易撤销性:注册管理员能很容易撤销某一投标者。

(11) 公开验证性:任何人都能验证投标者的合法性、标价的有效性以及公示获胜者。

2. 电子拍卖系统基本组成

一个电子拍卖系统主要由参与人员、布告栏和保密数据库等部分组成。

电子拍卖系统涉及的参与人员主要包括注册管理员、拍卖管理员和投标者 3 类,他们各自的功能如下。

(1) 注册管理者(RM)

① 负责注册过程并保存投标者的注册信息;

② 设置参与每次拍卖的密钥并在布告栏上无序地公布这次拍卖投标者使用的公开密钥;

③ 在中标者公示阶段,在公告栏上公布中标者的特定信息。

(2) 拍卖管理者(AM)

① 在每次拍卖中,为每个投标者设置拍卖参数并在公告栏上无序地发布;

② 在中标者公示阶段,在公告栏上公布中标者的特定信息;

③ 拥有公私钥对(x_A, y_A)。

(3) 投标者(B)

① 必须首先向 RM 申请注册才可参与拍卖;

② 必须使用每次拍卖设定参数参与拍卖活动；
③ 拥有公私钥对(x_i, y_i)。

电子拍卖系统中涉及的布告栏主要包括以下 5 类：

(1) 注册布告栏(RM)：RM 公布已注册投标者的标识和公钥；

(2) 拍卖密钥布告栏(RM)：在每场拍卖时，RM 为每个已注册投标者生成拍卖密钥并在本公告栏无序地公布；

(3) 拍卖参数布告栏(AM)：在每场拍卖时，AM 为每个已注册投标者生成拍卖参数并在本公告栏无序地公布；

(4) 标价布告栏(B)：投标者在本公告栏公布自己的标价，且只有比现有标价高的标价才能在本布告栏公示，任何人不能阻止有效的标价；

(5) 中标者布告栏(RM 和 AM)：在中标者公示阶段，由 RM 和 AM 联合公布中标者的身份。

电子拍卖系统设计的保密数据库主要包括投标者信息数据库(RMDB)和随机数数据库(AMDB)，其中 RMDB 是 RM 为已注册的投标者保存秘密的用户信息，而 AMDB 则保存为每场拍卖产生拍卖的秘密随机数。

3. 电子拍卖协议基本流程

电子拍卖系统的拍卖过程大体上可以分为以下 3 个阶段：

(1) 注册及准备阶段

拍卖开始前，投标者 B 首先要向注册管理员 RM 提交注册信息，拍卖管理者 AM 要在布告栏上发布被拍卖品或服务的详细信息、拍卖规则和截止日期等信息，同时要设置好一些拍卖参数。

注册管理员 RM 设置好拍卖密钥等信息。

RM 为投标者 B 设置好必要的公私钥等参数。

(2) 投标阶段

拍卖管理者 AM 宣布拍卖开始后，合法的投标者按照一定的格式提交他们的标书给 AM，其中标书中含有标价信息。

(3) 中标者揭示阶段

到拍卖截止时间，拍卖管理者 AM 宣布拍卖结束，即不再接收投标者的投标。此时，AM 按照确定的规则宣布中标者并且公开该中标者的标价。如果没有异议，则买卖双方成交，中标者支付货币，卖方将拍卖物品或服务提供给中标者；如有异议，或者买卖双方有违约行为，则求助于仲裁机构解决。

4. 一个简单的电子拍卖协议

初始化只进行一次，由某个可信机构完成。选择一个大素数 p，使得 q 是 $(p-1)$ 的大的素因子，g 是有限群 $GF(p)$ 的本原元。p、q、g 是系统参数，选取 h 为一个公开的单向函数。

投标者 B_i 的公私钥对为 (x_i, y_i)，$y_i \equiv g^{x_i} \bmod p$，$i=1,2,\cdots,n$；拍卖管理者 AM 的公私钥对为 (x_A, y_A)，$y_A \equiv g^{x_A} \bmod p$。

(1) 注册及准备阶段

投标者 B_i 向注册管理者 RM 注册的流程如下：

① B_i 公布他的公钥 y_i；

② B_i 随机选择 $t_i \in_R \mathbf{Z}_q^*$ 并秘密保存；

③ B_i 将 (B_i, y_i, t_i) 秘密地发送给注册管理者 RM；

④ 如果 RM 接受 B_i 的注册申请，RM 在注册布告栏上公布 (B_i, y_i) 并在投标者信息数据库中秘密保存 (B_i, t_i)。

注册管理者 RM 拍卖密钥的设置流程如下：

① RM 为 n 个投标者计算拍卖密钥 $Y_i^k = y_i^{h^k(t_i)} \bmod p$；

② RM 在拍卖密钥布告栏公布 Y_i^k。

B_i 很容易在拍卖密钥布告栏上找到自己，RM 很容易撤销 B_i，其中，$h^k(t_i) = h(t_i, h^{k-1}(t_i))$，$k$ 表示第 k 场拍卖。

拍卖管理者 AM 拍卖参数的设定流程如下：

① AM 随机选择 n 个随机数 $\{r_1, \cdots, r_n\} \in_R \mathbf{Z}_q$；

② AM 计算拍卖密钥 $((Y_i^k)^{r_i}, g^{r_i} \bmod p), i = 1, \cdots, n$；

③ AM 计算拍卖标识 $T_i = h((Y_i^k)^{x_A}) \bmod p, i = 1, \cdots, n$；

④ AM 在拍卖参数布告栏上无序地公布 $(T_i, (Y_i^k)^{r_i}, g^{r_i})$；

⑤ AM 在随机数据库中秘密保存 (T_i, r_i)。

因为 $Y_i^k = y_i^{h^k(t_i)}$，所以 B_i 很容易在拍卖密钥布告栏上找到自己的 $T_i = h(y_A^{h^k(t_i) x_i})$。

(2) 投标阶段

① 投标者 B_i 验证注册布告栏中 $Y_i^k = y_i^{h^k(t_i)}$ 是否成立，以检查是否注册；

② 投标者 B_i 根据拍卖参数布告栏中 $(T_i, (Y_i^k)^{r_i}, g^{r_i})$ 计算 $(g^{r_i})^{h^k(t_i) x_i}$，确定自己本场拍卖的密钥；

③ 投标者 B_i 验证等式 $(g^{r_i})^{h^k(t_i) x_i} \stackrel{?}{=} (Y_i^k)^{r_i}$ 是否成立，确定自己本场拍卖的密钥是否有效；

④ 设 B_i 对拍卖品的标价为 price，投标者 B_i 将他的标价信息 (T_i, m_i, S_i) 发送到标价布告栏上，其中 $m_i = (\text{ID} || \text{price})$，$S_i$ 是 B_i 使用私钥 $h^k(t_i) x_i$ 对 m_i 的签名，式中的 $||$ 表示字符串连接操作。这里 ID 是拍卖品的名称或标识。

(3) 中标者揭示阶段

① 拍卖管理员 AM 宣布 (T_j, m_j, S_j) 是中标者；

② AM 在中标者布告栏上公布 (T_j, r_j, Y_j^k)，可验证 r_j、Y_j^k 和 $(Y_j^k)^{r_j}$ 之间的关系；

③ RM 在中标者布告栏上公布 $(Y_j^k, h^k(t_j), y_j)$，然后验证 $Y_j^k = y_j^{h^k(t_j)}$ 是否成立，从而确定 B_j 为中标者；

④ 根据公布的 r_j 和 $h^k(t_j)$，任何人可验证 B_j 是中标者。

图 9-2 描述这个电子拍卖协议的执行过程。

(4) 安全性分析

① 投标者身份匿名性

包括 AM 在内的任何人在没有 RM 的帮助下都无法从已公开的信息中获得投标者的身份信息。即使中标者的身份在以前的拍卖中被揭示，投标者也能匿名地投标以后的其他拍卖活动。

② 不可否认性

RM 验证 AM 提供的信息有效，并根据这些信息来揭示中标者身份，而中标者者无法否认其已经提交过的获胜投标。

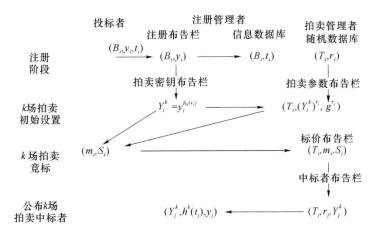

图 9-2 电子拍卖协议的示意图

③ 公开验证性

任何人都能验证投标标价的签名,而且任何人都能通过验证拍卖密钥确认一个投标者是否是有效投标者。任何人通过检验中标布告栏公布的中标者信息来公开地验证中标者身份信息。

④ 易撤销性

RM 很容易通过拍卖密钥布告栏来增加或撤销投标者,AM 通过验证投标标价的签名来验证标价的合法性,拒绝接受不合法的标价,当然也要拒绝低于当前出价的标价。

⑤ 多次拍卖的不可关联性

由于 RM 和 AM 在每次拍卖中为投标者选取的随机数 r_i 和标识 T_i 不同,一个投标者在每次拍卖中所使用的密钥也不同,没有人能将这个投标者在不同拍卖中的投标标价联系起来。

⑥ 一次注册性

因为 $h^{k+1}(t_j) = h(t_j, h^k(t_j))$,虽然 $h^k(t_j)$ 被公布,但 t_j 和 $h^{k+1}(t_j)$ 仍然是安全的,所以投标者可继续参加第 $k+1$ 次拍卖。

⑦ 不可伪造性

在拍卖中,RM 和 AM 都不能伪造某个投标者的投标标价。因为 RM 只知道投标者 B_i 的拍卖密钥 $y_i^{h^k(t_i)}$,而根据拍卖密钥推出标价签名密钥 $h^k(t_i)x_i$ 是离散对数问题,得到投标者 B_i 的私钥 x_i 就更困难。即使 RM 和 AM 共谋也不能推出投标者 B_i 的标价签名密钥 $h^k(t_i)x_i$,也就不能伪装成某个投标者进行投标,其他投标者更无法伪装成另一个投标者来投标。

9.7 习 题

1. 判断题

(1) 密码协议的执行者必须了解协议,并同意且遵循它来完成所有步骤。   (   )

(2) 密码协议的公平性通常采用"分割和选择"技术来实现的。   (   )

(3) 零知识证明是指证明者能够在不向验证者提供任何有用信息的情况下,使验证者相信某个论断是正确的。   （   ）

　　(4) 零知识证明是一种理想的密码协议,实际应用中很难实现。   （   ）

　　(5) 在比特承诺协议中,一旦 Alice 向 Bob 承诺,Bob 就知道这个承诺的内容,只是这个承诺是不能更改的。   （   ）

　　(6) 基于哈希函数的比特承诺协议中,两个随机数可以都由 Alice 选取,Alice 在承诺阶段传给 Bob 一个,揭示承诺时提供另一个。   （   ）

　　(7) 一个公平掷币协议要保证对弈双方 Alice 和 Bob 各有 50% 的机会获胜,而对弈方的欺骗行为需要可信第三方介入才能被揭示。   （   ）

　　(8) 公平掷币协议是一个不经意传送协议的应用举例。   （   ）

　　(9) 安全多方计算起源于图灵奖获得者姚启智(Andrew C. Yao)先生于 1982 年提出的百万富翁问题。   （   ）

　　(10) 安全多方计算是指在一个互不信任的多用户网络中,参与的多用户需要可信第三方参与才能完成既可靠又能保护用户隐私的计算任务。   （   ）

　　(11) 电子现金系统的不可跟踪性是指银行和商店合谋都不能跟踪用户的消费情况。
                                                              （   ）

　　(12) 由于有效的电子货币是可以复制的,所以,电子现金方案是无法阻止多重花费的行为。   （   ）

　　(13) 电子投票的匿名性是指除了统计者外任何人都不能将选票和投票人对应起来以确定某个投票人所投选票的具体内容。   （   ）

　　(14) 电子投票的可验证性是指任何投票人都可以检查自己的投票是否被正确统计,以及其他任何关心投票结果的人都可以验证统计结果的正确性。   （   ）

　　(15) 可信赖的第三方在一个拍卖系统中是一个不可或缺的组成部分,但在拍卖过程中,它一般不参与,只有出现纠纷时才介入。   （   ）

　　(16) 拍卖系统的匿名性是指在整个过程中都不能泄露投标者的身份,即使投标者中标也不能。   （   ）

　　(17) 拍卖系统的同一拍卖投标中,投标者的多次标价不能关联到同一投标者。   （   ）

2. 选择题

(1) 密码协议使用"分割和选择"技术来实现(　　)性。
　　　A. 验证　　　　B. 完整　　　　C. 公平　　　　D. 匿名

(2) 用户在使用应用系统之前首先要执行身份识别协议,而这个协议一般应满足(　　)。
　　　A. 不经意传输　B. 零知识证明　C. 安全多方计算　D. 比特承诺

(3) 图灵奖获得者姚启智(Andrew C. Yao)先生于 1982 年提出了百万富翁问题而引出(　　)理论。
　　　A. 不经意传输　B. 零知识证明　C. 安全多方计算　D. 比特承诺

(4) 在计算机网络中,彼此互不信任的通信双方若要求签署一项合同时,最有可能用到下面哪个协议。(　　)
　　　A. 不经意传输　B. 零知识证明　C. 安全多方计算　D. 比特承诺

(5) 在计算机网络中,一场比赛或游戏需要对弈双方中一方首先开始,这就涉及谁有优先权的问题,而解决的方式常通过(　　)来实现。

A. 不经意传输　　B. 零知识证明　　C. 安全多方计算　　D. 比特承诺

（6）在计算机网络中，假设某公司的 n 个职员想了解他们每月的平均薪水有多少？但是每个职员又不想让任何其他人知道自己的薪水，那么最有可能用到下面哪个协议。（　　）

A. 不经意传输　　B. 零知识证明　　C. 安全多方计算　　D. 比特承诺

（7）在电子投票中，为了实现投票者所投票内容的匿名性，最有可能使用的签名方案是（　　）。

A. 代理签名　　　B. 群签名　　　C. 多重签名　　　D. 盲签名

（8）在电子投票中，下列哪种舞弊协议将不会被发现。（　　）

A. 统计者假装没有收到选票而将有效选票丢弃。

B. 统计者和监督者联合进行舞弊。

C. 投票者和监督者联合进行舞弊。

D. 监督者在有投票人弃权的情况下舞弊。

（9）在电子拍卖中，只有注册的竞拍者能够出价，未中标时实现竞拍者身份的匿名性，为实现这个目标，最有可能使用的签名方案是（　　）。

A. 代理签名　　　B. 群签名　　　C. 多重签名　　　D. 盲签名

（10）在电子拍卖中，（　　）的参与才能揭示中标者的身份。

A. 拍卖管理员　　　　　　　　B. 注册管理员

C. 注册管理员和拍卖管理员　　D. 不需要任何人

（11）一般而言，电子现金是（　　）的电子支付。

A. 在线、即付型　　　　　　　B. 离线、可转换支付

C. 离线、无匿名支付　　　　　D. 后付型、匿名支付

（12）电子现金系统的匿名性包括不可跟踪性和不可联系性，为实现这个目标，最有可能使用的签名方案是（　　）。

A. 普通数字签名　　B. 强盲签名　　C. 弱盲签名　　D. 部分盲签名

3. 填空题

（1）密码协议必须是清楚的，"清楚"的含义是_____；密码协议必须是完整的，"完整"的含义是_____。

（2）零知识证明分为_____零知识证明、_____零知识证明和_____零知识证明三类。

（3）Schnorr 身份认证协议效率高的主要原因是_____。

（4）比特承诺协议执必须具有以下两个安全性质：_____和_____。

（5）Blum 不经意传送协议中选取的大素数 p 和 q 必须满足 $p \equiv q \equiv 3 \pmod 4$，其原因是：_____。

（6）一个公平掷币协议至少要满足以下 3 个条件：_____和_____和_____。

（7）一个安全多方计算协议要满足以下 3 个条件：_____和_____和_____。

（8）电子现金系统由_____、_____和_____三个协议组成。

(9) 电子现金系统的安全性主要指电子现金的_____和_____,它的匿名性包括_____和_____。

(10) 一般而言,电子投票包含三个步骤:_____、_____和_____。

(11) 电子投票有多种安全要求,其中,"所有的选票都是保密的,任何人都不能将选票和投票人对应起来以确定某个投票人所投选票的具体内容"是指_____性;"任何投票人都可以检查自己的投票是否被正确统计,以及其他任何关心投票结果的人都可以验证统计结果的正确性"是_____性。

(12) 一个电子拍卖系统通常主要由参与人员、_____和_____等部分组成,其参与人员主要包括_____、_____和_____三类。

(13) 电子拍卖的安全特性很多,其中,标价不能泄露投标者身份的特性称为_____,能追踪最后获胜投标者的特性称为_____。

4. 术语解释

(1) 密码协议

(2) 分割和选择协议

(3) 零知识证明

(4) 比特承诺协议

(5) 不经意传送协议

(6) 公平掷币协议

(7) 安全多方计算协议

5. 简答题

(1) 简述密码协议的安全特性。

(2) 为什么说分割和选择协议是一个公平的协议。

(3) 简述零知识证明的基本理论并举例。

(4) 利用所学的密码知识设计一个比特承诺方案。

(5) 简述不经意传送的基本理论并举例。

(6) 简述安全多方计算的基本理论并举例。

(7) 简述实用的电子现金方案应满足的标准。

(8) 简述一个公正的投票选举应满足的安全特性。

(9) 简述一个实用的电子拍卖系统需要满足的安全需求。

(10) 投标者在标价布告栏合理地标价是否能泄漏出投标者的身份,为什么?如果注册管理员和拍卖管理员联合起来能否揭示投标者的身份,为什么?

(11) 简述电子货币、电子投票、电子拍卖这三种协议中的匿名性分别指什么?

6. 综合分析题

下图显示FOO协议的实现过程:

投票者	监督者	统计者

$x_i = f(v_i, k_i)$
$e_i \equiv r_i^e \cdot H(x_i) \bmod n_a$
$s_i(e_i)$　　　　$\xrightarrow{(ID_i, e_i, s_i)}$　　$S_{ai} \equiv e_i^{d_a} \bmod n_a$
　　　　　　　$\xleftarrow{S_{ai}}$
$y_i = S_{ai}/r_i \bmod n_a$
　　　　　　　$\xrightarrow{\quad (x_i, y_i) \quad}$　　　→ 公布(w, x_i, y_i)
　　　　　　　$\xrightarrow{\quad (w, k_i, v_i) \quad}$　→ 布告栏(x_i, y_i, k_i, v_i)

依据这个协议，请回答以下问题。

（1）上面过程使用了比特承诺协议，结合电子投票分析协议实现过程及其意义。

（2）上面过程使用了盲签名，结合电子投票分析盲签名实现过程及其意义。

（3）在没有投票人弃权的情况下监督者和统计者联合起来能否舞弊，为什么？

第10章 密钥管理

密钥管理是密码系统至关重要的组成部分。它负责密钥从初始产生到最终销毁的整个过程,包括密钥的生成、存储、建立、使用、备份与恢复、更新、撤销和销毁等内容。密钥管理相当复杂,既有技术问题,也有管理问题。本章主要从理论和技术角度讨论密钥管理中的若干重要问题。

10.1 密钥管理概述

19世纪,Auguste Kerckhoffs 提出著名的 Kerckhoffs 原则:A cryptosystem should be secure even if everything about the system, except the key, is public knowledge。这句话的大意是:整个密码体制安全性取决于密钥。

随着信息化的不断深入,密码系统已经在计算机、通信系统广泛应用,而目前密码算法的设计和实现也越来越透明。这一方面方便了标准化以达到互联互通,另一方面方便了算法公开评测以保障其中未嵌入后门。因此,密钥实际上决定了密码系统的安全性,而密钥管理的作用就是从技术和管理的角度来保障密钥的安全性。

密钥管理指在授权各方之间实现密钥关系的建立和维护的一整套技术和程序。本节侧重于管理方面,着重介绍密钥管理的原则和密钥分层管理思想。

10.1.1 密钥管理的原则

密钥管理是一个庞大且烦琐的系统工程,必须从整体上考虑,从细节着手,严密细致地设计、实施,充分完善地测试、维护,才能较好地解决密钥管理问题。为此,密钥管理应遵循一些基本原则:

(1) 区分密钥管理的策略和机制

密钥管理策略是密钥管理系统的高级指导,策略着重原则指导,而不着重具体实现;而机制是具体的、复杂烦琐的;密钥管理机制是实现和执行策略的技术机构和方法。没有好的管理策略,再好的机制也不能确保密钥的安全;相反,没有好的机制,再好的策略也没有实际意义。

(2) 完全安全原则

该原则是指必须在密钥的产生、存储、分发、装入、使用、备份、更换和销毁等全过程中对密钥采取妥善的安全管理。只有各个阶段都安全时,密钥才是安全的,只要其中一个环节出问题,则密钥便不安全。也就是说,密钥的安全性是由密钥整个阶段中安全性最低的阶段决定的。

(3) 最小权利原则

该原则是指只分配给用户进行某一事务处理所需的最小的密钥集合。因为用户获得的密钥越多,则他的权利就越大,所能获得信息就越多。如果用户不诚实,则可能发生危害信息的事情。

(4) 责任分离原则

该原则是指一个密钥应当专职一种功能,不要让一个密钥兼任几种功能。如用于数据加密的密钥不应同时用于认证,用于文件加密的密钥不应同时用于通信加密。密钥专职的好处在于即使密钥暴露,也只会影响一种安全,从而使损失最小化。

(5) 密钥分级原则

该原则是指对于一个大的系统(如网络),所需要的密钥的种类和数量都很多。应当采用密钥分级策略,根据密钥的职责和重要性,把密钥划分为几个级别。用高级密钥保护低级密钥,最高级的密钥由安全的物理设施保护。这样做的好处是既可减少受保护的密钥的使用次数,又可简化密钥的管理工作。具体实例参见10.1.2节。

(6) 密钥更换原则

该原则是指密钥必须按时更换,否则,即使采用很强的密码算法,只要攻击者截获足够多的密文,密钥被破译的可能性就非常大。理想情况是一个密钥只使用一次,但一次一密是不现实的,因为密钥更换的频率越高,密钥的管理就越复杂。实际应用时应当在安全和效率之间折中。

(7) 密钥应当有足够的长度

密钥有足够的长度。密钥越长,密钥空间就越大,攻击就越困难,因而也就越安全;但密钥越长,用软硬件实现所消耗的资源就越多。因此,密钥长度也要在安全和效率方面折中选取。

(8) 密码体制不同,密钥管理也不相同

由于对称密码体制与非对称密钥密码体制是性质不同的两种密码体制,因此它们在密钥管理方面有很大的不同。

10.1.2 密钥管理的层次结构

由于应用需求和功能上的差异,在密码系统中所使用的密钥的种类还是比较多的,例如,按照加密内容的不同,密钥可以分为用于一般数据加密的密钥和用于密钥加密的密钥等。根据不同种类密钥所起作用和重要性的不同,现有的密码系统的设计大都采用了层次化的密钥结构,这种层次化结构与对系统的密钥控制关系是对应的,图10-1表示一个常用(三级)的简化密钥管理的层次结构。

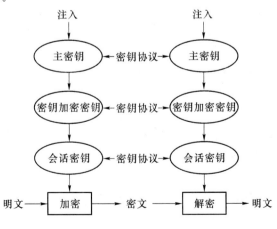

图10-1 三层密钥管理的层次结构图

如图 10-1 所示，一般情况下，按照密钥的生存周期、功能和保密级别，可以将密钥分为 3 类：会话密钥、密钥加密密钥和主密钥。系统使用主密钥通过某种密码算法保护密钥加密密钥，再使用密钥加密密钥通过密码算法保护会话密钥，不过密钥加密密钥可能不止一个层次，最后会话密钥基于某种密码算法来保护明文数据。在整个密钥层次体系中，各层密钥的使用由相应层次的密钥协议控制。

(1) 会话密钥

两个通信终端用户交换数据时使用的密钥称为会话密钥，也称数据加密密钥。会话密钥的生存周期非常短，通常在会话建立初生成，在会话结束后销毁，主要用来对传输的数据进行保护，即使会话密钥泄露，造成的直接损失也不会太大。攻击者只能获悉用该会话密钥加密的数据。会话密钥可由通信双方协商得到，也可由密钥分配中心分配。由于它大多数是临时的、动态生成的，因此，可大大降低密钥的存储量。

(2) 密钥加密密钥

密钥加密密钥主要用于对要传送的会话密钥进行加密，也称为二级密钥、次主密钥或辅助密钥。通信网中每个节点都分配有密钥加密密钥(为了安全，各节点的密钥加密密钥应互不相同)。密钥加密密钥的生存周期相对较长，由于它主要用来协商或传送会话密钥，所以一旦泄露则可能导致在其使用周期内的所有会话密钥泄露。因此，密钥加密密钥的保密级别较高，在主机和一些密码设备中，存储这种密钥的装置应有断电保护、认证和防窜扰、防欺诈等控制功能。

(3) 主密钥

主密钥对应于层次化密钥结构中的最高层次，它是由用户选定或由系统分配给用户的、可在较长时间内由用户所专有的秘密密钥，在某种程度上，主密钥还起到标识用户的作用。主密钥主要用于对密钥加密密钥或会话密钥的保护，使得这些密钥可以实现在线分发。它的生存周期最长，而且泄露主密钥所带来的危害无法估量，因此一般保存在网络中心、主节点、主处理机或专用硬件设备中，受到严格的保护。此外，对于主密钥的分配传送往往采用人工的方式，由可信的邮差、保密人员进行传送。

密钥的分级系统大大提高了密钥的安全性。一般来说，越低级的密钥更换速度越快，最低层的密钥可以做到一次一换。在分级结构中，低级密钥具有相对独立性。一方面，它们被破译不会影响到上级密钥的安全；另一方面，它们的生成方式、结构、内容可以根据某种协议不断变换。

对于攻击者，密钥的分级系统意味着他所攻击的是一个动态系统。对于静态密钥系统，一份报文的破译就可以导致使用该密钥的所有报文的泄露。而对于动态密钥系统，由于低级密钥是在不断变化中的，因而，一份报文的破译造成的影响有限。而直接对主密钥发起攻击也是很困难的。一方面，对主密钥保护是相当严格的，采取了各种物理手段；另一方面，主密钥的使用次数很少。

密钥的分级系统更大的优点还在于，它使得密钥管理自动化成为可能。对于一个大型密码系统而言，其需要的密钥数量是庞大的，都采用人工交换的方式来获得密钥已经不可能。在分级系统中，只有主密钥需要人工装入，其他各级密钥均可以由密钥管理系统按照某些协议来进行自动地分配、更换、撤销等。这既提高了工作效率，也提高了安全性。管理人员掌握着核心密钥，他们不直接接触普通用户使用的密钥与明文数据，普通用户也无法接触到核心密钥，这使得核心密钥的扩散面减到最小。

10.2 密钥生命周期

密钥的生命周期是指密钥从产生到最终销毁的整个过程。在这个生命周期中,密钥处于4种不同的状态中:①使用前状态,密钥不能用于正常的密码操作;②使用状态,密钥是可用的,并处于正常使用中;③使用后状态,密钥不再正常使用,但为了某种目的对其进行离线访问是可行的;④过期状态,密钥不再使用,所有的密钥记录已被删除。如图10-2所示,密钥生命周期包括以下9个重要阶段。

(1) 密钥生成

一般通过密钥生成器借助于某种噪声源产生具有较好统计分析特性的序列,以保障生成密钥的随机性和不可预测性,然后再对这些序列进行各种检验,例如,伪随机性测试以确保其具有较好的密码特性。不同的密码体制或密钥类型,其密钥的具体生成方法一般是不相同的,与相应的密码体制或标准相联系。密钥可能由用户自己生成也可能是由可信的系统生成并分发给用户。密钥生成是密钥生命周期的基础阶段。

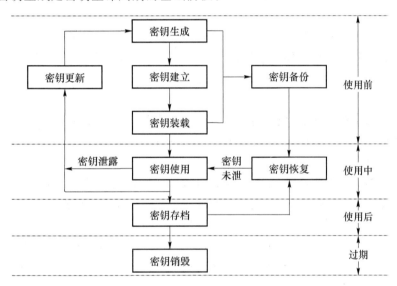

图 10-2 密钥生命周期阶段图

(2) 密钥建立

密钥建立是一个过程或一个协议,能够为两个或多个参与方生成共享密钥,供随后的密码方案使用。与其他阶段不同,密钥建立过程中,密钥不处于相对封闭的物理环境中,而是在公开的信道中传送,所以安全风险最高,通常会受到攻击者如下的攻击:使用窃听到的消息推导共享密钥;对于由一方协同另一方开始的协议,攻击者可以悄悄地参与并对该协议加以影响,如通过修改消息使得能够推导出密钥;甚至开始一个或更多的协议(可能并发),并将由一方到另一方的消息组合(交织),从而假冒一些参与方或执行上述攻击之一。为此,密钥建立过程需要使用加密和认证技术来抵制攻击者,具体协议将在10.3节详细介绍。

(3) 密钥安装

将密钥材料安装在一个实体的软件或硬件中,以便使用。这一过程其实就是密钥的静态存储。一般来说,安装常采用以下技术:手工输入口令或者PIN、磁盘交换、只读存储设备、芯片卡等。初始密钥材料可用于建立安全的在线会话，从而建立会话密钥。在此后的更新中，理想的方式是通过一种安全的在线更新技术，安装新的密钥材料来代替正在使用的密钥。

（4）密钥的正常使用

利用密钥进行正常的密码操作，如加密、解密、签名、验证等。密钥生命周期的目的就是要方便密钥材料的使用，一般来说，在有效期内密钥都可以使用。由于在密钥使用中密钥必须以明文形式出现，所以这阶段往往是攻击者重点关注阶段之一，通常需要对密钥使用环境进行保护。当然，密钥使用也可以进一步细分，例如，对于非对称密钥对而言，某些时刻公钥对于加密不再有效，然而私钥对于解密仍然有效。

（5）密钥存档

当密钥不再正常时，需要对其进行存档，以便在某种情况下（如解决争议）能够对其进行检索并在需要时恢复密钥。存档是指对过了有效期的密钥进行长期的离线保存，处于密钥的使用后的状态。

（6）密钥的注销与销毁

当不再需要保留密钥或者保留与密钥相关联内容的时候，这个密钥应当注销，并销毁密钥的所有副本，清除所有与这密钥相关的痕迹。

（7）密钥备份

在密钥安装同时，将密钥材料存储在独立、安全的介质上，以便需要时恢复密钥。备份是密钥处于使用状态时的短期存储，为密钥的恢复提供密钥源，要求以安全方式存储密钥，防止密钥泄露，且不同等级和类型的密钥采取不同方法。

（8）密钥恢复

从备份或存档中检索密钥材料，将其恢复。如果密钥材料遗失同时没有被泄露的风险（如设备损坏或者口令遗忘），则可以从原有的安全备份中恢复密钥。

（9）密钥更新

在密钥有效期截止之前，使用中的密钥材料被新的密钥材料替代。更新的原因可能是密钥使用有效期将到，也可能是正在使用的密钥泄露。密钥更新的两种常用方法：一种是完全重新生成新的密钥，另一种是在原有密钥基础上导出一个新密钥。

需要指出的是，图 10-2 中描述的生命周期主要对应于对称密码体制的共享密钥，对于非对称密码体制的私有密钥/公开密钥对的生命周期，还会有一些特殊的环节，如公钥的注册与公开，公钥撤销等，将在 10.4 节介绍，这里不再展开。

上面提到的对称密钥的生命周期的几个环节并不是对所有密钥都必须遵循，例如会话密钥一般无须备份或归档。另外，图 10-2 中描述的生命周期仅涉及单一参与方。

10.3 密钥建立

如前所述，密钥建立指为两个或多个参与方生成共享密钥，这里的共享密钥特指对称密码体制中使用的密钥（如无特殊说明，下文统称其为会话密钥）。密钥建立可以再分为密钥分配和密钥协商，还包括各种形式的密钥更新在内的多种变体，本节主要介绍两个参与方之间的密钥分配和密钥协商技术。

10.3.1 密钥分配

密钥分配协议或机制是一种动态密钥建立过程,它使得一个参与方可以建立或获得一个秘密值,并将它安全地传输给其他参与方。根据密钥分配协议中是否存在上层密钥(如密钥加密密钥)保护,可以分为无密钥分配和有密钥分配;在有密钥分配机制中,又根据密钥加密密钥的类型分为对称技术分配和非对称技术分配。

1. 无密钥的密钥分配

Shamir 提出一个无密钥分配协议,协议执行的双方只需要知道一些公开的系统参数。设初始化参数为一个大素数 p,这个数 p 是公开的,任何人都可以使用。系统中的两个用户通过三次交互来传递会话密钥,过程如下。

(1) A 随机选取一个小于 $p-1$ 的秘密数 a,然后选择一个随机密钥 K_s 作为他想传输给 B 的会话密钥,要求 $1 \leq K_s \leq p-1$。A 计算 $K_s^a \mod p$ 并将其发送给 B。

(2) B 接收到了 $K_s^a \mod p$,随机选取一个小于 $p-1$ 的秘密数 b,对其进行 b 次幂指数运算 $(K_s^a)^b \mod p$,并将结果发送给 A。

(3) A 将接收到的值进行 $a^{-1} \mod (p-1)$ 次幂指数运算,从而得到 $K_s^b \mod p$,将其发送给 B。

(4) B 将接收到的值进行 $b^{-1} \mod (p-1)$ 次幂指数运算,从而得到会话密钥 $K_s \mod p$。

这个协议的正确性是显然的。但是,Shamir 的无密钥分发协议没有提供身份认证,即 A 和 B 都没有向对方证明自己的身份。假如攻击者 C 截取了 A 给 B 发送的消息,那么,他就可以冒充 B 与 A 通信。因而,在使用该协议时,需要有其他的配套协议提供身份认证。

2. 基于对称技术的密钥分配

参与双方 A 和 B 之间预先共享一个密钥加密密钥 K_{AB},而会话密钥 K_s 是临时产生的,用事先共享的密钥加密密钥加密这个会话密钥,然后发送给对方,由于对方也拥有这个密钥加密密钥,所以能解密得到这个会话密钥,交互信息如下:

$$A \rightarrow B: E_{K_{AB}}(K_s, t_A^*, B^*)$$

上面的 t_A 为 A 的时间戳,B 为该消息发送的目标标识符,符号(*)表示该项为可选的。这里,时间戳可以防止攻击者进行重放攻击,目标标识符可以防止攻击者进行反射攻击等攻击。

上面双方密钥分配协议中,每两个用户需要一个共享的密钥加密密钥 K_{AB},那么,假设系统中有 n 个用户,则共需要保存 $C_n^2 = n(n-1)/2$ 个密钥加密密钥。如果 $n=10$,则共需要保存的密钥加密密钥数量为 45 个;而当 $n=1\,000$ 时,共需要保存的密钥加密密钥数量为 499 500 个。显然,随着系统容量的增大,需要预先分配的密钥加密密钥的数量将大大增加,这使得预分配工作相当困难,而每个用户需要管理的密钥数量也线性增长。为了解决这一问题,引入密钥分配中心 KDC(Key Distribution Center)来对密钥进行分配管理,系统中的每个用户只需要管理与密钥分发中心之间共享的密钥加密密钥,而随着用户数量增加,KDC 管理的密钥加密密钥数量只随之线性增加。

(1) 会话密钥由通信发起方生成

如图 10-3 所示,当发起方 A 欲传送会话密钥 K_s 给接收方 B,A 用它与 KDC 间的共享密钥 K_{A-KDC} 加密这个会话密钥和接收方 B 的身份后发送给 KDC。

KDC 收到后再用 K_{A-KDC} 解密这个密文获得 A 所选择的会话密钥 K_s 以及接收方 B 的身份,然后 KDC 用它与 B 之间共享的密钥 K_{B-KDC} 来加密这个会话密钥 K_s 以及发起方 A 的身份,并将它发送给 B。B 收到密文后,用它与 KDC 间共享的密钥 K_{B-KDC} 来解密,从而获知会话

密钥 K_s。

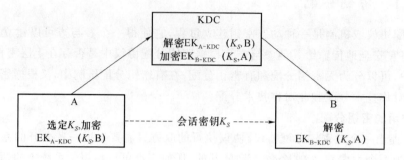

图 10-3　会话密钥由发送方生成模式

(2) 会话密钥由 KDC 生成

当发送方 A 希望与接受方 B 进行密钥分配时，它先向 KDC 发送一条请求消息表明自己希望与 B 通信，KDC 收到这个请求后就临时随机地产生一个会话密钥 K_s，并将 B 的身份和所产生的这个会话密钥一起用 KDC 与 A 共享的密钥 K_{A-KDC} 加密后传送给 A。A 解密得会话密钥 K_s。

KDC 同时将 A 的身份和前面所产生的会话密钥 K_s 用 KDC 与 B 间共享的密钥 K_{B-KDC} 加密后传送给 B。同样，B 解密后得知 A 希望与之进行秘密通信，所用的密钥是 K_s。具体执行过程如图 10-4 所示。

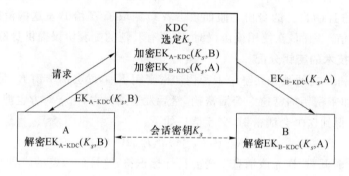

图 10-4　会话密钥由 KDC 生成模式

(3) Needham-Schroeder 密钥分配协议

上面两个协议都有密钥分配中心 KDC 参与，故称之为有中心的密钥分配协议。但上述协议只包含了分配的基本模块，易受重放等攻击的威胁，不能直接在实际中使用。下面介绍一个有中心且由中心生成密钥的密钥分配协议，即 Needham-Schroeder 密钥分配协议，它是由罗格·尼德哈姆和麦克·绍罗耶德（Roger Needham, Mike Schroeder）于 1978 年提出来的，该协议是密钥分配技术的里程碑，之后许多协议都是由此继承而来。

(a) $A \rightarrow C: ID_A, ID_B, N_A$

(b) $C \rightarrow A: E_{K_{AC}}(ID_B, N_A, K_s, E_{K_{BC}}(ID_A, K_s))$

(c) $A \rightarrow B: E_{K_{BC}}(ID_A, K_s)$

(d) $B \rightarrow A: E_{K_s}(N_B)$

(e) $A \rightarrow B: E_{K_s}(N_B - 1)$

上面中 C 代表密钥分发中心，A 和 B 为通信双方，以下解释上述五步的实现过程。

① A 向密钥分发中心发送明文消息 ID_A, ID_B, N_A，意思是："我是 A，我想同 B 进行保密通信，我的随机数是 N_A。"

② 密钥分发中心收到了 A 的请求后为 A 生成一个会话密钥 K_s,同时,C 给 A 一个证书 $E_{K_{BC}}(ID_A, K_s)$,并经由 A 把此证书转交给 B。由于只有 A 拥有他同密钥分发中心之间的密钥 K_{AC},因而,只有 A 能够解密这条消息。从而防止了有人冒充 A 向密钥分发中心提交请求所造成的风险。

③ A 向 B 转交证书 $E_{K_{BC}}(ID_A, K_s)$,由于只有 B 拥有 K_{BC},因而,只有 B 能够解读这个证书以取得会话密钥 K_s。这样,攻击者即使截取证书,也无法解读。

④ B 同 A 进行一次质询响应。

⑤ A 响应 B 的请求,并将随机数 N_B 减 1,表明 A 在线并且是可以通信的。

但这个协议也存在漏洞:譬如 B 无法判断他从密钥分发中心经由 A 收到的 K_s 是否是新的。因而,一旦 K_s 泄露,任何人都可以通过重发协议第 3 步来冒充 A。虽然存在这个漏洞,但其设计思想影响深远,其中最著名的派生协议是 Kerberos 密钥分发协议。

3. 基于非对称技术的密钥分配

众所周知,非对称(公钥)密码体制可以很好地解决密钥分配和密钥管理问题。系统中总的密钥量和每个用户管理的密钥量都与上面基于 KDC 的密钥分配系统相当,此外,基于公钥的密钥分配协议不需要可信中心的实时参与,因而不会由于 KDC 的瓶颈作用而导致密钥分配失败。协议交互消息如下:

$$A \to B: P_B(K_s, A)$$

其中 P_B 为参与方 B 使用的公钥加密算法及 B 的公开密钥,$P_B(K_s, A)$ 表示对密钥 K_s 和 A 身份的加密。同样,上面的基本分配模块易受重放攻击等,故不推荐使用,实际中可以考虑使用下面的 Needham-Schroeder 密钥分配协议(公钥版本)。

$$A \to B: P_B(k_1, A) \tag{1}$$

$$B \to A: P_A(k_1, k_2) \tag{2}$$

$$A \to B: P_B(k_2) \tag{3}$$

协议执行 A 和 B 交互 3 次,首先 A 将消息(1)发送给 B,其中 k_1 为 A 选取的秘密会话密钥。B 通过接收到的消息(1)恢复 k_1,并将消息(2)返回给 A,同样 k_2 为 B 选取的秘密会话密钥。A 解密消息(2)后,检查恢复的密钥 k_1 是否与消息(1)中发送的一致(假如 k_1 以前从未用过,那么 A 就确信 B 知道这个密钥)。A 将消息(3)发送给 B。B 解密消息(3)后,检查恢复的密钥 k_2 是否与消息(2)中发送的一致。然后使用一个适当的已知不可逆函数 f,计算 $K_s = f(k_1, k_2)$ 得到最终的会话密钥。

10.3.2 密钥协商

密钥协商协议或机制指其中两个(或更多的)参与方共同提供信息,推导出一个共享密钥,(理想状态下)任何一方不能预先确定会话密钥的值。它既包含动态密钥协商技术,也包含静态密钥协商技术,即密钥预分配技术,如 Blom 密钥预分配方案、EG 密钥预分配方案等。本节着重介绍动态密钥协商技术。

典型的密钥协商协议是 Diffie-Hellman 密钥交换协议,该协议是一个无密钥的双方密钥协商方案,在这个协议基础上改进的端对端协议(Station-to-Station Protocol)是一个更安全的密钥协商协议。

1. Diffie-Hellman 密钥交换协议

W. Diffie 和 M. Hellman 在 1976 年提出公钥密码体制概念时便给出了 Diffie-Hellman 密钥交换协议,目前,有不少的商用产品都采用这个协议实现。与 Shamir 的无密钥分配协议类似,该协议的参与双方只需要知道一些公开的参数,不需要事先共享一些密钥加密密钥,或者生成每个用户的公私钥对。

设 p 是一个大素数,$g \in \mathbf{Z}_p$ 是模 p 的一个本原元,p 和 g 公开并可为所有用户所共用。

(1) 通信方 A 随机选取一个大数 a,$0 \leqslant a \leqslant p-2$,并计算 $g_a \equiv g^a \pmod{p}$,并将结果 g_a 传送给通信方 B。

(2) B 随机选取一个大数 b,$0 \leqslant b \leqslant p-2$。然后计算 $g_b \equiv g^b \pmod{p}$,并将结果 g_b 传送给 A。

(3) A 计算:$k \equiv g_b^a \pmod{p}$。

(4) B 计算:$k \equiv g_a^b \pmod{p}$。

因为:$k \equiv g_b^a \equiv (g^b \pmod{p})^a \equiv g^{ab} \equiv g_a^b \equiv k \pmod{p}$,最终通信双方 A 和 B 各自计算出共同的会话密钥 k。

上述双方 Diffie-Hellman 密钥交换协议很容易扩展到三人密钥协商协议。下面以 A、B 和 C 三方一起产生会话密钥为例。

(1) A 选取一个大随机整数 x,并且发送 $X \equiv g^x \bmod p$ 给 B。

(2) B 选取一个大随机整数 y,并且发送 $Y \equiv g^y \bmod p$ 给 C。

(3) C 选取一个大随机整数 z,并且发送 $Z \equiv g^z \bmod p$ 给 A。

(4) A 发送 $Z' \equiv Z^x \bmod p$ 给 B。

(5) B 发送 $X' \equiv X^y \bmod p$ 给 C。

(6) C 发送 $Y' \equiv Y^z \bmod p$ 给 A。

(7) A 计算 $k \equiv Y'^x \bmod p$。

(8) B 计算 $k \equiv Z'^y \bmod p$。

(9) C 计算 $k \equiv X'^z \bmod p$。

显然,会话密钥 $k = g^{xyz} \bmod p$,除了他们三人外,没有别的人能计算出 k 值。

这个协议很容易扩展到四人或更多人的密钥协商,然而随着人数增加,通信的轮数迅速增加,因此在现实通信中该方法不适合用于群组密钥协商。

2. 中间人攻击

Diffie-Hellman 密钥交换协议不包含通信双方的身份认证过程,所以,处于通信双方 A 和 B 中间的攻击者能够截获并替换他们之间交互的消息,最终可以监听到他们实际通信的数据,这种攻击被称为中间人攻击。

在中间人攻击中,攻击者 M 截获 A 发送给 B 的第一条密钥协商消息 g_a,并伪装成 A 向 B 发送消息 $g_m \equiv g^m \pmod{p}$。B 将按照协议的规则回复 g_b 给 A,攻击者 M 截获这个消息。现在 M 和 B 协商了一个密钥 $g^{bm} \bmod p$,而 B 以为这个密钥就是他和 A 所共享的密钥。同理,M 伪装成 B 将 $g_m \equiv g^m \pmod{p}$ 发送给 A,则 M 和 A 协商了一个密钥 $g^{am} \bmod p$,而 A 以为这是她和 B 共享的密钥,如图 10-5 所示。

(1) A 选择 $a \in_u [1, p-1]$,计算 $g_a \equiv g^a \pmod{p}$,发送 g_a 给 M("B");

(2) M("A") 对某个 $m \in [1, p-1]$,计算 $g_m \equiv g^m \pmod{p}$,发送 g_m 给 B;

(3) B 选择 $b \in [1, p-1]$,计算 $g_b \equiv g^b \pmod{p}$,发送 g_b 给 M("A");

(4) M("B") 向 A 发送 g_m;

(5) A 计算 $k_1 \equiv g_m^a \pmod{p}$;

(6) B 计算 $k_2 \equiv g_m^b \pmod{p}$。

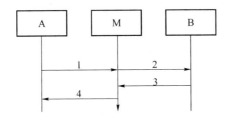

图 10-5 对 Diffie-Hellman 密钥交换协议的中间人攻击

上面过程完成之后，攻击者 M 可以计算出密钥 k_1 和 k_2，并用这两个密钥就可以监听 A 和 B 之间的秘密通信：设 A 用 $g^{am} \bmod p$ 加密信息发送给 B，M 截取信息的密文并用 k_1 解密得到信息，随后用密钥 $g^{bm} \bmod p$ 再次加密信息并传送给 B。反之亦然。

为了抵抗这种攻击，在协议的运行过程当中，参与者必须确定收到的消息的确来自目标参与者。

3. 端-端协议

为了克服中间人攻击，W. Diffie 和 P. C. Van Orschot 等人于 1992 年提出了一种 DH 密钥协商协议的改进协议——端-端协议（STS）。该协议基于公钥基础设施（见 10.4 节）引入了数字签名体制，签名算法用 Sign_U 表示，与之对应的签名验证算法用 Ver_U 表示。假定存在可信中心 CA，域中的每个用户可以事先向 CA 请求其对自己公开密钥的签名文件，称为公钥证书 $C(U)$。其中 U 表示用户，具体可以是 A 用户或 B 用户。则简化的端-端协议描述如下。

设 p 是一个大素数，$g \in \mathbf{Z}_p$ 是模 p 的一个本原元，p 和 g 公开。

(1) A 随机选取 $x, 0 \leqslant x \leqslant p-2$；计算 $g_a \equiv g^x \pmod{p}$，并将结果传送给用户 B。

(2) B 随机选取 $y, 0 \leqslant y \leqslant p-2$；计算 $g_b \equiv g^y \pmod{p}$。然后计算：$S_B = \text{Sign}_B(g_a, g_b)$，用户 B 将 $(C(B), g_b, S_B)$ 传送给用户 A。

(3) 用户 A 先验证 $C(B)$ 的有效性，然后验证 B 的签名 S_B 的有效性。确认 S_B 有效后，计算 $S_A = \text{Sign}_A(g_a, g_b)$，把自己的公钥证书 $C(A)$ 以及签名 S_A 发给用户 B。最后，计算 $K \equiv g_b^x \bmod p$ 作为会话密钥。

(4) B 同样先验证 $C(A)$ 的有效性，然后验证 A 的签名 S_A 的有效性。确认 S_A 有效后，计算 $K \equiv g_a^y \bmod p$ 作为会话密钥。

这样，A 和 B 双方在信道上交换的信息若被替换，由于攻击者不能伪造用户 A 和 B 的有效签名，所以会被对方用户检测出来，所以上面提到的中间人攻击是无效的。

10.4 公钥管理及公钥基础设施

公开密钥无须保密传输，但是攻击者可以通过截断、假冒等手段使目标用户 B 的身份和其公钥分离，也就说，攻击者冒充 B 发送自己的公钥给 A，从而获取 A 传送给 B 的秘密信息。为此，需要有安全机制保障用户的身份和其公钥不能被分割替换。这类安全机制中应用最广泛的是公钥基础设施，它借助数字证书将公钥与持有相应私钥的主体（个人、设备等）的身份绑定在一起。本节将重点阐述数字证书的概念及管理流程，最后简单介绍一下公钥基础设施的相关标准。

10.4.1 数字证书

公开密钥基础设施（Public Key Infrastructure，PKI），又称公开密钥基础架构，简称公钥基础设施或公钥基础架构,是生成、管理、存储、分发和撤销基于公钥密码的数字证书所需要的硬件、软件、人员、策略和规程的总和。颁发证书的实体是数字证书认证机构(Certificate Authority,CA),它通过在公钥(数字)证书上签名,可以使任何人确信证书上的公钥及与公钥相对应的私钥为证书所指定的主体所拥有。

目前最常用的证书格式是 ITU-T X.509 数字证书,但是这并非唯一的公钥证书的格式(例如 Pretty Good Privacy (PGP) 安全电子邮件就依赖于 PGP 所独有的一种证书)。如图 10-6 所示,X.509 公钥证书版本 3(简称证书)包含下列内容。

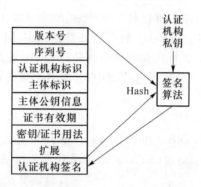

图 10-6 X.509 证书格式

版本号:用来区分 X.509 的不同版本,v3(2)。
序列号:由 CA 给予每一个证书分配的唯一的数字型编号。
认证机构标识:颁发该证书机构 CA 的唯一的 X.500 名字。
主体标识:证书持有者的名称。
主体公钥信息:证书持有者对应的公钥。
证书有效期:证书有效时间,包括证书开始有效期和证书失效期。
密钥/证书用法:描述该主体的公/私密钥对的合法用途,如加密、签名等。
扩展:描述该证书的附加信息。
认证机构签名:签发该证书的权威机构 CA 对该证书的数字签名,通过该签名保障证书的合法性、有效性和完整性。

10.4.2 公钥证书管理

1. 证书的生命周期

对应于用户公/私钥对的生命周期,公钥证书也有一个生成到过期的生命周期,在此周期内,CA 对证书的管理主要包含六个环节,如图 10-7 所示。申请人提交证书请求、CA 对证书请求进行审核、CA 生成并发布证书、用户下载并使用证书、CA 发布证书撤销、证书更新。

在向 CA 提交证书申请之前,用户首先要在 CA 机构进行注册。所谓注册就是用户主体向 CA 自我介绍的过程,通常情况下,CA 委派注册机构(Registration Authority,RA)来完成用户注册,RA 为 CA 提供担保,核实预期证书持有人的真实身份与所宣称的身份是否一致。因为可能要求进行脱机的、非自动的身份验证,所以当注册任务繁重或涉及异地时,RA 可以设置从属注册机构 LRA 来分担。注册过程也可以是隐含的,或者在收到来源可信(如来自域管理员)的信息时自动完成。

用户注册之后提交证书申请,证书申请就是向 CA 提供身份信息,该信息随后将成为所颁发证书的一部分。CA 根据一套标准受理申请,如果申请被成功受理,CA 随后将向该用户颁发证书。

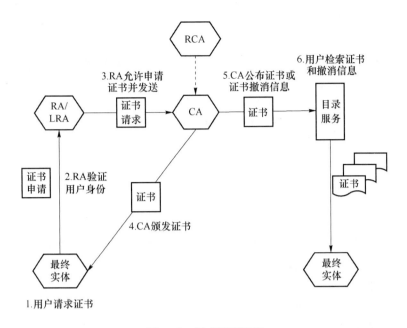

图 10-7　证书管理流程

证书生成过程,即 CA 使用自己的私钥,对实体身份信息、公钥等信息进行签名绑定过程。随后,证书被颁发给用户,同时,CA 在自己的目录服务器发布证书,为其他用户提供公开查询服务。

证书被下载到本地后,用户首先要进行证书项的验证,如证书有效期、证书用法是否正确等;之后,对证书的 CA 签名进行验证。所有验证通过之后,证书就存储起来正常使用了。证书中的内容都是公开的,所以证书的存放不需要其他安全保障,可以使用 IC 卡存放,或者直接存放在磁盘或自己的终端上,还可以放在 USB Key 上。

证书上都会标明一个指定的过期时间,但是在一些特殊情况下,如由于私钥泄露等原因要求用户身份与公钥分离、用户和 CA 的雇佣关系结束、证书中信息修改等,CA 可通过证书撤销机制来缩短其生命周期。此时,CA 发布一个证书撤销列表（Certificate Revocation List, CRL）,列出被认为不能再使用的证书序列号。CA 也可以在 CRL 中加入证书被撤销的理由,还可以加入被认为这种状态改变所适用的起始日期。证书撤销流程通常包含:撤销请求、撤销响应和撤销发布,如图 10-8 所示。

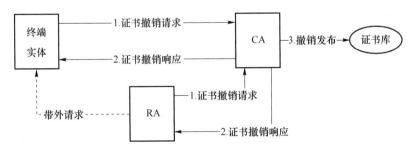

图 10-8　证书撤销流程示例

值得注意的是,在撤销的证书到达该证书上所标明的实效日期后,CRL 中的有关条目将被删除,以缩短 CRL 列表的大小。

通常应用程序会下载CRL并缓存在客户机上,在它到期之前客户机将一直使用它。如果CA发布了新的CRL,拥有有效CRL的应用程序并不使用新的CRL,因此,公钥的最新状态可能无法实时更新。

在证书中的公钥使用之前,用户(应用程序)首先要使用CA的公钥和签名算法验证公钥证书上认证机构的签名是否有效。然后,检查CRL,以确定给定证书和密钥对是否仍然可信。如果不可信,应用程序可以判断撤销的理由或日期对使用有疑问证书是否有影响。例如,该证书被用来验证签名,且签名的日期早于CA撤销该证书的日期,那么该签名仍被认为是有效的。最后,应用程序还需要对证书进行一系列检测,包括检测证书拥有者是否为预期的用户;检查证书的有效期,确保该证书是否有效;检查该证书的预期用途是否符合CA在该证书中指定的所有策略限制。所有检查都确定有效后,应用程序才使用证书中的公钥进行加密或签名验证等操作。

证书到期,或者因为其他原因被撤销,需要进行证书更新。如果是旧证书到期,PKI系统会自动完成更新,无须用户干预。一般在用户使用证书当中,PKI会自动到目录服务器中检查证书的有效期,在有效期结束之前,启动更新机制,生成一个新证书。

2. CA的架构

CA作为证书颁发的核心机构,掌握着签名的私钥,从密钥管理的分层思想来看,也需要对其进行分层管理,以保障其私钥的安全性。根据证书颁发机构CA的类型不同,一般分为根CA和从属CA。

根CA(RCA):根CA是一种特殊的CA,它受到客户无条件地信任,位于证书层次结构的最高层,所有证书链均终止于根CA。

从属CA:在从属CA中,证书中的公钥和用于核实证书的密钥是不同的。一个CA向另一个CA颁发证书的过程称为交叉认证。

在设计CA的层次结构时,根CA的安全级别应设为最高。一般情况,根CA应以脱机状态保存在安全的位置,并且用它只签署少量证书。可能的话,应该将CA和密钥保存在专门的保管库中,并且至少同时有两位操作员进入该保管库,一位执行规定的操作,另一位审核其操作。在一个根CA下面可以有一个或多个从属CA,将中级从属CA设为脱机的机器,可以提高该CA的安全性。CA链中最后一级的CA必须处于联机状态,因此可用于受理来自众多客户机的证书申请。

10.4.3 公钥基础设施相关标准

PKI的标准可分为两个部分:一类用于定义PKI,而另一类用于PKI的应用,下面主要介绍定义PKI的标准。

ASN.1基本编码规则的规范——X.209(1988)。ASN.1是描述在网络上传输信息格式的标准方法。它有两部分:第一部分(ISO 8824/ITU X.208)描述信息内的数据、数据类型及序列格式,也就是数据的语法;第二部分(ISO 8825/ITU X.209)描述如何将各部分数据组成消息,也就是数据的基本编码规则。这两个协议除了在PKI体系中被应用外,还被广泛应用于通信和计算机的其他领域。

目录服务系统标准——X.500(1993)。X.500是一套已经被国际标准化组织(ISO)接受的目录服务系统标准,它定义了一个机构如何在全局范围内共享其名字和与之相关的对象。X.500是层次性的,其中的管理域(机构、分支、部门和工作组)可以提供这些域内的用户和资源信息。在PKI体系中,X.500被用来唯一标识一个实体,该实体可以是机构、组织、个人或一台服务器。X.500被认为是实现目录服务的最佳途径,但X.500的实现需要较大的投资,并且比其他方式速度慢;但其优势是具有信息模型、多功能和开放性。

LDAP 轻量级目录访问协议——LDAP V3。LDAP 规范(RFC1487)简化了笨重的 X.500 目录访问协议,并且在功能性、数据表示、编码和传输方面都进行了相应的修改。1997 年,LDAP 第 3 版本成为互联网标准。目前,LDAP V3 已经在 PKI 体系中被广泛应用于证书信息发布、CRL 信息发布、CA 政策以及与信息发布相关的各个方面。

数字证书标准——X.509(1993)。X.509 是由国际电信联盟(ITU-T)制定的数字证书标准。在 X.500 确保用户名称唯一性的基础上,X.509 为 X.500 用户名称提供了通信实体的鉴别机制,并规定了实体鉴别过程中广泛适用的证书语法和数据接口。X.509 的最初版本公布于 1988 年,由用户公开密钥和用户标识符组成,此外还包括版本号、证书序列号、CA 标识符、签名算法标识、签发者名称、证书有效期等信息。这一标准的最新版本是 X.509 V3,该版数字证书提供了一个扩展信息字段,用来提供更多的灵活性及特殊应用环境下所需的信息传送。

OCSP 在线证书状态协议。OCSP(Online Certificate Status Protocol)是 IETF 颁布的用于检查数字证书在某一交易时刻是否仍然有效的标准。该标准提供给 PKI 用户一条方便快捷的数字证书状态查询通道,使 PKI 体系能够更有效、更安全地在各个领域中被广泛应用。

PKCS 系列标准。PKCS 是由美国 RSA 数据安全公司及其合作伙伴制定的一组公钥密码学标准,其中包括证书申请、证书更新、证书作废表发布、扩展证书内容以及数字签名、数字信封的格式等方面的一系列相关协议。

10.5 密钥托管技术

加密技术是一把"双刃剑",可以为守法的人提供保密,也可以是犯罪分子掩盖罪恶事实的工具。

密钥托管也称为托管加密,是指为公众和用户提供更好安全通信的同时,也允许授权者(包括政府保密部门、企业专门技术人员和特殊用户等)为了国家、集团的利益,监听某些通信内容并能解密相关密文。密钥托管也叫"密钥恢复",或者理解为"受信任的第三方"、"数据恢复"和"特殊获取"等含义。

10.5.1 密钥托管简介

为了有效控制密码技术的使用,美国政府于 1993 年 4 月提出 Clipper 计划和密钥托管加密技术。密钥托管技术的实质是建议联邦政府和工业界使用新的具有密钥托管功能的联邦加密标准,即托管加密标准(Escrowed Encryption Standard,EES),又称 Clipper 建议。EES 标准于 1994 年 2 月正式被美国政府公布采用。

标准的核心是一个称为 Clipper 的防窜扰芯片,它是由美国国家安全局(NSA)主持开发的软硬件实现的密码部件,它有两个主要的特征。

(1) 一个密码算法。内部利用 Skipjack 的分组密码算法实现,芯片的单元密钥(UK)由两个称之为 Escrow 的机构联合提供,用于加解密用户间通信的消息。

(2) 法律实施部门提供"后门恢复"保护的权限。即通过法律强制访问域(Law Enforcement Access Field,LEAF),在此控制域的范围内,有关部门可在法律的授权下,实现对用户通信的解密。美国政府的 EES 标准公布之后,在社会上引起很大的争议。一方认为,政府对密钥管理控制的重要性是出于安全考虑,这样可以允许合法的机构依据适当的法律授权访问该托管密钥。不但政府通过法律授权可以访问加密过的文件和通信,特定用户在紧急情况时,也可以对解密数据的密钥恢复访问。另一方认为,密钥托管政策把公民的个人隐私置于政府情报部门手中,一方面违反美国宪法和个人隐私法,另一方面也使美国公司的密码产品出口受到极大限制和影响。

从技术角度来看,赞成和反对的意见都有。赞成意见认为:应宣扬和推动这种技术的研究与开发;反对意见认为:该系统的技术还不成熟,基于"密钥托管"的加密系统的基础设施会导致安全性能下降,投资成本增高。

10.5.2 密钥托管主要技术

1. 密钥托管加密体制的基本组成

密钥托管加密体制主要由 3 部分组成:用户安全成分(User Security Component,USC)、密钥托管成分(Key Escrow Component,KEC)和数据恢复成分(Data Recovery Component,DRC)。图 10-9 给出密钥托管密码体制中三者之间的关系。

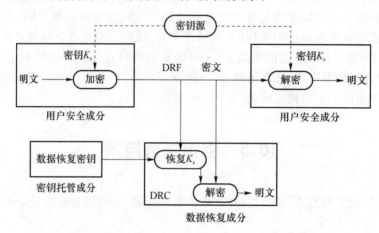

图 10-9　密钥托管加密码体制的组成示意图

(1) 用户安全成分

用户安全成分由硬件设备或软件程序构成,用于用户安全通信中的数据加密和解密,支持密钥托管功能和数据恢复功能。在传送秘密信息的同时传送数据恢复域(Data Recovery Field,DRF),它可以帮助授权机构采用应急解密措施介入通信。

(2) 密钥托管成分

密钥托管成分主要是由密钥托管代理、数据恢复密钥、数据恢复业务和托管密钥防护 4 部分组成,主要完成密钥托管代理操作、数据恢复密钥的存储和使用以及其他部分业务服务。

(3) 数据恢复成分

数据恢复成分主要由专用算法、协议和必要的设备组成,能够从密文、DRF 和 KEC 所提供的托管密钥 K 恢复出明文。DRC 的功能包括实时解密、审查处理等。但是,只有在执行规定的合法数据恢复时才能使用 DRC。

2. 密钥托管技术

下面简要介绍密钥托管加密标准 EES 的主要内容,该标准主要采用单钥分组密码。典型的 Clipper 芯片采用 Skipjack 算法,它的密钥长度为 80 比特,明文和密文分组长度均为 64 比特,有 ECB、CBC、OFB 和 CFB 4 种工作模式,算法起先没有公开,便于保护 Escrow 系统的安全。下面主要介绍托管加密芯片的初始化、托管加密芯片的加密以及授权机构的监听。

(1) 托管加密芯片的初始化

图 10-10 为托管加密芯片的初始化过程示意图,其中,KF(Family Key)是族密钥,同一批

芯片的族密钥相同；UID（Unique IDentifier）是每个芯片的一个唯一标识符；KU（Unique Key）是一个单元密钥，且 $KU=KU_1\oplus KU_2$（其中 KU_1、KU_2 分别由托管机构 1 和托管机构 2 秘密保管）。

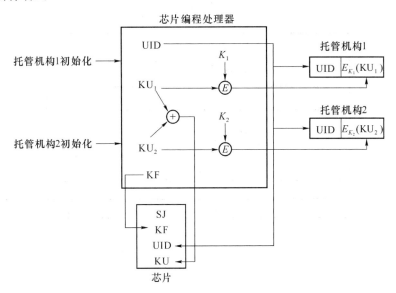

图 10-10 托管加密芯片的编程过程示意图

芯片的初始化编程由专门的安全密封信息设备（Secure Compartmented Information Facility,SCIF）完成，由两个托管机构协助操作。首先，托管机构选取初始参数输入设备，设备通过计算初始参数和芯片 ID 的函数，得到两个单元密钥分量 KU_1 和 KU_2，计算 $KU=KU_1\oplus KU_2$ 作为芯片单元密钥。然后，用分配给托管机构 1 的密钥 K_1 加密 KU_1 得 $E_{K_1}(KU_1)$，类似地，用分配给托管机构 2 的密钥 K_2 加密 KU_2 得 $E_{K_2}(KU_2)$。$(UID, E_{K_1}(KU_1))$ 和 $(UID, E_{K_2}(KU_2))$ 分别给托管机构 1 和托管机构 2 以托管形式保存。以加密方式保存单元密钥分量是为了防止密钥分量被泄露。

初始化过程结束后，编程处理器被清空，以使芯片的单元密钥不能被他人获得或被他人计算，只能从两个托管机构获得已加密的单元密钥分量，并且使用特定的权威机构解密设备来解密。

（2）托管加密芯片的加密

用户在通信时，生成通信的会话密钥 K_s，用该密钥加密数据的同时，生成法律强制访问域（Law Enforcement Access Field, LEAF）。LEAF 具有下列形式：$LEAF(A, K_s, UID)=E_{FK}(E_{KU}(K_S), UID, A)$，其中，$A$ 是由某一函数 f 和 IV 产生的一个 16 比特认证符，IV 为一个初始向量，通信双方都要随机选取自己的初始向量。图 10-11 为 LEAF 产生过程示意图。

会话密钥 K_s 建立后，被传送给加密芯片，芯片控制软件使用芯片单元 KU 加密 K_s，然后将加密后的结果和芯片识别符 UID、认证符 A 连接，再使用公共的族密钥 KF 加密以上连接的结果而产生 LEAF。最后，将 LEAF 和初始值 IV 发送给接受芯片，用于建立同步。同步建立后，会话密钥就可用于通信双方的加解密。

（3）授权机构监听

监听机构得到司法部门批准后，利用截取到的 LEAF 可对指定的通信双方进行监听。具体内容包括以下几项。

① 恢复用户单元密钥

监听机构将获取的许可证书、解密设备的标识号及对芯片单元密钥的需求发送给托管机构;托管机构在收到并验证监听机构传送的内容后,将保密托管的单元密钥分量$E_{K_1}(KU_1)$和$E_{K_2}(KU_2)$传送给指定机构的解密设备,监听机构通过解密设备使用加密密钥K_1和K_2解密$E_{K_1}(KU_1)$和$E_{K_2}(KU_2)$得到KU_1和KU_2,并计算$KU=KU_1 \oplus KU_2$,从而得到KU。

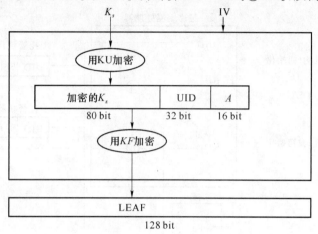

图 10-11　LEAF 产生过程示意图

② 恢复用户会话密钥

首先用族密钥 KF 解密 LEAF,然后再用芯片单元密钥 KU 解密前面的结果可得会话密钥 K_s。

③ 恢复消息

由会话密钥 K_s 解密通信数据。

图 10-12 显示利用托管加密芯片双方传送 LEAF 以及用会话密钥 K_s 加密明文消息"Hello"的过程,其中 D 表示解密,图中未显示初始向量 IV。

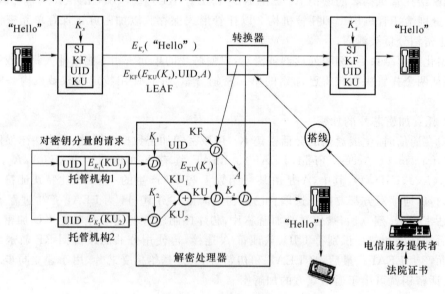

图 10-12　利用托管加密芯片实施监听过程示意图

当然,只有在法律的许可范围下,才能执行这些操作。没有法律的许可,任何机构和个人都不能获取任何托管加密芯片的单元密钥。也就是说,一般人根本找不到特定的通信双方的会话密钥,也只有这样才能在保证用户的安全和隐私之间取得折中。

10.6 秘密共享技术

在现实生活中,一些重要的决定或事件发生往往需要多人同时参与才能生效,如导弹控制发射、金库门打开等。对于一个重要的秘密信息,如主密钥、根私钥等,同样需要多人认可的情况下才可以使用。在密码学上,解决这类问题的技术称为秘密共享技术。它的基本思想是把重要的秘密分成若干份额,分别由若干人保管,必须有足够多的份才能重建这个重要的秘密。

秘密共享技术的基本要求是将秘密 s 分成 n 个份额 $s_1,s_2,\cdots,s_n$:
(1) 已知任意 t 个 s_i 值易于算出 s;
(2) 已知任意 $t-1$ 个或更少个数的 s_i,则不能确定出 s。

t 为一个小于等于 n 的整数,由安全策略确定。

当 t 小于 n 时,也称之为 (t,n) 门限方案。此时,由于重构秘密要求至少有 t 个份额,故泄露至多 $t-1$ 个份不会危及秘密 s,所以少于 t 个用户不可能共谋得到秘密 s。另外,若一个份丢失或毁坏,只要有 t 个有效的份额,就可恢复出秘密 s。

10.6.1 Shamir 门限方案

1979 年 Shamir 基于多项式的拉格朗日插值公式提出了一个 (t,n) 门限方案,称为 Shamir 门限方案或拉格朗日插值法。Shamir 门限方案的详细介绍如下。

(1) 参数选取

选定一个素数 p,p 应该大于所有可能的秘密,并且比所有可能的份额大。设秘密 S 用一个模 p 数来表示,参与保管的成员共有 n 个,要求重构该秘密需要至少 t 个人。

(2) 秘密分割

首先,随机地选定 $t-1$ 个模 p 数,记为 $s_1,s_2,\cdots,s_{t-1}$,得到多项式:
$$s(x) \equiv S + s_1 x + \cdots + s_{t-1} x^{t-1} \pmod{p}$$
该多项式满足 $s(0) \equiv S \bmod p$。

其次,选定 n 个不同的小于 p 的整数 $x_1,x_2,\cdots,x_n$(如选择 $1,2,\cdots,n$),对于每个整数分别计算数对 (x_i,y_i),其中 $y_i \equiv s(x_i) \bmod p$。

最后,将 n 个数对 $(x_i,y_i),i=1,2,\cdots,n$ 分别秘密传送给 n 个成员,多项式 $s(x)$ 则是保密的,可以销毁。

(3) 秘密恢复

假设 t 个人一起准备恢复秘密 S,不妨设他们的数对为 $(x_1,y_1),(x_2,y_2),\cdots,(x_t,y_t)$。

首先,t 个人计算多项式 $f(x)$

$$f(x) \equiv \sum_{k=1}^{t} y_k \prod_{\substack{j=1 \\ j \neq k}}^{t} \frac{x-x_j}{x_k-x_j} \pmod{p}$$

其次,取多项式 $f(x)$ 的常数项 $f(0)$,即为所求的秘密 S。

(4) 正确性证明

第一步,证明 t 个人重构出来的多项式满足 $f(x_i)=s(x_i)=y_i,i=1,2,\cdots,n$。

令

$$l_k(x) \equiv \prod_{\substack{j=1 \\ j \neq k}}^{t} \frac{x-x_j}{x_k-x_j} \pmod{p}$$

这里,

$$l_k(x_j) = \begin{cases} 1, & \text{当 } k=j \text{ 时} \\ 0, & \text{当 } k \neq j \text{ 时} \end{cases}$$

这里是因为 $l_k(x_j)$ 中包含为零的 $(x_j-x_j)/(x_k-x_j)$ 因子。

而拉格朗日插值多项式

$$f(x) = \sum_{k=1}^{t} y_k l_k(x)$$

当 $1 \leqslant j \leqslant t$ 时,满足 $f(x_j)=y_j$。

例如,$f(x_1) \equiv y_1 l_1(x_1) + y_2 l_2(x_1) + \cdots + y_t l_t(x_1) \equiv y_1 \cdot 1 + y_2 \cdot 0 + \cdots + y_t \cdot 0 \equiv y_1 \bmod p$。

第二步,通过点 $(x_1,y_1),(x_2,y_2),\cdots,(x_t,y_t)$ 重构 $t-1$ 阶的多项式 $s(x)$,这意味着已知 t 个 t 元一次方程

$$y_k \equiv S + s_1 x_k^1 + \cdots + s_{t-1} x_k^{t-1} \pmod{p}, 1 \leqslant k \leqslant t$$

其中,(x_i,y_i) 已知,方程系数未知。那么可以重写上式如下:

$$\begin{pmatrix} 1 & x_1 & \cdots & x_1^{t-1} \\ 1 & x_2 & \cdots & x_2^{t-1} \\ \vdots & \vdots & & \vdots \\ 1 & x_t & \cdots & x_t^{t-1} \end{pmatrix} \begin{pmatrix} s_0 \\ s_1 \\ \vdots \\ s_t \end{pmatrix} \equiv \begin{pmatrix} y_1 \\ y_2 \\ \vdots \\ y_t \end{pmatrix} \bmod p$$

左边的 $t \times t$ 矩阵是一个范德蒙矩阵,把它记为 V。如果这个方案的矩阵 V 是模 p 非奇异的,则其有唯一的模 p 解。能够证明它的行列式为

$$\det V = \prod_{1 \leqslant j < k \leqslant t} (x_k - x_j)$$

当且仅当两个 $x_i \bmod p$ 相等时,行列式为 $0 \bmod p$。

因此,只要有 t 个不同的 x_i 的值,方程系数就有唯一解。又因为前面已经证明多项式 $f(x)$ 是一个解,故而 $f(x)=s(x)$。证毕。

例 10.1 假使秘密是数字 $S=120114070608$(对应单词"langfh"),选取 5 个人保管秘密,要求至少 3 个人联合才能够重构秘密,即创建一个 (3,5) 门限方案。

(1) 参数选取

选择一个素数 p,如 $p=1\,234\,567\,890\,133$(需要一个比秘密大,且比所有可能份额大的素数)。随机选择模 p 数 s_1 和 s_2 并构造多项式

$$s(x) = S + s_1 x + s_2 x^2$$

不妨设

$$s(x) = 120\,114\,070\,608 + 1\,206\,749\,628\,665x + 482\,943\,028\,839x^2$$

(2) 秘密分割

假定简单地使用 $x=1,2,\cdots,5$,计算对应的 5 个人数对,分别分配:

$$\begin{bmatrix} 1, 575\,238\,837\,979 \\ 2, 761\,681\,772\,895 \\ 3, 679\,442\,875\,356 \\ 4, 328\,522\,145\,362 \\ 5, 943\,487\,473\,046 \end{bmatrix}$$

（3）秘密恢复

假设第1、3、5个人想合作来确定秘密。他们使用拉格朗日插值多项式，计算通过$(1, 575\ 238\ 837\ 979)$，$(3, 679\ 442\ 875\ 356)$，$(5, 943\ 487\ 473\ 046)$三点的多项式：

$$f(x) \equiv (575\ 238\ 837\ 979 \times \frac{(x-3)(x-5)}{(1-3)(1-5)} + 679\ 442\ 875\ 356 \times \frac{(x-1)(x-5)}{(3-1)(3-5)}$$

$$+ 943\ 487\ 473\ 046 \frac{(x-1)(x-3)}{(5-1)(5-3)}) \bmod p$$

$$\equiv (575\ 238\ 837\ 979 \times \frac{(x-3)(x-5)}{8} - 679\ 442\ 875\ 356 \times \frac{(x-1)(x-5)}{4}$$

$$+ 471\ 743\ 736\ 523 \times \frac{(x-1)(x-3)}{4}) \bmod p$$

因为 $925\ 925\ 917\ 600 \times 4 \equiv 1 \bmod p$，$462\ 962\ 958\ 800 \times 8 \equiv 1 \bmod p$，所以有：

$$f(x) \equiv (575\ 238\ 837\ 979 \times 462\ 962\ 958\ 800(x-3)(x-5)$$

$$- 679\ 442\ 875\ 356 \times 925\ 925\ 917\ 600(x-1)(x-5)$$

$$+ 471\ 743\ 736\ 523 \times 925\ 925\ 917\ 600(x-1)(x-3)) \bmod p$$

$$\equiv (226\ 225\ 841\ 014(x^2-8x+15) - 169\ 860\ 718\ 839(x^2-6x+5)$$

$$+ 426\ 577\ 906\ 664(x^2-4x+3)) \bmod p$$

$$\equiv (482\ 943\ 028\ 839 x^2 + 1\ 206\ 749\ 628\ 665 x + 120\ 114\ 070\ 608) \bmod p$$

即恢复出了原始的多项式 $s(x)$，常数项 $120\ 114\ 070\ 608$ 为秘密的数字。

同样，任何3个人都可以重构多项式并获取秘密。

如果只有两个人合作会发生什么？假设第3个人和第5个人利用他们的份额$(3, 679\ 442\ 875\ 356)$和$(5, 943\ 487\ 473\ 046)$来试图恢复秘密。那么他们需要解下列方程组：

$$\begin{pmatrix} 1 & 3 & 9 \\ 1 & 5 & 25 \end{pmatrix} \begin{pmatrix} S \\ s_1 \\ s_2 \end{pmatrix} \equiv \begin{pmatrix} 679\ 442\ 875\ 356 \\ 943\ 487\ 473\ 046 \end{pmatrix} \bmod 1\ 234\ 567\ 890\ 133$$

只有两个方程解三个未知数，根据线性方程组理论，满足方程组的解至少有 p 个，而 p 又很大。因此无法确定真正的秘密。

10.6.2 Asmuth-Bloom 门限方案

Asmuth 和 Bloom 于 1980 年基于中国剩余定理提出了一个 (t, n) 门限方案，在这个方案中，成员的共享是由秘密 S 推算出的数 y 对不同模数 $m_1, m_2, \cdots, m_n$ 的剩余。

（1）参数选取

令 q 是一个大素数，$m_1, m_2, \cdots, m_n$ 是 n 个严格递增的数，且满足下列条件：

① $q > S$；

② $\gcd(m_i, m_j) = 1, \forall i, j, i \neq j$；

③ $\gcd(q, m_i) = 1, i = 1, 2, \cdots, n$；

④ $N = \prod_{i=1}^{t} m_i > q \prod_{j=1}^{t-1} m_{n-j+1}$。

条件①表明秘密数必须小于 q；条件②指出 n 个模数两两互素；条件③表示 n 个模数都与

q 互素;条件④指出,N/q 大于后 $t-1$ 个模数 m_i 之积。

(2) 秘密分割

首先,随机选取整数 A 满足 $0 \leq A \leq \lfloor N/q \rfloor - 1$,并公布 q 和 A;

其次,$y = S + Aq$,则有 $y < q + Aq = (A+1)q \leq \lfloor N/q \rfloor \cdot q \leq N$;

最后,计算 $y_i \equiv y \bmod m_i (i=1,2,\cdots,n)$。$(m_i, y_i)$ 即为一个子共享,将其分别传送给 n 个用户。

集合 $\{(m_i, y_i) | i=1,2,\cdots,n\}$ 即构成了一个 (t,n) 门限方案。

(3) 秘密恢复

当 t 个参与者 $i_1, i_2, \cdots, i_t$ 提供出自己的子份额,由 $\{(m_{i_j}, y_{i_j}) | i=1,2,\cdots,t\}$ 建立方程组

$$\begin{cases} y \equiv y_{i_1} \bmod m_{i_1} \\ y \equiv y_{i_2} \bmod m_{i_2} \\ \quad \vdots \\ y \equiv y_{i_k} \bmod m_{i_k} \end{cases}$$

根据中国剩余定理可求得

$$y \equiv y' \bmod N'$$

其中,$N' = \prod_{j=1}^{t} m_{i_j} \geq N$。

由 $y' - Aq$ 即得秘密 S。

(4) 正确性证明

因为由 t 个成员的共享计算得到的模满足条件 $y < N \leq N'$,所以 $y = y'$ 是唯一的,再由 $y' - Aq$ 即得秘密 S。

若仅有 $t-1$ 个参与者提供自己的子共享 (m_i, y_i),则只能求得 $y'' \equiv y \bmod N''$,式中 $N'' = \prod_{j=1}^{t-1} m_{i_j}$。由条件④得 $N'' < N/q$,即 $N/N'' > q$。

令 $y = y'' + \alpha N''$,其中 $0 \leq \alpha < \dfrac{y}{N''} < \dfrac{N}{N''}$。由于 $N/N'' > q$,$(N'', q) = 1$,当 α 在 $[0,q]$ 之间变化时,$y'' + \alpha N''$ 都是 y 的可能取值,因此无法确定 y。

例 10.2 设秘密 $S=4$,要求构建一个 $(3,5)$ 门限方案。

(1) 参数选取

设选取素数 $q=7$,5 个模数分别为 $m_1=17, m_2=19, m_3=23, m_4=29, m_5=31$。容易验证模数满足前 3 个条件。

又因为 $N = m_1 \times m_2 \times m_3 = 17 \times 19 \times 23 = 7\,429 > q \times m_4 \times m_5 = 7 \times 29 \times 31 = 6\,293$,则第 4 个条件也满足。

(2) 秘密分割

在 $\left[0, \lfloor \dfrac{7\,429}{7} \rfloor - 1\right] = [0, 1\,060]$ 之间随机取 $A=117$,求得 $y = S + Aq = 4 + 117 \times 7 = 823$。

然后计算

$$y_1 \equiv y \bmod m_1 \equiv 823 \bmod 17 \equiv 7$$
$$y_2 \equiv y \bmod m_2 \equiv 823 \bmod 19 \equiv 6$$
$$y_3 \equiv y \bmod m_3 \equiv 823 \bmod 23 \equiv 18$$
$$y_4 \equiv y \bmod m_4 \equiv 823 \bmod 29 \equiv 11$$
$$y_5 \equiv y \bmod m_5 \equiv 823 \bmod 31 \equiv 17$$

$\{(17,7),(19,6),(23,18),(29,11),(31,17)\}$ 即构成一个 $(3,5)$ 门限方案。

(3) 秘密恢复

若第 1、3、5 个成员想恢复秘密,则他们提供自己的共享 $\{(17,7),(23,18),(29,11)\}$,建立方程组:

$$\begin{cases} y \equiv 7 \bmod 17 \\ y \equiv 18 \bmod 23 \\ y \equiv 11 \bmod 29 \end{cases}$$

由此得:

$$M = 17 \times 23 \times 29 = 11\ 339$$
$$M_1 = 23 \times 29 = 667 \qquad M_1^{-1} = 13$$
$$M_2 = 17 \times 29 = 493 \qquad M_2^{-1} = 7$$
$$M_3 = 17 \times 23 = 391 \qquad M_3^{-1} = 27$$

由中国剩余定理得: $y \equiv (7 \times 667 \times 13 + 18 \times 493 \times 7 + 391 \times 11 \times 27) \bmod 11\ 339 \equiv 823$。

所以,恢复秘密为 $S = y - Aq = 823 - 117 \times 7 = 4$。

10.7 习　题

1. 判断题

(1) 密码系统的安全性不应取决于不易改变的算法,而应取决于可随时改变的密钥。
　　(　)

(2) 密钥管理是一门综合性的系统工程,要求管理与技术并重,除了技术性的因素外,还与人的因素密切相关,包括密钥管理相关的行政管理制度和密钥管理人员的素质。　(　)

(3) 历史表明,从密钥管理途径窃取秘密要比单纯从破译密码算法窃取秘密所花费的代价要小得多。　　　　　　　　　　　　　　　　　　　　　　　　　　　　　　　(　)

(4) 密钥的分级系统主要简化了密钥管理,与密钥的安全性无关。　　　　　　　　(　)

(5) 密钥管理的目标就是追求密钥的更高安全性。　　　　　　　　　　　　　　　(　)

(6) 密钥使用次数越多,被破译的危险性就越大,所以,密钥需要定期更新。　　　(　)

(7) 有中心的密钥管理系统(包括基于 PKI)能够获取或分析出整个系统所有应用的密钥。　　　　　　　　　　　　　　　　　　　　　　　　　　　　　　　　　　　　　(　)

(8) 密钥管理遵循"木桶"原理,即密钥的安全性是由密钥整个阶段中安全性最低的阶段决定的。　　　　　　　　　　　　　　　　　　　　　　　　　　　　　　　　　　(　)

(9) 密钥的安全长度至少能够抵御穷举攻击。　　　　　　　　　　　　　　　　　(　)

(10) 数字证书是公开的、可复制的,那么数字证书的内容是容易被人修改和伪造的。
(　　)

(11) 证书撤销列表(CRL)包含被撤销的证书,随着时间的推移,CRL 会变得越来越长。
(　　)

(12) 在基于身份的公钥密码体制中,用户公钥的真实性是通过使用用户标识作为公钥来实现的,不需要公钥证书。(　　)

(13) 在公钥密码体制中,公钥是公开的,任何人都可以知道的,但公钥的真实性需要保障,往往利用公钥证书方法来实现。(　　)

(14) 只用于数字签名的用户私钥不需要备份,因为即使用户私钥损坏或丢失,用户生成的签名也是能够验证的。(　　)

(15) 密钥过了有效期,密钥就没有保存的价值了,应该被销毁。(　　)

(16) 如果使用密钥托管技术,那么任何人都能够得到通信各方之间的通信内容。(　　)

(17) Diffie-Hellman 密钥交换协议之所以受到中间人攻击,是因为这个协议没有提供对消息源的认证。(　　)

2. 选择题

(1) 密码系统的安全性取决于密钥的安全性,在密钥管理中下面哪个阶段密钥最易受到攻击(　　)。

  A. 密钥的产生   B. 密钥的使用
  C. 密钥的分发   D. 密钥的备份

(2) 在通信或数据交换中,直接用于数据加解密的密钥被称为(　　)。

  A. 会话密钥   B. 密钥加密密钥   C. 主密钥   D. 私钥

(3) 在整个密钥生命周期中,如果用于有效文件保密的密钥使用期结束,那么这个密钥最有可能进入下面哪个阶段。(　　)

  A. 密钥存储   B. 密钥备份   C. 密钥存档   D. 密钥销毁

(4) 密钥在其生命周期中处于以下四种不同的状态,每种状态包含若干时期,那么密钥存档时期是密钥处于(　　)。

  A. 使用前状态   B. 使用状态   C. 使用后状态   D. 过期状态

(5) 密钥在其生命周期中处于以下四种不同的状态,每种状态包含若干时期,那么密钥恢复时期是密钥处于(　　)。

  A. 使用前状态   B. 使用状态   C. 使用后状态   D. 过期状态

(6) 下面描述不正确的是(　　)。

  A. 通信双方可以各自生成自己的密钥。
  B. 公钥是公开的,任何人都可以知道的。
  C. 安全通信时,使用自己私钥直接加密明文发送给对方。
  D. 使用公钥验证数据签名。

(7) 下列哪一项是 X.509V3 证书的扩展项(　　)。

  A. 证书序列号   B. 密钥用途
  C. 证书版本号   D. CA 对证书的签名

(8) 在 PKI 应用环境中,使用证书前要验证其有效性,那么验证证书第一步骤是(　　)。
　　A. 使用 CA 证书验证证书签名的有效性
　　B. 检查证书的有效期,确保该证书没有过期
　　C. 检查将使用证书的用途是否符合 CA 在该证书中指定的所有策略限制
　　D. 在证书撤销列表中查询证书是否被 CA 撤销

(9) 下列简称中,表示证书撤销列表的是(　　)。
　　A. CA　　　　B. RA　　　　C. CRL　　　　D. OCSP

(10) 在 PKI 中,关于 RA 的功能,下列说法正确的是(　　)。
　　A. 提供目录服务,可以查询用户证书的相关信息
　　B. 验证申请者身份
　　C. 证书更新
　　D. 证书发放

(11) 当用户收到一个证书时,应当从(　　)中检查证书是否已经被撤销。
　　A. CA　　　　B. RA　　　　C. CRL　　　　D. OCSP

(12) 数字证书一般要含有很多信息,下列哪个信息在数字证书中不存在。(　　)
　　A. 证书机构　　B. 证书持有人　　C. 持有人公钥　　D. 持有人私钥

(13) 下面哪种公钥密码体制能根据公钥识别用户的身份。(　　)
　　A. Rabin　　　　　　　　B. Goldwasser-Micali
　　C. NTRU　　　　　　　　D. IBE

(14) 从某种意义上讲,密钥托管也起到(　　)的作用。
　　A. 密钥存储　　B. 密钥使用　　C. 密钥备份　　D. 密钥存档

(15) 对于一个重要的秘密信息,如主密钥、根私钥等,同样需要多人认可的情况下才可以使用。在密码学上,解决这类问题的技术称为(　　)。
　　A. 密钥分发技术　　B. 密钥协商技术　　C. 密钥托管技术　　D. 秘密共享技术

3. 填空题

(1) 一个三级密钥管理系统,可以将密钥分为三类:_____、_____和_____。

(2) 典型的密钥交换主要有两种形式:_____和_____。

(3) 密钥在整个生命周期中可分为四个状态阶段:_____、_____、_____和_____。

(4) 密钥的生命周期是由若干阶段组成,其中_____阶段的安全是最难保障的。

(5) 根据密钥传送的途径不同,可以将密钥分发分为_____和_____。

(6) 按照密钥分发内容的不同,密钥的分发可以分为_____和_____。

(7) 秘密密钥主要用在对称密码体制中以实现通信方之间传送保密信息,按照是否需要可信第三方来分,秘密密钥分发通常分为_____和_____两种方式。

(8) 基于身份的密码体制,利用用户公开信息作为公钥来解决用户公钥的真实性问题,但在实际应用中,这种体制存在以下两方面不足:_____,_____。

(9) 典型的密钥协商协议是 Diffie-Hellman 密钥交换协议,但这个协议易受

到_____。

(10) 密钥托管加密体制的三个主要组成部分为_____、_____和_____。

(11) 密钥托管分量主要是由_____、_____、_____和_____四部分组成。

(12) 1979 年 Shamir 提出了一个 (t,n) 门限方案,该方案是基于_____公式。

(13) 1980 年 Asmuth 和 Bloom 提出了一个 (n,t) 门限方案,该方案是基于_____定理。

4. 术语解释

(1) 数字证书

(2) 证书撤销列表

(3) 密钥分配

(4) 密钥协商

(5) 中间人攻击

(6) 密钥托管

(7) 秘密共享

5. 简答题

(1) 简述密钥管理采用层次化的结构的好处。

(2) 简述密钥管理要遵循的基本原则。

(3) 说出密钥生命周期的 9 个阶段中每个阶段应注意的主要安全问题。

(4) 简述为什么公钥证书能实现用户公钥的真实性。

(5) 用户 A 和用户 B 是经常通信的异地用户,他们现拥有共享密钥 k,为了保证通信的安全性,需要定期更新密钥,请为此设计一个密钥更新协议。

(6) 假设用户 A 和用户 B 与密钥分配中心(简称 KDC)都有共享密钥,分别为 K_A 和 K_B。请描述一个密钥分配协议,实现用户 A 和用户 B 拥有一个相同的会话密钥。

(7) 在 PKI 的应用中,验证公钥证书的有效性需包含哪些步骤?

(8) 证书撤销都要放入证书撤销列表中,那么证书撤销列表长度会一直增加吗,为什么?

(9) 简述密钥分发和密钥协商的相同和差异。

(10) 简述中间人攻击的过程。

(11) 简述利用密钥托管技术实现通信内容监听的过程。

(12) 用 Shamir 秘密共享的方法构建一个 $(5,7)$ 门限方案。

(13) 用 Asmuth-Bloom 秘密共享的方法构建一个 $(5,7)$ 门限方案。

6. 综合应用题

安全目标:用户 A 需要利用互联网安全传输一个重要且很大(譬如 500 M)的文件 m 给用户 B。

前提条件:用户 A 可以通过可信中心获得用户 B 的公钥证书。(提示:当然 B 拥有对应的私钥)

请回答以下问题:

1. 设计一个方案实现上述目标。

2. 在上述目标中,如果增加了保证文件完整性的要求,那么上面方案需要增加那些改进的内容。

3. 用户 A 和 B 完成上述目标后,过了一会后,又有另一个重要且很大的文件需要用户 A 安全发送给用户 B,为完成这个任务,接下来用户 A 和 B 需要如何做才能实现更高的安全性和较高的效率,请写出具体步骤。

第11章 网络安全协议

网络安全协议是以密码学为基础的协议,在网络环境中提供多种安全服务,是网络安全的主要研究内容,也是现代密码学的主要研究内容之一。本章在简述网络安全协议的基础上着重介绍了三种常用网络安全协议:SSL 协议、SET 协议和 IPSec 协议。针对这三种协议的体系结构、安全实现、应用模式等重要内容进行介绍,并分别对它们的特点做了总结。

11.1 网络安全协议概述

安全协议是指在网络协议中使用加密、认证等密码技术以保证信息安全的网络协议。具体地说就是建立在密码体系上的一种互通协议,为需要安全的各方提供一系列的密钥管理、身份认证及消息保密性、完整性等措施,以保证信息通信或电子交易的安全完成,也指利用密码技术设计的协议,其目的是满足某些安全需求。

为了保证计算机网络环境中信息传递的安全性,促进网络交易的繁荣和发展,各种信息安全标准应运而生,SSL、SET 等都是在电子交易活动中常使用的系统安全协议,为网络信息交换提供了强大的安全保护。IPSec 为创建健壮安全的 VPN(Virtual Private Network,虚拟专用网)提供了灵活的手段,使 VPN 有了更好的解决方案。这些协议从安全上弥补了 TCP/IP 协议的不足,能够提供以下几个方面的基本安全服务。

(1) 身份认证性。确认通信双方或多方身份的合法性和有效性。
(2) 保密性。确保不同协议层次传输的数据在通信链路中不会泄密。
(3) 完整性。确保不同协议层次传输的数据在通信链路中不被更改。

11.2 SSL 协议

11.2.1 SSL 协议简介

随着 Internet 的迅猛发展和日益普及,网上金融、电子商务、电子政务等新兴应用极大地方便了人们的日常生活,人们已经越来越习惯于通过网络进行各种各样的网上办公和在线交易,这就要求为网上金融、电子商务、电子政务等提供可靠的安全服务功能,保证个人隐私信息在交互过程中不至于发生泄露,且仅为交易双方所见。在此类应用中,如何保证身份认证性、保密性和完整性成为用户的迫切需求。然而,通用的 http、ftp 等协议都无法满足这些安全需求,SSL 协议应运而生。

安全套接字层(Secure Socket Layer,SSL)协议是网景(Netscape)公司于 1994 年最先提出来的一种开放协议,它提出了一种在应用程序协议和 TCP/IP 协议之间提供数据安全性分层的机制,通常用于 TCP/IP 协议层和应用程序之间进行可靠连接。SSL 协议提供了客户端和服务器的身份认证性、数据保密性和完整性等安全措施,为网络数据的传输提供安全性保证,在 Web 上获得了广泛的应用,已经成为互联网上安全通信应用的工业标准,是一种有效保护网络中传输数据安全的方法。

11.2.2 SSL 协议的体系结构

SSL 协议是一个中间层协议,在开放式系统互联参考模型(Open System Interconnect Reference Model,OSI)模型中,SSL 介于传输层和应用层之间,属于 Socket 层实现,与应用层协议无关,应用层协议(如 Http、Ftp、Telnet 等)可以透明地建立于 SSL 之上。它为应用程序提供一条安全的网络传输通道,提供 TCP/IP 通信协议数据加密、完整性、服务器认证和可选的客户端认证等功能。

SSL 协议是一个分层协议,由记录层和握手层两层组成。其中握手层包括 SSL 握手协议、SSL 修改密码规范协议和 SSL 告警协议,记录层包括 SSL 记录协议。SSL 协议体系结构如图 11-1 所示。

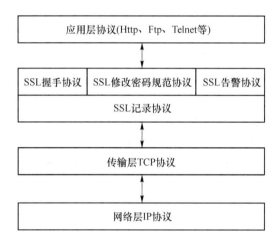

图 11-1 SSL 协议体系结构示意图

1. SSL 握手协议

SSL 握手协议建立在 SSL 记录协议之上,用于在实际的数据传输开始前通信双方进行身份认证、加密算法协商、加密密钥交换等。SSL 握手协议可以使得服务器和客户能够相互鉴别对方,协商具体的加密算法和 MAC 算法以及加密密钥等,用来保护在 SSL 记录中发送的数据。

握手协议由一系列在客户和服务器间交换的报文组成。每个报文由类型、长度和内容 3 个字段组成,具体如图 11-2 所示。

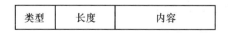

图 11-2 SSL 握手协议的组成

(1) 类型(1 字节)。该字段指明使用的 SSL 握手协议报文类型。
(2) 长度(3 字节)。以字节为单位的报文长度。
(3) 内容(≥0 字节)。使用的报文有关参数内容。

2. SSL 修改密码规范协议

为了保障 SSL 传输过程的安全性,客户端和服务器双方应该每隔一段时间改变密码规范,所以有了 SSL 修改密码规范协议。该协议的报文由单个字节消息组成,是最为简单的协议。在客户端和服务器完成握手协议之后,它需要向对方发送相关消息,通知对方随后的消息将启用刚刚协商的密码算法和关联密钥进行处理,并负责协调本方模块按照协商的算法和密钥进行工作。

3. SSL 告警协议

如果在通信过程中某一方发现任何异常,就需要给对方发送一条警示消息,SSL 告警协议用来为对等实体传递 SSL 的相关警示。该协议的每个报文由两个字节组成,第一字节指明告警的级别(1 告警消息或 2 致命错误),第二字节指明告警的类型。

警示消息有如下两种。

(1) 告警消息。这种情况,通信双方通常都只是记录日志,而对通信过程不造成任何影响。

(2) 致命错误。这种情况,通信双方需要立即中断会话,同时消除本方缓冲区相应的会话记录。

4. SSL 记录协议

SSL 记录协议建立在可靠的传输协议(如 TCP)之上,包括了记录头和记录数据格式的规定,为高层协议提供基本的安全服务,具体实施数据封装、压缩/解压缩、加密/解密、计算和校验 MAC 等与安全有关的操作。在 SSL 协议中,所有的传输数据都被封装在记录中,记录由记录头和长度不为 0 的记录数据组成,其中记录头包括内容类型、主要版本、次要版本和压缩长度四个字段。SSL 记录协议的组成如图 11-3 所示。

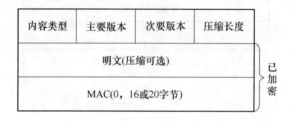

图 11-3 SSL 记录协议的组成

(1) 内容类型(8 位)。用以说明封装的高层协议。已经定义的内容类型有:握手协议、告警协议、修改密码规范协议和应用数据协议。

(2) 主要版本(8 位)。使用的 SSL 主要版本。

(3) 次要版本(8 位)。使用的 SSL 次要版本。

(4) 压缩长度(16 位)。明文数据(如果选用压缩则是压缩数据)以字节为单位的长度。

11.2.3 SSL 协议的安全实现

SSL 协议通过握手过程和记录协议操作过程实现了如下安全机制。

(1) 保密性。SSL 协议利用对称密钥算法对传输的数据进行加密,以防止数据在传输过程中被窃取。

(2) 身份认证性。SSL 协议基于证书对服务器和客户端进行身份认证,确保数据发送到正确的客户端和服务器,其中客户端的身份认证是可选的。

(3) 完整性。SSL 协议的数据传输过程中使用 MAC 算法来检验数据的完整性,确保数据在传输过程中不被改变。

1. SSL 协议握手过程

SSL 握手协议是 SSL 协议中最复杂的部分，该协议负责建立当前会话状态的参数，允许服务器和客户端相互认证，协商加密算法和生成密钥等内容，用来保护在 SSL 记录中发送的数据。客户端和服务器在使用会话传输任何数据之前，必须先通过握手过程建立连接。SSL 协议握手过程可以分为建立安全参数、服务器认证与密钥交换、客户端认证与密钥交换、握手完成四个阶段，具体过程如图 11-4 所示。

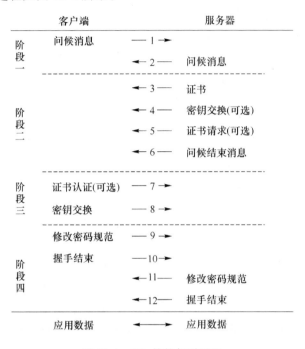

图 11-4　SSL 协议握手过程

(1) 客户端向服务器发出问候消息(ClientHello)并等待服务器响应，该消息包含版本号、随机数、会话 ID、密码套件、压缩方法等信息。

① 版本号。客户端可以支持的 SSL 协议的最高版本号。

② 随机数。一个用于生成主密钥的 32 字节的随机数。

③ 会话 ID。客户端在此次连接中想使用的会话标识符。

④ 密码套件。客户端可以支持的密码套件列表。每个密码套件以"SSL"开头，用"WITH"分隔密钥交换算法、加密算法、散列算法。

⑤ 压缩方法。客户端可以支持的压缩算法列表。

(2) 服务器向客户端返回服务器问候消息(ServerHello)，该消息包含版本号、随机数、会话 ID、选择密码套件、选择压缩方法等信息，其中版本号取客户端支持的最高版本号和服务端支持的最高版本号中的较低者。

(3) 服务器将自己的证书附在 ServerHello 消息后面发给客户端，使客户端能用服务器证书中的服务器公钥认证服务器。

(4) 基于密钥交换方法有 6 种：无效（没有密钥交换）、RSA、匿名 Diffie-Hellman、暂时 Diffie-Hellman、固定 Diffie-Hellman 和 Fortezza。如果阶段一协商的交换算法为 Fortezza，则服务器需要向客户端发送一条服务器密钥交换消息。

（5）如果服务器要求认证客户端，则向客户端发送一个客户证书请求。

（6）服务器向客户端发送问候结束消息（ServerHelloDone）作为对 ClientHello 回应的结束，并等待客户端回应。

（7）客户端利用服务器响应消息认证服务器的真实身份，如果服务器要求认证客户端，客户端就对双方都已知且在握手过程中唯一的一段数据进行签名，然后把签名后的数据连同自己的证书发送给服务器，以便服务器认证客户端的真实身份。

（8）客户端密钥交换阶段，客户端根据交互得到的所有信息生成会话预备主密钥 pre_master_secret，并用服务器的公钥加密后发送给服务器。

（9）客户端利用 pre_master_secret 生成真正的主密钥 master_secret，然后利用主密钥生成会话密钥 session_keys，客户端向服务器发送一条修改密码规范消息，通知服务器以后从客户端来的消息将用 session_keys 加密。

（10）客户端向服务器发送握手结束消息，表明握手过程中客户端部分已经完成。

（11）服务器利用服务器私钥解密获得 pre_master_secret，然后执行与客户端相同的步骤生成 session_keys。服务器向客户端发送一条修改密码规范消息，通知客户端以后从服务器来的消息将用 session_keys 加密。

（12）服务器向客户端发送握手结束消息，表明握手过程中服务器部分已经完成。

至此，SSL 握手过程正式结束，接下来开始进行 SSL 会话，客户机和服务器使用 session_keys 来完成通信过程中数据的加密、解密以及数据的完整性检查。

2. 密钥生成过程

下面介绍如何使用预备主密钥来生成主密钥和会话密钥。为了数据的完整性，客户端需要一个认证密钥（HMAC），为了加密需要一个加密密钥，为了分组加密需要一个 IV，服务器也是如此。因此，为了保证数据的完整性和保密性，SSL 需要四个密钥和两个 IV。SSL 需要的密钥是单向的，不同于那些在其他方向的密钥，如果在一个方向上有攻击，这种攻击在其他方向是没影响的。SSL 的密钥生成过程如下。

从预备主密钥计算主密钥的过程如图 11-5 所示。

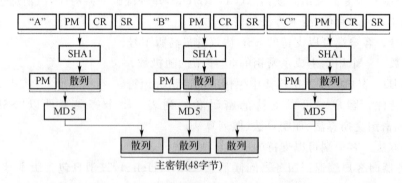

图 11-5 从预备主密钥计算主密钥

图中 PM 表示预备主密钥，SR 表示服务器随机数，CR 表示客户端随机数。

生成主密钥之后，根据协商的认证算法和加密算法，利用主密钥生成密钥材料，具体过程如图 11-6 所示。

获得密钥材料之后，根据协商的认证算法和加密算法需要的密钥长度从密钥材料中提取会话密钥，过程如图 11-7 所示。

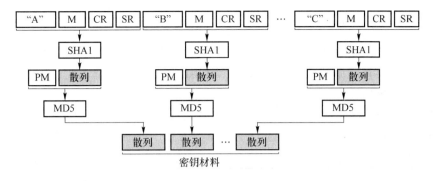

图 11-6　从主密钥计算密钥材料

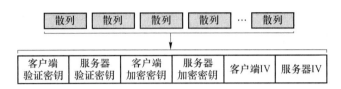

图 11-7　从密钥材料提取会话密钥

3. SSL 记录协议操作过程

SSL 记录协议用于交换应用层数据，为 SSL 连接提供保密性和完整性。SSL 握手协议建立安全连接后，SSL 记录协议将被传送的数据分为可供处理的数据段，接着对这些数据进行压缩、增加 MAC、加密、增加首部，然后把密文交给下一层网络传输协议处理。对收到的数据，处理过程与之相反，即解密、认证、解压缩、重新拼接，然后发送到更高层的用户。主要操作过程如图 11-8 所示。

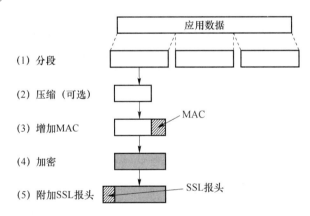

图 11-8　SSL 记录协议的操作过程

（1）分段：每个上层应用数据被分成 2^{14}（16 K）或更小的数据块。

（2）压缩：压缩是可选的，并且是无损压缩。

（3）增加 MAC：使用 MD5、SHA 等 Hash 函数来产生消息摘要 MAC，在压缩数据上增加消息认证 MAC，用于数据完整性检查。

（4）加密：对压缩数据及 MAC 进行加密，保证数据的机密性。

（5）附加 SSL 报头：经过 SSL 记录协议操作后的最终输出格式如 9.2.2 节中图 11-3 所示。

11.2.4 SSL 协议应用模式

由于 SSL 协议简洁、透明、易于实现等一些特点,使得它有着广泛的应用。根据应用场合不同,SSL 协议有多种应用模式,下面简要介绍常用的三种应用模式。

1. 匿名 SSL 连接

这种模式是 SSL 安全连接的最基本模式,易于使用,常用的浏览器都支持这种方式,很适合单向的安全数据传输应用。这种模式下客户端没有数字证书,用户以匿名方式访问服务器,服务器具有数字证书,实现服务器的认证,以使用户能确认是自己要访问的站点。首次建立 SSL 连接时客户端需要下载服务器证书,然后随机地生成密钥,再用这个密钥进行 SSL 握手协议,一个会话完成后,这个密钥就丢弃。典型的应用是当用户进行网站注册时,为防止私人信息(如信用卡号、口令、电话等)泄露,就采用匿名 SSL 连接该网站。匿名 SSL 连接模式如图 11-9 所示。

图 11-9 匿名 SSL 连接

2. 对等安全服务

这种模式通信双方都可以发起和接收 SSL 连接请求,既做服务器又做客户端,双方都要具有数字证书,实现服务器和客户端的双向认证,通信双方可以是应用程序或安全协议代理服务器。图 11-10 所示的是一种类似 VPN 的应用,双方的内部通信可以不用安全协议,中间的公用网用 SSL 协议连接。其中,安全协议代理服务器相当于一个加密/解密网关,把内部对外部网络的访问转换为 SSL 数据包,接收时把 SSL 数据包解密。这种模式不需要为每一主机申请数字证书,简化了数字证书的管理和使用。对等安全服务连接模式如图 11-10 所示。

图 11-10 类似 VPN 的应用

3. 网上交易

在网上交易中,一般有消费者、商家、银行参与到交易中。消费者到商家指定的网站去填写订单,向商家报出信用卡号,商家向银行查询信用卡号,有效了才能继续交易。这种应用模式其实是以上两种应用模式的综合,其中消费者可以没有数字证书,商家和银行必须有数字证书。在消费者与商家通信中采用匿名 SSL 连接。而商家与银行之间传送的是消费者私有数据,必须互相认证对方的数字证书,采用 SSL 连接保证传输数据的安全性。结合上面介绍的两种运用,网上交易的安全方案如图 11-11 所示。

SSL 位于传输层与应用层之间,能很好地封装应用层数据,不用改变位于应用层的应用程序,对用户是透明的。同时,SSL 通过握手过程建立一条客户与服务器之间安全通信的通道,保证传输数据的保密性、认证性和完整性。SSL 协议较为简便、稳定、处理速度快,在 Web 上获得了广泛的应用,已经成为互联网上安全通信应用的工业标准。

图 11-11　网上交易的安全方案

虽然说 SSL 是一种有效保护网络中传输数据安全性的方法,但是也存在一些不足,具体表现在下面三方面。

(1) 在握手协议中,客户端和服务器在互相发送自己能够支持的加密算法时,是以明文传送的,存在被攻击的可能性。

(2) SSL 协议虽采用了公钥认证、数据加密和 MAC 认证机制,但没有使用数字签名,缺乏一套完整的认证体系,不能提供完备的防抵赖功能。

(3) SSL 作为一种针对两方通信的协议,不完全适合需多方参与的电子商务环境。

11.3　SET 协议

11.3.1　SET 协议简介

SSL 协议已广泛应用在电子商务活动中用以保证数据传输的保密性、认证性和完整性,但是 SSL 协议只能实现商家对消费者信息保密的承诺,无法对交易进行抗抵赖保护,也无法保证消费者的个人隐私。随着电子商务的发展,电子支付过程中的认证问题越来越突出,虽然在 SSL3.0 中通过数字签名和数字证书可实现浏览器和 Web 服务器双方的身份认证,但是 SSL 协议仍存在一些问题,比如只能提供交易中客户与服务器间的双方认证,在多方电子交易中不能很好地协调各方之间的安全传输和信任关系。在这种情况下,为了实现更加完善的即时电子商务,SET 协议应运而生。

安全电子交易协议(Secure Electronic Transaction,SET)是世界两大信用卡商 MasterCard 和 Visa 联合开发,于 1997 年 6 月推出的一种基于信用卡网上电子交易的安全标准。SET 协议是为了解决持卡人、商家和银行之间通过信用卡支付的交易安全而设计的,用以保证支付信息的保密性、支付过程的完整性、商家及持卡人的身份认证以及互操作性。SET 协议给出了整套安全电子交易过程的规范,为网上信用卡支付提供了全球性的标准,是目前国际上公认的最安全、也是最成熟的电子支付协议之一,已日益成为电子商务的安全基础。

11.3.2　SET 协议的体系结构

SET 支付系统主要由持卡人、商家、发卡银行、收单银行、支付网关、认证中心等六个部分组成,SET 支付系统的一般关系模型如图 11-12 所示。

各部分详细描述如下。

(1) 持卡人。持卡人是发卡银行所发行支付卡的授权持有者,也就是消费者。在进行电子商务时,持卡人通过计算机在 Internet 上访问商家、购买商品。为了能够安全地进行支付,持卡人需要在计算机上安装一套具有 SET 协议标准的软件,并且需要从认证中心获取个人数字证书,最后在购买商品时使用发卡银行发行的支付卡进行在线支付。

(2) 商家。在电子商务环境中,商家通过自己的网站向消费者宣传商品和提供服务,同时商家要在收单银行建立自己的账户,保证可以接受在线的支付卡支付,并从认证中心获取相应的数字证书。

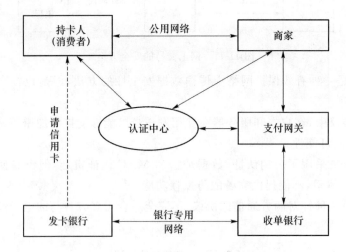

图 11-12 SET 支付系统的一般关系模型

(3) 发卡银行。发卡银行为每一位持卡人建立一个账户、发放支付卡,在符合银行管理制度和遵守法律的前提下,持卡人使用信用卡进行授权交易时,发卡银行应保证兑现付款。

(4) 收单银行。收单银行为每个网上商家建立一个账户,协助商家进行身份认证、核对信用卡账户是否有效、核查消费者的消费金额是否超出信用额度、进行付款授权和付款结算等。

(5) 支付网关。支付网关是连接银行专用网络和公共网络的一组服务器,主要作用是保护银行内部网络的安全。支付网关由收单银行或指定的第三方担任,是 SET 协议和现有银行卡支付网络之间的接口,具有认证和支付功能。

(6) 认证中心(CA)。认证中心是一个向持卡人、商家、支付网关发放 X.509V3 数字证书的可信认证机构,它负责颁发或撤销数字证书,同时它还要向商家和支付网关颁发交换密钥证书,以便在支付过程中交换会话密钥。

11.3.3 SET 协议的安全实现

SET 提供了一个开放式的标准、规范协议和消息格式,使不同厂家开发的软件具有兼容性和互操作功能,可在不同的软硬件平台上执行并被全球广泛接受。该协议的核心技术包括数字签名、数字信封、双重签名等技术,可以保证电子交易的保密性、隐私性、身份认证性、数据完整性和交易行为的不可否认性等安全功能。

(1) 保密性。SET 中采用对称密码和非对称密码相结合的办法保证数据的保密性,防止数据被非法用户窃取,保证数据在互联网上安全传输。

(2) 隐私性。SET 中使用了一种双重签名技术保证电子商务参与者的支付信息和订货信息相互隔离,譬如消费者的支付信息加密后通过商家转到银行,商家只能看到消费者的订货信息,不能看到其支付信息,反之,银行能看到消费者的支付信息,却看不到其订货信息。

(3) 认证性。SET 使用数字证书对交易各方的合法性进行认证,实现消费者、商家和银行间的相互认证,解决多方认证问题。

(4) 完整性。SET 协议数据传输过程中采用消息摘要技术来检验数据的完整性,确保数据在传输过程中不被改变。

(5) 不可否认性。SET 协议的重点就是确保商家和客户的身份认证和交易行为的不可否认性。其理论基础就是不可否认机制,采用的核心技术包括 X.509 电子证书标准、数字签名,报文摘要,双重签名等技术。

1. 数字信封技术

数字信封综合利用了对称加密技术和非对称加密技术两者的优点进行信息安全传输,既发挥了对称密码算法速度快、无数据扩展等优点,又发挥了非对称密码算法易于密钥管理的优点。在一些重要的电子交易中密钥必须经常更换以保证数据传输的高安全性,SET 协议使用数字信封技术解决每次更换密钥的问题。

SET 协议中数字信封生成过程如图 11-13 所示。

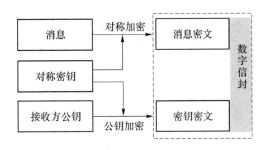

图 11-13 SET 协议数字信封的生成过程

(1)消息发送方使用对称密码对消息进行对称加密,生成消息密文。

(2)消息发送方使用接收方公钥对对称密钥进行非对称加密,生成密钥密文,从而保证只有规定的接收方才能解开这个对称密钥。

(3)消息发送方将消息密文和密钥密文连接起来生成数字信封。

SET 协议中数字信封解开过程如图 11-14 所示。

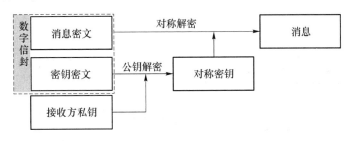

图 11-14 SET 协议数字信封的解开过程

(1)消息接收方利用数字信封得到消息密文和密钥密文。

(2)消息接收方使用接收方私钥对密钥密文进行非对称解密,获得对称密钥。

(3)消息接收方使用对称密钥对消息密文进行对称解密,获得消息内容。

SET 协议的数字信封包含被加密的消息和被加密的用于加密该消息的密钥。虽然经常使用接收方的公钥来加密对称密钥,但这并不是必需的,也可以使用发送方和接收方预共享的对称密钥来加密。SET 协议中由于采用数字信封技术,即使加密消息被他人非法截获,因为截获者无法得到发送方的对称密钥,故不可能对消息进行解密。

2. 双重签名技术

所谓双重数字签名(Dual Signatures)就是在有些场合,发送方需要寄出两个相关信息给接收方,对这两组相关信息,接收方只能解读其中一组,另一组只能转发给另一方,这时发送方就需分别加密生成两组密文,做两组数字签名。

在电子交易的电子支付系统中,存在着消费者、商家和银行三者之间交易信息的传递,其中包括只能让商家看到的订货信息,和只能让银行看到的支付信息。在安全电子商务交易中,持卡人的订货信息和支付信息是相互对应的,商家只有确认了对应于持卡人的支付信息所对应的订货信息才能够按照订货信息发货,而银行只有确认了与该持卡人支付信息所对应的订货信息是真实可靠后才能够按照商家的要求进行支付。为了达到商家在合法验证持卡人支付指令和银行在合法验证持卡人订货信息的同时又不会侵犯消费者的私人隐私的目的,SET 协议采用了双重签名技术来保证消费者的隐私不被侵犯。

电子商务中双重数字签名的生成过程如图 11-15 所示。

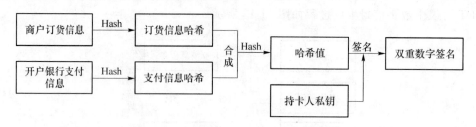

图 11-15　SET 协议双重数字签名生成过程

（1）持卡人 C 通过 Hash 算法分别生成订货信息(OI)和支付信息(PI)的消息摘要 $H(OI)$ 和 $H(PI)$。

（2）把消息摘要 $H(OI)$ 和 $H(PI)$ 连接起来得到消息 OP。

（3）通过 Hash 算法生成消息 OP 的消息摘要 $H(OP)$。

（4）持卡人 C 使用自己的私钥签名 $H(OP)$ 得到双重数字签名 $Sign(H(OP))$。

电子商务中持卡人发送给商家的消息生成过程如图 11-16 所示。

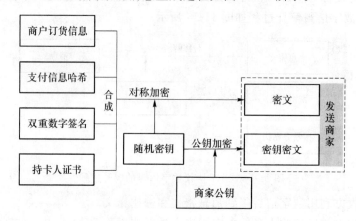

图 11-16　持卡人发送给商家的消息的生成过程

（1）将消息 OI、$H(PI)$、$Sign(H(OP))$ 和持卡人证书(CERT)连接起来得到消息 OP_1。

（2）持卡人 C 用随机密钥 K_1 加密消息 OP_1 得到密文 $E(OP_1)$。

（3）持卡人 C 用商家的公钥加密随机密钥 K_1 得到密钥密文 $E(K_1)$。

（4）将密文 $E(OP_1)$ 和密钥密文 $E(K_1)$ 连接起来得到发送给商家的消息 OP_M。

电子商务中持卡人发送给银行的消息的生成过程如图 11-17 所示。

（1）持卡人 C 将消息 PI、$H(OI)$、$Sign(H(OP))$ 和 CERT 连接起来得到消息 OP_2。

（2）持卡人 C 用随机密钥 K_2 加密消息 OP_2 得到密文 $E(OP_2)$。

（3）持卡人 C 用银行的公钥加密随机密钥 K_2 得到密钥密文 $E(K_2)$。

（4）持卡人 C 将密文 $E(OP_2)$ 和密钥密文 $E(K_2)$ 连接起来得到发送给银行的消息 OP_B。

电子商务中商家的双重数字签名的验证过程如图 11-18 所示。

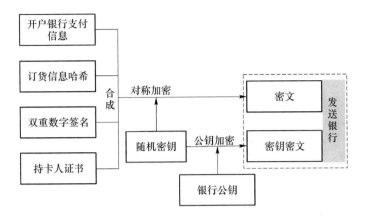

图 11-17 持卡人发送给银行的消息的生成过程

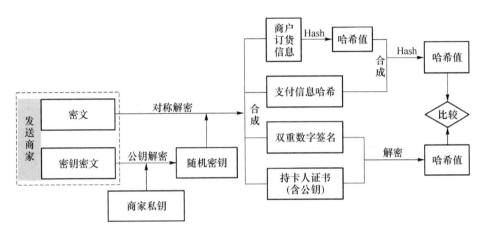

图 11-18 商家双重数字签名验证过程

(1) 商家 M 用自己的私钥解密收到的密钥密文 $E(K_1)$ 得到随机密钥 K_1。

(2) 商家 M 用得到的随机密钥 K_1 解密收到的密文 $E(OP_1)$，得到消息 $(OI, H(PI), Sign(H(OP)), CERT)$。

(3) 商家 M 通过 Hash 算法生成消息 OI 的消息摘要 $H(OI)$。

(4) 商家 M 将生成的消息摘要 $H(OI)$ 和收到的消息摘要 $H(PI)$ 连接起来得到新的消息 OP_3。

(5) 商家 M 通过 Hash 算法生成消息 OP_3 的消息摘要 $H(OP_3)$。

(6) 商家 M 用持卡人的证书中公钥解密收到的双重数字签名 $Sign(H(OP))$ 得到 $H(OP)$。

(7) 商家将 $H(OP_3)$ 和 $H(OP)$ 进行比较，若相同则证明商家所接收到的消息是完整有效的，否则，这个双重数字签名无效。

电子商务中银行的双重数字签名的验证过程如图 11-19 所示。

(1) 银行 B 用自己的私钥解密收到的密钥密文 $E(K_2)$ 得到随机密钥 K_2。

(2) 银行 B 用得到的随机密钥 K_2 解密收到的密文 $E(OP_2)$，得到消息 $(PI, H(OI), Sign(H(OP)), CERT)$。

(3) 银行 B 通过 Hash 算法生成消息 PI 的消息摘要 $H(PI)$。

(4) 银行 B 将生成的消息摘要 $H(PI)$ 和接收到的消息摘要 $H(OI)$ 连接成新的消息 OP_4。

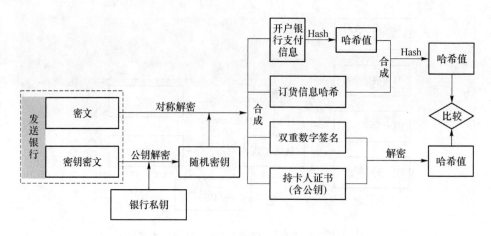

图 11-19　银行双重数字签名验证

（5）银行 B 通过 Hash 算法生成消息 OP_4 的消息摘要 $H(OP_4)$。

（6）银行 B 用持卡人证书中的公钥解密收到的双重数字签名 $Sign(H(OP))$ 得到 $H(OP)$。

（7）银行 B 将 $H(OP_4)$ 和 $H(OP)$ 进行比较，若相同则证明银行所接收到的消息是完整有效的，否则，这个双重数字签名无效。

11.3.4　SET 协议应用模式

SET 协议是一种基于信用卡网上电子交易的安全标准，应用于网上支付过程。一般基于 SET 协议的网上支付应用框架如图 11-20 所示。

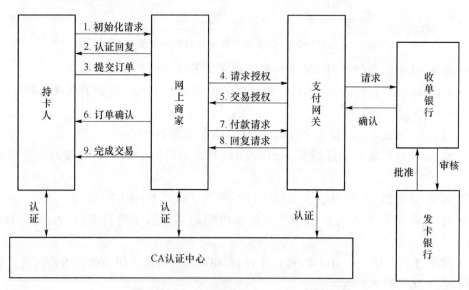

图 11-20　SET 协议的网上支付应用框架示意图

下面简要介绍利用 SET 协议成功完成交易的过程。

（1）持卡人向商家发出购买初始化请求，包括持卡人的相关信息和证书。

（2）商家接收到请求后认证持卡人的身份，将商家和支付网关的有关信息和证书生成回复消息，发送给持卡人。持卡人接收到信息后，认证商家和支付网关的身份。

（3）持卡人利用自己的支付信息（包括账户信息等）生成购买请求消息（订单），发送给商家。

(4) 商家接收到订单后,连同自己的相关信息,生成授权请求消息,发给支付网关,请求网关授权该交易。

(5) 支付网关接收到请求授权后,取出支付信息,通过银行内部网络连接收单银行,收单银行向发卡银行发出审核请求,发卡银行审核该交易后进行授权。授权完成后,支付网关产生授权响应消息,发给商家。

(6) 商家接收到交易授权后,向持卡人发送交易订单确认消息。

(7) 商家向支付网关发出付款请求消息,请求进行转账付款。

(8) 支付网关接收到付款请求后,通过银行内部网络连接通知收单银行确认这笔交易,收单银行和发卡银行进行结算,即将交易资金从发卡银行的持卡人账户转到收单银行的商家账户中,然后向商家回复付款完成消息。

(9) 商家接收到付款完成消息后,确认已经完成转账,并向持卡人发送订购的商品,然后发送消息通知持卡人该交易已经完成。

SET 协议位于应用层,它规范了整个商务活动的流程,制定了严格的加密和认证标准,具备商务性、协调性和集成性功能,确保订货信息与支付信息的保密性、交易支付完整性、身份认证和不可抵赖性,解决了一直困扰电子商务发展的安全问题,在电子交易环节上提供了更大的信任度、更完整的交易信息、更高的安全性和更少受欺诈的可能性,具有较高的安全性和规范性。

虽然 SET 协议很大程度上解决了电子交易安全支付问题,但是也存在很多不足,具体表现在以下五个方面。

(1) SET 协议比较复杂,处理速度慢,实现过程复杂,成本高,互操作性差。

(2) SET 认证结构仅适用于信用卡支付,对其他支付方式有所限制。

(3) SET 协议是应用层协议,不具备透明性,应用领域受限。

(4) 协议中双重签名方案实现了消费者对其行为的不可否认性和隐私性,但没有考虑到商家和银行行为的不可否认性,在一定程度上存在安全漏洞,对商家或银行的信任度要求更高。

(5) SET 技术规范没有考虑在事务处理完成后,如何安全地保存或销毁有关数据,存在信息泄露的安全隐患。

11.4 IPSec 协议

11.4.1 IPSec 协议简介

随着 Internet 技术的迅速发展,企业内部和企业之间数据通信量在不断地增加,急需解决的关键性问题是如何保证在公司内部和企业之间进行安全可靠的数据传输,为此企业纷纷建立起自己的内部网络(Interanet),甚至企业之间也建立起专用的外部网(Extranet)以实现信息安全交换。实现企业外联网和公司内联网,最早的方式是通过传统的租用线路或组建专网来完成,但是除了高昂的租用专线费用外,还会造成网络的重复建设和投资。于是,企业开始寻求投资低、安全性高、可靠性高、扩展性好和易于管理的网络。IPSec 协议在多种不同网络安全解决方案中,以其包容广泛的机制和强大的安全性成为目前 VPN 技术开发中使用最广泛的一种安全协议标准，在公司和企业网络建设中得到了广泛的应用。

VPN 虚拟专用网（Virtual Private Network）是指在公用网络上建立一条临时的、安全的、稳定的隧道，利用加密、认证等多种技术通过网络安全协议，形成一个专用的虚拟链路，保证数据在网络上的安全传输。根据不同要求，可以构造不同类型的 VPN，按照网络服务类型来划分，VPN 通常可分为以下三种类型：企业内部虚拟专用网（Intranet VPN）、远程访问虚拟专用网（Remote Access VPN）和企业扩展虚拟专用网（Extranet VPN）。

IP 安全（Internet Protocol Security，IPSec）协议是 Internet 工程任务组（Internet Engineering Task Force，IETF）于 1998 年 11 月制定的一组基于密码学的开放网络安全协议。IPSec 工作在 IP 层，为 IP 层及其上层协议提供保护，其目标是为 IPv4 和 IPv6 提供高质量的、可互操作的、基于密码学技术的安全服务。IPSec 对于 IPv6 是强制性的，对于 IPv4 是可选的。IPSec 协议通过对 IP 数据包进行加密和认证，确保了 IP 数据包的保密性、完整性和真实性，从而保证整个 IP 网络传输的安全性。IPSec 协议能对整个 Internet 安全提供全面通用的低层支持，可以用来解决在 Internet 不可信通道上的通信安全问题，已经成为构建虚拟专用网（VPN）事实上的标准。

11.4.2 IPSec 协议的体系结构

IPSec 是一种协议套件，由一系列协议组成，包括认证头（Authentication Header，AH）、封装安全载荷（Encapsulate Security Payload，ESP）、解释域（Domain of Interpretation，DOI）、密钥交换（Internet Key Exchange，IKE）和安全关联（Security Association，SA）等。IPSec 的体系结构、组件及各组件间的相互关系如图 11-21 所示。

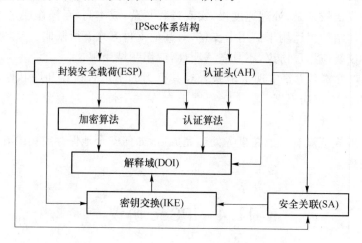

图 11-21　IPSec 体系结构

（1）IPSec 体系结构。定义了 IPSec 的基本结构，指定 IP 包的保密性和认证性等，使用传输安全协议 ESP 和 AH 实现。

（2）AH 协议。一种 IPSec 的安全认证协议，提供数据源认证、数据完整性校验和防报文重放功能，但 AH 不提供任何保密服务。

（3）ESP 协议。用于提高 IP 协议的安全性，它除提供 AH 协议的所有功能外，还可提供对 IP 报文的加密功能。其中，数据保密性是 ESP 的基本功能，而数据源身份认证性、数据完整性检验以及抗重放保护都是可选的。

（4）加密算法。描述各种加密算法如何用于 ESP 中。

(5) 认证算法。描述认证算法如何用于 AH 和 ESP 中。

(6) IKE 协议。建立在 Internet 安全关联和密钥管理协议(Internet Security Association and Key Management Protocol,ISAKMP)定义的一个框架之上,为 AH 和 ESP 协议提供密钥交换管理和 SA 管理,同时也为 ISAKMP 提供密钥管理和安全关联。

(7) 解释域。规定了每个算法的参数要求和计算规则及初始向量的计算规则等。

(8) 安全关联。一套专门将安全服务、密钥管理和需要保护的通信数据联系起来的方案,它保护了 IPSec 数据报封装及提取的正确性,同时将远程通信实体和要求交换密钥的 IPSec 数据传输联系起来。

1. AH 协议数据包

认证头(AH)由 5 个固定长度域和 1 个变长的认证数据域组成,这个协议的包格式如图 11-22 所示。

下一头部	载荷长度	保留
安全参数索引(SPI)		
序列号		
认证数据 (完整性校验值 ICV)变长		

图 11-22 AH 协议数据包

(1) 下一头部。8 比特,标识认证头后面的下一个载荷的类型。

(2) 载荷长度。8 比特,整个 AH 头部的长度减 2,以 32 比特为单位,Default=4。

(3) 保留。16 比特,保留将来使用,Default=0。

(4) 安全参数索引。32 比特,用于和源地址(或目的地址)以及 IPSec 协议共同唯一标识一个数据报所属数据流的安全关联(SA)。由 SA 的创建者定义,只有逻辑意义。

(5) 序列号。32 比特,一个单调递增的计数器的值,用于防止重放攻击,SA 建立之初其初始化为 0,序列号不允许重复。

(6) 认证数据。一个变长字段,由 SA 初始化时指定的算法来计算,长度为 32 比特整数倍,通过在认证数据中加入一个共享密钥来实现数据源身份认证,通过由消息认证码产生的校验来保证数据完整性。

2. ESP 协议数据包

ESP 数据包由 4 个固定长度域和 3 个变长域组成,这个协议的包格式如图 11-23 所示。

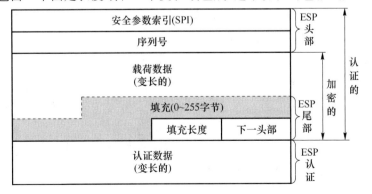

图 11-23 ESP 协议数据包

(1) 安全参数索引。32 比特,用于和源地址(或目的地址)以及 IPSec 协议共同唯一标识一个数据报所属数据流的安全关联(SA),由 SA 的创建者定义,只有逻辑意义。

(2) 序列号。32 比特,一个单调递增的计数器的值,用于防止重放攻击,SA 建立之初其初始化为 0,序列号不允许重复。

(3) 载荷数据。变长,这是通过加密保护的传输报文段(传输方式)或 IP 分组(隧道模式)。

(4) 填充。0~255 字节,大多数加密算法要求输入数据包的分组数量为整数,因此需要填充,填充长度由具体的加密算法决定。

(5) 填充长度。8 比特,给出前面填充字段的长度,置 0 时表示没有填充。

(6) 下一头部。8 比特,标识认证头后面的下一个载荷的类型。

(7) 认证数据。一个变长字段,包含了通过 ESP 分组减去鉴别数据字段计算得来的完整性检查值,长度为 32 比特整数倍。

3. 安全关联(SA)和密钥交换(IKE)

安全关联 SA 是构成 IPSec 的安全基础,SA 对两台计算机之间的安全策略协议进行编码,包括密钥算法和安全参数等内容,指定它们将使用哪些算法和什么样的密钥长度,以及实际的密钥本身。一个 SA 由 IP 目的地址、安全参数索引(Security Parameter Index,SPI)和安全协议标识符 3 个参数唯一指定。其中,IP 目的地址是 IPSec 协议的对方地址,可以是用户末端系统、路由器或防火墙等;安全参数索引是为唯一标识 SA 而生成的一个 32 比特的数值,它在 AH 和 ESP 头中传输,安全协议标识符用来标识该关联是 AH 安全关联或者是 ESP 安全关联。

SA 是一个单向的逻辑连接,在两个使用 IPSec 的实体(主机或路由器)间建立的逻辑连接,定义了实体间如何使用安全服务(如加密、认证等)进行通信。在一次通信中,IPSec 需要建立两个 SA,一个用于入站通信,另一个用于出站通信。若某台主机,如文件服务器或远程访问服务器,需要同时与多台客户机通信,则该服务器需要与每台客户机分别建立不同的 SA。每个 SA 用唯一的 SPI 索引标识,当处理接收数据包时,服务器根据 SPI 值来决定该使用哪种 SA。一个安全关联表示两个或多个通信实体之间经过了身份认证,且这些通信实体都能支持相同的加密或认证算法,成功地交换了会话密钥,可以开始利用 IPSec 进行安全通信。

11.4.3 IPSec 协议的安全实现

IPSec 协议实现的安全机制包括以下四个方面。

(1) 保密性。IPSec 发送方在通过网络传输数据包前对数据包进行加密可以保证在传输过程中,即使数据包遭截取,信息也不能被泄露。

(2) 完整性。IPSec 利用 Hash 函数为每个数据包产生一个消息摘要,接收方在打开包前先认证消息摘要,以确保数据在传输过程中没有被篡改。

(3) 认证性。IPSec 使用消息鉴别机制实现数据源认证服务,只有通过认证的系统才可以建立通信连接。

(4) 防重放性。IPSec 根据 IPSec 头中的序号字段,确保每个 IP 包的唯一性,保证信息万一被截取复制后,不能再被重新利用、再传输给目的地址。

1. 密钥交换(IKE)

用 IPSec 协议保护数据包,必须首先建立一个 IPSec 安全关联,这个安全关联可以手工建立,也可以动态由 IKE 自动协商来创建。IKE 是 IPSec 默认的安全密钥协商方法,通过一系列报文交换为两个实体进行安全通信派生出会话密钥,这些交换为一些报文提供加密或认证保护,以及能不同程度的防洪泛、重放和欺骗等攻击。

IKE 协议定义了密钥协商的两个阶段以及 Diffie-Hellman 密钥交换标准密码组。阶段一建立一个安全的信道并进行后续通信,即产生一对 IKE 安全关联(IKE SA),同时产生密钥材料,为阶段二中交换的消息提供认证性、完整性及机密性保证;阶段二使用已建立的 IKE SA 建立 IPSec SA,为数据交换提供 IPSec 服务。IKE SA 建立起安全通信信道后保存在高速缓存中,在此基础上可以建立多个 IPSec SA 协商,从而提高整个建立 SA 过程的速度。下面分别介绍两个阶段的实现。

(1) IKE 第一阶段

IKE 第一阶段定义了主模式或野蛮模式两种交换模式。在主模式下发起方和响应方一共交换六条消息,主模式通过带验证的 Diffie-Hellman 密钥交换实现密钥交换信息与认证信息分离,提供了认证和参数配置上的灵活性;野蛮模式基于 ISAKMP 制定的交换方法,每次只交换三条消息,其最大的优点是速度快,但由于对消息的数量进行了限制,野蛮模式的协商能力受到了限制,而且不能提供身份保护,降低了协议的安全性。

IKE 第一阶段设计了 4 种密钥验证方式进行认证和防止针对 Diffie-Hellman 的中间人攻击,分别是预共享密钥、数字签名、公钥加密和改进的公钥加密,验证方法决定了在何时以何种方式交换载荷。下面介绍 IKE 的密钥生成过程。

① IKE 密钥生成

IKE 协商过程中,参与通信的双方会根据已知的信息生成一组已知的共享密钥(SKEYID,SKEYID_d,SKEYID_a,SKEYID_e)。其中,SKEYID 的生成取决于通信双方协商的验证方法,其他密钥材料都建立在 SKEYID 的基础上,以相同的方式衍生出来;SKEYID_d 用于为 IPSec 衍生出密钥材料;SKEYID_a 用于保障 IKE 消息的数据完整性以及对数据源的身份认证性;SKEYID_e 用于对 IKE 消息进行加密。四种秘密的生成方式如下:

(a) SKEYID 的生成

预共享密钥验证:$SKEYID = HMAC(pre-shared-key, Ni||Nr)$

数字签名验证:$SKEYID = HMAC(Ni||Nr, g^{xy})$

公钥加密验证:$SKEYID = HMAC(Hash(Ni||Nr), CKY-I||CKY-R)$

(b) SKEYID_d 的生成

$SKEYID\_d = HMAC(SKEYID, g^{xy}||CKY-I||0)$

(c) SKEYID_a 的生成

$SKEYID\_a = HMAC(SKEYID, SKEYID\_d||g^{xy}||CKY-I||CKY-R||1)$

(d) SKEYID_e 的生成

$SKEYID\_e = HMAC(SKEYID, SKEYID\_a||g^{xy}||CKY-I||CKY-R||2)$

式中,|| 表示连接符号,CKY-I 为发起者的 Cookie,Ni 为发起者的 Nonce,CKY-R 为响应者的 Cookie,Nr 为响应者的 Nonce,g^{xy} 为通信双方 Diffie-Hellman 交换生成的共享秘密。

由上述计算公式可知,最终生成的 SKEYID 系列长度由 HMAC 函数的块长度决定,如果 HMAC 的输出较短,不能满足加密密钥长度要求,则必须进行相应的拓展。例如:使用 HMAC-MD5 其输出为 128 比特,但 Blowfish 加密算法可能要求用到 320 比特的加密密钥。在这种情况下,SKEYID_e 的拓展方式如下,其中 SKEYID_e 取 K 的高 320 比特。

$$K\_1 = \text{HMAC} - \text{MD5}(\text{SKEYID}, 0)$$
$$K\_2 = \text{HMAC} - \text{MD5}(\text{SKEYID}, K\_1 || 1)$$
$$K\_3 = \text{HMAC} - \text{MD5}(\text{SKEYID}, K\_2 || 2)$$
$$K = K\_1 || K\_2 || K\_3$$

对阶段一交换进行验证时,要求通信双方各自计算出一个哈希值,由于哈希函数的单向性和强抗碰撞性,散列结果可以明文形式传输,不会对安全体系造成威胁。由通信双方计算出来的哈希值可以实现相互之间的验证,发起者和响应者的哈希值计算方式如下:

$$\text{Hash} - I = \text{HMAC}(\text{SKEYID}, g^{xi} || g^{xr} || \text{CKY}-I || \text{CKY}-R || \text{SA} || \text{IDi})$$
$$\text{Hash} - R = \text{HMAC}(\text{SKEYID}, g^{xr} || g^{xi} || \text{CKY}-R || \text{CKY}-I || \text{SA} || \text{IDr})$$

式中,g^{xi} 和 g^{xr} 分别表示发起者和响应者 Diffie-Hellman 交换的公开交换值;SA 表示完整的 SA 载荷,其中包括由发起者向响应者提供的所有保护套件;IDi 和 IDr 分别表示发起者和响应者的身份。将整个 SA 载荷都包括进来可以有效防止攻击者在中途加以拦截。

② 主模式

主模式协商主要包括策略协商、Diffie-Hellman 交换和认证三个步骤,一共交换了六条消息,最终建立了 IKE SA。

(a) 策略协商。协商如下四个强制性参数值。
- 加密算法:DES 或 3DES。
- 哈希算法:MD5 或 SHA。
- 认证方法:预共享密钥认证、数字签名认证或公钥加密认证。
- Diffie-Hellman 参数组的选择。

(b) Diffie-Hellman 交换。该过程交换 DH 算法生成共享密钥所需要的材料信息,在彼此交换过密钥生成素材后,双方各自生成出相同的共享主密钥,保护紧接其后的认证过程。

(c) 认证。DH 交换需要得到进一步认证,如果认证不成功,通信将无法继续下去。主密钥结合在第一步中确定的算法,对通信实体和通信信道进行认证。在这一步中,整个待认证的实体载荷包括实体类型、端口号和协议,均由第二步生成的主密钥提供机密性和完整性保证。

如前所述,验证方法将会影响载荷的构成,甚至影响它们在消息中的放置,下面将具体介绍 IKE 阶段消息交换过程。

(a) 预共享密钥验证主模式

其协商过程如图 11-24 所示。

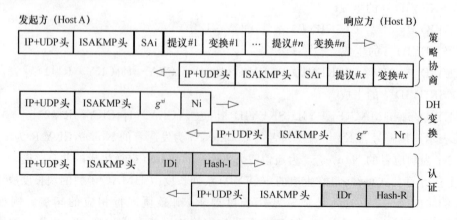

图 11-24 预共享密钥验证的主模式协商过程

消息 1：发起方的 Cookie 值及其提出一个或多个对 ISAKMP 消息的保护方案。

消息 2：响应方的 Cookie 值及其选择的对 ISAKMP 消息的保护方案。

消息 3：发起方的 Diffie-Hellman 公开值 g^{xi}、随机数 Nonce Ni。

消息 4：响应方的 Diffie-Hellman 公开值 g^{xr}、随机数 Nonce Nr。

消息 5：发起方的身份载荷(IDi)、散列函数值 HashI。

消息 6：响应方的身份载荷(IDr)、散列函数值 HashR。

在消息的第一次交换过程中，通信双方需要协商好 IKE SA 的各项参数，并对交换的其余部分拟定规范；在消息的第二次交换过程中，通信双方会交换 Diffie-Hellman 公共值以及伪随机 nonce，此时，通信双方完成他们的 Diffie-Hellman 交换，并生成共享密钥(SKEYID, SKEYID_d, SKEYID_a, SKEYID_e)；在消息的最后一次交换过程中，通信双方各自标定自己的身份，并相互交换验证散列摘要，交换的最后两条消息使用 SKEYID_e 进行加密传送。

目前，IPSec 应用最广泛的是主模式下的预共享密钥认证方式，例如公司职员或者分属机构通过手提电脑异地互联进入公司内部网络。但由于在认证阶段，也就是交换 ID 之前必需根据双方身份信息选择相应的共享密钥，因此对于预共享密钥来说，身份信息必需和 IP 地址建立对应关系，这种模式在大多数情况下是不成问题的。但在远程访问的情况下，由于 IP 地址分配的随机性，导致无法使用预共享密钥问题。解决这个问题的办法是在远程访问的情况下，使用数字签名验证主模式，或者采用野蛮模式，因为它不存在这种限制。

(b) 数字签名验证主模式

其协商过程如图 11-25 所示。

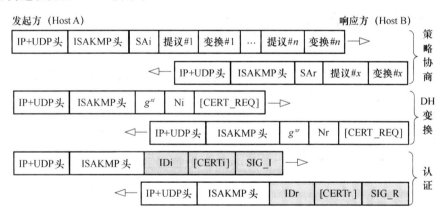

图 11-25　公钥签名验证的主模式协商过程

公钥签名验证由数字签名完成，公钥信息通常是从证书中取得，而 IKE 允许进行证书交换，也允许向一个远程通信方索取证书。图中加上括号[ ]表示可选的载荷；SIG_I 和 SIG_R 表示签名载荷，分别为由协商好的签名算法对 Hash-I 和 Hash-R 的签名；CERTi/CERTr 分别表示发送方/接收方的证书载荷，CERT_REQ 表示请求证书。数字签名保证了通信双方的不可抵赖性，同时可以有效防止中间人攻击。

(c) 公钥加密验证主模式

其协商过程如图 11-26 所示。在这种验证方法中，由于发起方需要向响应方出示自己的身份以便响应方能够选择相应的公钥进行加密，所以 ID 载荷是随第二次交换进行的。发起方可通过可选的[Hash(1)]证书哈希值选项来选择响应方多个证书中的某一个。图 11-26 中，{Ni}Pub_r 表示对发起方产生的随机数 Ni 用响应方的公钥 Pub_r 加密得到的密文。

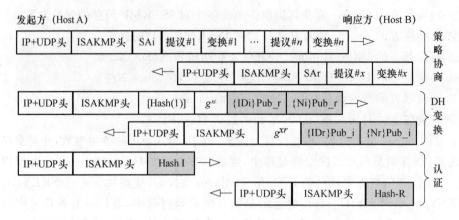

图 11-26 标准公钥加密验证的主模式协商过程

公钥加密验证使用对方的公钥信息对身份信息和随机数进行加密,保证这些信息的安全传送,不足之处是需要进行两次代价昂贵的公钥加密运算,修改方法是 Ni/Nr 仍用对方的公钥加密,但是身份信息 IDi/IDr 和 Diffie-Hellman 交换值 g^{xi}/g^{xr} 用对称加密算法加密,而且证书也用相同的对称密钥加密,这些改进产生新的公钥加密验证方法,即改进的公钥加密验证主模式。

(d) 改进的公钥加密验证主模式

协商过程如图 11-27 所示。

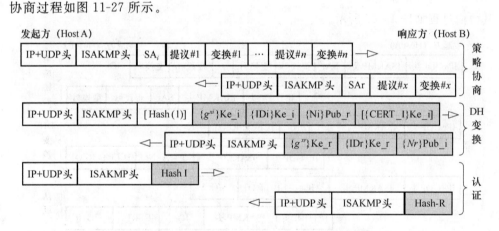

图 11-27 标准公钥加密验证的主模式协商过程

图中{ }Ke_i/Ke_r 表示用密钥 Ke_i/Ke_r 进行对称密钥加密,其中 Ke_i/Ke_r 计算方法如下:

$$Ke-i = HMAC(Ni, CKY-I)$$
$$Ke-r = HMAC(Nr, CKY-R)$$

③ 野蛮模式

野蛮模式交换也分为三个步骤,但只交换三条消息:头两条消息协商策略,交换 Diffie-Hellman 公开值必需的辅助数据以及身份信息;第二条消息认证响应方;第三条消息认证发起方,并为发起方提供在场的证据。以预共享密钥验证为例,野蛮模式协商过程如图 11-28 所示。

在野蛮模式交换过程中,发起放提供一个保护套件列表、Diffie-Hellman 公共值、Nonce 以及身份信息,所有这些信息都随第一条信息传送,响应方回应一个选定的保护套件、Diffie-

Hellman 公共值、Nonce、身份信息以及一个验证载荷（对于预共享密钥验证和公钥加密验证来说是一个散列载荷，对于数字签名验证来说是一个签名载荷）。

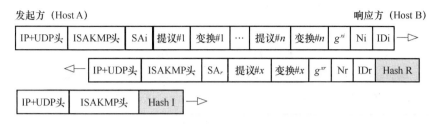

图 11-28　预共享密钥验证的野蛮模式协商过程

野蛮模式下，对保护套件的协商非常有限，而且不提供身份信息的保护功能以及身份信息、密钥素材和随机数都是以明文形式传递，降低了 IKE 协议的安全性，但由于其简单快速，所以在某些特定场合非常有效。

(2) IKE 第二阶段

IKE 第二阶段的交换是通过快速模式来实现的，而这种模式也仅用于阶段二中，该模式通过交换三条消息完成，第二阶段协商消息均由阶段一中协商好的算法进行加密（使用 SKEYID_e）和认证（使用 SKEYID_a）。快速模式协商过程包括以下步骤。

(a) 策略协商。双方交换保护需求，协商使用哪种 IPSec 协议（AH 或 ESP）；使用哪种 Hash 算法（MD5 或 SHA）；是否要求加密，若是则选择加密算法（3DES 或 DES）。在上述三方面达成一致后，将建立起两个 SA，分别用于入站和出站通信。

(b) 会话密钥材料刷新或交换。在这一步中，将生成加密 IP 数据包的会话密钥。生成会话密钥所使用的材料可以和生成第一阶段 SA 中主密钥的相同，也可以不同。如果不做特殊要求，只需要刷新材料后，生成新密钥即可。若要求使用不同的材料，则在密钥生成之前，首先进行第二轮的 DH 交换。

(c) SA 和密钥连同 SPI，递交给 IPSec 驱动程序。

快速模式协商的消息交换过程如图 11-29 所示。

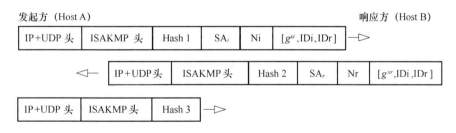

图 11-29　快速模式的协商过程

在一次快速交换模式中，通信双方需要协商拟定 IPSec 安全关联的各项特征，并为其生成密钥。该交换过程中使用 IKE 第一阶段生成的 SKEYID_e 作为密钥对消息进行加密，并用 SKEYID_a 作为密钥，采用消息认证码（HMAC）对消息进行完整性和数据源的验证。对于同时进行的多个快速模式交换，IKE 采用 ISAKMP 头载荷的消息 ID(M-ID)来进行区分。

图 11-29 中，Hash1、Hash2 和 Hash3 保证了消息的完整性，并作为通信双方参与的证据，为了确认双方处理初始快速模式消息，需要将 Nonce 及消息 ID 包含到哈希值的计算中，其计算方式如下：

$$\text{Hash1} = \text{HMAC}(\text{SKEYID\_a}, \text{M}-\text{ID}||\text{SAi}||\text{Ni}||g^{xi}||\text{IDi}||\text{IDr})$$
$$\text{Hash2} = \text{HMAC}(\text{SKEYID\_a}, \text{M}-\text{ID}||\text{Ni}||\text{SAr}||g^{xr}||\text{IDi}||\text{IDr})$$
$$\text{Hash3} = \text{HMAC}(\text{SKEYID\_a}, 0||\text{M}-\text{ID}||\text{Ni}||\text{Nr})$$

IPSec SA 的密钥材料计算如下：

$$\text{KEYMAT} = \text{HMAC}(\text{SKEYID\_d}, g^{xy}||\text{ protocol }||\text{ SPI }||\text{ Ni }|\text{ Nr })$$

其中，protocol 和 SPI 是从包含协议的转换负载的 ISAKMP 提议负载中得到的。

当需要的密钥材料的长度大于 HMAC 所提供的长度时，KEYMAT 就不断地通过将 HMAC 的结果回填给自己，并将结果串联起来，直到满足需要的长度。即

$$K_1 = \text{HMAC}(\text{SKEYID\_d}, g^{xy}||\text{protocol}||\text{SPI}||\text{Ni}||\text{Nr})$$
$$K_2 = \text{HMAC}(\text{SKEYID\_d}, K_1||g^{xy}||\text{protocol}||\text{SPI}||\text{Ni}||\text{Nr})$$
$$K_3 = \text{HMAC}(\text{SKEYID\_d}, K_2||g^{xy}||\text{protocol}||\text{SPI}||\text{Ni}||\text{Nr})$$
$$\text{KEYMAT} = K_1||K_2||K_3||\cdots$$

2. IPSec 传输的工作模式

IPSec 的 AH 和 ESP 在实际使用时都支持两种工作模式：传送模式和通道模式。

传输(Transport)模式。只是传输层数据被用来计算 AH 或 ESP 头，AH 或 ESP 头以及 ESP 加密的用户数据被放置在原 IP 包头后面。通常，传输模式应用在两台主机之间的通信。

隧道(Tunnel)模式。用户的整个 IP 数据包被用来计算 AH 或 ESP 头，AH 或 ESP 头以及 ESP 加密的用户数据被封装在一个新的 IP 数据包中，通常，隧道模式应用在两个安全网关之间的通信，或一台主机和一个安全网关之间的通信。

下面分别介绍 AH 和 ESP 协议在不同工作模式下对数据包的处理。

AH 协议在不同工作模式下对数据包的处理如图 11-30 所示。

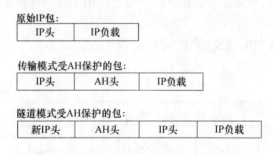

图 11-30　AH 协议对数据包的处理

(1) 构造 AH 载荷。下一载荷头来源于原 IP 头的协议字段(对传输模式)或为 4(对隧道模式，表示 IP 协议头)；载荷长度字段值将 AH 载荷的总字数(每字 32 位)减 2；保留字段填充 0；SPI 字段索引用来对此数据包进行处理的 SA；序列号来源于 SA 计数器；认证字段的值根据 SA 中指定的认证算法对载荷数据进行散列计算得到。

(2) 在传输模式的 AH 实现中，待添加的 IP 头为原 IP 头。

(3) 在隧道模式的 AH 实现中，需构造新的 IP 头添加到 AH 载荷前面。

ESP 协议在不同工作模式下对数据包的处理如图 11-31 所示。

(1) 在传输模式下构造 ESP 载荷。下一载荷头来源于原 IP 头的协议字段；原 IP 数据包除去 IP 头或其他的扩展头后的部分紧接初始向量被填入载荷数据；依据载荷长度，按相应的填充规则，对载荷数据进行填充；填充的长度被填入填充长度字段。

图 11-31 ESP 协议对数据包的处理

(2) 在隧道模式下构造 ESP 载荷。ESP 头被加入到原 IP 头之前,对 SPI、序列号、初始向量的填充方式与传输模式相同;初始向量之后紧接着整个原 IP 数据包;填充、填充长度字段的填充方式也与传输模式相同;下一载荷头的取值按 IP 协议号集的规定填充,如果取值 4,则表明 ESP 封装的是 IPv4 数据包;如果取值 41,则表明 ESP 封装的是 IPv6 分组数据。

(3) 在传输模式的 ESP 实现中,待添加的 IP 头为原 IP 头。

(4) 在隧道模式的 ESP 实现中,需构造新的 IP 头添加到 ESP 载荷前面。

11.4.4 IPSec 协议应用模式

IPSec 提供了在局域网、专用和公用的广域网以及 Internet 上安全通信的能力,它的一个典型应用就是目前广泛使用的 VPN 技术,IPSec 协议提供了三种应用模式。

主机到主机(Host-To-Host)。用户到用户的网关之间的连接都是认证的、加密的,两个网关之间连接的认证和加密是可选的。在主机中实时保障端到端的安全性,能维持用户身份认证的场景,这是企业员工通过公网远程访问业务伙伴或企业内部网络的 VPN 方式。主机到主机 VPN 模式如图 11-32 所示。

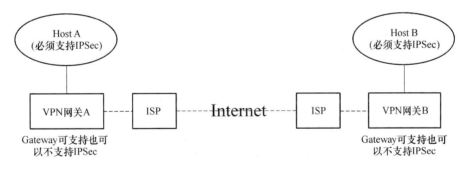

图 11-32 主机到主机

主机到网关(Host-To-Gateway)。用户主机到接入服务器,以及接入服务器到公司网关之间的连接都是认证的、加密的,公司网关到公司之间的连接是未加密的,这是企业员工通过公网远程访问企业内部网络的 VPN 方式。主机到网关 VPN 模式如图 11-33 所示。

网关到网关(Gateway-To-Gateway)。两个网关之间的连接是认证的、加密的,但从用户到用户的网关之间的连接,服务器和服务器的网关之间的两段连接是未加密的,这是企业的小分支机构通过网络远程访问企业内部网络的 VPN 方式。网关到网关 VPN 模式如图 11-34 所示。

IPSec 为 IPv4 和 IPv6 提供了较强的互操作能力,在 IP 层实现访问控制、数据源认证、抗重放、机密性等多种安全服务。IPSec 在传输层之下,对于应用程序来说是透明的,当在路由器或防火墙上安装 IPSec 时,无须更改用户或服务器系统中的软件设置,即使在终端系统中执行 IPSec,应用程序这类的上层软件也不会被影响。IPv6 作为新一代的网络互联协议提供了标准的、健壮的以及包容广泛的机制,可以有效地保证数据在不安全的公共网络上进行安全传输,是建立一个可靠的、可管理的、安全的和高效的 IP 网络的长期解决方案,其先进性和灵活性得到越来越多的认可。

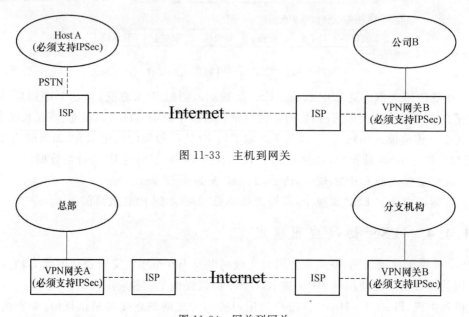

图 11-33　主机到网关

图 11-34　网关到网关

目前 IPSec 已被广泛使用,利用 IPSec 来实现 VPN 已经成为一种发展趋势,但同时其自身存在着一系列问题有待完善,具体表现如下。

(1) IPSec 由多种协议构成,结构复杂,使得用户难于部署和使用,缺乏规范性的说明文档。

(2) IPSec 独立性较差,需要解决与 TCP 栈内其他协议相互合作的问题。

(3) 随着网络应用领域的扩展和对网络性能和效率要求的提高,Internet 技术的最新进展引入了大量新的服务和应用,用以提高网络性能、降低网络管理花费,这与 IPSec 安全机制有直接的冲突,在安全和效率之间需要一个权衡。

(4) 协议本身与其他机制一起使用时也存在很多问题,比如会和一些已经开发的协议发生冲突,一些常用机制会受 IPSec 影响,会影响网络层安全。

11.5　习　题

1. 判断题

(1) SSL 协议是一种基于会话的加密和认证的 Internet 协议,它在两实体(客户和服务器)之间提供了一个安全的逻辑管道。　　　　　　　　　　　　　　　　　　　(　　)

(2) SSL 协议不仅能够实现保密性,而且还能实现身份认证性、完整性和不可否认性,在Web 上获得了广泛的应用。　　　　　　　　　　　　　　　　　　　　　　　(　　)

(3) SSL 协议其实是两层协议,一部分工作在应用层,所以,对其他应用协议(譬如 HT-TP、FTP 等)而言,SSL 协议不具备透明性。　　　　　　　　　　　　　　　　(　　)

(4) 虽然 SSL 协议已广泛应用在电子商务活动中来保证数据传输的安全性,但是 SSL 还存在一些不足,譬如无法对交易信息进行抗抵赖保护,也无法保证消费者个人的隐私性。
( )

(5) SET 协议主要用于保障 Internet 上信用卡交易的安全性,形成整套安全电子交易过程的规范,可以实现电子商务交易中的机密性、认证性、数据完整性和不可否认性等安全功能。
( )

(6) SET 协议的数字信封不仅包含被加密的消息,而且还包含被加密的用于加密该消息的密钥。
( )

(7) 所谓双重数字签名就是在有些场合,签名者为了增强签名信息的安全性,对同一消息实现两次的签名。
( )

(8) 虚拟专用网(VPN)与自己架设的专用线路相比,不仅具有成本低、安全性高,而且信息传输的速度快、效率高。
( )

(9) 虚拟专用网(VPN)是基于虚拟环境建立的网络,与公共网络无关。 ( )

(10) IPSec 目标是为 IPv4 和 IPv6 提供高质量的、可互操作的、基于密码学技术的安全服务,但对于 IPv6 和 IPv4 而言是可选的。
( )

(11) IPSec 在传输层之下,对于应用程序来说是透明的,当在路由器或防火墙上安装 IPSec 时,无须更改用户或服务器系统中的软件设置。
( )

(12) 随着网络应用领域的扩展和对网络性能和效率要求的提高,Internet 技术的最新进展引入了大量新的服务和应用,用以提高网络性能、降低网络管理花费,这些都有益于 IPSec 安全机制。
( )

2. 选择题

(1) SSL 协议是一个分层协议,在 OSI 模型中建立于( )之上。
A. 数据链路层　　B. 网络层　　C. 传输层　　D. 应用层

(2) 下面哪些安全特性 SSL 协议不能提供。( )
A. 保密性　　B. 认证性　　C. 完整性　　D. 不可否认性

(3) 在 SSL 协议中,( )具体实施加密解密、计算和校验 MAC 等与安全有关的操作。
A. 记录协议　　　　　　B. 修改密码规程协议
C. 告警协议　　　　　　D. 握手协议

(4) 在 SSL 协议中,( )实现客户端和服务器之间信息的密码算法选择和密钥生成等内容。
A. 记录协议　　　　　　B. 修改密码规程协议
C. 告警协议　　　　　　D. 握手协议

(5) 下列不属于 SSL 握手协议功能的是( )。
A. 协商会话密钥　　　　B. 协商公钥
C. 协商密钥交换算法　　D. 协商数据压缩算法

(6) 在 OSI 模型中,SET 协议工作在( )。
A. 数据链路层　　B. 网络层　　C. 传输层　　D. 应用层

(7) SET 协议中,数字信封技术主要运用哪些密码技术。( )
A. 对称密码　　　　　　B. 非对称密码
C. Hash 函数　　　　　　D. 对称密码和非对称密码

(8) 在 SET 协议中,使用双重数字签名的主要目的是用于解决( )问题。

　　　　A. 保密性　　　　　　B. 完整性　　　　　C. 认证性　　　　D. 隐私性
　（9）SET 协议与 SSL 协议相比,在下面哪方面更具有优势。(　　)
　　　　A. 协议透明性　　　　B. 应用广泛性　　　C. 使用方便性　　D. 信息安全性
　（10）IPSec 协议主要用于实现 VPN 功能,它工作在 OSI 七层协议中的(　　)。
　　　　A. 数据链路层　　　　B. 网络层　　　　　C. 传输层　　　　D. 应用层
　（11）IPSec 协议的工作模式分为传输模式和隧道模式,其中传输模式类同于网络数据加密常见的方式中哪种方式。(　　)
　　　　A. 链路加密　　　　　B. 节点加密　　　　C. 端到端加密　　D. 都不是
　（12）IPSec 协议的工作模式分为传输模式和隧道模式,其中隧道模式类同于网络数据加密常见的方式中哪种方式。(　　)
　　　　A. 链路加密　　　　　B. 节点加密　　　　C. 端到端加密　　D. 都不是

3. 填空题

（1）SSL 安全协议的组成包括：_____、修改密码规程协议、_____以及告警协议。

（2）SSL 协议的密钥生成过程中,客户端的会话密钥包括_____、_____和_____。

（3）由于 SSL 协议简洁、透明、易于实现等一些特点,使得它有着广泛的应用。根据应用场合不同,SSL 协议有多种应用模式,其中常用的三种应用模式是_____、_____和_____。

（4）在 SET 协议中,一般涉及六个实体,这六个实体分别是_____、网上商家、_____、收单银行、认证中心、_____。

（5）近几年,VPN 技术的应用越来越广泛,其主要原因是 VPN 技术有两个优势,分别是_____和_____。

（6）IPSec 是一种协议套件,由一系列协议组成,包括_____、_____、解释域、_____和安全关联等。

（7）IPSec 协议在实际使用时支持两种工作模式,即_____和_____。

（8）IPSec 协议是目前广泛使用的 VPN 技术,提供了三种常用应用模式,即_____、_____和_____。

4. 术语解释

（1）安全协议

（2）SSL 协议

（3）SET 协议

（4）数字信封

（5）双重数字签名

（6）IPSec 协议

5. 简答题

（1）简述安全协议能够提供哪些基本安全功能。

（2）SSL 协议能提供哪些安全服务。

（3）简述 SSL 记录协议操作过程。

（4）简述在匿名 SSL 连接应用模式中握手协议实现过程。

(5) 请简要描述 SSL 协议中会话密钥的协商过程。
(6) 简要描述数字信封的生成过程。
(7) 在 SET 的协议中,使用双重数字签名的目的是什么？简要说明用户生成双重数字签名的过程。
(8) SET 协议与 SSL 协议相对比,简述它们的不足和优势。
(9) IPSec 协议由哪些部分组成的？其各部分的作用是什么？
(10) 简述 IPSec 中 AH 协议在传送模式下数据包的处理过程。
(11) 简述 IPSec 中 ESP 协议在隧道模式下数据包的处理过程。
(12) 简述 IPSec 协议的密钥协商过程。
(13) 简述 SSL 协议和 IPSec 协议的不同之处。

6. 综合应用题

下面分别是电子商务中持卡人的双重数字签名和商家验证这个签名的过程。

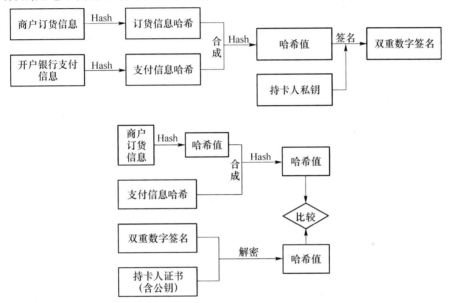

请回答以下问题：
(1) 双重签名技术能够实现隐私性,针对上面的实例,解释"隐私性"的含义。
(2) 结合上面的实例,简述为什么双重签名技术能实现隐私性。
(3) 如果持卡人抵赖曾经的双重签名,那么银行将如何抵御持卡人这种行为。

第12章 密码学新进展

随着计算机科学、信息科学、物理科学、生物科学和控制科学等学科的交叉及发展,密码学领域也出现了许多新技术和新进展,诸如后量子密码、量子密码学、混沌密码学和DNA密码学等。本章主要概述这四类密码分支的基本理论和主要思想。

12.1 后量子密码

公钥密码学自提出到现在已经发展了近40年,它在加密、签名及密码协议各个方面都有了丰富的成果,目前已经成为一个庞大的研究分支。然而,目前研究和应用广泛的公钥密码体制的安全性大都基于大整数因子分解问题、有限域上的离散对数问题、椭圆曲线上的离散对数问题、超椭圆曲线的Jacobian商群上的离散对数问题等难解性。不幸的是,1994年,Shor提出了量子计算机上整数分解和离散对数求解的概率多项式时间算法;2003年,Shor的量子算法又被推广到了椭圆曲线上。这些进展从理论上粉碎了这一大类密码体制的安全基石,因而,抗量子攻击的密码体制的研究成为目前密码学界广泛关注的研究方向。

2006年,第一届国际后量子密码会议(Post-Quantum Cryptography)召开,这标志着后量子密码这一概念在国际密码学界的确立。狭义的后量子密码特指具有抵抗量子算法攻击潜力,并且能够在经典电子计算机上实现的数学密码系统。目前被关注的后量子密码系统主要有格密码、多变量密码、基于编码的密码体制、基于哈希函数的密码体制,以及基于非交换代数结构的密码等。广义的后量子密码包括一切有抵抗量子算法攻击潜力的密码系统,甚至包括一些非数学密码,例如量子密码、生物密码等。本节只简单介绍狭义的后量子密码。

12.1.1 格密码

在数学上,所谓格(Lattice)就是n-维实空间R^n的一个离散加法子群。在国际上,第一个利用格设计的密码方案是Ajtai于1996年完成的。他设计了一个基于格的哈希函数,特别地,首次将一个密码体制的破解规约到特定格问题最坏实例的求解。Ajtai的思想为后来格基密码的研究提供了直接的借鉴和启发。

格基密码的发展大致可以分为三个阶段。第一阶段的主要代表是NTRU密码系统(详见第7章)、GGH密码系统、AD密码系统等,这些密码系统的共同缺点是存在着不可忽略的解密错误。1996年,Hoffstein,Pipher和Silverman提出了著名的NTRU公钥加密体制,尽管NTRU密码体制的描述可以独立于格,但是目前对于NTRU最强的攻击来自于对特定格问题的求解,因而也被纳入到格基密码的研究范畴。1997年,Goldreich、Goldwasser和Halevi提出了GGH加密方案,其安全性基于最近向量问题(Closest Vector Problem,CVP)的难解性。GGH方案具有高效的加解密速度,但是GGH在构造中使用了一类特殊的格,其上CVP

实例的难度达不到一般意义上的近似最近向量问题(Approximate Closest Vector Problem, App-CVP)的难度,因此现实的 GGH 方案易受攻击。1997 年,Ajtai 和 Dwork 设计了基于唯一最短向量问题(Unique Shortest Vector Problem, u-SVP)的公钥加密方案,包括 AD1、AD2和 AD3 三种版本,统称为 AD 密码系统。AD 密码系统是第一个被证明"系统的任意一个实例的安全性都基于特定格问题最坏实例困难性"的公钥密码系统。然而,AD 密码系统不仅公钥参数尺寸大,而且是逐比特加密的,密文扩展严重。

第二阶段的主要代表是 Regev、Micciciancio、Peikert、Agawal 等人提出的一系列新型的格上的公钥加密系统、基于身份的加密系统、基于属性加密、功能加密等,这些密码系统的共同特点是通过适当的参数选择,解密错误可以严格控制在可以忽略的界限之内,这就为人们在降低解密错误和提高系统效率之间进行折中提供了很好的理论依据。2005 年,Regev 提出了格上的容错学习难题(Learning With Errors, LWE),建立了 LWE 问题和格上最短向量问题(Shortest Vector Problem, SVP)问题之间的规约关系,进而提出一个具有可证明安全性的公钥密码系统。随后,Micciancio、Kawachi 等人和 Peikert 等人(特别是后者)分别对其性能进行了优化。假设使用 n 维的格,公钥大小为 $\tilde{O}(n^2)$,1 比特加密操作的时间复杂度为 $\tilde{O}(n)$,密文尺寸为 $O(1)$,密文扩张率显著降低。2008 年,Peikert 提出了具有 CCA 安全性的基于格的加密方案,其核心是利用了一个称为丢失陷门函数(Lossy Trapdoor Function, LTF)的基本模块。LTF 既可以通过传统的数论假设(例如 DDH 难题假设)来实现——当然不能抵抗量子攻击,也可以通过 LWE 困难问题实现——这就构成一个基于最坏情况下格问题的 CCA 安全的加密方案,并且具有抵抗量子攻击的潜力。2008 年到 2010 年期间,Gentry、Agawal 等人先后提出了多个基于 LWE 的身份基加密方案、属性基加密方案、功能加密方案等。

第三阶段以密码学领域的两个重要突破为标志:其一是 Gentry 于 2009 年提出的全同态加密(Fully Homomorphic Encryption, FHE),其二是 Garg、Gentry 和 Halevi 等人于 2013 年提出的多线性配对(Multilinear Pairings, MP)。FHE 和 MP 都是密码学家数十年里梦寐以求的东西,即使抛开格基密码抵抗量子算法攻击的优势不谈,这两个突破也足以彰显格基密码的生命力。

毋庸置疑,在现代密码学的理论研究领域,格基密码已经取得了辉煌的成就。但是,除 NTRU 之外,其他格密码方案的密钥尺寸依然太大,这也影响了格基密码在实际系统中的使用。

例 12.1 Regev 基于格上 LWE 问题的加密方案。

该方案包括以下三个算法(其中 χ 指定义在 Z_q 上的 n-维离散高斯分布)。

- 密钥生成(1^n)

输入安全参数 1^n,用户生成自己的公私钥如下:

均匀随机地选择矩阵 $A \xleftarrow{\$} \mathbf{Z}_q^{n \times m}$ 和向量 $s \xleftarrow{\$} \mathbf{Z}_q^n$,选择向量 $e \leftarrow \chi$,计算 $b := A^t s + e$,其中 t 为转置运算。公开公钥 PK$=(A, b)$,保留私钥 SK$=s$。

- 加密(A, b, m)

输入公钥(A, b)和消息 m,发送者加密并输出密文:

随机选择向量 $r \xleftarrow{\$} \{0, 1\}^n$,计算 $c_1 = Ar, c_2 = r^t b + m\lfloor q/2 \rfloor$,输出密文$(c_1, c_2)$。

- 解密(c_1, c_2, s)

输入密文(c_1, c_2),接收者用自己的私钥 s 解密并输出明文:

计算 $m' = c_2 - c_1^t s$,如果 $|m'| < q/4$ 输出 0,否则输出 1。

该方案的正确性分析如下:首先,根据加解密过程可知

$$c_2-c_1^t s=(r^t b+m\lfloor q/2 \rfloor)-(Ar)^t s=r^t(b-As)+m\lfloor q/2 \rfloor=r^t e+m\lfloor q/2 \rfloor。$$

其次分析解密的错误概率。在上面的表达式中,$r^t e$ 可以看成错误,它决定着解密成功与否。在 $r^t e$ 比较小的情况下,$r^t e+m\lfloor q/2 \rfloor$ 到 $m\lfloor q/2 \rfloor$ 的距离要近。具体地,$m=1$ 时,$c_2-c_1^t s$ 距离 $\lfloor q/2 \rfloor$ 比距离 0 要近;$m=0$ 时,$c_2-c_1^t s$ 距离 0 比距离 $\lfloor q/2 \rfloor$ 要近,因此可以根据这个关系来解密。那么,$|r^t e|$ 到底要小到多少呢?一般把它的界设为 $q/4$ 就足以保证解密出错的概率可以忽略。这是因为:当 r 是 n-维的 0—1 向量,并且错误向量 e 服从定义在 $\mathbf{Z}_q$ 上的 n-维离散高斯分布时,根据离散高斯抽样的相关理论可知,解密错误发生的概率是随格的维数 n 呈指数衰减的。因此,只要 n 足够大,比如超过 100,解密错误就已经可以忽略了。

12.1.2 基于编码的密码体制

McEliece 在 1978 年最先利用编码理论提出了一个公钥密码体制(见第 7 章)。该体制中的私钥是一个随机的二进制不可约 Goppa 码,而公钥是该 Goppa 码置换后随机生成的矩阵。密文是添加了很多错码的一个码字,只有私钥的持有者才能去除这些错码。目前还没有能够严重威胁该体制的攻击,即使是使用量子计算机。同时该密码体制运行快,加解密过程复杂度低,但是密钥长度较大。随后,基于编码理论的密码学研究取得了很多成果,例如 Stern 提出的身份识别方案,Hash 函数,随机数生成器等。1986 年,Niederreiter 基于容错码提出了一个背包式的公钥密码体制,其体制被证明与 McEliece 密码体制具有同等的安全性。随后许多学者对 McEliece 密码体制进行了密钥大小方面的改进,但是安全性和性能都不如 McEliece 密码体制。2001 年,Kobara 和 Imai 也对 McEliece 密码体制进行了改进,他们的密码体制与 McEliece 密码体制有相同的安全性,并且传输速率也几乎相同。

12.1.3 基于多变量的密码体制

在过去近 20 年间,许多密码研究者开始关注多变量密码体制(Multivariate Public Key Cryptosystem)。多变量密码体制的安全性基于有限域上随机选取的非线性方程组问题的难解性。多变量密码体制的数学基础是代数几何,它产生于 20 世纪。目前,多变量密码体制所基于的困难问题即使在量子计算机上,依然不存在多项式时间算法。因此,密码学界公认多变量密码体制是能够抵抗量子攻击的。

多变量密码体制除了能抗量子攻击以外,计算效率还非常高,因为它的运算通常是在一个很小的有限域上实现的。因此,许多多变量密码方案都适用于低端计算设备,例如多变量签名方案 SFLASH,就被欧洲的 NESSIE 项目接纳为智能卡的安全标准:ISI-1999-12324,它也被认为是当今最快的签名方案。

广义地说,多变量密码体制的公钥是一个定义在 $K[x_1,\cdots,x_n]$ 上的多变量非线性多项式 $f_1,\cdots,f_m$,这里的 K 是给定的有限域。如果 Alice 想要发送消息 $(x_1',\cdots,x_n')\in K^n$ 给 Bob,她先找到 Bob 的公钥,再计算 $y_i'=f_i(x_1',\cdots,x_n'),i=1,\cdots,m$,最后发送加密信息 $(y_1',\cdots,y_m')$ 给 Bob。Bob 的私钥包含了如何构造这些 $f_1,\cdots,f_m$ 的信息,没有这些信息,求解关于 $x_1,\cdots,x_n$ 的方程组 $f_1(x_1,\cdots,x_n)=y_1',\cdots,f_m(x_1,\cdots,x_n)=y_m'$ 是计算上不可行的。

目前提出的多变量密码体制可分为两大类,两极系统和混合系统。绝大多数多变量密码体制都属于两极系统,例如 Matsumto-Imai 体制(也可简称作 C^* 或者 MI),隐域方程体制(简称 HFE),温顺变换体制等。属于混合系统的多变量体制非常少,典型的只有 Patarin 的 Oil-Vinegar 签名。多变量的研究也推动了一个纯数学问题的发展,即如何求解有限域上非线性

多变量方程组,主要的研究成果有线性化方程,XL算法,Gröbner基算法等。

例 12.2 Oil-Vinegar 签名方案。

Oil-Vinegar 签名方案的构造基础是 Oil-Vinegar 多项式。Oil-Vinegar 多项式是二阶多项式,但其中的 Oil(油)变量以线性形式出现。当固定 Vinegar(醋)变量值后,二阶的 Oil-Vinegar 多项式将变成关于油变量的线性方程;醋变量的值相当于陷门单向函数中的"陷门"。给定一组 Oil-Vinegar 多项式,我们可以解出油变量,并产生签名。

令 K 是一个有 q 个元素的有限域。变量 $x_1,\cdots,x_o$ 是油变量,$\breve{x}_1,\cdots,\breve{x}_v$ 是醋变量。令 $n=o+v$。

定义 12.1 (Oil-Vinegar 多项式)Oil-Vinegar 多项式是二阶多项式 $f\in K[x_1,\cdots,x_o,\breve{x}_1,\cdots,\breve{x}_v]$,具有如下的形式

$$f=\sum_{i=1}^{o}\sum_{j=1}^{v}a_{ij}x_i\breve{x}_j+\sum_{i=1}^{v}\sum_{j=1}^{v}b_{ij}\breve{x}_i\breve{x}_j+\sum_{i=1}^{o}c_ix_i+\sum_{i=1}^{v}d_j\breve{x}_j+e$$

其中 $a_{ij},b_{ij},c_i,d_j,e\in K$。

定义 12.2 (Oil-Vinegar 映射)令 $F:K^n\to K^o$ 是具有如下形式的多项式映射:

$$F(x_1,\cdots,x_o,\breve{x}_1,\cdots,\breve{x}_v)=(f_1,\cdots,f_o)$$

这里 $f_1,\cdots,f_o\in K[x_1,\cdots,x_o,\breve{x}_1,\cdots,\breve{x}_v]$,都是 Oil-Vinegar 多项式,那么 F 就被称为 Oil-Vinegar 映射。

Oil-Vinegar 映射 $F:K^n\to K^o$ 最主要的性质是,如果 F 的系数可以被随机选取,那么给定向量 $(y_1',\cdots,y_o')\in K^o$,我们通过随机选取 $(\breve{x}_1,\cdots,\breve{x}_v)\in K^v$,给醋变量赋值,解下列关于油变量的线性系统

$$F(x_1,\cdots,x_o,\breve{x}_1,\cdots,\breve{x}_v)=(y_1',\cdots,y_o')。$$

这个系统有解的概率大约是 $1-q^{-1}$,这个概率相当于在 k 上随机选取 $o\times o$ 矩阵是可逆的概率。如果系统无解,我们可以再选取一个向量 $(\breve{x}_1',\cdots,\breve{x}_v')\in K^v$ 来计算,这个过程也许会重复几次,但是如果 q 足够大,首次成功的概率逼近于 1。

下面来描述 Oil-Vinegar 签名方案的基本构成。

1. 密钥生成算法

公钥由如下两部分组成。

(1) 有限域 K,包括其中的乘法与加法结构。

(2) 映射 $\overline{F}=F\circ L$,也可以表示为

$$\overline{f}_1,\cdots,\overline{f}_o\in K[z_1,\cdots,z_n]$$

私钥也由如下两部分组成。

(1) 可逆仿射变换 $L:K^n\to K^n$;

(2) Oil-Vinegar 映射 $F:K^n\to K^o$,也可以表示为

$$f_1,\cdots,f_o\in K[x_1,\cdots,x_o,\breve{x}_1,\cdots,\breve{x}_v]$$

2. 签名算法

设 $(y_1',\cdots,y_o')\in K^o$ 是要签署的消息,签名者首先计算

$$(x_1',\cdots,x_o')=F^{-1}(y_1',\cdots,y_o')$$

其中,$(\breve{x}_1',\cdots,\breve{x}_v')\in K^v$ 是随机选择的。也就是求解线性系统

$$F(x_1,\cdots,x_o,\breve{x}_1',\cdots,\breve{x}_v')=(y_1',\cdots,y_o')$$

最后,签名者解出 $(y_1',\cdots,y_o')\in K^o$ 的签名

$$(z_1',\cdots,z_n')=L^{-1}(x_1',\cdots,x_o',\breve{x}_1',\cdots,\breve{x}_v')$$

3. 签名验证算法

为了验证$(z'_1,\cdots,z'_n)$是否是$(y'_1,\cdots,y'_o)$的合法签名,验证者需检验下式是否正确
$$\bar{F}(z'_1,\cdots,z'_n)=(y'_1,\cdots,y'_o)$$

目前,Oil-Vinegar 签名可分为三个族,即平衡(这里"平衡"指油变量和醋变量个数相等)的 Oil-Vinegar、非平衡的 Oil-Vinegar 和彩虹签名。前两个族目前都面临着安全威胁,主要是秩攻击。彩虹签名是一个多层结构,每一层都应用了非平衡的 Oil-Vinegar,它目前还是安全的,并且可以达到很高的安全级别。此外,彩虹签名也是混合系统中唯一实用的签名方案。

12.1.4 非交换密码

目前,许多密码难题假设来自于数论,而且往往跟某个交换代数结构有关。例如,RSA 密码系统可以认为是定义在交换环 $\mathbf{Z}$ 上,其中的明、密文均属于交换环 $\mathbf{Z}_n$(n 为两个大素数乘积);Elgamal 密码系统和 ECC 密码系统分别定义在有限域 $\mathbf{Z}_p$(p 为大素数)和椭圆曲线上有理点构成的加法群 $E(F_q)$ 上。但是,量子算法发展至今,已经可以在多项式时间内求解所有有限交换群上的隐藏子群问题(Hidden Subgroup Problem,HSP)——事实上,整数分解问题和离散对数问题均是交换群隐藏子群问题的特例。但是,对于非交换群上的 HSP 问题,量子算法的进展却十分有限。因此,密码学家也将目光投向非交换群或更广泛的非交换代数结构。

非交换密码是基于非交换代数结构的密码的简称。非交换密码这一概念提出较晚,尽管早在 1984 年,Magyarik 和 Wagner 就提出了基于非交换群上的字问题(Word Problem,WP)困难性假设的公钥密码系统,但直到 2010 年国际符号计算与密码会议上才正式确立了非交换密码的提法。事实上,第一个引起广泛关注的非交换密码系统当属辫群密码。在 2000 年的美密会上,Ko 等人提出了一个完整的基于辫群的加密方案,这个方案的安全性基础是辫群上的共轭问题(Conjugacy Problem,CP)难解性假设。从 2000 年到 2006 年,辫群密码的研究出现了一个小高潮,不仅各类基于辫群的密码方案陆续发表,而且针对辫群密码系统的分析和攻击技术也紧随其后。2006 年,Maffra 对辫群密码系统的各类攻击方法进行了系统的测试,结果表明:用随机生成的辫子作为密钥几乎总是不安全的。因而,密钥生成问题成为制约辫群密码系统进一步发展的瓶颈。

随着辫群密码在现代密码学舞台上的闪亮登场,很多数学家(特别是研究代数表示理论的数学家)纷纷加入了非交换密码研究的行列,先后提出了一系列基于不同非交换代数结构的密码系统。例如,多循环群、汤普森群、特殊矩阵群、群环矩阵等,都已经登上了现代密码学的舞台。

例 12.3 基于群环矩阵的 Diffie-Hellman 密钥交换协议。

群环(一般可记做 $R[G]$)的概念其实很简单:首先,它是一个环,环中的每个元素可以看成是以群 G 中元素为未知变量、以环 R 中元素为系数的多项式;其次,群环中的加法和乘法就可以按照普通多项式的加法和乘法来理解,即未知量之间的乘法按照 G 中的运算进行,系数之间的加法和乘法按照 R 中的运算进行,并且最后要合并同类项。显然,当 G 是非交换群时,$R[G]$ 必为非交换环。群环矩阵(一般记作 $M_n(R[G])$)就是定义在群环 $R[G]$ 上的 n 阶矩阵,矩阵之间的乘法按照普通的矩阵乘法定义进行,但是矩阵元素之间的乘法和加法都在群环 $R[G]$ 中进行。

2013 年,Kahrobaei, Koupparis 和 Shpilrain 等人提出了基于群环矩阵的 Diffie-Hellman 类型密钥交换协议。协议描述如下(以 $M_3(Z_7[S_5])$ 为例):

(1) Alice 从 $M_3(Z_7[S_5])$ 中随机选择一个矩阵 $[M]$ 和一个大整数 a,计算 M^a,发送 $(M,$

M^a)给 Bob;

(2) Bob 随机选取一个大整数 b,计算 M^b 并发送给 Alice;

(3) Alice 和 Bob 各自计算共享会话密钥 $K=(M^b)^a=(M^a)^b$。

显然,上述协议的正确性是显然的,其安全性基础是群环矩阵 $M_3(Z_7[S_5])$ 上的计算型 Diffie-Hellman 问题的难解性假设。根据最新的进展,Shpilrain 等人已经给出了求解群环矩阵上离散对数问题的量子算法。但是,该算法中量子操作的次数与 $|G|$ 呈正比(将 n 和 $|R|$ 均视作常数)。这说明,只要 G 足够大(例如取 $G=S_{30}$),群环矩阵 $M_n(R[G])$ 上的离散对数问题是能够抵抗该量子算法攻击的。Shpilrain 等人担心 G 的增大会导致群环矩阵(特别是运算结果)的存储规模也增长得很快。事实上,只要采取合理的策略,是能够保证稀疏多项式的乘积仍为稀疏的,这可能是解决该问题的有效途径。使用群环矩阵作为密码学构造平台的另一个优势在于:即使 R 和 G 都不是很大,$M_n(R[G])$ 也可能非常大。事实上,这是一种高效地构造非交换代数结构的方式。

12.2 量子密码学

量子密码学是量子物理学和密码学相结合的一门新兴科学,Shor 于 1994 年提出整数因子分解的量子算法后,传统的公钥密码体制受到质疑,同时密码学家也纷纷将目光转向研究量子计算机时代的密码体制,量子密码是其中一个备受关注的研究分支。量子密码基于海森堡测不准原理(Heisenberg Uncertainty Principle)和量子不可克隆等量子力学属性,因此要攻破量子密码协议就意味着必须否定量子力学定律,所以量子密码学是看似"更"安全的密码技术。

12.2.1 量子密码学的物理学基础

量子力学的特性成为量子信息的物理基础,主要有量子纠缠、量子不可克隆、量子叠加性和相干性等,而量子不可克隆定理和 Heisenberg 测不准原理构成了量子密码学的物理基础。

1. 量子不可克隆定理

Wootters 和 Zurek 曾于 1982 年在《Nature》杂志上撰文提出了如下问题:是否存在一种物理过程,实现对一个未知量子态的精确复制,使得每个复制态与初始量子态完全相同呢?Wootters 和 Zurek 证明,量子力学的线性特性禁止这样的复制,这就是量子不可克隆定理的最初表述。

2. Heisenberg 测不准原理

测不准原理,又称"不确定性原理"、"不确定关系",是由德国物理学家海森堡(Werner Heisenberg)于 1927 年提出的,它是量子力学的一个基本原理。微观世界的粒子有许多共轭量,比如位置和速度、时间和能量就是两对共轭量,当对其中任何一个进行测量时都不可避免地对另一个物理量产生干扰。经过一番推理计算,海森堡得出:在位置被测定的一瞬,即当光子正被电子偏转时,电子的动量发生一个不连续的变化,因此,在确知电子位置的瞬间,关于它的动量只能相应于其不连续变化的大小的程度。于是,位置测定得越准确,动量的测定就越不准确,反之亦然。类似的不确定性关系式也存在于能量和时间、角动量和角度等物理量之间。简单来说,其本质可理解为如下问题:用四个可能的极化状态(↔,↕,↗,↘)之一来描述单个光子,人们是否能肯定地确定它的极化呢?答案是否定的。直线基(↔和↕)与对角线基(↗和↘)是不相容的,因此测不准原理禁止同时度量两者,更一般地说,即使仅部分可靠,判别非正交状态的过程将干扰其状态。

12.2.2　量子密钥分配

量子密钥分配系统是目前量子密码研究最广泛和深入的方向。它使得发送方用量子信道与接受方共享秘密信息,而未经授权的第三方无法窃取信息。该系统由量子信源、量子信道、经典信道、发送方、接受方等部分组成。

量子信源是量子信道之源,主要提供信道中所需的量子态。量子密钥分配与经典密钥分配最本质的区别在于前者是运用量子态来表征随机数 0 和 1 的,而现有密钥分配是运用物理量来表征比特 0 和 1 的。若采用光脉冲来传送比特,在经典信息中,光脉冲有光子代表 1,无光子代表 0;在量子信息中则是采用单个光子的量子态,如偏振态来表征比特信息,如圆偏光代表 1,线偏光代表 0,亦即每个光脉冲最多只能有一个光子,这个光子所处的不同量子态表明它携带不同比特信息,由于单个光子作为整体不可分割,因此窃听者无法通过分波方法来获取信息。

量子信道就是将量子比特从一端传送到另一端的量子信息通道。量子信道可以有很多种形式,如自由空间、光纤等。在经典信息论中,信道只是将信息从发送方传输到接收方,然而在量子信息论中,信道中的信息传递方式是很重要的,信息的传输受制于信息载体。

量子密钥分配不依赖问题的计算难度,而是使用基本的物理定律为密码系统提供可证的无条件安全。到目前为止,主要有三大类量子密钥分配方案。

(1) 基于单光子量子信道中海森堡测不准原理的。

(2) 基于量子相关信道中 Bell 原理的。

(3) 基于两个非正交量子态性质的。

基于测不准原理的量子密钥分配利用量子的不确定性来构造安全的通信通道,并使得通信双方能够检测到信息是否被窃听,为通信双方提供密钥协商或密钥交换时的绝对安全。下面以 BB84 协议(第一个量子密码通信协议,1984 年由 Benntt 和 Brassard 提出)为例,简单介绍其原理。

BB84 协议采用四个量子态(如右旋、左旋、水平和垂直偏振态)来实现量子密钥分配,事先约定:左旋和水平偏振态代表比特"0",右旋和垂直偏振态代表比特"1"。量子密钥分配的操作步骤如下。

(1) 用户 A 向用户 B 发送多个光子,每个光子随机地选择右旋、左旋、水平或垂直四种偏振态中的任一种。

(2) 用户 B 随机地选择线偏振基或圆偏振基来测量光子的偏振态,并记录下他的测量结果。

(3) 用户 B 在公开信道上告诉用户 A,他每次所选择的是哪种测量基,但不公布测量结果。

(4) 用户 A 在了解到用户 B 的测量基之后,便可确定用户 B 的测量基中哪些是选对的,哪些是选错的。她通过公开信道告诉用户 B 留下选对基的测量结果,这样用户 A 和用户 B 就可以 50% 成功率建立完全相同的随机数序列。

(5) 用户 B 从已建立的随机比特序列中抽样部分比特,一般为 1/3,并发送给用户 A。

(6) 用户 A 检查用户 B 发送来的比特与自己发出的比特是否一致,如果没有窃听行为发生,则它们应该是一致的;否则,肯定发生了窃听行为。

(7) 如果没有窃听行为发生,双方可以约定用剩余的 2/3 比特作为共享的会话密钥,从而实现了密钥的分配。用户 A 和用户 B 依此办法可获得足够多的比特位。

12.2.3 量子密码的实现

在过去的几年中,国际上科技界和工业界均对量子密码术显示出了极大的兴趣。世界上第 1 个量子密钥分配原型样机在 1989 年研制成功,它的工作距离仅为 32 厘米,然而,它的出现标志着量子密码开始初步走向实用。此后,人们在设计及建造实用的量子密钥分配系统方面作了不懈努力。据报道,1995 年英国电信在长达 30 公里的光纤上实现了量子密钥的传送,差错率很小。2002 年 10 月,德国慕尼黑大学和英国军方的研究机构合作,在德国和奥地利边境用激光成功地传输了量子密码,这次试验传输的距离达到了 23.4 公里。2003 年 7 月,中国科学技术大学中科院量子信息重点实验室的科研人员在该校成功铺设了一条总长为 3.2 公里的"特殊光缆",即一套基于量子密码的保密通信系统,该系统可以进行文本和实时动态图像的传输,刷新率达到 20 帧/秒。2003 年 11 月,日本三菱电机公司宣布该公司研究人员用量子密码技术传送信息获得成功,其传输距离可达 87 公里。2004 年 6 月,美国 BBN 技术公司称世界上第一个量子密码通信网络在美国马萨诸塞州剑桥城正式投入使用,网络传输距离约为 10 公里,重要的是利用量子密码技术实现了网络各节点之间的通信,是量子密码技术上的一大突破。2005 年初,ID Quantique 公司启动了一个称为 Vectis 的量子密码系统,能在远达 100 公里距离的光纤上自动进行量子密钥的交换。

2004 年,郭光灿领导的课题组在国际上首次成功分析实际光纤量子密码系统不稳定的原因,并使用法拉第反射镜的迈克尔逊干涉方案实现了国际上第一个城际量子密码实验,量子线路长度 125 公里,创下了当时的世界纪录。

12.2.4 量子密码的其他研究

除了量子密钥分配之外,利用量子物理特性来构造其它密码算法与协议也引起了密码学家的广泛兴趣,然而目前还处于初步探索阶段。

1. 量子密钥的公钥加密(Quantum Public Key Encryption)

量子公钥加密体制研究分为两类,一类是对量子信息的加密方案,另一类是对经典信息的量子加密体制。后者的设计更加困难,其基本思想是 Gottesman 和 Chuang 于 2005 年提出的。由于基于量子计算的单向陷门函数难于构造,目前提出的量子加密方案很少,主要有 2005 年 Gottesman 等人基于秘密酉变换构造的加密方案和 Kawachi 等人基于量子状态区分问题构造的比特加密方案和多比特加密方案;以及 2008 年 Nikolopoulos 基于比特旋转操作构造的比特加密方案。此外,高飞等人 2009 年提出利用纠缠态构建量子公钥加密方案,其中公钥粒子可回收,为量子公钥加密方案设计提出了新的思路。

2. 公共决定(Public Decisions)

量子密码除了可用于保密通信外,还可在保护专用信息的同时将这些信息用于做出公共决定。由 Claue Creapu 提出了这样的技术:允许 2 个人事先约定好一个函数 $f(x,y)$,它仅依赖于 2 个专有输入 x 和 y,其中一个人仅知道自己的专有输入 x,而另一个人仅知道自己的专有输入 y,他们都不会透漏任何有关于自己的输入信息给对方,只能通过自己的输入和函数输出来推知对方的输入。这种决策的经典例子是"约会问题",在约会问题中,如果仅仅 2 个人互相喜欢时,他们才寻找一种决定约会时间的方式,而用不着泄漏任何详细的信息,如果 2 个人中的 A 喜欢 B 而 B 不喜欢 A ,则 B 就用不着去弄清楚 A 是否喜欢自己而放弃约会;另一方面,A 则不可避免地会了解到 B 不喜欢自己。还有许多其他的情况,譬如,公司和政府组织之间或者在个人和组织之间做出的共同决定取决于各方不愿完全泄漏的保密信息,量子密码在这些场合也可得到应用。

3. 量子数字签名(Quantum Signature)

数字签名方面,Gottesman and Chuang 提出一个类似于经典一次签名的量子数字签名方案。2002 年,Zeng 和 Keitel 提出一种带仲裁的量子数字签名方案,后来的方案都沿用这种设计思路。至今还未出现基于量子物理特性的、不带仲裁的、一般数字签名方案。

4. 比特承诺(Bit Commitment)

量子特性还可用于比特承诺,即量子比特承诺,可用来得到任意 NP 问题表述的零知识证明(Zero-Knowledge Proofs)。此外,量子不经意传输(Quantum Oblivious Transfer)是一种奇特的信息处理程序可用来实现谨慎决定。该技术以不经意传输方式来传送 2 条消息,以便使接收者能够读出其中的任何一条消息但不能同时读出 2 条消息。

相信随着量子物理及计算机科学的进展,量子密码还将会有更多的应用。

12.2.5 量子密码面临的问题

尽管量子密码学具有传统密码算法不可比拟的优势,但量子密码学要走向真正的实用还面临着众多的技术挑战,主要表现以下几个方面。

1. 光子源

目前大多数的实验所用的光源都是经过强烈衰减的弱光脉冲,其光子数呈泊松分布。从安全性方面考虑,最好是每个脉冲内含有且只含有一个光子,但这种泊松分布的光源无法实现单光子脉冲,实际的做法是让每个脉冲含有两个以上光子的概率很小,以至于不会对安全性产生影响。通常都把含有两个以上光子的脉冲控制在 5% 以下,很容易计算得出,这样激光就必须衰减到平均每个脉冲只含有 0.1 个光子以下。在实际的密码系统存在传输损耗的情况下,即使含有两个以上光子的脉冲很少也可能带来安全隐患,此外,由于大多数脉冲中都是没有光子的空脉冲,因此严重降低了密钥分发系统的传输效率,同时也增大了误码率。

2. 信息通道

主要是以单模光纤或空气为传播媒质。虽然单模光纤理论已经发展得很完善,但目前所有的通信光纤都不是理想的单模光纤,光纤的双折射、偏振模色散以及与偏振有关的损耗等都会影响到密码传输系统的性能,例如传输距离受限、误码率上升等。

3. 单光子探测器

传输距离仍然是量子密钥面临的核心问题,其主要限制来自于光纤的损耗,降低光纤损耗不仅是这里的要求,也是经典光通信的目标。目前的光纤损耗已经很低,在短时间内不太可能有大的提高。单光子源的实际应用不仅仅是从安全性考虑,也是增大传输距离的主要因素,但目前还没有能够实用的单光子源。考虑到光纤的损耗,长程通信的波长只能选在 $1.31~\mu m$ 和 $1.55~\mu m$ 这两个光学窗口。但到目前为止,在这两个波段的有效单光子探测器技术还不成熟,现在商业可用的光电倍增管、硅基固体单光子检测器在这两个波段都不响应,必须另外寻求红外单光子探测器。

4. 量子中继器

量子密码系统的性能取决于能实现密钥交换距离的远近。由于存在探测器噪声和光纤损耗,当前量子密钥分发系统只能工作小于 200 km 的范围内。要想扩大这个距离,传统的中继器不能使用,因为它们将像窃听者一样改变光子的极光状态。相应的技术正在研究过程中,像长距离自由空间量子密钥分发技术可用来实现通过低轨道卫星分发量子密钥,量子密钥分发协议也许最终能通过量子纠缠来解决。

量子密钥分发协议已被成功地证明是安全的。但是,还要防止窃听者假扮合法通信双方中的一方而欺骗另一方,以使对方相信他是合法通信双方中的对方。因此,量子密码术要走向实用,必须结合一些经典技术。

12.3 混沌密码学

Robert A. J. Matthews 在 1989 年首次将混沌理论应用于密码学研究,并提出了一种基于变形 Logistic 映射的混沌序列密码方案,从此混沌密码学引起了广泛的关注。美国海军实验室研究人员 Pecora 和 Carroll 首次利用驱动—响应法实现了两个混沌系统的同步,这一突破性的研究成果为混沌理论在通信的应用开辟了道路。随着混沌理论研究的不断发展,国内外许多学者对基于混沌理论的加密方法的设计及其安全性进行了广泛而深入的研究和探讨,并逐渐形成了混沌密码学这一新的研究分支。特别是 1997 年后,为了将混沌密码学进一步实用化,学者们提出了许多新的数字化混沌密码方法,从而掀起了数字混沌密码学研究的高潮。

12.3.1 混沌学的历史发展与现状

目前公认真正发现混沌的第一位学者是法国数学和物理学家 H. Poincare,他在研究天体力学时,发现即使只有三个星体的模型仍能产生明显的随机效果。1903 年,他在《科学与方法》一书中提出了 Poincare 猜想,他为现代动力系统理论贡献了一系列重要概念,如动力系统、奇异点、极限环、分叉、同宿和异宿等,同时也提供了许多有效的方法和工具,如小参数展开法和 Poincare 截面法等。这一系列数学成就对此后混沌学的建立发挥着广泛而深刻的影响。

混沌学研究的第一个重大突破发生在以保守系统为研究对象的天体力学领域。1954 年,苏联概率论大师 Kolmogorov 发表了《在具有小改变量的 Hamilton 函数中条件周期运动的保持性》一文。1963 年,Kolmogorov 的学生 V. I. Arnold 对此做出了严格的数学证明。差不多在同一时间,瑞士数学家 J. Moser 对此给出了改进并独立地做出了数学证明。KAM 定理就是以他们三位名字的首字母命名的,KAM 定理被国际混沌学界公认为这一学科的开端,具有极为重要的理论价值。

混沌学研究的第二个重大突破发生在遍布于现实世界的耗散系统。作出杰出贡献的是美国气象学院 E. N. Lorenz,他在耗散系统中首先发现了混沌运动,1963 年发表了著名论文《确定性非周期流》,以后又陆续发表了 3 篇论文,这组论文成了后来研究耗散系统混沌现象的经典文献。

20 世纪 70 年代初,混沌学研究在多个学科领域同时展开,形成了世界性研究的热潮。1971 年,法国物理学家 D. Ruelle 和荷兰学者 F. Takens 联合发表了著名论文《论湍流的本质》,在学术界第一个提出用混沌描述湍流形成机理的新观点,他们通过严格的数学分析,独立地发现了动力系统存在的奇怪吸引子,并描述了它的几何特征,确立了他们在混沌发展史上的显赫地位。1976 年,美国生态学院 R. Mary 发表了题为《具有复杂动力学过程的简单数学模型》的综述文章,重点讨论了 Logistic 方程,系统分析了方程的动力学特征。

美国物理学院 M. J. Feigenbaum 杰出的研究成果为混沌学跻身于现代科学之列打下了基础。Feigenbaum 凭借自己扎实的数学理论功底,经历数年的研究终于发现了倍周期分叉过程中分叉间距的几何收敛性,并发现了收敛速率为 4.669 2… 是个常数,这就是著名的 Feigenbaum 常数。Feigenbaum 还做了许多深入的数学研究,把混沌学从定性分析推进到了定量计算的阶段,成为混沌研究的一个重要的里程碑。

20 世纪 80 年代以来,人们着重研究系统如何从有序进入新的混沌以及混沌的性质和特点。除此之外,借助于多标度分形理论和符号动力学,进一步对混沌结构进行了研究和理论上的总结。现在混沌正以前所未有的速度,迅猛发展成为在一定历史条件下的非线性物理背景和深刻数学内涵的现代学科,同时混沌在许多领域得到或开始得到广泛应用。

12.3.2 混沌学基本原理

可以用相空间中的轨道来表示经典力学中的各种运动形式。如果运动方程不含随机项,那它所描述的就是一种确定性的运动。混沌运动是确定性系统中局限于有限相空间的高度不稳定的运动。所谓轨道高度不稳定是指临近的轨道随着时间的变化会呈指数方式分离。这种由系统参数或初始条件所造成的不同演化轨道随时间的平均发散率可用李雅普诺夫指数 (Lyapunov Index)来测试。这里的李雅普诺夫指数是描述两个靠近的初值所产生的轨道,随时间的推移按指数方式分离的参量。

在一维动力系统 $x_{n+1}=F(x_n)$ 中,初始两点迭代后是互相分离还是靠拢,关键取决于导数 $\left|\dfrac{dF}{dx}\right|$ 的值,如果 $\left|\dfrac{dF}{dx}\right|>1$,则迭代的结果使得两点分开;$\left|\dfrac{dF}{dx}\right|<1$,则迭代的结果使得两点靠拢。但是在不断的迭代过程中,$\left|\dfrac{dF}{dx}\right|$ 的值也随之变化,使得迭代过程中两点有时分离有时靠拢。为了从整体上描述相邻两个状态的分离情况,必须对时间取平均值,所以一般情况下,Lyapunov 指数定义为:

$$\lambda = \lim_{n\to\infty}\frac{1}{n}\sum_{i=1}^{n-1}\ln\left|\frac{dF(x)}{dx}\right|_{x=x_i}$$

Lyapunov 指数的值越大表明轨道的平均发散速率越快。工程上常用最大 Lyapunov 指数来测度轨道的平均发散速率,而且它可以作为系统是否是混沌系统的依据。当 Lyapunov 指数大于 0 时,系统就进入了混沌状态。

由于混沌系统的不稳定性,系统的长时间行为会显示出某种混乱性。混沌是一种貌似无规则的运动,不需附加任何随机因素即可出现类似随机的行为,其最大特点在于系统的演化对初始条件十分敏感。从长期意义上讲,系统的未来行为是不可预测的。混沌不是简单的无序,而没有明显的周期和对称,却具有丰富的内部层次的有序结构。混沌运动在相空间的轨迹具有复杂的拉伸、折叠和收缩结构,但每一条轨迹不自我重复,且局限于有限集合,这称为奇怪吸引子。奇怪吸引子也可作为混沌运动的判据,具有奇怪吸引子的运动就是混沌运动。

混沌运动与其他复杂现象相比,混沌运动有着自己的特征。

(1) 遍历性

混沌运动在其混沌吸引域内是各态历经的,即在有限时间内混沌轨道经过混沌区内每一个状态点。

(2) 有界性

混沌是有界的,它的运动轨迹始终局限于一个确定的区域,这个区域称为混沌吸引域,从整体上看混沌系统是稳定的。

(3) 内随机性

混沌的内随机性实际就是它的不可预测性,对初值的敏感性造就了它的这一性质。

（4）标度性

标度性指混沌运动是无序中的有序态，它仍是确定性迭代。

（5）分维性

分维性表示混沌运动状态具有多叶、多层结构，且叶层越分越细，表现为无限层次的自相似结构。

（6）普适性

普适性是指不同系统在趋向混沌态时所表现出来的某些共性，它不依具体的系统方程或参数而变化，普适性是混沌内在规律的一种表现。

12.3.3 混沌密码学原理

经过多年的研究，学者们逐渐达成一种共识：混沌作为一种非线性现象，有许多独特的且值得利用的性质，或许能够为密码学的发展提供新的思路，为保密通信提供更好的手段。目前的研究也发现，传统的密码方法中存在着与混沌的联系，同时，混沌现象也具有密码的某些特征。因此，研究混沌保密通信，不仅对构造新的更安全的加密方法有帮助，而且对进一步深入地理解现有的密码体制也有益处。

一个保密系统其实也是一个映射，只是它是定义在有限域上的映射。保密系统是一个确定性的系统，它所使用的变换由密钥控制，加密变换 $c=e_k(p)$ 的求取并不困难，但在不知道密钥 k 的情况下，解密变换 $p=d_k(c)$ 的求解却极为困难。要做到这一点，不但密码系统须对密钥极为敏感，而且密文也必须对明文非常敏感，这使得在知道部分密文和明文的条件下，猜测全部明文或密钥极为困难。要保证这一点，明文必须得到充分的混合。这些对保密系统的要求和混沌的特性有着十分密切的联系。

实际上，一个好的保密系统也可以看成是一个混沌系统或者是伪随机的混沌系统，如典型的 DES 加密算法，它采用的 S 盒，其实就是一类确定性的类随机置换操作，表 12-1 对比混沌理论与保密系统的关系。

表 12-1 混沌理论与密码学的关系

	混沌理论	密码学
相似点	对初始条件和控制参数的极端敏感性	扩散，通过混合打乱明文统计特性
	类似随机的行为和长期的不稳定轨道	伪随机序列
	混沌映射通过迭代，将初始域扩散到整个空间	密码算法通过加密轮产生预期的扩散和混乱
	混沌映射的参数	加密算法的密钥
相异点	相空间：实数集	相空间：有限的整数集

混沌的特性与加密变换的特性在诸多方面是一致的：

（1）两者都是确定性的变换，且都会表现出某种类随机特性；

（2）混沌映射具有拓扑传递性，而加密变换具有混合特性；

（3）混沌对初值和参数敏感，这个特性使得两个初值很接近或者参数有微小变化的混沌映射的轨道会呈指数形式分离，而加密变换则要求对密钥敏感，密钥或明文的微小变化会带来密文的显著不同；

（4）混沌是通过多轮的迭代来获得指数分离的轨道，而加密则通过多轮的置换与混乱将明文打乱。

密码系统中的很多特性，在混沌映射中能找到对应点，但是，混沌和密码系统之间仍然存在着许多不同,最大的不同之处在于:混沌是定义在连续闭集上的,而密码系统的操作只局限于有限域。正是这一点的不同,造成混沌系统不能采用数字化的方法直接应用于加密系统,同时,也不是所有的混沌系统都适合用来设计密码系统。因此,需要巧妙的设计,才能将混沌理论用于密码系统。

12.3.4 混沌密码目前存在的主要问题

尽管在已经提出的混沌密码系统中,有一部分还没有有效的破译方法,但混沌密码目前还存在许多问题需要解决。

保密系统的安全性、加密速度和实现成本是衡量一个密码算法的3个重要指标。安全性是最重要的,针对一个应用选择密码算法时,必须首先考虑密码算法的安全性,这也是混沌密码算法研究迫切需要解决的难题。如何结合混沌与密码技术,既能充分利用混沌信号的不可预测性、对初值和控制参数的敏感性,同时又能避免利用混沌理论工具对系统进行破译是混沌密码学研究的一个重要研究方向。

除了要求保密系统有足够的安全性,还要求加密速度足够快,特别在一些实时应用中。目前所提出的混沌保密算法大多数加密速度比较慢,不能应用于实时加密。有3个主要因素影响着混沌密码算法的加密速度:(1)为了充分实现混沌信号的不可预测性、对初值和控制参数的敏感性,在每一次的加密过程中,都需要多次迭代混沌映射;(2)有些混沌映射本身形式复杂,运算的速度本身就比较慢;(3)有些混沌映射在有限精度实现时,只能用浮点运算实现,浮点算法相对于逻辑运算、固点运算的运算速度要慢得多。其中,第(2)、(3)点也是影响混沌密码实现成本的主要不利因素。这3点不利因素都是由于混沌自身引起的,需要通过对混沌自身的研究来解决,但目前还缺少适合用于密码系统中的混沌映射研究。

此外,混沌用于随机数发生器生成密钥时,为了减少有限精度效应的影响,通常采用模拟电路实现,最后对混沌状态进行量化,产生随机数,而模拟电路的电容设计,不利于混沌随机数发生器的实现。

12.4 DNA 密码

DNA 密码是近年来伴随着 DNA 计算的研究而出现的密码学新领域,其特点是以 DNA 为信息载体,以现代生物技术为实现工具,挖掘 DNA 固有的高存储密度和高并行性等优点,实现加密、认证及签名等密码学功能。

12.4.1 背景与问题的提出

密码学是用于保护数据安全的工具,从古老的恺撒密码到现代密码学,已经有 2 000 多年历史了。而具有 30 亿年历史的 DNA 是生物遗传物质,控制着生物的繁衍。密码学和遗传学原本是毫不相关的两个学科。然而,随着现代科技的发展,近年来密码学和 DNA 开始走到了一起,并且关系越来越密切。

现代密码学是基于数学的密码学。除了一次一密外,其他的密码系统都只具有计算安全性,其安全性依赖于数学上的困难问题。如果攻击者有足够的计算能力,就可以破译这些密码系统。然而,虽然现代电子计算机的计算能力比早期的电子计算机增长了很多倍,但是现代电子计算机的总体结构仍然是冯·诺依曼计算机,计算模型仍然是图灵机模型。这种计算机本质上是符合摩尔定律的,即计算能力若干年才能提高一倍,并且,受制于硅芯片的制造技术,目前在电子计算机原件的微型化方面似乎已经走到了尽头,计算能力的提高速度开始放缓。上述原因造成攻击者所能得到的计算能力受到了限制,相比之下,密码学家可以很容易地增加密钥的长度,随之带来的破译所需计算量呈指数方式增长。面对这样巨大的计算量,采用电子计算机进行强力攻击,几乎不可能取得成功。

近年来,人们在研究生物遗传的同时,也发现DNA可以用于遗传学以外的其他领域,如信息科学领域。1994年,Adleman等科学家进行了世界上首次DNA计算,解决了一个7节点有向汉密尔顿回路问题。此后,有关DNA计算的研究不断深入,获得的计算能力也不断增强。2002年,Adleman用DNA计算机解决了一个有20个变量、24个子句、100万种可能的3-SAT问题,这是一个NPC问题。研究DNA计算的科学家发现,DNA具有超大规模并行性、超高容量的存储密度以及超低的能量消耗,非常适用于信息领域。利用DNA,人们有可能生产出新型的超级计算机,它们具有前所未有的超大规模并行计算能力,其并行性远超过现有的电子计算机。这将会给人们带来惊人的计算能力,引发一场新的信息革命。DNA计算的先驱Adleman这样评价DNA计算:"几千年来,人们一直使用各种设备提高自己的计算能力。但是只有在电子计算机出现以后,人们的计算能力才有了质的飞跃。现在,分子设备的使用使得人类的计算能力能够获得第二次飞跃。"

在现代密码系统中,密钥是随机独立选取的,而超大规模并行计算机非常适用于对密钥穷举搜索。Dan Boneh等人用DNA计算机破译了DES,并且声称任何小于64位的密钥都可以用这种方法破译。Salomaa也宣称现有的很多数学困难问题可以通过DNA计算机进行穷举搜索得到结果,而其中很多困难问题都是现代密码系统的安全依据。人们不禁要问,密码学的大厦将会因为DNA计算的出现而倾覆吗?随着DNA计算的发展,有科学家开始把DNA用于密码学领域。Reif等人提出用DNA实现一次一密的密码系统,Celland等人提出用DNA隐藏消息。

12.4.2 相关生物学背景

DNA的学名是脱氧核糖核酸,是一切生物细胞中具有的遗传物质。在生物遗传中,生物机体的遗传信息编码在DNA分子上,并通过DNA的复制由亲代传递给子代。在后代的生长发育过程中,遗传信息由DNA转录给RNA,然后翻译成特异的蛋白质,以执行各种生命功能,使后代表现出与亲代相似的遗传性状。从构成上看,DNA是由核苷酸组成的一个生物分子。核苷酸含有4种不同的碱基:腺嘌呤(A)、鸟嘌呤(G)、胞嘧啶(C)和胸腺嘧啶(T),相应地,核苷酸也按所含碱基的不同分成4种。核苷酸排列成链状,在自然界中,DNA链的长度随着物种的不同而变化,比如较长的人类DNA,由46对染色体组成,总共含有30多亿个核苷酸对。DNA分子由两条长链组成,在氢键的作用下两条链连接在一起,呈现出螺旋式结构,通过溶解(将两个具有互补序列的单DNA链分裂)可以将DNA分子分裂成两条DNA单链,其中DNA单链是有方向的,一端为5′端,一端为3′端。DNA双螺旋结构是1953年由James D. Watson和Francis H. Crick发现的,所以称为Watson-Crick对,他们因此于1962年获得诺贝尔奖。这项发现是20世纪最伟大的科学发现之一,使遗传学问题简化成了数学问题,奠定了之后半个世纪生命科学的基础。现在,生物学家们主要通过各种生物化学的方法来研究DNA。

无论在DNA计算还是在DNA密码中,聚合酶链式反应(Polymerase Chain Reaction, PCR)技术都是非常重要的工具。由于DNA体积微小,对数量极少的特定DNA片段进行操作非常困难,而通过扩增技术,把少量的特定 DNA 大量复制后操作就容易多了。PCR 技术就是一种快速特定 DNA 片断扩增技术。PCR 技术发明于 1983 年,并于 1987 年获得专利,是现代生物学最伟大的发明之一,曾于 1989 年被美国《Science》杂志列为世界十大发明之首,PCR 是基于 Watson-Crick 互补配对特性实现的。

12.4.3 DNA 计算的原理及抽象模型

1. DNA 计算的原理

要提高计算能力,把计算元件尽可能做得微型化是一个主要的途径。很早以前就有人提出现代计算机的基本部件应该逐步过渡到分子水平,这样一来,新型的计算机将比利用当前技术制造出来的任何计算机都小。DNA 计算机就是这种思想的一种表现。DNA 计算机主要利用了两个特性:

(1) DNA 链的超大规模并行性;

(2) Watson-Crick 互补配对特性。

在 DNA 计算机中,进行计算的元件是 DNA 分子,这种分子体积微小,在每克 DNA 分子中就含有 10^{21} 个核苷酸,所以 DNA 计算机能以前所未有的并行性进行计算。DNA 计算的过程,就是按照设计,从最初设定的初始状态开始,对 DNA 分子进行合并、扩增、粘贴等过程。计算完成后,要对处于终态的 DNA 分子进行相应的检测、分离,以还原出数学形式的计算结果。DNA 计算机启动的时候,参与反应的分子很少,计算速度比较慢。但是参与反应的分子数量可以按照指数的方式增长,所以速度增长非常快。假如开始的时候有 1 个分子参与计算,经过 40 轮反应后,就有 10^{21} 个分子参与计算了。DNA 计算中分子扩增、数据读取、数据存储等步骤都是利用 Watson-Crick 互补配对特性实现的。如果没有 Waston-Crick 互补配对特性,现有的 DNA 计算模式都无法实现。正因为如此,DNA 计算中采用的各种自动机模型,基本都可以称为 Watson-Crick 自动机。

2. DNA 计算的抽象模型

基于 DNA 的生物计算的实现是对一组 DNA 链执行一系列的操作。DNA 链一般保存在试管里,试管用于 DNA 片段的收集。

定义 12.3 DNA 片段。一个 DNA 片段可以看作是定义在字母表 $\Sigma = \{A, C, G, T\}$ 上的有限长度的字符串,不失一般性,可以记为 $s \in \Sigma^+$。

定义 12.4 DNA 试管。一个 DNA 试管是一组 DNA 分子组成的一个多重集合,不失一般性,可以记为 $t = \{s_1, s_2, \cdots\}$。

这里多重集的含义是指,一方面,在一个试管中,可能包含某个 DNA 片段的多个拷贝;另一方面,试管中的 DNA 片段之间不存在明确的顺序关系[①]。

定义 12.5 DNA 计算程序。一个 DNA 计算程序就是针对给定的 DNA 试管,由如下四个基本生物操作所构成的序列:

(1) 提取(Extract)和分离(Separate):给定试管 t 和 DNA 片段 $s \in \Sigma^+$,提取操作 $+(t,s)$ 的结果是在试管 t 中仅保留那些含有 s 的顺序子序列的 DNA 片段,分离操作 $-(t,s)$ 的结果是在试管 t 中仅保留那些不含有序列 s 的 DNA 片段。

(2) 合并(Merge):给定两个试管 t_1、t_2,合并操作 $\cup(t_1, t_2)$ 的结果是相应两个多重集合

---

① 但是,在一个 DNA 片段之上,子片段之间是有严格的顺序关系的,而且子片段顺序的改变往往导致生物特性的巨大差异。

的并:
$$\bigcup(t_1,t_2)=t_1\bigcup t_2$$

(3) 检测(Detect):给定一个试管 t,如果 t 中至少包含一个 DNA 分子(序列),则输出"yes",否则输出"no"。

(4) 复制(Replica):给定一个试管 t,产生另外一个 t' 使得
$$t=t'$$

值得注意的是,在定义合并和复制操作时,集合的并和相等都是针对多重集合的。

这些操作然后被用于了撰写程序,这些程序接受一个试管作为输入,然后返回"yes"或者"no",或者一组试管。

例 12.4 下面的程序将从给定的试管 t 中删除含有碱基 C、G、T 的 DNA 分子。换句话说,如果 t 中原来含有仅由一个碱基 A 构成的 DNA 分子片段的话,则程序结果输出 yes;否则,输出 no。

1) 输入 t
2) $t_1=-(t,C)$
3) $t_2=-(t_1,G)$
4) $t_3=-(t_2,T)$
5) Detect(t_3)

12.4.4 DNA 密码

信息科学中的 DNA 密码与遗传学中的密码是根本不同的两种事物。DNA 密码,就是以 DNA 为信息存储的载体,借助于 DNA 的生物化学特性实现数据安全的密码系统。现在,人们已经提出了几个 DNA 密码方法,比较有代表性的是 Celland 等人的方案。1999 年,Celland 等人成功的把著名的"June 6 invasion : Normandy"隐藏在 DNA 微点中,从而实现了利用 DNA 作为载体的信息隐藏。他们的方法如下:

(1) 编码方式

他们没有采用传统的二进制编码方式,而是把 DNA 核苷酸看成是四进制编码,用 3 位核苷酸表示 1 个字母。例如字母 A 用核苷酸序列 CGA 表示,字母 B 用核苷酸序列 CCA 表示等。

(2) 制作消息序列

把需要传送的消息按上面的编码方式编成相应的 DNA 序列,如 AB 用 CCGCCA 表示。编码结束以后,人工合成相应的有 69 个核苷酸的 DNA 序列,并在 DNA 序列前后各链接上有 20 个核苷酸的 $5'$ 和 $3'$ 引物。这样,需要隐藏的 DNA 消息序列就准备好了。

(3) 信息隐藏

用超声波把人类基因序列粉碎成长度为 50~100 的核苷酸双链,并变性成单链,作为冗余的 DNA 使用,再把含有信息的 DNA 序列混杂到冗余的 DNA 序列中,喷到信息纸上形成微点就可以通过普通的非保密途径传送了。

(4) 信息读取

接收方和发送方的共享秘密是编码方式和引物。接收方收到含有消息 DNA 的信纸以后,提取出微点中的 DNA。由于接收方预先通过安全的途径得到了引物,所以他可以用已经有的引物对含有消息的 DNA 序列进行 PCR 扩增,通过测序恢复出消息(明文)。

由于 DNA 微点不易被发现,并且即使被发现也不易对未知的 DNA 混合物进行测序,所

以消息序列很难被发现。假设使用的引物长度是 20 个核苷酸,那么在没有已知引物的情况下,即使允许引物有 3 个错误匹配,分离并扩增所有这些 DNA 序列需要的引物数量为 10^{20} 对。Celland 等人用"在稻草堆中找出一根针"这句谚语说明了破译难度。

相比经典密码,DNA 密码无法通过现有的电子计算机网络进行传输。所以在现阶段,DNA 密码应该是作为经典密码的有益补充,适合特殊领域的特殊应用,如认证、防伪等。Celland 等人就把他们的方法应用到了认证和防伪的用途。2000 年,加拿大 DNA Technology 公司也把 DNA 序列用到了当年悉尼奥运会的授权产品认证上。

12.4.5　DNA 计算及 DNA 密码所遇到的问题

关于 DNA 计算的研究近年来取得了很大进展。1994 年,L. Adleman 首创了 DNA 计算的概念。2001 年 11 月,《Nature》杂志上报道了一部输入输出、软件和硬件均由生物分子组成的有图灵机功能的可编程自律计算机器,体积只有一支试管的 1/16,每秒可执行 10 亿次作业,准确率高达 99.18%。2004 年 1 月,上海交大 Bio-X 生命科学研究中心和中科院上海生科院营养科学研究所在试管中完成了 DNA 计算机的雏形研制工作,标志着中国第一台"DNA 计算机"的问世。

目前,DNA 计算的大量研究还停留在纸面上,很多设想和方案都是理想化的,还没有条件付诸实验,如何实现 DNA 计算并制造 DNA 计算机,还存在许多技术障碍。

首先,DNA 计算使用的材料,如 DNA、RNA 或者蛋白质等,都是不可重用的。在生化实验中,它们都是一次性的,还不能适应计算机的要求。其次,DNA 分子组件在特定的实验室中都是依据计算要求特制而成,而制造 DNA 计算机无疑需要标准且普适的计算组件。最后,DNA 计算中存在误码,这种误码是依概率随机产生的,并能被逐级放大。误码率直接影响 DNA 的计算精度,目前还不能有效克服这一问题。此外,虽然 DNA 计算本身不慢,但如何分析结果目前却还是一个烦琐、耗时的过程。

除了 DNA 计算的技术门槛外,DNA 计算技术也面临一些社会问题,例如个人隐私保护。如果 DNA 芯片大量普及,那么必须严格限制它在可能侵犯个人隐私方面的应用。毕竟谁也不愿意看到自己的遗传基因被他人利用 DNA 芯片轻易破晓。另外,DNA 计算所需的高额成本也成为制约该技术普及的一个重要因素。

总之,尽管 DNA 计算比传统方式能更有效地解决 NP 问题,但它还不足以对现有的密码体系构成威胁;DNA 密码术相对于传统密码术并没有本质突破,DNA 计算应用于密码学的前景在 DNA 技术真正成熟之前仍不明朗;而相比之下,DNA 认证技术的发展最为成熟,但若要将其大规模普及应用,依然会面临众多的社会问题和法律问题。

12.5　习　题

1. 判断题

(1) 量子密码通信不是用来建立和传送密钥,而是用来传送密文或明文的。　　　(　)

(2) 量子密码不仅较好地解决密钥分发的问题,而且也能够容易实现数字签名、身份认证、密码协议等功能。

(3) 量子密码是目前公认唯一的无条件安全的密码系统。　　　　　　　　　　(　)

(4) 量子密钥分配与经典密钥分配最本质的区别在于前者是运用量子态来表征随机数 0

和 1 的,而现有密钥分配是运用物理量来表征比特 0 和 1 的。 (   )
(5) 最早出现的混沌密码方案是一个序列密码类型的方案。 (   )
(6) 混沌对初值和参数敏感,密码变换则要求对密钥敏感。 (   )
(7) 混沌是一种非线性现象,其轨迹不局限于某个特定的区域。 (   )
(8) DNA 计算机破译了 DES,因此 DNA 计算已对现代密码学构成极大威胁。 (   )
(9) 现阶段,DNA 密码只适用特殊领域的特殊应用,譬如认证和防伪等。 (   )
(10) 尽管 DNA 计算比传统方式能更有效地解决 NP 问题,但它目前还不足以对现有的密码体系构成威胁。 (   )

2. 选择题

(1) 量子密码更适合实现下面哪项密码技术。(   )
　　A. 加密技术　　　B. 消息认证　　　C. 数字签名　　D. 密钥分发
(2) 混沌密码更适合实现下面哪项密码技术。(   )
　　A. 加密技术　　　B. 消息认证　　　C. 数字签名　　D. 密钥分发
(3) 在现阶段,DNA 密码应该是现代密码的有益补充,最有可能的应用是(   )。
　　A. 加密　　　　B. 认证　　　　C. 随机数的生成　D. 密钥分发

3. 填空题

(1) 量子密码学的物理基础是＿＿＿＿和＿＿＿＿。
(2) 目前科学界公认唯一能实现绝对安全的通信方式是＿＿＿＿。
(3) 最早出现的混沌密码方案是＿＿＿＿。
(4) 混沌理论和密码系统之间仍然存在着许多不同,最大的不同之处就在于＿＿＿＿。
(5) 世界上首次 DNA 计算解决了＿＿＿＿问题。
(6) DNA 计算的主要特性是＿＿＿＿和＿＿＿＿。
(7) DNA 计算中分子扩增、数据读取、数据存储等步骤都是利用＿＿＿＿特性实现的。

4. 术语解释

(1) 后量子密码
(2) 量子密码
(3) 混沌密码
(4) DNA 密码

5. 简答题

(1) 简述利用 BB84 协议实现密钥分配的过程。
(2) 简述量子密码的主要应用。
(3) 简述混沌运动的特征。
(4) 简述混沌的特性与密码变换的特性在哪些方面是一致的。
(5) 目前所提出的混沌密码算法大多数加密速度比较慢,哪些因素影响混沌密码算法加密速度。
(6) 简述目前 DNA 密码所遇到的问题。

参考文献

[1] 陈鲁生等. 现代密码学. 北京:科学出版社,2002.
[2] 邓安文. 密码学——加密演算法. 北京:中国水利水电出版社,2006.
[3] 戴士剑等. 数据恢复技术. 2版. 北京:电子工业出版社,2005.
[4] 裴定一等. 算法数论. 北京:科学出版社,2002.
[5] 冯登国,裴定一. 密码学导引. 北京:科学出版社,1999.
[6] 冯晖等. 计算机密码学. 北京:中国铁道出版社,1999.
[7] 胡向东等. 应用密码学教程. 北京:电子工业出版社,2005.
[8] 蒋平等. 电子证据. 北京:中国人民公安大学出版社,2007.
[9] 李克洪,王大玲,董晓梅. 实用密码学与计算机数据安全. 沈阳:东北大学出版社,1997.
[10] 毛明等. 大众密码学. 北京:高等教育出版社,2005.
[11] 潘承洞等. 初等数论. 北京:北京大学出版社,2003.
[12] 阮传概,孙伟. 近世代数及其应用. 北京:北京邮电大学出版社,2002.
[13] 孙淑玲. 应用密码学. 北京:清华大学出版社,2004.
[14] 宋震等. 密码学. 北京:中国水利水电出版社,2002.
[15] 田宝玉. 工程信息论. 北京:北京邮电大学出版社,2004.
[16] 吴伟陵. 信息处理与编码. 北京:人民邮电出版社,1999.
[17] 王亚弟等. 密码协议形式化分析. 北京:机械工业出版社,2006.
[18] 万哲先. 代数和编码(修订版). 北京:科学出版社,1985.
[19] 徐茂智. 信息安全基础. 北京:高等教育出版社,2006.
[20] 徐茂智,游林. 信息安全与密码学. 北京:清华大学出版社,2007.
[21] 肖攸安. 椭圆曲线密码体系研究. 武汉:华中科技大学出版,2006.
[22] 杨波. 现代密码学. 北京:清华大学出版社,2003.
[23] 杨义先等. 现代密码新理论. 北京:科学出版社,2002.
[24] 杨义先,钮心忻. 应用密码学. 北京:北京邮电大学出版社,2005.
[25] 杨义先,钮心忻. 网络安全理论与技术. 北京:人民邮电出版社,2003.
[26] 曾贵华. 量子密码学. 北京:科学出版社,2006.
[27] 赵泽茂. 数字签名理论. 北京:科学出版社,2007.
[28] 张福泰等. 密码学教程. 武汉:武汉大学出版社,2006.
[29] 章照止. 现代密码学基础. 北京:北京邮电大学出版社,2004.
[30] 钟义信. 信息科学原理. 北京:北京邮电大学出版社,1996.
[31] 周荫清. 信息理论基础. 北京:北京航空航天大学出版社,1993.
[32] 周炯槃. 信息理论基础. 北京:人民邮电出版社,1984.
[33] 蔡满春. 电子现金理论和关键技术的研究. 北京邮电大学博士论文,2005.
[34] 陈晓峰,王育民. 电子拍卖的研究现状与进展. 通信学报,2002,23(12):73-81.

[35] 李继国. 代理签名和代理签密方案的设计与安全性分析. 哈尔滨工业大学博士论文, 2003.

[36] 李顺东, 戴一奇, 游启友. 姚氏百万富翁问题的高效解决方案. 电子学报, 2005, 33(5): 769-773.

[37] 李强, 颜浩, 陈克非. 安全多方计算协议的研究与应用. 计算机科学, 2003, 30(8): 52-55.

[38] 罗文俊, 李祥. 双向零知识证明与初等函数两方保密计算. 贵州大学学报(自然科学版), 2004, 21(1): 36-42.

[39] 祁明, 史国庆. 强盲签名技术的研究与应用. 计算机应用研究, 2001, 3: 34-37.

[40] 祁明, 张凌, 肖国镇. 基于口令的盲签名方案. 计算机工程与设计, 1998, 19(2): 16-20.

[41] 苏云学, 祝跃飞, 闫丽萍. 一个利用群签名的电子拍卖协议. 计算机应用, 2005, 25(1): 157-159.

[42] 王晓明, 陈火炎, 符方伟. 前向安全的代理签名方案. 通信学报, 2005, 26(11): 38-42.

[43] 王继林, 陈晓峰, 王育民. 安全电子拍卖的研究进展. 西安电子科技大学学报(自然科学版), 2003, 30(1): 20-25.

[44] 吴艳辉, 陈建二, 陈松乔. 一种安全的比特承诺方案. 小型微型计算机系统, 2005, 26(11): 1911-1912.

[45] 杨波, 陈恺. 无条件安全的不经意传输. 计算机学报, 2003, 26(2): 202-205.

[46] 伊丽江. 代理签名体制及其应用研究. 西安电子科技大学博士论文, 2000.

[47] Bruce Schneier. 应用密码学——协议、算法与 C 源程序. 吴世忠等, 译. 北京: 机械工业出版社, 2000.

[48] Douglas R. Stinson. 密码学原理与实践. 冯登国, 译. 北京: 电子工业出版社, 2003.

[49] Menezes A J, 等. 应用密码学手册. 胡磊等, 译. 北京: 电子工业出版社, 2005.

[50] Niels Ferguson, 等. 密码学实践. 张振峰等, 译. 北京: 电子工业出版社, 2005.

[51] Paul Garrett. 密码学索引. 吴世忠, 宋晓龙, 郭涛等, 译. 北京: 机械工业出版社, 2003.

[52] Richard Spillman. 经典密码学与现代密码学. 叶阮健等, 译. 北京: 清华大学出版社, 2005.

[53] Ross J. Anderson. 信息安全工程. 蒋佳, 刘新喜等, 译. 北京: 机械工业出版社, 2003.

[54] Thomas M. Cover. 信息论基础(影印本). 北京: 清华大学出版社, 2003.

[55] Trappe W, Wahington L C. 密码学与编码理论. 王金龙等, 译. 北京: 人民邮电出版社 2008.

[56] Wenbo Mao. 现代密码学理论与实践. 王继林等, 译. 北京: 电子工业出版社, 2004.

[57] William Stallings. 密码编码学与网络安全——原理与实践. 4 版. 孟庆树, 王丽娜, 傅建明等, 译. 北京: 电子工业出版社, 2007.

[58] A Yao. Protocol for Secure Computations. Proceeding of the 23th IEEE Symposium on Foundations of Computer Science. Los Alamitos, CA: IEEE Computer Society Press, 1982: 1911-1912.

[59] Biham E, Dunkelman O, Furman V, et al. Preliminary Report on the NSEEIE Submission: Anubis, Camellia, Khazad, IDEA, MISTY1, Nimbus and Q. Public Report, NESSIE. NES/DOC/TEC/WP5/017. 2001.

[60] Biham E. Observations on the Relations between the Bit-function of Many S-boxes. In: Proceedings of the Third NESSIE Workshop. NES/DOC/TEC/WP5/027. 2002.

[61] Biham E, Shamir A. Power Analysis of the Key Scheduling of the AES Candidates. http://www.nist.gov/aes.

[62] Brands S. An Efficient Off-line Electronic Cash System Based on the Representation Problem. CWI Technical Report CS-R9323, 1993.

[63] Chari S, Jutla C, Rao J, Rohatgi R. A cautionary note regarding evaluation of AES candidates on smart cards. The Second AES Candidate Conference, March 22-23, 1999: 133-147.

[64] Chaum D. Blind signatures for untraceable payments. Advances in Cryptology Crypto'82,LNCS[C], 1982:199-203.

[65] Chaum D. Security Without Identification: Transaction Systems to pp. 134-37. Make Big Brother Obsolete. Communications of the ACM, 1985,28(10):1030-1044.

[66] Diffie W, Hellman M. New directions in cryptography. IEEE Transactions on Information Theory, Vol. IT-22, No. 6, 1976:644-654.

[67] ElGamal T. A public key cryptosystem and a signature scheme based on discrete logarithms. IEEE Trans. Information Theory, 1985,IT-314:469-472.

[68] Fiat A, Shamir A. How to prove yourself:Practical solutions to identification and signature problems. A dvances in Cryptology— CRYPTO'86. 1986, Springer-Verlag. LNCS 263:186-194.

[69] Goldreich O. Zero-knowledge Twenty Years after its Invention. http://www.wisdom.Weizmann.ac.il/~oded/PS/zk-tut02v4.ps.

[70] Goldreich O. Foundation of Cryptography: Basic Tools. Cambridge: Cambridge University Press, 2001.

[71] Harn L. Digital multisignature with distinguished signing authorities. Electronics Letters, 1999,35(4):294-295.

[72] Hatano Y, Sekine H, Kaneko T. Higher Order Differential Attack of Camellia(II). In: Proceedings of Selected Areas in Cryptograph—SAC'02, Lecture Notes in Computer Science. Springer-Verlag,2002:39-56.

[73] Kim S, Park S, Won D. Proxy Signatures, revisited. ICICS '97, Lecture Notes in Computer Science, Vol. 1334, Springer, Berlin, 1997:223-232.

[74] Knudsen L R, Wagner D. Integral Cryptanalysis(extendes abstract). In: Proceedings of Fast Software Encryption—FSE' 02(Daemen J and Rijmen V, ed.), No. 2365 in Lecture Notes in Computer Science. Springer-Verlag, 2002:112-127.

[75] Kvhn U. Cryptanalysis of MISTY. In: Proceedings of Eurocrypt'01 (Pfitzmann B, ed.), No. 2045 in Lecture Notes in Computer Science. Springer-Verlag, 2001: 325-339.

[76] Kvhn U. Improved Cryptanalysis of MISTY. In: Proceedings of Fast Software Encryption—FSE' 01(Daemen J and Rijmen V, ed.), No. 2365 in Lecture Notes in Computer Science. Springer-Verlag, 2002: 61-75.

[77] Lang Fenghua, Li Jian, Yang Yixian. A Novel Fuzzy Anomaly Detection Method Based on Clonal Selection Clustering Algorithm. Advances in Machine Learning and Cybernetics, 2006, LNCS/LNAI: 642-651.

[78] Lee S, Hong S, Lim J, et al. Truncated Differential Cryptanalysis of Camellia. In: Proceedings of ICISC2001(Kim K, ed.), No. 2288 in Lecture Notes in Computer Science. Springer-Verlag, 1993: 32-38.

[79] Li Z. Yang Y. ElGamal's multisignature digital signature scheme. Journal of Beijing University of Posts and Telecommunications, 1999,22(2): 30-34.

[80] Mambo M, Usuda K, Okamoto E. Proxy Signature:Delegation of the Power to Sign Messages. EICE Trans. Fundamentals, E79-A:9. 1996: 1338-1353.

[81] Miyazaki Shingo Sakurai Kouichi. A parallel withstanding attack with forging key certificates on an electronic cash system based on message-recovery blind digital signatures. Proceedings of International Workshop on Cryptographic Techniques and E-Commerce (CrypTec"99),HongKong ,July 1999:163-176.

[82] National Institute of Standards and Technology, NIST FIPS PUB 186, Digital Signature Standard", U. S. Department of Commerce,May 1994.

[83] National Institute of Standards and Technology. New Secure Hash Algorithms, 2000.

[84] National Institute of Standards and Technology. FIPS-180-2: Secure Hash Standard(SHS) Aug 2002. http://csrc.nist.gov/publication/fips/.

[85] Neuman B. C. Proxy_based authorization and accounting for distributed system. Proc 13th International Conference on Distributed Computing System, 1993:283-291.

[86] Okamoto T. A digital multi-signature scheme using bijective public- key cryptosystems. ACM Trans. On Computer Sciences, 1988,6(8):432-441.

[87] Pointcheval D, Stern J. Provably secure blind signature schemes. Advances in Cryptology-Asiacrypt'96, LNCS 1163, Springer-Verlag, 1996:252-265.

[88] Rivest R. , Shamir A, Adlernan L. A method for obtaining digital signatures and public key cryptosystems. Communications of ACM, 1978,21(2):120-126.

[89] Schneier B. Applied Cryptography. The second edition, John Wiley &. Sons, 1996.

[90] Shannon C. E. Communication Theory of Secrecy System. Bell System Technical Journal. 1949, 28: 656-715.

[91] Shirai T, Kanamaru S, Abe G. Improved Upper Bounds of Differential and Linear Characteristic Probability for Camellia. In: Proceedings of Fast Software Encryption—FSE'02(Daem-en J and Rijmen V, ed.), No. 2365 in Lecture Notes in Computer Science. Springer-Verlag:2002, 128-142.

[92] Sugita M, Kobara K, Imai H. Security of Reduced Version of the Block Cipher Camellia Against Truncated and Impossible Differential Cryptanalysis. In: Proceedings of Asiacrypt'01(Boyd C, ed.), No. 2248 in Lecture Notes in Computer Science. Springer-Verlag, 2001:193-207.

[93] Tanaka H, Hisamatsu K, Kaneko T. Strength of MISTY1 without FL Function for Higher Order Differential Attack. In: Proc. Applied Algebra, Agebraic Algorithms, and Error-Correcting Codes: 13th International Symposium, Hawaii, AAECC-13 (Fossorier M, Imai H, Lin S and Poli A, eds.), No. 1719 in Lecture Notes in Computer Science. Springer-Verlag, 1999: 221-230.

[94] Vickrey W. Counterspeculation, Auctions, and Competitive Sealed Tenders. The Journal of Finance. 1961, 16(1): 8-37.

[95] Varadharajan V., Allen P., Black S. An analysis of the proxy problem in distributed system. Proc IEEE Computer Society Symp on Research in Security and Privacy, 1991:255-275.

[96] Wen ling Wu, Deng guo Feng. Collision Attack on Reduced-Round Camellia. Cryptology eprint Archive, Report 2003/135.

[97] Y, Li. Bai, et al. Proxy multi-signature scheme: A new type of proxy signature schemes. Electronics Letters, 2000, 36(6):527-528.

[98] Yeom Y, Park S, Kim I. On the Security of Camellia Against the Square Attack. In: Proceedings of Fast Software Encryption—FSE' 02(Daemen J and Rijmen V, ed.), No. 2365 in Lecture Notes in Computer Science. Springer-Verlag, 2002: 89-99.